“十四五”职业教育国家规划教材

PLC技术及应用

（第2版）

PLC JISHU JI YINGYONG

主编
曹拓　高月宁

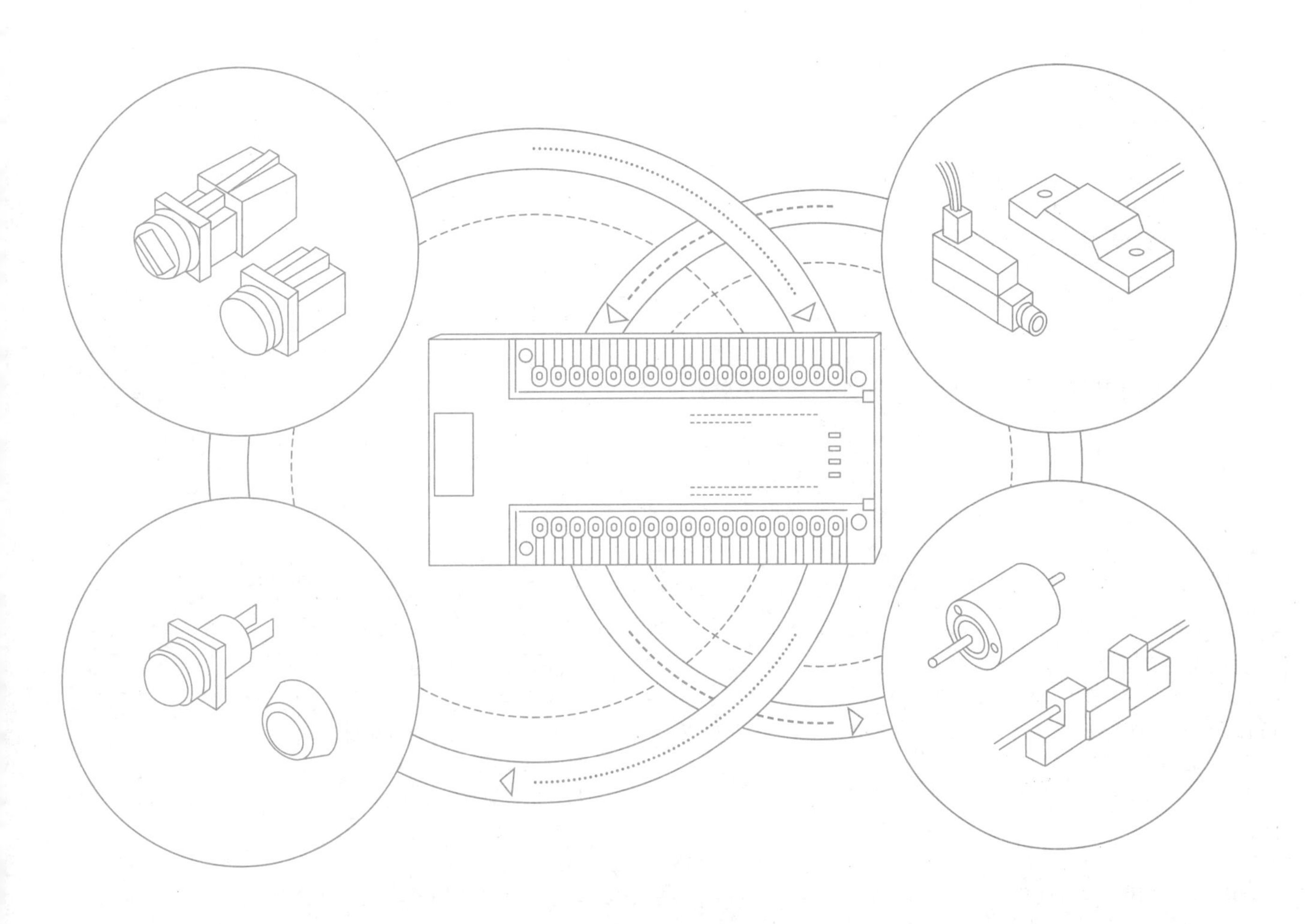

中国教育出版传媒集团
高等教育出版社·北京

内容提要

本书是“十四五”职业教育国家规划教材，是首届全国教材建设奖二等奖获奖教材《PLC技术及应用》的第2版，参照有关行业的职业技能鉴定规范及中级技术工等级考核标准编写。本书遵循从感性到理性、由浅入深的原则，以新视角将PLC相关知识与技能拆解细化并进行重构与优化。本书第1版获“首届全国教材建设奖全国优秀教材二等奖”。

本书以国内广泛使用的FX系列PLC为主体，突出应用和实践。内容共5篇，第一部分为硬件（第1、3篇），包括PLC基础知识、控制系统控制设计、PLC的选型与配置、PLC的安装接线与维护。第二部分为软件（第2、3、5篇），包括基本逻辑指令、应用指令、梯形图程序分析设计方法、编程软件（GX-Developer/Works 2）。第三部分为顺序控制系统（第4篇），包括顺序功能图（SFC）设计方法，步进梯形图指令。本书附录包括FX_{3U}技术指标、内部软元件、指令及编程与仿真软件等相关资料，以便学习者查询。

本书与“PLC技术及应用”在线开放课程配套使用，可登录“爱课程”网站“中国职教MOOC”平台进行选课学习。本书同时配有学习卡资源，请登录Abook网站http://abook.hep.com.cn/sve获取相关资源。详细说明见本书“郑重声明”页。

本书可作为职业院校电类、机电类相关专业的教学用书，也可作为相关行业岗位培训教材和参考用书。

图书在版编目（CIP）数据

PLC技术及应用 / 曹拓，高月宁主编. -- 2版. -- 北京：高等教育出版社，2023.8

ISBN 978-7-04-060099-5

Ⅰ. ①P… Ⅱ. ①曹… ②高… Ⅲ. ①PLC技术－中等专业学校－教材 Ⅳ. ①TM571.61

中国国家版本馆CIP数据核字(2023)第036480号

策划编辑 唐笑慧　　责任编辑 唐笑慧　　封面设计 姜　磊　　版式设计 童　丹
责任绘图 易斯翔　　责任校对 吕红颖　　责任印制 耿　轩

出版发行 高等教育出版社
社　　址 北京市西城区德外大街4号
邮政编码 100120
印　　刷 山东韵杰文化科技有限公司
开　　本 889 mm × 1194 mm　1/16
印　　张 19.75
字　　数 320千字
购书热线 010-58581118
咨询电话 400-810-0598

网　　址 http://www.hep.edu.cn
　　　　 http://www.hep.com.cn
网上订购 http://www.hepmall.com.cn
　　　　 http://www.hepmall.com
　　　　 http://www.hepmall.cn
版　　次 2018年9月第1版
　　　　 2023年8月第2版
印　　次 2023年12月第3次印刷
定　　价 53.00元

物 料 号 60099-00

前　言

党的二十大报告提出：推进新型工业化，加快建设制造强国、质量强国。而 PLC 作为一种可靠性好的智能化工业控制设备，在智能制造和工业自动化等领域均显示了较强的应用潜力和广阔前景。

目前，PLC 技术已成为职业院校电类、机电类等专业及相关专业的核心课程，在职业院校中广泛开设。为认真贯彻落实党的二十大精神，适应当前职业教育改革发展的需要，培养符合社会经济发展的高素质技能型人才，本书充实了相关的阅读材料，将党的二十大报告提出的“推进新型工业化”“加快建设制造强国”“实现高水平科技自立自强”“绿色化发展”“提高辩证思维能力”等精神理念融入教材中，激发青年学生坚定产业报国、实业强国的理想信念，为全面建设社会主义现代化国家而努力奋斗。本次修订过程中还做了如下尝试：

1. 在教材设计上，理论与实践一体化。

本书以行动导向为引领，基于 PLC 培训仿真软件（FX-TRN-BEG-C）及机电一体化实训考核平台（YL-235A）设计典型工作任务，创设情境。借助仿真软件先进的交互性及 YL-235A 设备提供的典型综合实训环境，将抽象理论知识的学习转化为真实可见的“实例化”体验。

特色：以过程、情景、效果导向进行教学情境设计，所选仿真软件及教学设备在学校教学中使用较为普遍。

2. 在教材组织上，采用专题化结构编写，重视图表运用，增强学生直观理解。

根据 PLC 课程内容，按照学科知识、技术方法、典型任务进行筛选组成多个专题。每个专题依照知识习得、知识转化、知识巩固、知识迁移与应用设计了问题引入、探知解答（探究解决、探知应用）、知识链接、拓展深化四个栏目构建教学内容。同时，本书第 2、5 篇“拓展深化”的最后还给出了仿真软件中对应培训与练习的索引，极大地扩展了纸质教材的知识容量。

特色：增加知识脉络梳理的思维导图，将知识与技能回归知识体系，兼具教材与参考书功能。

3. 在教材学习方式上，有效运用在线开放课程。

本书与同名在线开放课程配套使用，教师和学生可以通过计算机或手机等移动终端登录“爱课程”网站“中国职教 MOOC”平台选课学习，体验线上线下互动式教学。同时，针对重要的知识点、技能点，本书直接提供在线开放课程中视频资源的二维码链接，通过移动终端扫描二维码便可直接观看学习。

特色：促进学生的自主学习，助力教师实现“翻转课堂”。

本书建议学时如下。

序号	教学单元	建议学时	
		多学时	少学时
1	第 1 篇	10	10
2	第 2 篇	28	20
3	第 3 篇	20	10
4	第 4 篇	16	10
5	第 5 篇	22	12
6	机动	6	6
合计		102	68

注：在“少学时”下，专题 2.2、2.4、2.7、2.9、2.12 可选讲。

本书配有学习卡资源，请登录 Abook 网站 http://abook.hep.com.cn/sve 获取相关资源。详细说明见本书“郑重声明”页。

本书配套红膜学习卡，覆上红膜之后，专色印刷的重要知识点和重点可以隐去，强化知识点学习，方便检测学习效果，提高学习兴趣。

本书由全国职业院校技能大赛的优秀指导教师及多年从事电工电子专业一线教学的省、市级教学能手、名师以及骨干教师编写。大连电子学校曹拓编写第 1、5 篇，高月宁编写第 2 篇；珠海市理工职业技术学校吴俊杰编写第 3 篇；张家港中等专业学校张海礁编写第 4 篇；大连大华中天科技有限公司宋志强编写门铃及照明控制等 3 个项目；大连电子学校杨薇编写课程思政内容；杭州市临平职业高级中学苗胜和大连电子学校王欣欣编写附录。全书由曹拓、高月宁担任主编，并负责统稿。

由于编者水平有限，时间仓促，书中难免有不足之处，恳请读者批评指正，读者意见反馈邮箱：zz_dzyj@pub.hep.cn。

编者
2022 年 11 月

与本书配套的数字资源使用说明

本书设计了针对专业知识和重难点知识的教学视频，在文中以二维码形式呈现，读者通过扫码，即可在手机或 PAD 等移动终端观看教学视频。

为适应信息化技术的发展趋势和满足职业教育一线教学需求，与本书同步研发的在线开放课程已在爱课程网“中国职教 MOOC”频道（www.icourses.cn/vemooc）上线，读者可登录网站学习在线开放课程。

一、学习流程

1. 注册及登录

在浏览器地址栏输入爱课程网址（http://www.icourses.cn/）或百度搜索“爱课程”进入网站首页，未注册读者点击右上角“注册”，在注册页面输入邮箱、密码、验证码，点击“立即注册”后，登录注册邮箱激活账号，完成注册；已注册读者点击右上角“登录”，输入注册邮箱和密码进行登录即可。

2. 选课

（1）MOOC 选课。希望通过爱课程网选择“PLC 技术及应用”课程与本书配套自主学习的读者，可访问爱课程网，点击“中国职教 MOOC”频道，在搜索栏输入“PLC 技术及应用”，找到相应课程并点击进入，在课程页面右侧点击“报名参加”或“立即参加”，即可开始课程学习。

（2）移动终端选课。希望通过手机或 PAD 等移动终端选课的读者，可以通过扫描本书封底的“中国大学 MOOC ／职教频道客户端”二维码，下载安装 APP, 在移动终端屏幕的右上角点击“搜索”，查找“PLC 技术及应用”，进入选课，开始课程学习。

二、资源说明

数字资源依据课程教学要求和教学改革实践成果，兼顾 MOOC 教学特点，对本书各专题内容进行了科学、细致地划分，既全面系统又重点突出，每讲均配有教学视频、随堂测验、演示文稿等，各部分内容简介如下：

1. 教学视频：针对本书知识点的系统讲解，视频短小精悍，时长均为 5~10 分钟，方便读者学习。

2. 随堂测验：针对教学视频讲解的知识点的巩固练习，可有效反映学习者的知识掌握程度，找出弱项重点加强。

3. 演示文稿：紧密配合教学视频，展示课程知识内容的教学课件，可供学生课前预习或课后复习使用，也可供教师课堂教学参考使用。

4. 讨论题：从每讲教学视频讲授的知识点出发设计的讨论话题，激发学习兴趣，活跃线上交流互动，启发学习思路。

目 录

初识可编程控制器

1

2

3

4

5

PLC 是在继电器控制技术、计算机技术和现代通信技术的基础上逐步发展起来的一种新型工业控制设备。随着其自身技术的不断发展与提高，PLC 已成为实现工业生产自动化的支柱。因此，作为一名即将步入智能制造工作岗位的准职业人，必须掌握 PLC 技术及其应用，以适应未来职业发展的需要。

本篇从常见的 PLC 应用控制系统入手，介绍 PLC 的基础知识、组成与硬件配置、工作过程及特点，以期帮助学习者掌握 PLC 的入门知识。在此基础上，选取 FX_{3U} 系列 PLC 作为学习对象，对其外观面板布置及各部分的功能进行说明，并进一步解读 FX_{3U} 系统构成及其常用设备型号含义，以及三菱 PLC 的分类。

➥ 关于更多 FX_{3U} 系列 PLC，请参看附录 1

专题 1.1 PLC基础知识

本专题将探知最基本的 PLC 应用控制系统的组成，并在此基础上，解读 PLC 的定义、发展趋势及应用等相关知识内容。

问题引入

我们身边常见的 PLC 应用控制系统如图 1-1 所示。

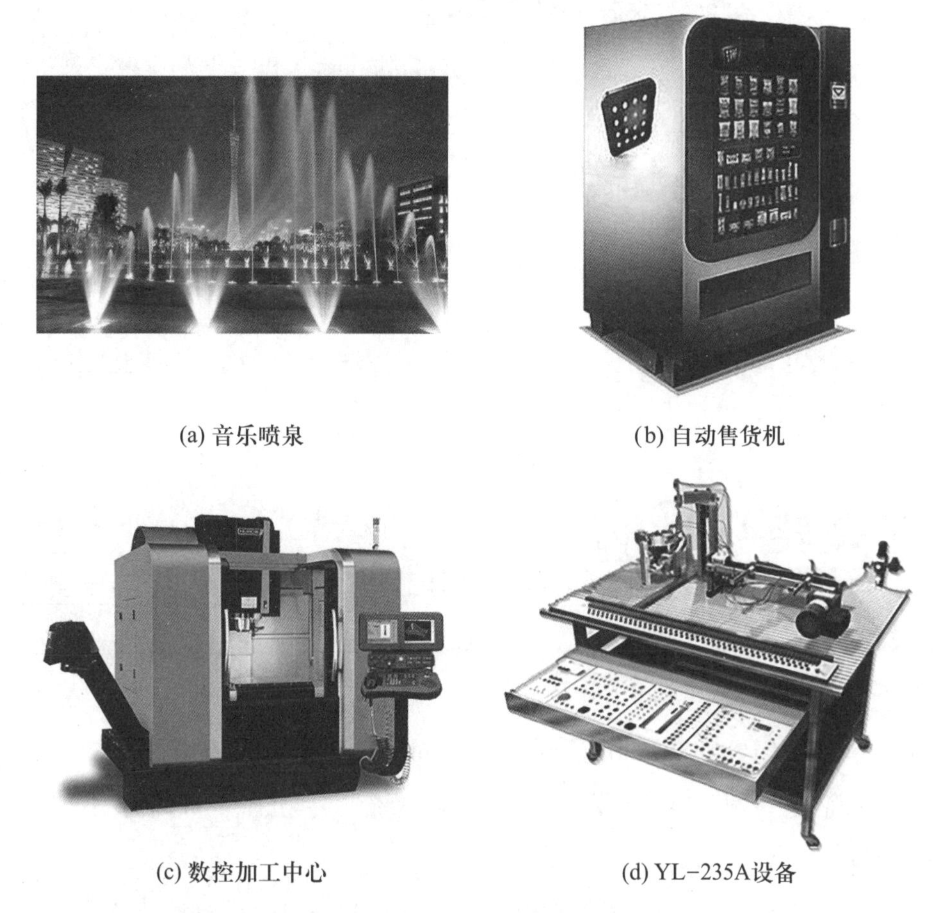

(a) 音乐喷泉

(b) 自动售货机

(c) 数控加工中心

(d) YL-235A设备

图 1-1　常见的 PLC 应用控制系统

在生活中，音乐喷泉带来美好的视听享受；自动售货机提供生活的便捷；在实训车间，应用数控加工中心可以实现从原料到成品零件的切削加工；利用 YL-235A 设备提供的典型综合实训环境，可以学习专业知识与训练专业技能。

那么，一个“最基本的 PLC 应用控制系统”由哪几部分组成呢？

探知解答

在图 1-2 中，我们可以看到“PLC 应用控制系统”以PLC 为控制核心；上排输入端子用于连接输入设备（开关、按钮、传感器）；下排输出端子用于连接输出设备（灯、蜂鸣器、电动机、电磁阀）；整个系统接通电源后即可工作。

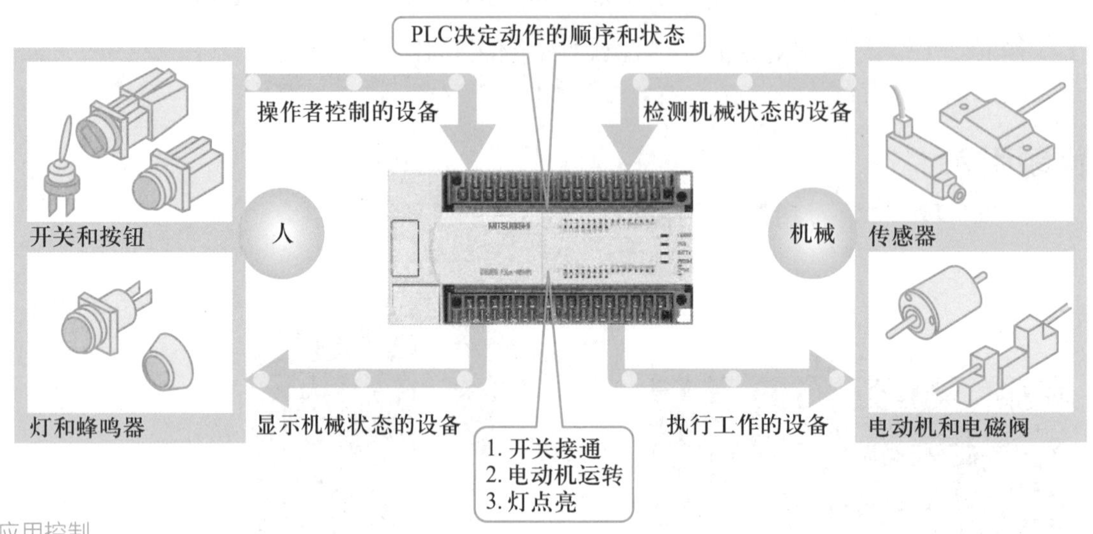

图 1-2　PLC 应用控制系统的组成

1-1.PLC 应用控制系统的组成

由此可知一个“最基本的 PLC 应用控制系统”应由以上四部分组成。

知识链接

接下来，就让我们一起学习应用控制系统中的核心部件——PLC的相关知识。

1. PLC 的定义

* PLC（Programmable Logic Controller）即可编程控制器。

* 它是一种数字运算操作的电子系统，专为在工业环境下应用而设计。

* 它采用了可编程序的存储器，用来在其内部存储执行逻辑运算、顺序控制、定时计数和算术运算等操作指令，并通过数字式和模拟式的输入和输出，控制各种类型机械设备的生产过程。

* 可编程控制器及其有关外围设备都按易于与工业系统连成一个整体、易于扩充其功能的原则而设计。

2. PLC 的发展趋势

随着应用领域日益扩大，PLC 技术及其产品不断发展。下面我们将结合图 1-3 所示的以 PLC 为核心的“酒店客房管理系统”来说明 PLC 的发展趋势。

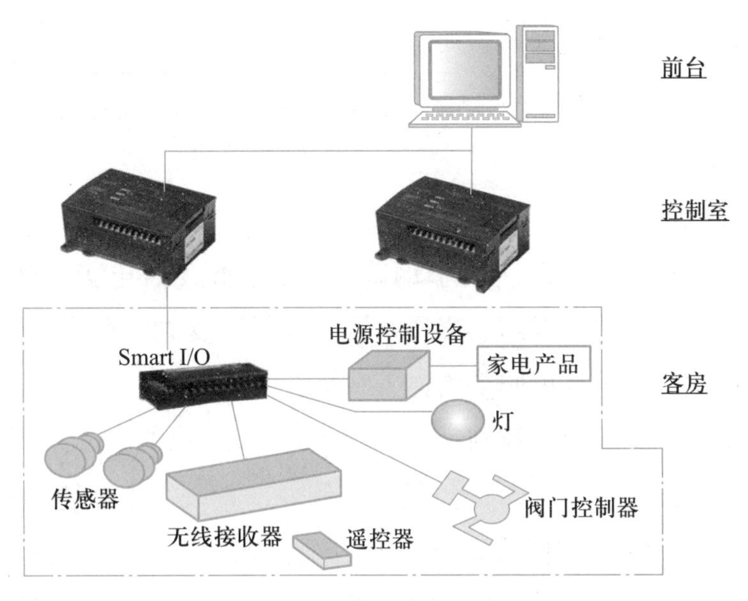

图 1-3　酒店客房管理系统

（1）PLC 本体在硬件结构和软件功能上的发展

① 向体积更小、速度更快、功能更强、价格更低的微型化 PLC 发展。

② 向控制、管理一体化的高性能大型 PLC 发展。

③ 发展新的编程语言，增强容错功能。

多种编程语言的并存、互补与发展是 PLC 技术进步的一种趋势，如：面向逻辑控制的梯形图编程语言/指令表语言、面向顺序控制的步进顺控语句、面向过程控制的功能图（SFC）语言、与计算机兼容的高级语言（汇编、BASIC、C 等），还有布尔逻辑语言。

同时，一些生产厂家在其生产的 PLC 中增加容错功能，如自动切换 I/O 双机表决（当输出状态与 PLC 的逻辑状态相比较出错时，会自动断开该输出），以提高 PLC 控制系统的可靠性。

（2）PLC 在控制系统中的发展

① 开发各种智能化模块，增强过程控制。

智能 I/O 模块是以微处理器为核心的功能部件，是一种多 CPU 系统，它与主机 CPU 并行工作，占用主机 CPU 的时间很少，有利于提高 PLC 系统的运行速度、信息处理速度和控制功能。

② PLC 与个人计算机相结合。

个人计算机价格便宜，又具有很强的数据运算、处理和分析能力，因此既可将其作为 PLC 的编程器、操作站或人机接口终端，又可将其与 PLC 构成分散控制系统和远程 I/O 系统，实现网络化控制。

③ 通信网络功能的增强。

PLC 的通信联网功能使 PLC 与 PLC 之间、PLC 与个人计算机之间能够交换信息，形成一个统一的网络化信息交换平台，实现分散与集中控制。

3. PLC 的应用

目前，PLC 已广泛应用于钢铁、石油、化工、电力、建材、机械制造、汽车制造、轻纺、交通运输、环保以及文化娱乐等行业。

其控制类型大致可归结为如下几类：

（1）开关量的逻辑控制

这是 PLC 最基本、最广泛的应用领域，它取代传统的继电器-接触器控制系统，实现逻辑控制、顺序控制，可用于单机控制、多机群控制、自动化生产线的控制等，例如注塑机、印刷机械、装订机械、切纸机械、组合机床、磨床，包括生产线、电镀流水线等。

（2）运动控制

目前大多数的 PLC 都提供步进或伺服电动机的单轴或多轴位置控制模块。这一功能可使 PLC 广泛应用于各种机械装置，如金属切削机床、金属成形机床、装配机械、机器人和电梯等。

（3）过程控制

过程控制是指对温度、压力、流量等连续变化的模拟量的闭环控制。PLC 通过模拟量 I/O 模块，实现模拟量（ANALOG）与数字量（DIGITAL）之间的转换，并对模拟量进行 PID 闭环控制。现代的大中型 PLC 一般有 PID 闭环控制功能，这一功能可用 PID 子程序完成，也可以用专用的 PID 控制模块来实现。

（4）数据处理

现代 PLC 具有数字运算（包括矩阵运算、函数计算、逻辑运算）、数据传递、转换、排序、查表和位操作等功能，也能完成数据的采集、分析和处理。这些数据也可通过通信接口传送到其他智能装置（如计算机数值控制设备）进行处理。

（5）通信网络

PLC 的通信包括 PLC 相互之间、PLC 与上位机之间、PLC 与其他智能设备之间的通信。PLC 系统与计算机可直接通过通信处理单元、通信转换器相连构成网络，以实现信息的交换，并可构成"集中管理、分散控制"的分布式控制系统，满足工厂自动化（FA）系统发展的需要。各PLC系统过程I/O模板按功能各自放置在生产现场分散控制，然后采用网络连接构成集中管理信息的分布式网络系统。

阅读材料　我国PLC行业发展现状

很久以来在PLC市场中，我国品牌占有率还比较小，但具有广阔的替换空间。《中国制造2025》提出，到2025年我国自主品牌PLC市场占有率要达到20%，以提高智能制造自主安全可控的能力和水平。

目前，国产PLC已逐步在重点工程、项目中实现了替换，例如：在郑渝高铁南阳东站、邓州东站、方城站、平顶山西站、郏县站的BAS系统上的应用；作为酒泉卫星发射中心多个重要地面自控系统的核心产品，为神舟十二号载人飞船的成功发射保驾护航。

拓展深化

1. 选择题

（1）下面不属于PLC输入设备的是（　　）。

A. 按钮　　B. 传感器

C. 继电器线圈　　D. 限位开关

（2）下面不属于PLC的编程语言的是（　　）。

A. 指令表　　B. 功能图

C. 梯形图　　D. HTML

（3）（　　）是指对温度、压力、流量等连续变化的模拟量的闭环控制。

A. 逻辑控制　　B. 运动控制

C. 过程控制　　D. 数据处理

2. 填空题

（1）PLC，即________________，是一种________________的电子系统，专为在________________环境下应用而设计。

（2）PLC可执行逻辑运算、________、________和________等操作指令，并通过数字式和________的输入和输出，控制各种类型机械的生产过程。

3. 简答题

参考图 1–2，结合实例说明 PLC 应用控制系统的组成。

4. 综合题

（1）拍摄记录身边常见智能控制系统，并搜集调查其是否以 PLC 为控制核心。

（2）请上网或查阅相关参考书籍，了解 PLC 技术的发展趋势。

专题 1.2 PLC 的组成及硬件配置

本专题将探知 PLC 内部组成，并在此基础上解读 PLC 内各部件（电源模块、外设通信接口、存储器、中央处理单元、输入/输出单元、I/O 扩展接口）硬件配置的相关知识。

问题引入

不同生产厂家推出的 PLC 虽然种类繁多，功能也各有差异，但是其基本组成结构却大致相同。那么，PLC 是由哪些部分组成的呢？

探知解答

参照图 1–4 中的标注（1~6），按"能够使 PLC 正常工作的操作流程"简述其内部组成。

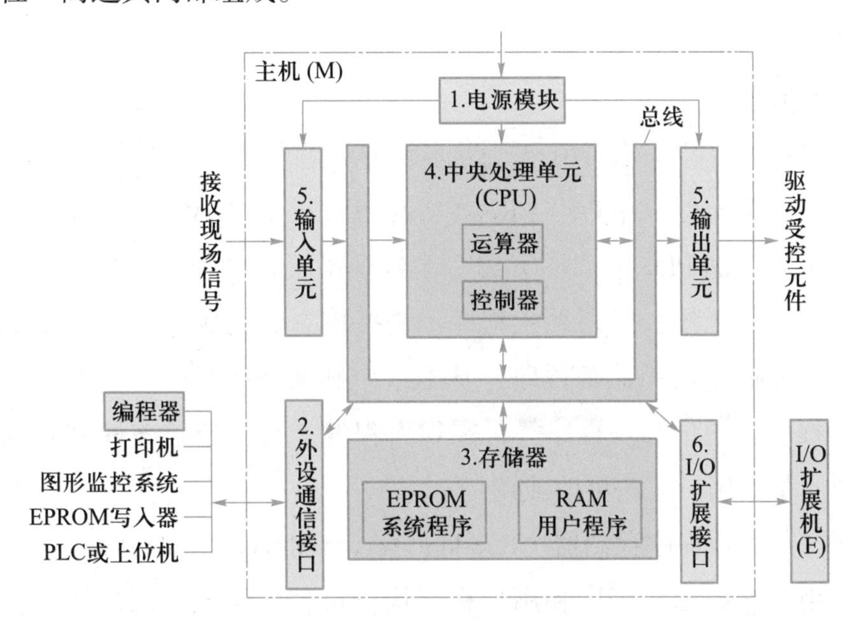

图 1–4　PLC 组成结构框图

1–2.PLC 的主要品牌及组成

1. 首先应给其电源模块接通电源。

2. 将个人计算机或编程器与外设通信接口连接，为下载用户程序做好准备。

3. 将用户程序下载至 PLC 内部存储器中的用户程序存储器。

4. 中央处理单元顺次读取并执行用户程序存储器中的每一条指令。

5. 在程序执行过程中，需调用的各种外部信号都通过输入单元进入 PLC；而程序执行结果又通过输出单元送到控制现场实现外部控制。

6. 当系统输入/输出点数不够时，还可以通过 I/O 扩展接口进行扩展。

知识链接

接下来，就让我们具体学习 PLC 内各部件硬件配置的相关知识。

1. 电源模块

一般外接交流 220 V 电源，并通过其内部的开关稳压电源转换成直流 5 V 和直流 24 V 等直流电源；其中，直流 5 V 电源用于对 CPU 供电，直流 24 V 电源用于对 I/O 模块、外部传感器供电。

2. 外设通信接口

专用于连接其他外部设备，如个人计算机、编程器、打印机、图形监控系统等。其中通过与个人计算机或编程器的连接可实现用户程序的编写、编辑、调试和监视，还可以调用和显示 PLC 内各部件的状态和系统参数。

3. 存储器

PLC 配有“系统与用户”两种不同类型的程序存储器。

（1）系统程序存储器（Read Only Memory，ROM）

用来存储 PLC 生产厂家编写的各种系统程序，相当于个人计算机中的操作系统；所谓系统程序，是指控制和完成 PLC 各种功能的程序，如控制器的监视程序、基本指令和功能指令翻译程序、系统诊断程序、通信管理程序等；在很大程度上它决定了该种 PLC 的性能与质量，用户无法更改或调用。

（2）用户程序存储器（Random Access Memory，RAM）

用来存放用户程序和用户程序执行过程中生成的用户数据；所谓用户程序，是指使用者根据工程现场的生产过程和工艺要求编写的控制程序，可由用户根据控制需要读、写、修改或增删，可采用 CMOS RAM（由锂电池实现掉电保护）或 EPROM 与 EEPROM。

用户存储器容量是 PLC 的一项重要技术指标，其容量一般以“步”为单位（16 位二进制数为 1“步”，或称为“字”）。

4. 中央处理单元（CPU）

又称为 CPU 或中央控制器，是 PLC 的核心，其作用类似于人的大脑。它按 PLC 中系统程序规定的功能，指挥 PLC 有条不紊地进行工作。

其主要任务如下：

（1）诊断电源、PLC 内部电路的工作故障和编程中的语法错误等。

（2）接收并存储由编程器、上位机输入的用户程序和数据。

（3）用扫描的方式通过 I/O 部件接收现场的状态或数据，并存入指定的存储单元或寄存器中。

（4）当 PLC 进入运行状态后，从存储器逐条读取用户指令，经命令解释后按指令规定的任务进行数据传送、逻辑或算术运算等。

（5）根据运算结果，更新有关标志位的状态和输出寄存器的内容，再经输出部件实现输出控制、制表、打印或数据通信等功能。

CPU 模块的工作电压一般为 5 V，而 PLC 的 I/O 信号电压一般较高，有直流 24 V 和交流 220 V 等；在使用时，要防止外部尖端电压和干扰噪声侵入，以免损坏 CPU 模块中的部件或影响 PLC 正常工作。因此，CPU 不能直接与外部输入/输出装置相连接，需要通过 I/O 模块和外部设备相连。I/O 模块除了传递信号外，还具有电平转换与噪声隔离功能。

5. 输入/输出单元（I/O 模块）

I/O 模块是 CPU 和现场 I/O 装置或其他外部设备之间的连接部件。

各种 PLC 输入、输出接口电路的结构大致相同，一般由 I/O 端子、光电耦合器、PLC 内部电路和驱动电源四大部分组成。

（1）输入单元

如图 1–5 所示，其输入方式有两种。

一种是直流输入（直流 12 V 或 24 V）；另一种是交流输入（交流 100~ 120 V 或 200~240 V）。它们都是由装在 PLC 面板上的发光二极管（LED）来显示某一输入点是否有信号输入。

其外部所连接的输入设备可以是无源触点，如按钮、行程开关等，也可以是有源器件，如各类传感器、接近开关、光电开关等。当输入信号为电位器、热电偶或各类变送器提供的连续变化的模拟量时，信号必须经过专用的模拟量输入模块进行 A/D 转换，然后才可以通过输入电路进入 PLC。

（2）输出单元

如图 1–6 所示，为适应不同负载的需要，其输出形式有 3 种。

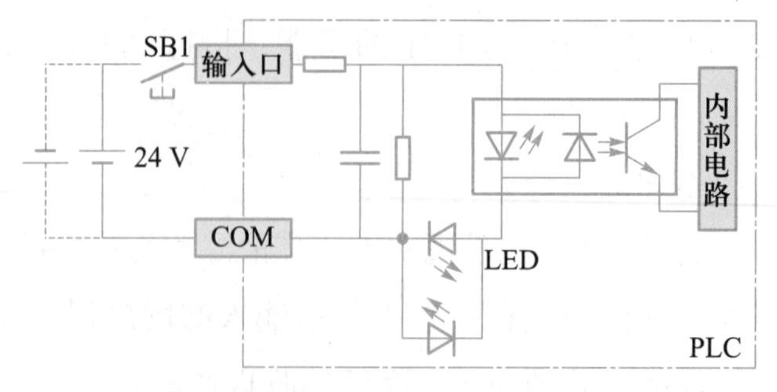

(a) 直流 24 V 输入电路

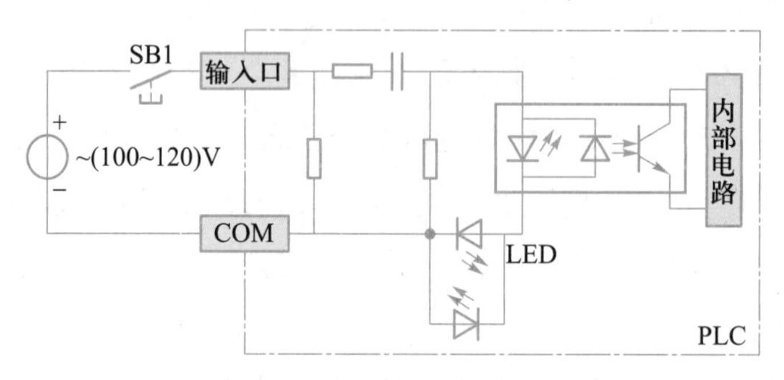

(b) 交流输入电路

图 1-5　PLC 的输入接口电路

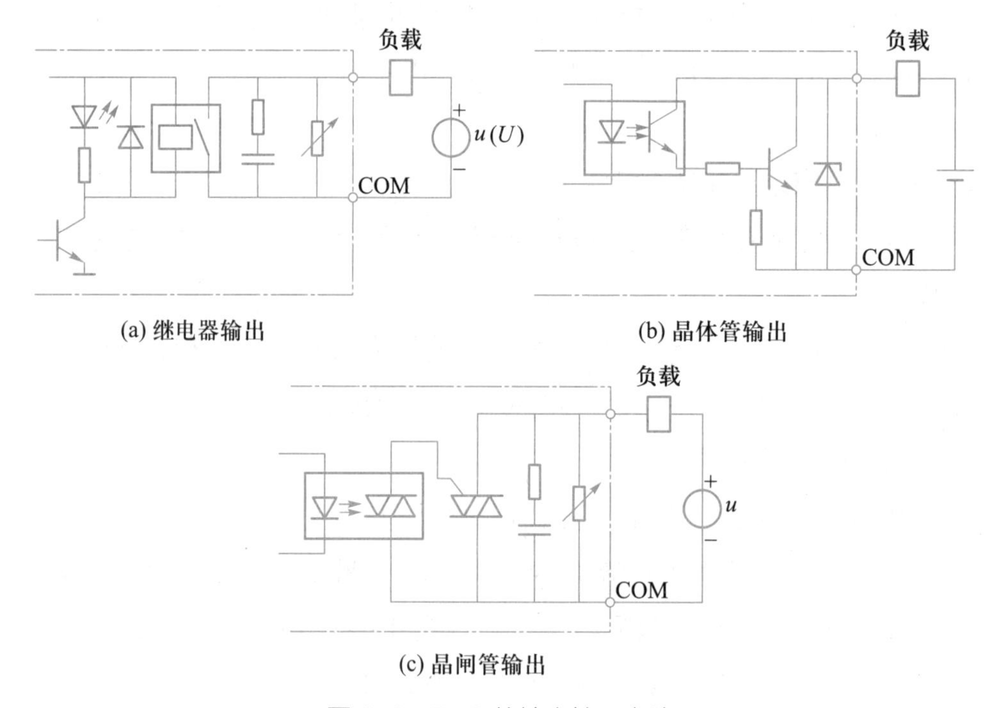

(a) 继电器输出　(b) 晶体管输出

(c) 晶闸管输出

图 1-6　PLC 的输出接口电路

继电器（R）输出方式最常用，适用于交、直流负载，其特点是带负载能力强，但动作频率与响应速度慢；晶体管（T）输出适用于直流负载，其特点是动作频率高，响应速度快，但带负载能力弱；晶闸管（S）输出适用于交流负载，其特点是动作频率高，响应速度快，但带负载能力不强。

其外部所连接的输出设备（外部负载）（如指示灯、接触器、电磁阀、报警装置等）可直接与 PLC 输出端子相连，输出电路的负载电源由用户根据负载要求（电源类型、电压等级、容量等）自行配备，PLC 输出电路仅提供输出通道。

6. I/O 扩展接口

用来扩展输入/输出或特殊功能模块，以便用户根据控制要求灵活组合系统，以构成符合要求的系统配置。

扩展模块的输入信息通过 I/O 扩展接口进入 PLC 主机总线，由 CPU 进行处理；程序执行后，相关输出也是经总线、I/O 扩展接口和扩展模块的输出通道实现对外部设备的控制。

拓展深化

1. 选择题

（1）下列设备中不能与 PLC 外设通信接口相连接的为（　　）。

A. 编程器　　B. 打印机

C. 图形监控系统　　D. I/O 扩展机

（2）下列属于有源输入设备的是（　　）。

A. 电磁阀　　B. 按钮

C. 光电开关　　D. 行程开关

（3）存储器的存储容量一般以（　　）字节为单位。

A. 1　　B. 2　　C. 4　　D. 8

（4）PLC 的 CPU 的工作电压一般为（　　）。

A. 直流 5V　　B. 直流 24V

C. 交流 24V　　D. 交流 240V

2. 填空题

（1）PLC 的存储器包括__________程序存储器和用户程序存储器。PLC 使用说明中所列存储器类型及参数均为__________存储器。

（2）____________是 PLC 的核心，其作用类似人的大脑。

（3）如果系统输出量的变化不是很频繁，可优先考虑使用__________输出形式。

（4）____________用来扩展输入/输出或特殊功能模块。

3. 简答题

（1）请结合图 1-5 和图 1-6，说明如何理解 I/O 模块的传递信号、电平转换与噪声隔离功能。

（2）简述 PLC 各输出类型分别适用的负载与特点。

专题 1.3 PLC工作过程及特点

本专题将探知 PLC 在停止与运行两种工作状态下的工作过程，并在此基础上，解读 PLC 工作过程中各阶段（内部处理、通信服务、输入处理、程序执行、输出处理）的具体操作、扫描周期、特点等相关知识。

问题引入

PLC 有 2 种工作状态：即停止（STOP）与运行（RUN）；可通过 PLC 面板上的内置转换开关进行选择，如图 1–7 所示。

那么，在这 2 种“工作状态”下 PLC 的工作过程又有哪些不同呢？

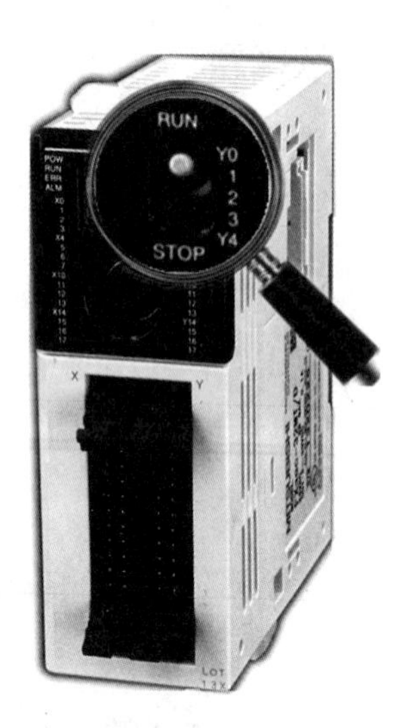

图 1–7　三菱 PLC（FX_{3GC} 型）

探知解答

如图 1–8 所示，PLC 的工作过程一般有 5 个阶段。从其原理上可以简单地表述为在系统程序的管理下，通过执行用户程序来实现控制任务的工作过程。

图中①、②分别对应 PLC 的运行与停止工作状态，它们均属于周期循环扫描工作方式。

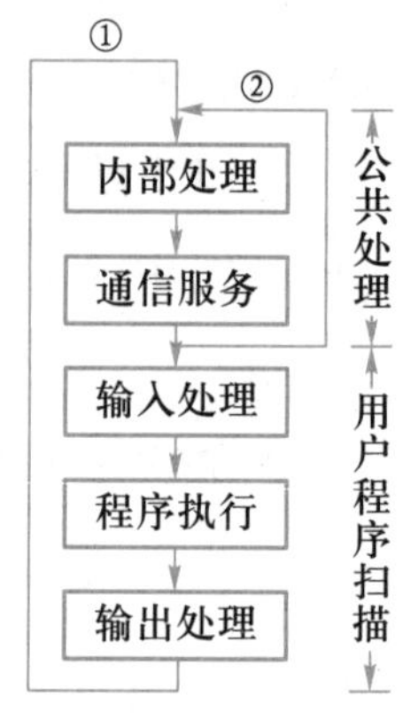

图 1–8　PLC 工作原理框图

当通过内置转换开关选择停止（STOP）状态时，PLC 只进行内部处理和通信服务，此时可对 PLC 进行联机或离线编程，称为 PLC 的公共处理部分。

而当选择运行（RUN）状态时，PLC 在完成上述两个阶段操作后，还要进行输入处理、程序执行及输出处理，称为 PLC 的用户程序扫描部分。

知识链接

接下来，就让我们进一步学习PLC工作过程各阶段的具体操作及其特点。

1. PLC工作过程的具体操作

（1）PLC公共处理

① 内部处理

1-3.PLC的工作过程

PLC通电后，将对其内部进行自诊断，如电源检测、内部硬件是否正常、程序语法是否有错等。一旦有错或异常，根据其类型和程度发出信号，或进行相应的出错处理，使PLC停止扫描或强制变成STOP状态。

② 通信服务

在这一阶段，PLC完成与其他外部设备的通信，即检查是否有编程器、计算机或上位PLC等通信请求，若有，则进行相应处理，完成数据通信任务。

（2）PLC用户程序扫描

① 输入处理

如图1–9所示，PLC首先扫描所有的输入端子，并按顺序将所有输入端子的ON（1）/OFF（0）状态读入（图中①）输入映像区。完成上述输入刷新后，关闭输入通道，接着转入程序执行阶段。

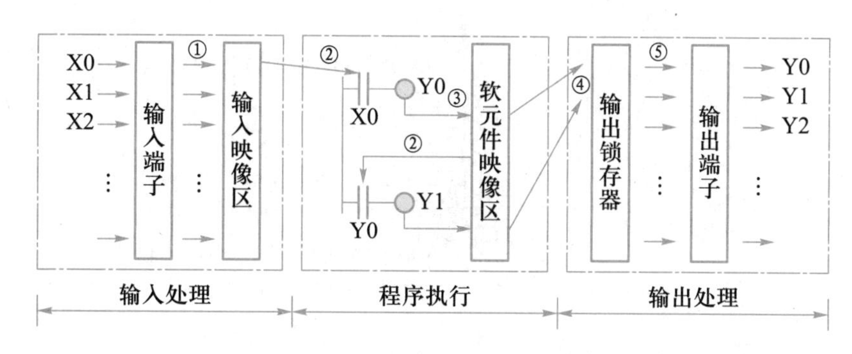

图1–9　PLC用户程序扫描示意图

程序执行过程中即使输入发生变化，输入映像区的内容也不会变化，而是在执行下一个循环的输入处理时再读取该变化。

② 程序执行

PLC按顺序从0步开始，逐条执行用户程序，直到END/FNED指令才结束。

在程序执行过程中根据程序执行需要，从输入映像区和其他软元件映像区中，将有关元件的状态、数据读出（②），按程序要求进行运算，并将运算结果写入（③）软元件映像区中。因此，各软元件映像区随着程序的执行逐步改变其内容。

③ 输出处理

当程序中所有指令执行完毕，输出映像区中的 ON/OFF 状态会传送（④）至输出锁存器中，并通过一定方式输出（⑤），驱动外部负载，这就形成了 PLC 的实际输出。

2. 扫描周期

PLC 在运行状态时，执行 1 次扫描操作（如图 1–8 中，① 所示的“5 个阶段”）所需的时间称为 1 个“扫描周期”。

一般来说，1 个“扫描周期”中，自检、通信、输入取样和输出刷新所占时间较少，程序执行的时间是影响“扫描周期”长短的主要因素，而它取决于 CPU 执行速度、程序长短和程序执行情况。

3. PLC 的特点

PLC 技术的高速发展，除了得益于工业自动化的客观需求外，主要是由于它具有许多适合工业控制的独特优点，较好地解决了工业控制领域中普遍关心的可靠、安全、灵活、方便、经济等问题。

（1）PLC 本体的特点（如图 1–10 所示）

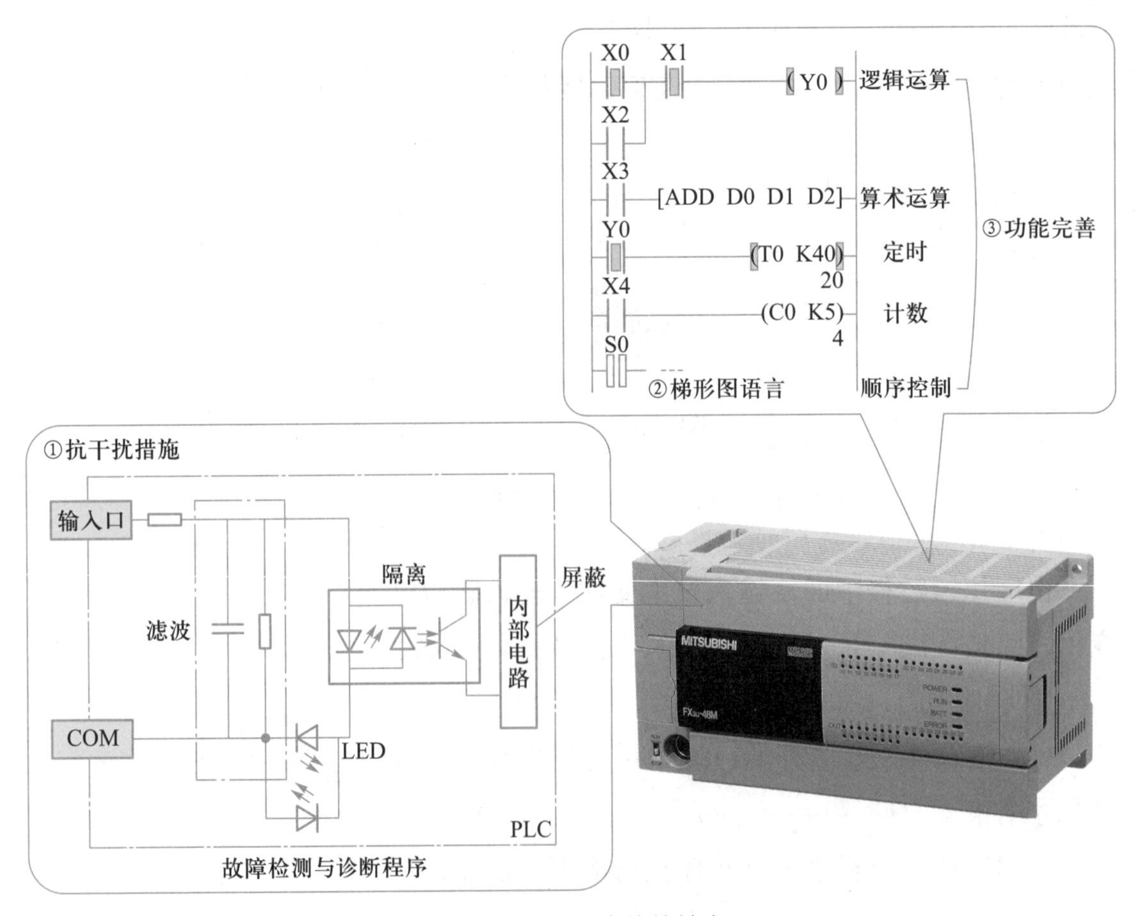

图 1–10　PLC 本体的特点

① 可靠性高、抗干扰能力强

可靠性高、抗干扰能力强是 PLC 最重要的特点之一，这主要是由于它采用了一系列硬件和软件结合的抗干扰措施。

② 编程简单、使用方便

考虑到企业中一般电气技术人员和技术工人的传统读图习惯与微机应用水平，PLC 均采用在继电器控制原理图基础上产生的梯形图语言。这是一种直接面向生产、面向用户的图形编程语言，操作人员只需几天的简单培训，就可以熟悉并编制用户程序。

③ 功能完善、通用性好

现代 PLC 除了具备逻辑和算术运算、定时、计数、顺序控制等功能，还能完成模拟量的处理、数据通信、人机对话、记录和显示等功能，使设备控制水平大大提高，应用范围更广泛。

（2）PLC 与继电器控制系统相比较（如图 1–11 所示）

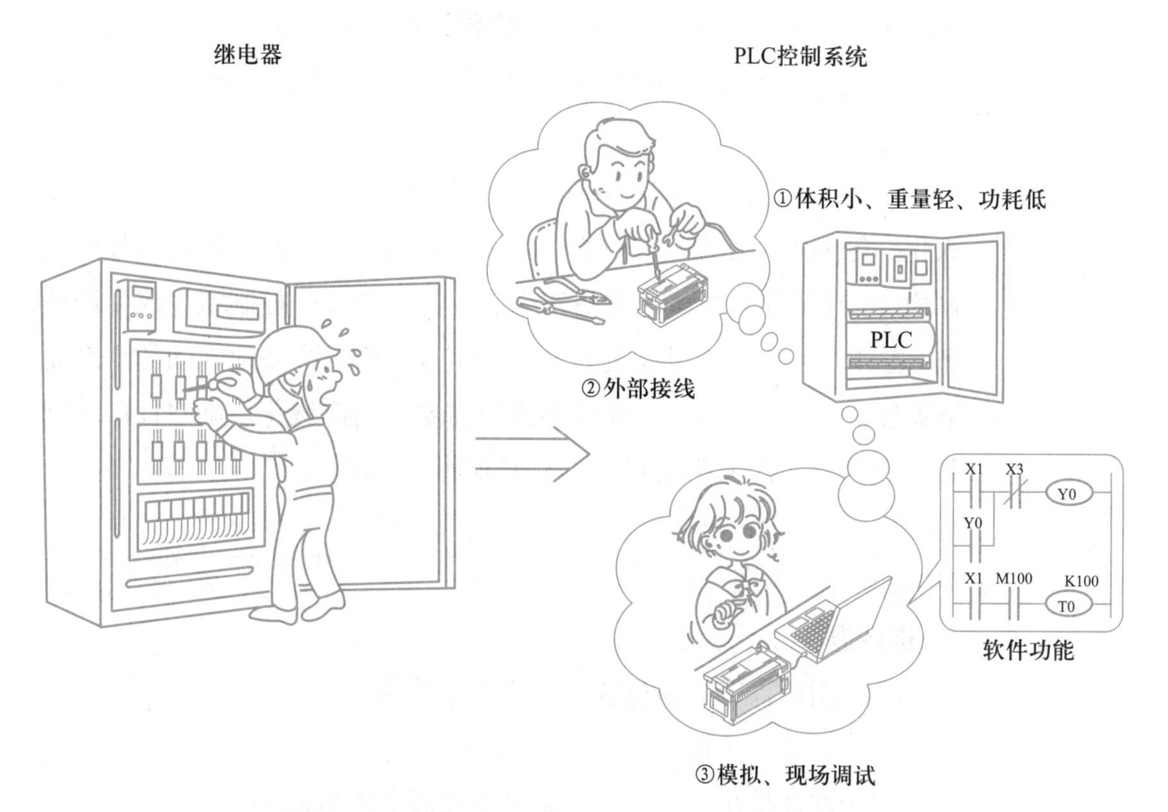

图 1–11　PLC 与继电器控制系统相比较

① 体积小、重量轻、能耗低

由于 PLC 采用了半导体集成电路，因此具有结构紧凑、体积小、重量轻的特点，易于装入机械设备内部，组成机电一体化的设备。同时，PLC 一般采用低压供电，硬件耗电少，与传统的继电器相比能耗更低。

② 设计、安装容易，维护工作量少

PLC 采用软件功能取代了继电器控制系统中的各类继电器，使控制柜的设计、安装和接线工作量大大减少。同时，大部分用户程序可以在实验室进行模拟调试，调试完成后再进行现场联机调试，使控制系统设计及建造的周期大为缩短。

当 PLC 或外部的输入装置和执行机构发生故障时，可以根据 PLC 上的发光二极管或在线编程器上提供的信息，迅速地查明原因，维护极为方便。

阅读材料　我国推出全球首个广域云化 PLC 技术试验

2021 年 6 月，在第五届未来网络发展大会期间，全球首个广域云化 PLC 技术试验成果发布。本次试验基于确定性广域网技术和下一代工业控制边缘计算架构，在 CENI（未来网络试验设施）上实现了沪（上海）宁（宁波）两地间传输距离近 600 km 的广域云化 PLC 工业控制系统的部署和稳定运行，为远程工业控制系统的应用铺平了道路。

工业互联网的发展正在推动企业生产系统走向现场少人化、无人化，实现降本增效、安全生产。工业控制系统加速走向远程集中控制模式，让操作人员可以在更安全、更舒适的集中控制室完成生产任务，也让大型企业得以在更大范围内实现总部、多基地之间的生产要素调度和优化。为此，工业控制系统需要走向广域化。确定性广域网技术成为下一代工业控制系统不可或缺的一环。

拓展深化

1. 选择题

（1）用户程序扫描包括（　　）个阶段。

A. 2　　B. 3　　C. 4　　D. 5

（2）PLC 是在（　　）控制系统基础上发展起来的。

A. 单片机　　B. 机器人

C. 工业计算机　　D. 继电器控制系统

（3）程序执行的时间是影响“扫描周期”长短的主要因素，而它不取决于（　　）。

A. 程序语法是否有错　　B. 程序长短

C. CPU 执行速度　　D. 程序执行情况

2. 填空题

（1）PLC 的工作模式有停止和运行两种，这两种工作模式均属于__________扫描工作方式。

（2）在 PLC 的内部寄存器中，设置了一定数量用来存放输入、输出信号状态的寄存器，分别称为输入、输出__________寄存器。

（3）程序执行过程中若输入发生变化，输入映像区的内容_____（会/不会）发生变化。

3. 简答题

（1）简述 PLC 的工作过程。

（2）何为 PLC 的扫描周期？

4. 综合题

查阅相关资料找出 PLC 与继电器控制系统在工作方式上的不同，并尝试说明如何理解。

专题 1.4 FX_3 系列 PLC 及三菱 PLC 分类

本专题将探知 FX_{3U} 系列 PLC 外观面板布置及其各组成部分的功能，并在此基础上，解读 FX_{3U} 系统构成及其常用设备型号含义，以及三菱 PLC 分类等相关知识。

问题引入

图 1–12 所示为 FX_3 系列 PLC，从简易基础型，到高速、可扩展性优良的高性能型，共包括适应各种不同需求的 6 个子系列产品。

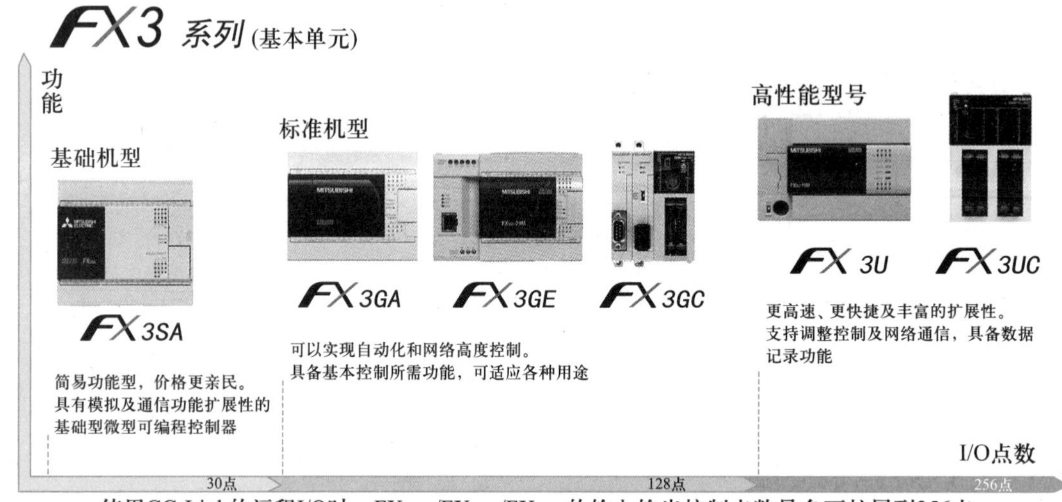

图 1–12　FX_3 系列 PLC

在各子系列中，FX_{3U} 为高速、大容量、多功能的高性能控制器，本书选用该子系列作为学习对象。那么，其外观面板布置是什么样的呢？

探知解答

FX_{3U} 系列 PLC 的主机（基本单元）面板由三部分组成，即外部接线端子、指示部分和接口部分。下面以 FX_{3U}–48MR/ES 基本单元为例进行说明，如图 1–13 所示。

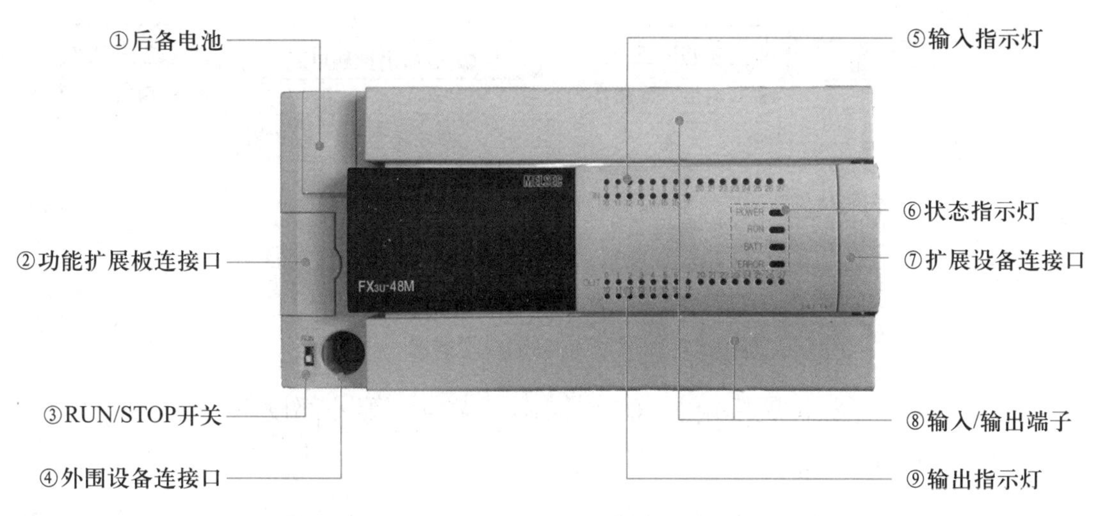

图 1-13　FX_{3U}-48MR/ES 基本单元面板布置

1-4.PLC 的面板布置及系统构成

1. 外部接线端子（见图中⑧）

用于电源及输入/输出信号的连接，包括 PLC 电源（L、N）、机器接地、输入用直流电源（24+、0、S/S）、输入端子（X）和输出端子（Y）。

➥关于外部接线端子排列，请参看附录 1.5

2. 指示部分（⑤⑥⑨）

用于反映 I/O 点（⑤ ⑨）和机器（⑥）的状态，包括各输入/输出点的状态指示灯、电源指示灯（POWER）、运行状态指示灯（RUN）、用户程序存储器后备电池指示灯（BATT）和错误指示灯（ERROR）。

3. 接口部分（②④⑦）

用于实现同编程器（④）及其他功能扩展板/特殊适配器（②）、扩展设备（⑦）的连接。

此外，面板上还设置了一个 PLC 运行模式转换开关（RUN/STOP）（③），将其拨至“RUN”使 PLC 处于运行状态（RUN 指示灯亮）；拨至“STOP”使 PLC 处于停止状态（RUN 指示灯灭）；后备电池（①）在 PLC 突然掉电时对内部数据进行备份。

知识链接

接下来，就让我们进一步学习 FX_{3U} 系列 PLC 的系统构成及其所属类型。

1. FX_{3U} 系统构成

如图 1-14 所示，为满足不同的功能要求，可灵活配置 FX_{3U} 系统中的硬件，包括基本单元、特殊适配器、扩展模块（I/O 扩展模

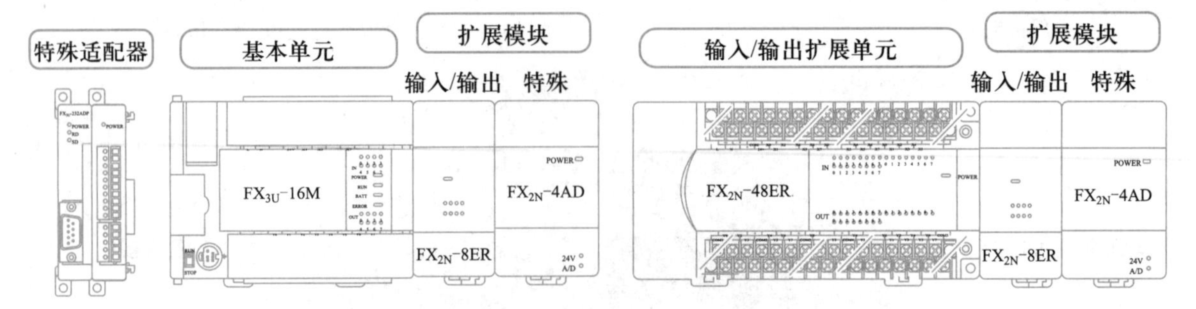

图 1-14　FX_{3U} 系统构成示意图

块、特殊扩展模块）、输入/输出扩展单元等外部设备。

（1）基本单元

FX 系列 PLC 的本体内置 CPU、存储器、输入/输出、电源，系统中必须有基本单元。

（2）特殊适配器

用于实现通信、模拟量、高速输入/输出功能的扩展，使用时安装在基本单元左侧。

（3）扩展模块

I/O 扩展模块内置输入或输出，用于实现输入/输出的扩展；特殊扩展模块可实现通信、模拟量、定位、网络功能的扩展，使用时均安装在基本单元右侧。

（4）输入/输出扩展单元

类似 I/O 扩展模块，用于扩展输入/输出；区别在于其内置电源可向其后级连接的扩展模块供电。

➥关于更多 FX_{3U} 系统构成，请参看附录 1.1

2. FX_{3U} 系统常用设备型号含义

（1）基本单元

FX 系列基本单元型号含义如图 1-15 所示。

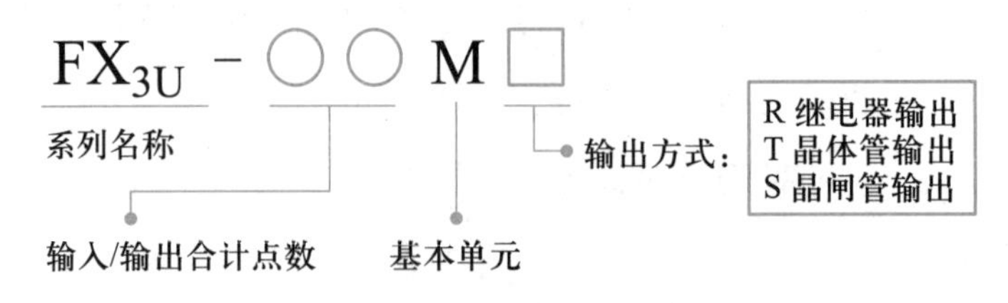

图 1-15　FX 系列基本单元型号含义

例如：FX_{3U}-48MR 表示为 FX_{3U} 系列，I/O 总点数为 48 的基本单元，采用继电器输出形式。

（2）扩展模块/单元

FX 系列扩展单元型号含义如图 1-16 所示。

例如：FX_{2N}-8EX 表示 8 个输入的扩展模块。

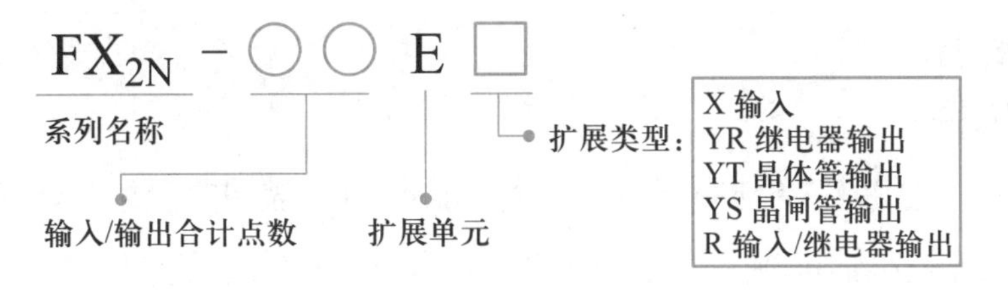

图 1-16　FX 系列扩展单元型号含义

FX_{2N}-16EYS 表示16个晶闸管输出的扩展模块。

FX_{2N}-8ER 表示4个输入、4个继电器输出形式的扩展模块。

FX_{2N}-32ET 表示16个输入、16个晶体管输出形式的扩展单元。

注：I/O 点数≥32，一般为扩展单元。

➥关于更多产品型号命名体系，请参看附录 1.0

3. 三菱 PLC 的分类

三菱 PLC 按结构形式可分为整体式和模块式。

（1）整体式

整体式 PLC 是将电源、CPU、I/O 等部件组合成一个不可拆卸的整体。

整体式 PLC 结构紧凑、体积小、价格低。如图 1-12 所示，三菱 FX 系列 PLC 就属于这一种，此类 PLC 多用于中小型系统，可以实现 10 点~384 点的控制规模。

（2）模块式

模块式 PLC 是将 PLC 的各个单独模块，如 CPU 模块、I/O 模块、电源模块等各种功能模块组合放置到机板或机架上。

模块式 PLC 结构配置灵活、装配方便，便于扩展与维修。如图 1-17 所示，三菱 Q 系列 PLC 就属于这一种，此类 PLC 多用于点数要求比较多、功能需求比较复杂的中大型系统，可以达到 8 192 点的控制规模。

图 1-17　三菱 Q 系列 PLC

拓展深化

1. 选择题

（1）某 PLC 控制系统欲进行功能改进，需再连接 1 个按钮、2 个空气断路器辅助触点、2 个电磁阀，请问该系统应选用（　　）扩展模块。

A. FX_{2N}-5A　　B. FX_{2N}-8EX

C. FX_{2N}-8EY　　D. FX_{2N}-8ER

（2）FX 系列 PLC 的 I/O 扩展单元与基本单元相比，少了（　　）。

A. 输入端子　　B. 输出端子

C. 电源　　D. CPU

（3）FX 系列 PLC 的 I/O 扩展模块与 I/O 扩展单元相比，少了（　　）。

A. 输入端子　　B. 输出端子

C. 电源　　D. CPU

2. 填空题

（1）________式 PLC 结构配置灵活、装配方便，便于扩展与维修。

（2）为防止外部电源出现问题 PLC 一般配有____________。

（3）FX_{3U} 系统一般由基本单元、输入/输出扩展单元、扩展模块和__________组成。

3. 简答题

（1）简述 FX_{3U} 系列 PLC 主机（基本单元）面板的组成。

（2）简述产品型号 FX_{3U}-64MS/ES-A 的含义。

知识脉络梳理—第 1 篇　初识可编程控制器

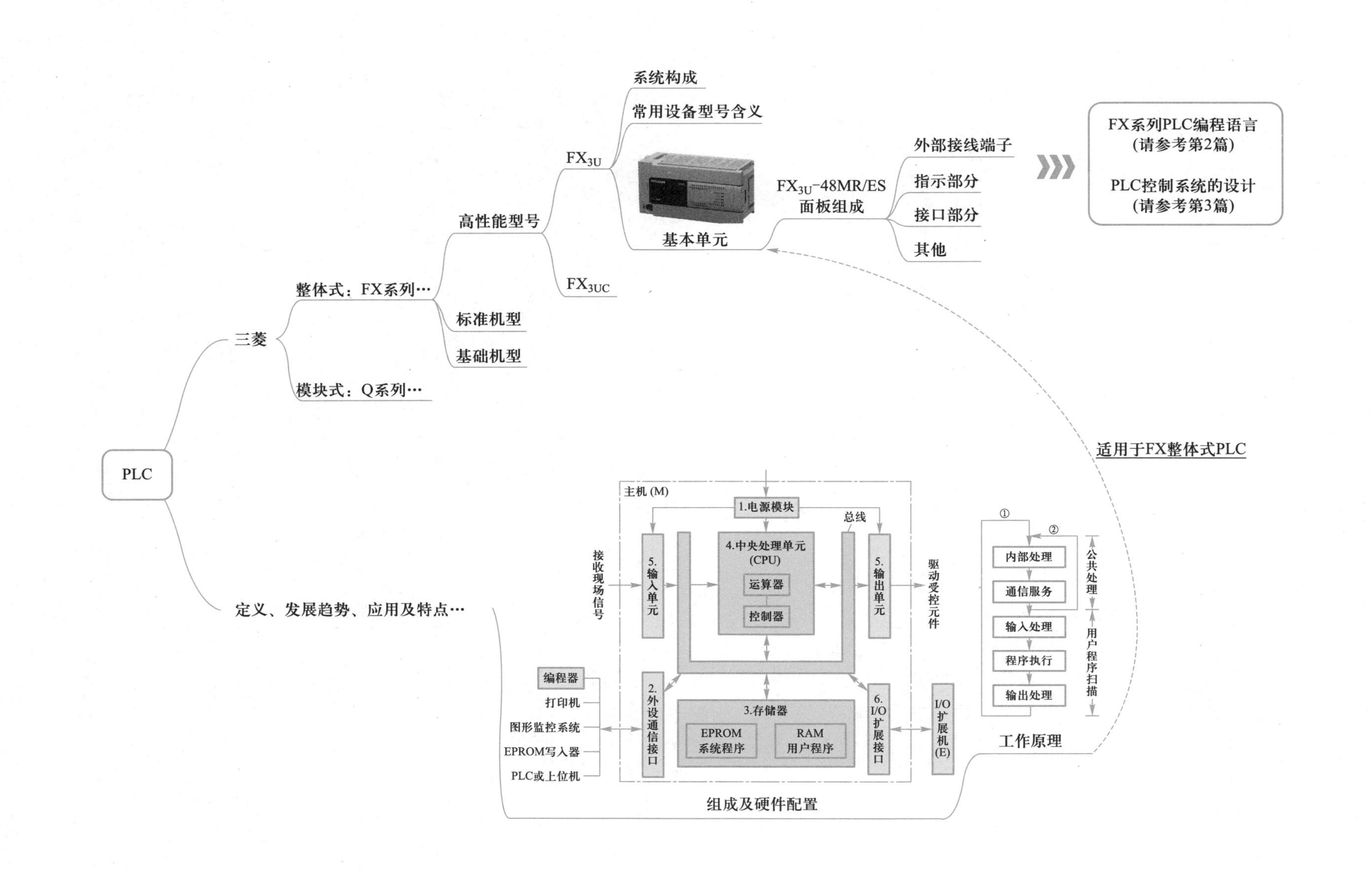

梯形图程序（基本指令）及编程方法

若想让一个 PLC 组成的控制系统正常工作，除了需要搭建硬件系统之外，还需编写控制功能程序。为便于尽快掌握 PLC 的核心技术，接下来，在假定硬件系统已经搭建完成的基础上，学习 FX 系列 PLC 的基本指令及其编程方法。

本篇各专题控制功能的设计皆基于 FX 系列 PLC 培训仿真软件（FX-TRN-BEG-C）中的硬件平台；借助该软件仿真功能以及交互性，将抽象的理论知识转换为真实可见的“实例化”体验，读者可通过厂家官网免费下载学习。

➥ 关于 FX-TRN 培训仿真软件（含程序注释添加、显示方法），请参看附录 2.1

➥ 关于 FX_{3U} 系列 PLC 内部软元件，请参看附录 3.1

➥ 关于 FX_{3U} 系列 PLC 基本指令，请参看附录 4.1

➥ 关于特殊软元件，请参看附录 5

专题 2.1 点动控制、触点、线圈与 X、Y 元件

本专题将探知如何应用梯形图编程语言中的“图形符号”触点、线圈及 PLC“内部元件”X、Y 编写点动控制程序，实现“流水线设备运行状态的显示”。

在此基础上，解读梯形图编程语言、能流、输入继电器 X、输出继电器 Y 等相关知识内容。

问题引入

如图 2-1 所示，本专题将在 FX 仿真软件 B-1 界面，完成“流水线设备运行状态的显示”。要求如下：

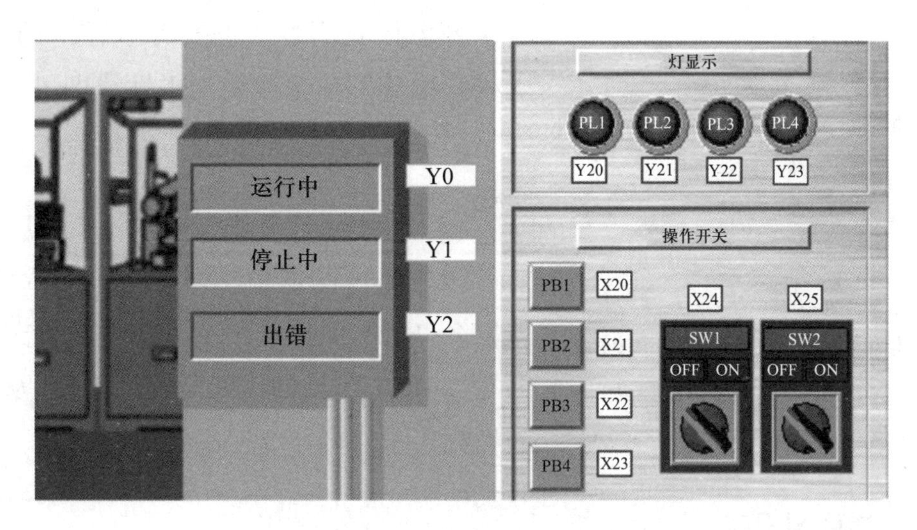

图 2-1　FX 仿真软件 B-1 界面

1. 设备运行按键 PB1（X20）：单击时，运行指示灯（Y0）点亮；松开时，停止指示灯（Y1）点亮。

2. 子设备报错按键 PB2（X21）、PB3（X22）：任意一个被单击时，出错指示灯（Y2）点亮。

3. 设备报错允许开关 SW1（X24）：当开关为 ON 时，设备方允许报错。

探究解决

采用 PLC 常用的编程语言“梯形图语言”编写程序，该编程语

言与电气控制系统的电路图很相似，是一种图形编程语言。

为此，在编写程序前，让我们首先回顾下面这个简单的照明电路图（如图 2–2 所示），并在此基础上“类比”学习编写我们的第一个梯形图程序。

1. 照明电路图

请大家拿出纸和笔，一起边画边回顾。

Step1:
相线 | |中性线

用电设备（负载）若想工作，必须有电源给其提供电能；在电路中我们常用两条竖线表示，其中一条为相线，另一条为中性线。

Step2:
相线 |  |中性线

下面假定用电设备（负载）为 220 V 交流指示灯，在电路中它的图形符号如图 2–2 所示。

Step3:
电流
相线 |——⊗——|中性线

若想让它工作（点亮），只需将其引线两端分别接至相线与中性线即可！当电路中没有断点时就会有电流流过该交流指示灯（负载）驱动其工作。

Step4:
电流
相线 |—— ／——⊗——|中性线

图 2–2　照明电路图

那么想控制该指示灯的工作状态，该怎么办呢？其实，只需加上一个开关即可，通过开关的“开”与“闭”，从而控制指示灯的“亮”与“灭”。

2. 梯形图程序

2–1. 点动控制程序实例

依据控制功能要求逐步实现，请大家边画边学。

（1）单击 PB1（X20）时，运行指示灯（Y0）点亮，如图 2–3 所示。

Step1:
左母线| |右母线

梯形图程序中也有两条竖线，它们分别称为“左母线”与“右母线”。

Step2:
左母线 | （Y0） |右母线
线圈

程序中，我们通过称为“线圈”的图形符号，实现对输出设备的控制。由于运行指示灯与 PLC 的 Y0 输出端连接，若想对其进行控制，还需在线圈上指定其所连接的输出端子。

若线圈两端分别连接至左右母线，由于没有断点，此时引入“能流”的概念（帮助我们分析程序），“能流”就会从左母线流向右母线驱动线圈 Y0，使其外部所连接的运行指示灯（负载）工作。

Step3:
能流
左母线 (Y0) 右母线

若想通过按钮 PB1（X20）控制该指示灯，该怎么办呢？在程序中，我们通过称为“触点”的图形符号，实现对输入设备的监视。这里使用动合触点，与线圈一样，需指定其连接的输入端子，即 X20。

Step4:
能流 X20
左母线 (Y0) 右母线
动合触点

图 2-3　功能 1 梯形图程序

说明：

触点只有两种状态——“开”与“闭”。

如图 2-4 所示，当 PB1 未被单击，无输入信号时，动合触点 X20“开”状态不变；“能流”卡在其左侧，不能驱动线圈 Y0，其外部所连接的运行指示灯不工作。

如图 2-5 所示，当 PB1 被单击时，有输入信号，此时动合触点 X20 状态切换为“闭”；“能流”流过闭合触点，驱动线圈 Y0，其外部所连接的运行指示灯工作。

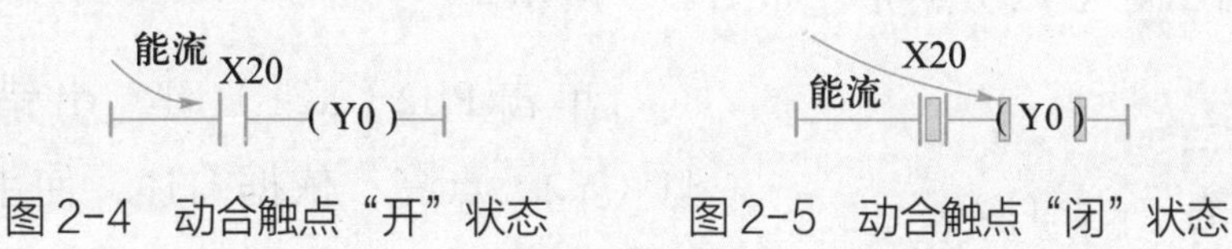

图 2-4　动合触点“开”状态　　图 2-5　动合触点“闭”状态

注意：Step3 中，为讲解程序，“假定”线圈可直接与左母线连接。实际编程中禁止！

（2）松开 PB1（X20）时，停止指示灯（Y1）点亮，如图 2-6 所示。

停止指示灯与 PLC 的 Y1 输出端连接，为此在程序内部使用 Y1 线圈实现对其的控制。

Step1:
左母线 (Y1) 右母线
线圈

“松开”PB1（X20）时，停止指示灯点亮，与前述功能 1 刚好相反；与之相对，使用动断触点 X20。

Step2:
能流
X20
左母线 (Y1) 右母线
动断触点

图 2-6　功能 2 梯形图程序

说明：

如图 2-7 所示，当 PB1 未被单击时，无输入信号，此时动断触点 X20“闭”状态不变；“能流”流过闭合触点，驱动线圈 Y1，其外部所连接的停止指示灯工作。

如图 2-8 所示，当 PB1 被单击时，有输入信号，此时动断触点 X20 状态切换为“开”；“能流”卡在其左侧，不能驱动线圈 Y1，其外部所连接的停止指示灯不工作。

图 2-7　动断触点“闭”状态　　图 2-8　动断触点“开”状态

我们常将以上控制功能称为点动控制。

需注意的是上述程序编写的过程为“自右向左”，但我们编写程序的习惯为“自左向右”，这也是 PLC 程序执行的顺序。

为此，对于点动控制，在实现上，当描述为操作某一输入设备（有信号输入）控制输出设备工作，则使用动合触点驱动对应线圈；与之相对，则使用动断触点。

（3）报错按键 PB2（X21）、PB3（X22），任意一个被单击时，出错指示灯（Y2）点亮，如图 2-9 所示。

单击 PB2（X21）时，出错指示灯（Y2）点亮；依据前述，使用动合触点 X21 控制线圈 Y2。

同理，可以完成“单击 PB3（X22）时，出错指示灯（Y2）点亮”程序的编写。但编程时，禁止出现“双线圈”（即两个以上线圈指定同样的元件编号）！

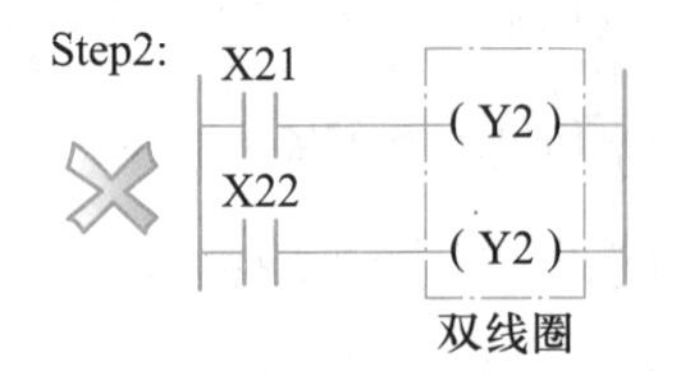

这是因为，PLC 以程序执行的最后运算结果刷新输出，为此，即便单击按键 PB2（X21），若以动合触点 X22 开始的第二个梯级程序中无能流驱动线圈 Y2，则其外部所连接的出错指示灯仍不会点亮。

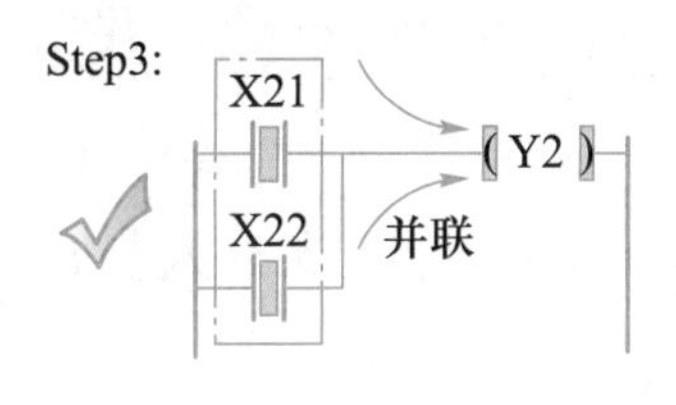

图 2-9　功能 3 梯形图程序

为避免双线圈的这种逻辑冲突，可通过将触点并联实现上述控制功能要求。当任意按键被单击时，能流可从上或下对应支路驱动线圈 Y2，点亮出错指示灯。

（4）设备报错允许开关 SW1（X24）为 ON 时，设备方允许报错，如图 2-10 所示。

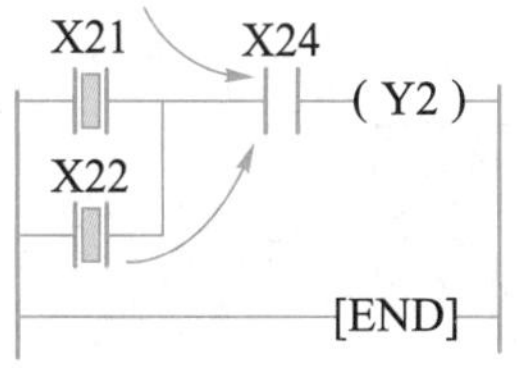

图 2-10　功能 4 梯形图程序

将动合触点 X24 加在线圈 Y2 前面的干路上，起到总控开关的作用。当其为 ON 时，能流才可流过驱动线圈 Y2 点亮出错指示灯。

至此，我们已经完成了所有控制功能要求。但编程还未结束，还需在程序的最后加上 END 指令表明程序结束。

知识链接

图 2-11 所示为刚刚完成编写的梯形图程序，可在 FX 仿真软件 B-1 界面中录入该程序（带注释）并对照功能要求进行操作检验。

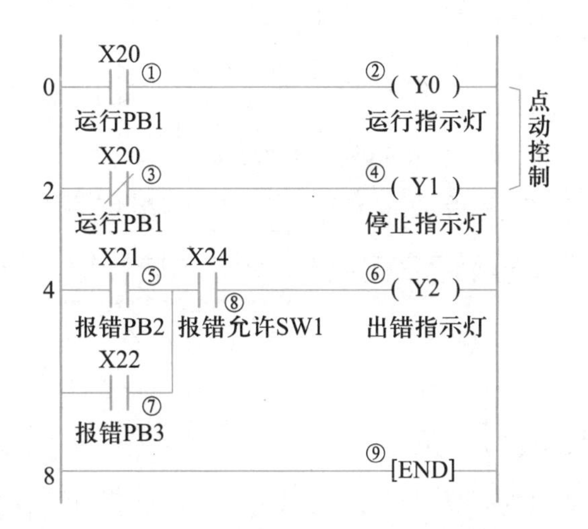

序号①～⑨表明程序编写的先后顺序

图 2-11　“流水线设备运行状态的显示”梯形图程序（带注释）

下面让我们一起学习与该程序相关联的理论知识。学习过程中，大家可以找一找图中的哪一部分能够体现下述某一理论知识的描述。

1. 梯形图编程语言

* 是一种图形语言，是在继电器控制原理图的基础上产生的一种形象、直观的逻辑编程语言。

＊沿用继电器的触点、线圈、串并联等术语和图形符号，并增加了一些控制符号。

＊形象、直观，易于被熟悉继电器控制系统的电气技术人员所掌握，因而应用广泛，被厂家作为第一编程语言。

2. 图形符号

─┤ ├─ ：动合触点　　　　─┤/├─ ：动断触点

(　　)─┤ ：线圈　　　　─[END]─┤ ：程序结束

3. 能流

能流只能从左母线流向右母线驱动线圈，如图 2–12 所示。

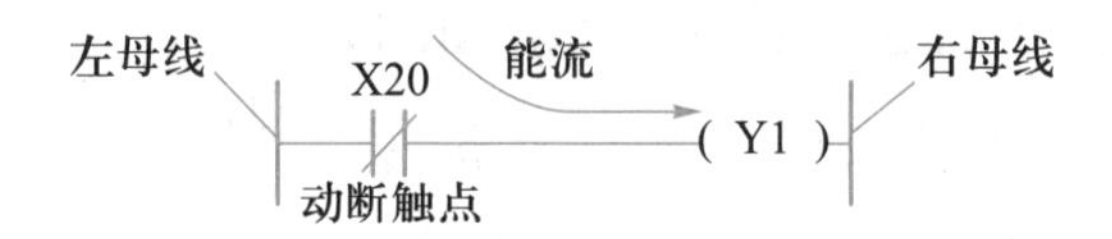

图 2–12 “左右母线”与“能流”

4. X、Y 编程元件——FX_{3U} 系列 PLC

（1）输入继电器 X

＊用于接收外部元件发来的控制信号，与输入端子相连，供编程时使用。

＊扩展时，共 248 个（X000~X367）。

（2）输出继电器 Y

＊用于将输出信号传给外部负载，具有一定的带负载能力。

＊扩展时，共 248 个（Y000~Y367）。

注意：PLC 内编程元件仅输入、输出继电器采用八进制数表示，因此其元件编号不存在诸如 8、9 这样的数值。其他编程元件均采用十进制数表示。

5. 触点状态

＊有两种状态：开与闭。

＊触点动作（状态切换）条件：触点所指定的继电器状态变化时。

6. 点动控制程序

＊操作某一输入设备时，对应输出设备（控制对象）启动或停止。

＊当描述为“操作”某一输入设备（有信号输入）致输出设备工作，则使用动合触点驱动对应输出线圈；与之相对，则使用动断触点。

7. 串并联逻辑

如图 2–13 所示。

＊多个启动条件同时满足，对应控制对象工作，可采用串联逻辑“与”。

＊多个启动条件任意一个满足，对应控制对象工作，可采用并联逻辑“或”。

图 2–13　串并联逻辑

拓展深化

1. 选择题

（1）PLC 的常用编程语言中，（　　）被称为第一编程语言。

A. 指令表　　B. 功能图

C. 梯形图　　D. 高级语言

（2）PLC 的输入继电器 X，只有（　　），没有（　　）。

A. 动合触点　　B. 动断触点

C. 触点　　D. 线圈

（3）下列选项中，（　　）不属于 FX 系列 PLC 的输出继电器。

A. Y16　　B. Y77　　C. Y184　　D. Y267

2. 填空题

设备中急停按钮一般采用动断按钮，要求当急停按钮没有被按下时，指示灯点亮，按下时指示灯不亮，那么在程序中这个急停按钮对应的触点应该用__________（动合/动断）触点。

3. 简答题

（1）将图 2–14 所示梯形图程序中线圈被驱动的条件写在对应横线处。

（2）为什么要避免双线圈的出现？如何避免？

（3）参照图 2–11，简述所学相关理论知识。

4. 综合题

在 FXTRN–BEG–C 仿真软件 B–1 界面中，编写梯形图程序（带注释）实现如下功能：

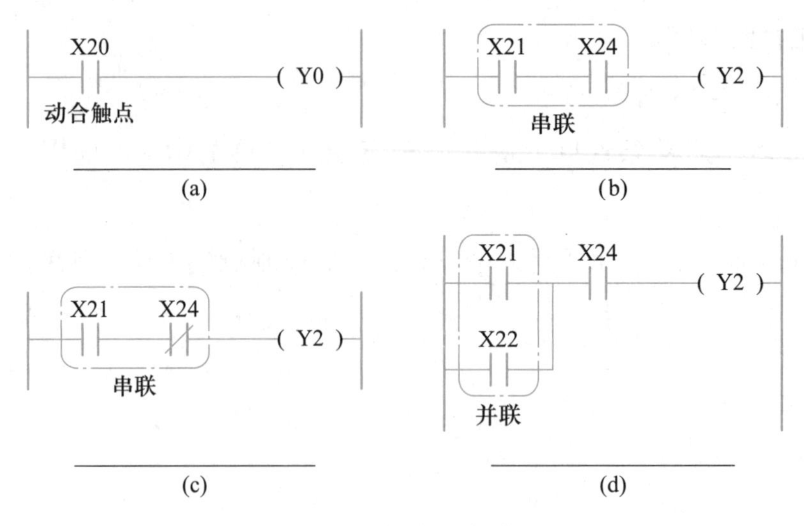

图 2-14　简答题（1）图

（1）设备运行按键 PB1：单击时，运行指示灯与 PL1 点亮；松开时，停止指示灯与 PL2 点亮。

（2）子设备报错按键 PB2/PB3/PB4：任意一个被单击时，出错指示灯与 PL3 点亮。

（3）设备报错禁止开关 SW1：当开关为 ON 时，设备禁止报错。

➥关于更多练习，请参看 A、B-1（FX-TRN-BEG-C 培训仿真软件）

专题 2.2 LD(I)、OUT、AND（I）、OR(I)、END 指令

本专题将对指令表编程语言、输入输出指令［LD（I）、OUT］、触点串并联指令［AND(I)、OR(I)］、结束指令［END］进行解读。

在此基础上，探知这些指令的应用，最终完成专题 2.1 所编写梯形图-指令表的转换。

问题引入

如图 2-15 所示，如何将专题 2.1 所编写的梯形图程序转换为指令表程序？

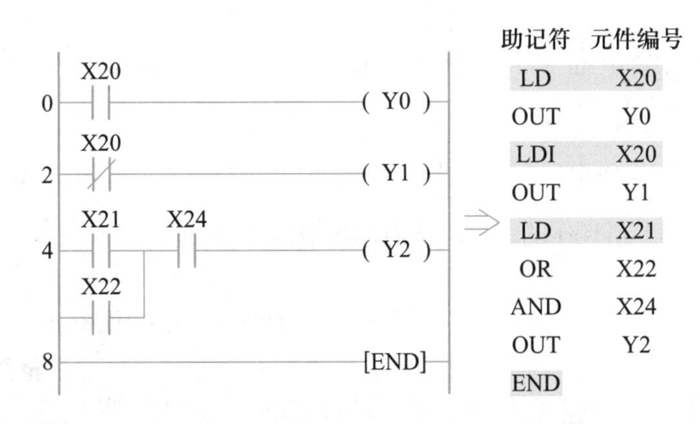

图 2-15 “流水线设备运行状态的显示”梯形图-指令表

知识链接

“指令表语言”作为 PLC 的另一种编程语言，常应用于通过手持编程器录入程序的情况；同时熟悉“指令表语言”对于理解程序的执行过程也很有帮助。

下面就让我们一起学习相关理论知识。

1. 指令表语言

＊指令表语言就是助记符编程语言。

＊通常一条指令由助记符和元件编号组成。

＊有的厂家将指令称为语句，两条及两条以上指令的集合称为语句表，亦称指令表。

＊指令表语言编程简单、逻辑紧凑且系统化，连接范围不受限制，但比较抽象，较难阅读。

2. 输入输出指令

（1）助记符与功能（见表 2-1）

表 2-1　LD、LDI、OUT 指令

助记符（名称）	功能	梯形图表示	指令对象
LD（取）	动合触点逻辑运算开始	├┤├─	X、Y、M、T、C、S
LDI（取反）	动断触点逻辑运算开始	├┤/├─	X、Y、M、T、C、S
OUT（输出）	线圈驱动	（　）─┤	Y、M、T、C、S

（2）使用说明

* LD：取指令，用于动合触点与梯形图左母线连接。

* LDI：取反指令，用于动断触点与梯形图左母线连接。

* OUT：线圈驱动指令，用于将逻辑运算的结果驱动一个指定线圈。

① 输入继电器 X（只能读不能写），不能使用 OUT 指令，如图 2-16（a）所示。

② OUT 指令可连续使用，相当于并联输出，如图 2-16（b）所示。接着 OUT M100 的 OUT M101 就是这个意思。

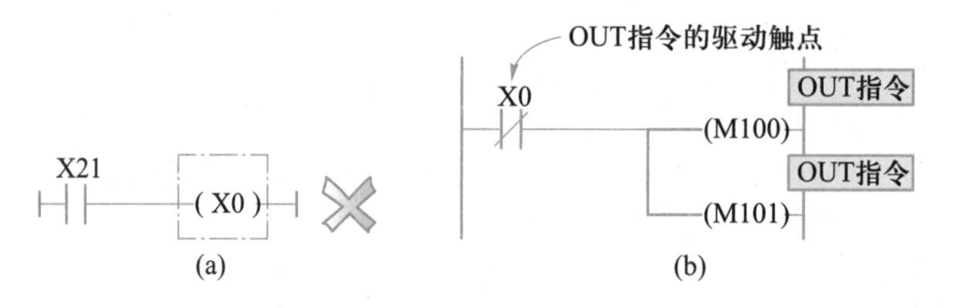

图 2-16　OUT 指令用法

3. 触点串联指令

（1）助记符与功能（见表 2-2）

表 2-2　AND、ANI 指令

助记符（名称）	功能	梯形图表示	指令对象
AND（与）	动合触点串联连接	├┤├─┤├─	X、Y、M、T、C、S
ANI（与非）	动断触点串联连接	├┤├─┤/├─	X、Y、M、T、C、S

（2）使用说明

* AND：“与” 指令，用于单个动合触点的串联。

* ANI:“与非”指令，用于单个动断触点的串联。

4. 触点并联指令

（1）助记符与功能（见表 2-3）

表 2-3　OR、ORI 指令

助记符（名称）	功能	梯形图表示	指令对象
OR（或）	动合触点并联连接		X、Y、M、T、C、S
ORI（或非）	动断触点并联连接		X、Y、M、T、C、S

（2）使用说明

* OR:“或”指令，用于单个动合触点的并联。

* ORI:“或非”指令，用于单个动断触点的并联。

5. 程序结束指令

（1）助记符与功能（见表 2-4）

表 2-4　END 指令

助记符（名称）	功能	梯形图表示	指令对象
END（结束）	输入/输出处理，程序回到第 0 步	─[END]┤	无

（2）使用说明

* END：结束指令，用于程序的结束。

① 可编程控制器重复执行“输入处理”→“执行程序”→“输出处理”，若在程序最后写入 END 指令，则不执行此后剩余的程序步，而直接进行输出处理，如图 2-17 所示。

② 执行 END 指令时，也刷新看门狗定时器（可参看专题 5.4）。

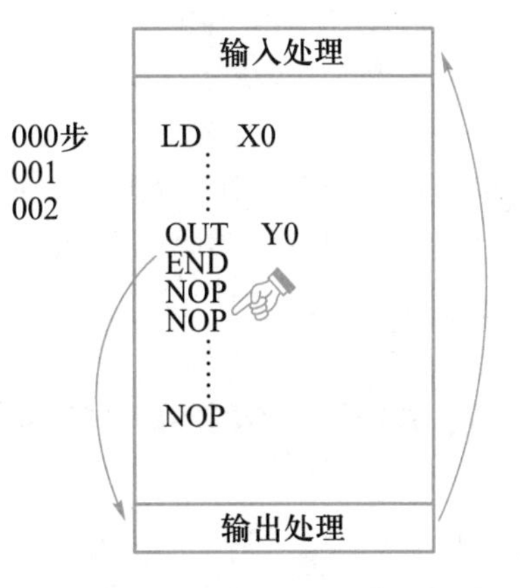

图 2-17　END 指令功能

探知应用

接下来，我们将通过实例进一步说明上述指令的应用。

1. LD、LDI、OUT 指令的应用（如图 2-18 所示）

X0 (Y0) (Y1) X1 (Y2)

LD X0
OUT Y0
OUT Y1
LDI X1
OUT Y2

图 2-18　LD、LDI、OUT 指令应用

说明：

为便于梯形图-指令表的转换，引入“光标”这一概念，同时作如下约定。

（1）光标所在位置为当前录入位置。

（2）光标不会靠近右母线。

转换详解如图 2-19 所示。

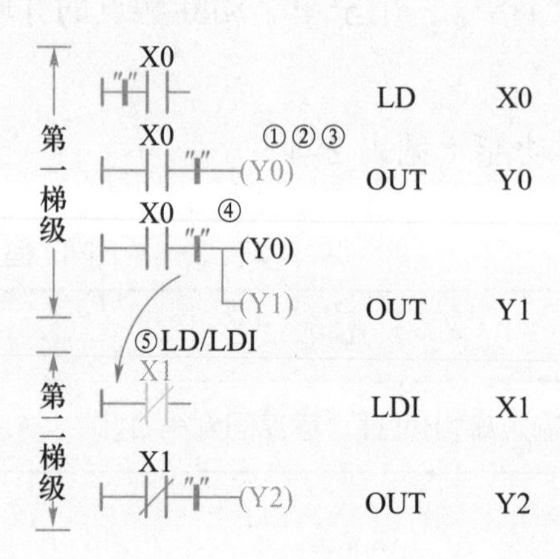

图 2-19　LD、LDI、OUT 梯形图-指令表转换流程

注释：① “I” 指代光标。
② 淡灰色表明待编辑指令。
③ 为此，据表 2-1 可知在当前光标录入待编辑指令为“OUT Y0”。
④ 录入“OUT Y0”指令后，光标仍在 Y0 线圈左侧（不会靠近右母线）。
⑤ LD/LDI 指令，将使光标再次回到左母线，开始下一梯级程序的录入。

2. AND、ANI 指令的应用（如图 2-20 所示）

X0 (Y0) X1 (Y1) X2 (Y2)

LD X0
OUT Y0
AND X1
OUT Y1
ANI X2
OUT Y2

图 2-20　AND、ANI 指令应用

说明：

转换详解如图 2-21 所示。

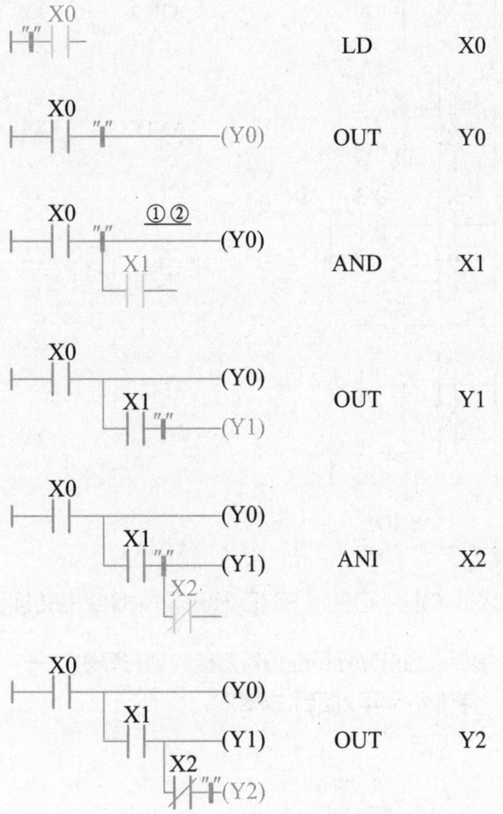

指令	元件
LD	X0
OUT	Y0
AND	X1
OUT	Y1
ANI	X2
OUT	Y2

图 2-21　AND、ANI 梯形图-指令表转换流程

注释：①“OUT Y0”指令录入后，在当前光标位置顺次向下录入下一条指令“AND X1”。

② 梯形图→指令表的转换采用“自左向右”“自上而下”的处理方式。

3. OR、ORI、END 指令的应用（如图 2-22 所示）

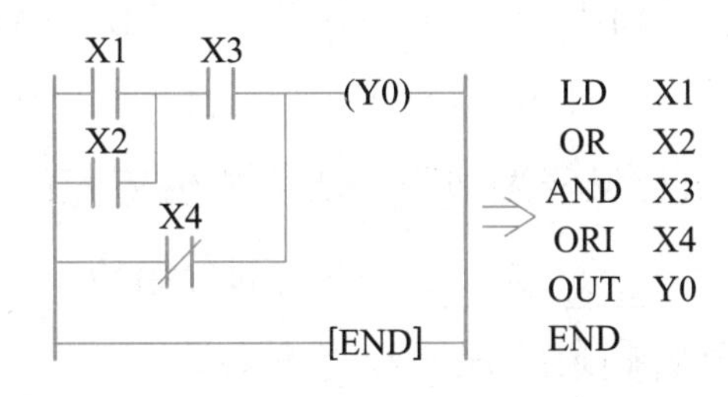

图 2-22　OR、ORI、END 指令应用

说明：

转换详解如图 2-23 所示。

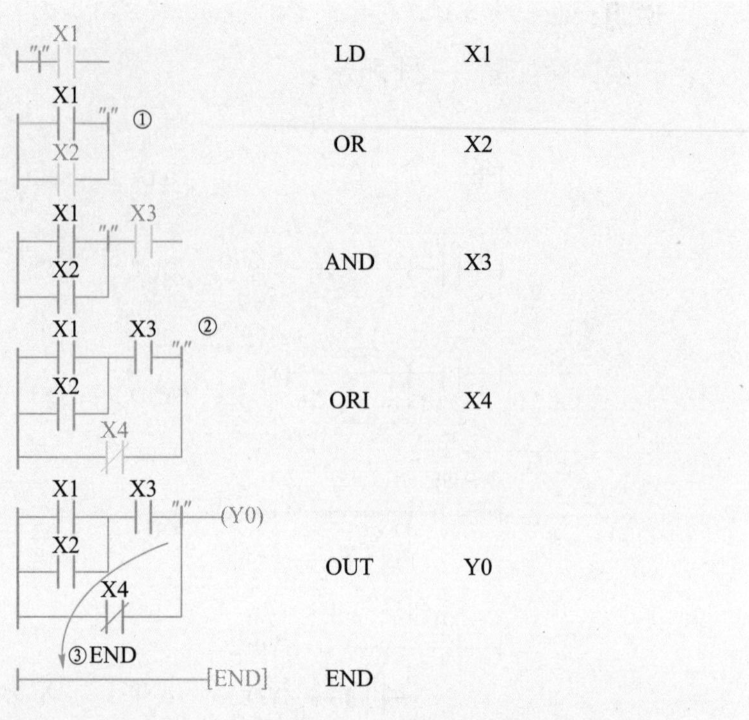

图 2-23 OR、ORI、END 梯形图-指令表转换流程

注释：①② OR（I）指令以当前光标所在位置直接并到左母线“一个”动合（动断）触点。
③ END 指令，将使光标再次回到左母线。

最后，请选取对应指令，完成“问题引入”中所提出的问题，并对照图 2-15 进行检验。

拓展深化

1. 选择题

动断触点与母线连接的指令是（　　）。

A. LD　　B. LDI　　C. OUT　　D. ANI

2. 填空题

（1）FX 系列 PLC 梯形图或指令表中的编程元件名称（器件编号）由________和________两大部分组成。

（2）END 指令后剩余的程序步将不会执行，而直接进行________处理。

（3）熟悉“指令表语言”后，可知 PLC 程序执行时的顺序为________。

3. 综合题

（1）在图 2-24 所示梯形图程序上标注对应的指令。

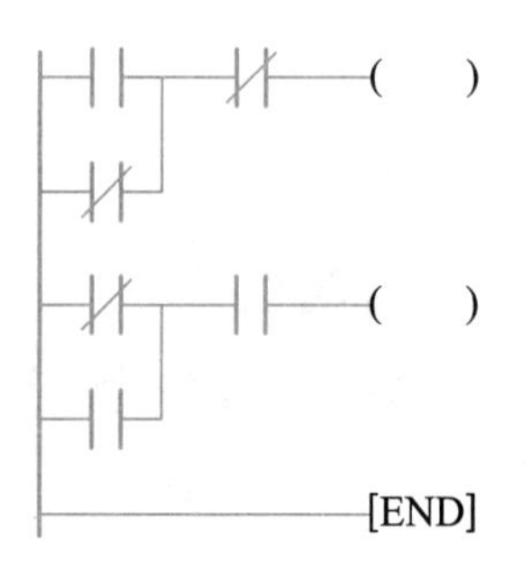

图 2-24 综合题（1）图

（2）写出图 2-25 所示梯形图程序对应的指令表。

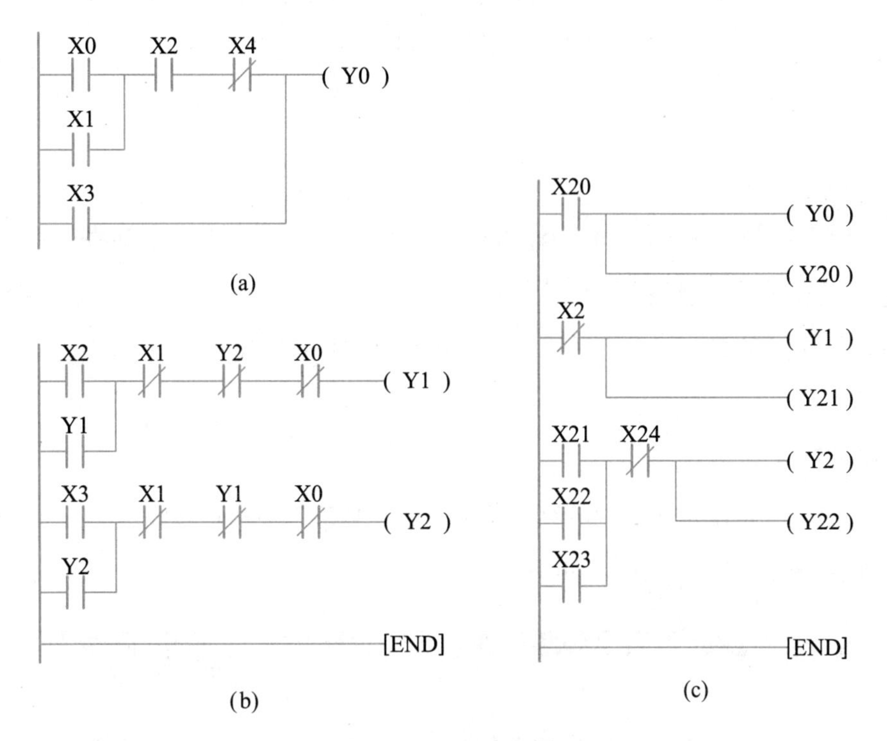

图 2-25　综合题（2）图

专题 2.3 自锁控制、梯形图的主要特点

本专题将探知如何应用梯形图编程语言中的自锁控制程序，实现“点餐呼叫系统的控制”，并在此基础上，进一步学习输入/输出继电器的相关知识，同时解读自锁控制程序及梯形图的主要特点。

问题引入

如图 2-26 所示，本专题将在 FX 仿真软件 D-1 界面完成“点餐呼叫系统的控制”。要求如下：

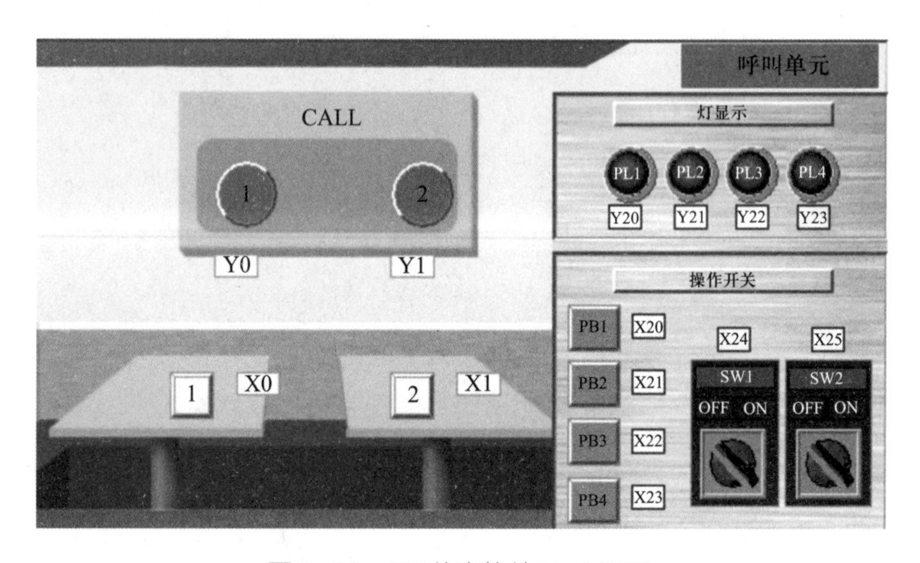

图 2-26 FX 仿真软件 D-1 界面

1. 座位点餐按键 1（X0）：单击时，指示灯 1（Y0）点亮；松开后，指示灯 1 仍然点亮。

2. 座位点餐按键 2（X1）：功能同点餐按键 1，控制指示灯 2（Y1）。

3. 远端指示灯 PL4（Y23）：点亮条件为指示灯 1、2 同时点亮。

4. 远端响应按键 PB1（X20）：单击时，所有指示灯熄灭。

2-2. 自锁控制程序实例

探究解决

依据控制功能要求逐步实现，请大家边画边学。

1. 单击点餐按键 1（X0），指示灯 1（Y0）点亮；松开后，指示灯 1 仍然点亮，如图 2-27 所示。

我们常将上述控制功能称为“自锁控制”。

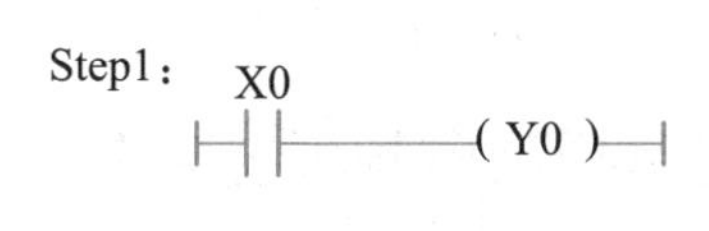

在实现上，首先依据专题 2.1 所述，选用动合触点 X0 控制线圈 Y0。至此，若松开点餐按钮（X0），该程序不能实现指示灯 1（Y0）仍然点亮。

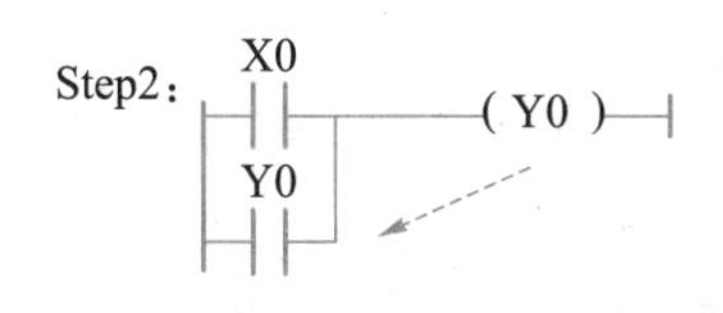

接下来，可通过将线圈 Y0 的动合触点并联到动合触点 X0 上实现该功能。

图 2–27　功能 1 梯形图程序

说明：

如图 2–28 所示，当点餐按键 1 被单击时，动合触点 X0 闭合，能流驱动线圈 Y0；此时与之对应的动合触点 Y0 的状态会随着线圈 Y0 状态的改变而闭合。

如图 2–29 所示，能流也可经过闭合的动合触点 Y0 驱动线圈 Y0；只要线圈 Y0 被驱动，动合触点 Y0 就始终闭合。

如图 2–30 所示，即便松开点餐按键 1，动合触点 X0 断开，线圈 Y0 仍被能流驱动，使指示灯 1 一直点亮。

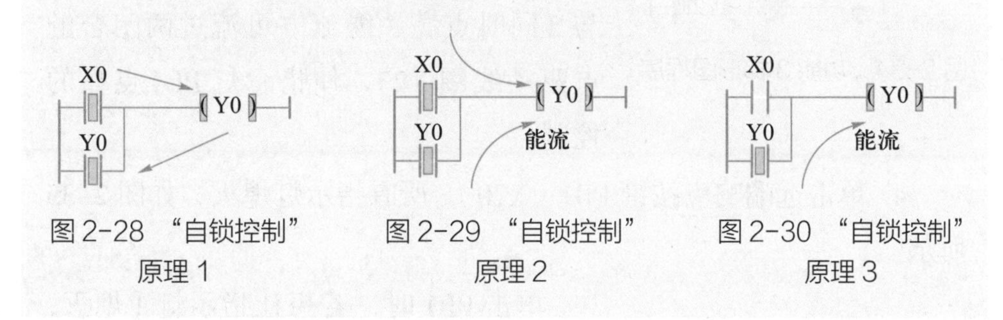

图 2–28　“自锁控制”原理 1　　图 2–29　“自锁控制”原理 2　　图 2–30　“自锁控制”原理 3

2. 单击点餐按键 2（X1），指示灯 2（Y1）点亮；松开后，指示灯 2 仍然点亮，如图 2–31 所示。

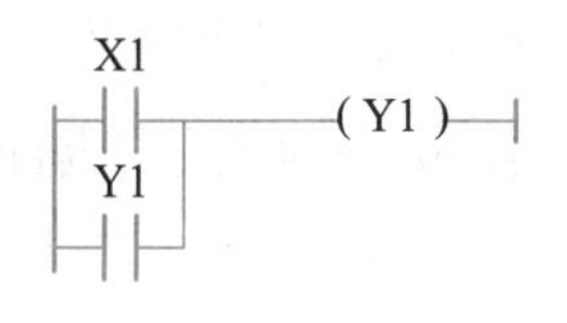

同理，可完成功能 2 程序的编写。

在这里，我们进一步强调指明将触点指定为 X 或 Y 的作用。

图 2–31　功能 2 梯形图程序

说明：

如图 2-32 所示，若触点指定为 X，则其反映监测所连接的输入设备的状态。

如图 2-33 所示，若触点指定为 Y，则其反映监测所连接的输出设备的状态。

图 2-32　触点监测输入设备　　图 2-33　触点监测输出设备

3. 指示灯 1、2（Y0、Y1）同时点亮时，远端指示灯 PL4（Y23）点亮，如图 2-34 所示。

Step1：Y1　Y2

指示灯 1 与 2 是否点亮，可通过将两个动合触点分别指定为 Y1 与 Y2 来反映监测。

在此基础上，将两动合触点“串联”控制线圈 Y23。从而实现仅当指示灯 1 与 2 同时点亮，能流方可流过两闭合触点驱动线圈 Y23，使指示灯 PL4 点亮的控制。

Step2：Y1　Y2　(Y23)

图 2-34　功能 3 梯形图程序

4. 单击远端响应按键 PB1（X20），所有指示灯熄灭，如图 2-35 所示。

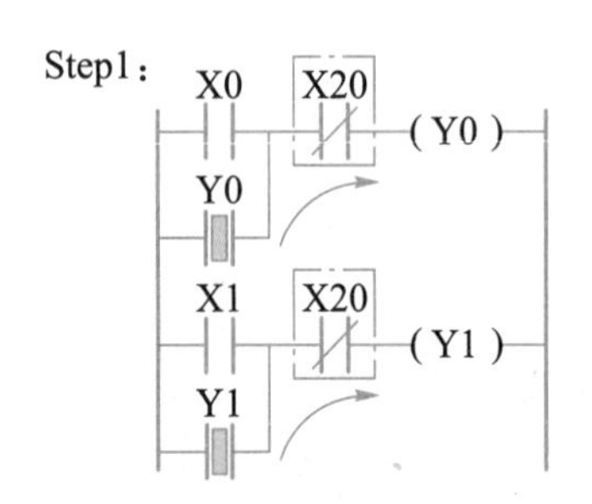

单击 PB1 时，若想让指示灯 1 熄灭，在程序中首先找到控制其的线圈 Y0，之后在其前面加上动断触点 X20 即可。

同理也可在线圈 Y1 前加上动断触点 X20，这样当单击 PB1 时，动断触点 X20 断开，截断能流，使指示灯 1、2 同时熄灭。

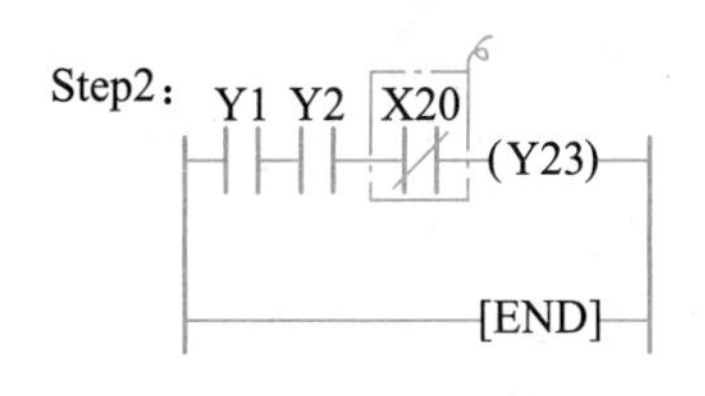

图 2-35　功能 4 梯形图程序

鉴于指示灯 1、2 一旦熄灭，动合触点 Y1、Y2 便会恢复断开状态，从而使指示灯 PL4 熄灭；所以线圈 Y23 前面的动断触点 X20 可省略不加。

至此，我们已经完成了所有控制功能要求，请在程序最后加上 END 指令。

知识链接

图 2-36 所示为刚刚完成编写的梯形图程序，请在 FX 仿真软件 D-1 界面中录入该程序（带注释）并对照功能要求进行操作检验。

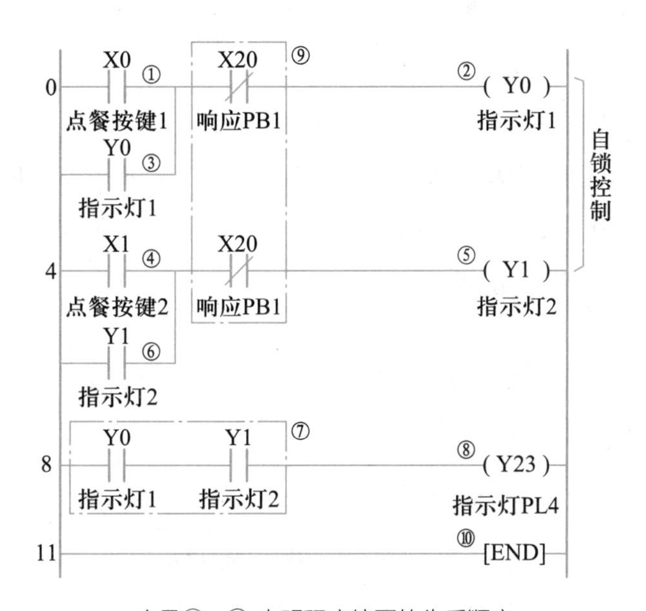

序号①~⑩ 表明程序编写的先后顺序

图 2-36　“点餐呼叫系统的控制”梯形图程序（带注释）

下面让我们一起学习与该程序相关联的理论知识。学习过程中，大家可以找一找图中的哪一部分能够体现下述某一理论知识的描述。

1. X、Y 编程元件——FX_{3U} 系列 PLC

（1）输入继电器

＊只有触点。

＊只能由外部信号驱动，不能在程序内部用指令驱动，如图 2-37 中的“△”所示。

（2）输出继电器

＊有触点和线圈。

＊不能直接由外部信号驱动，而只能在程序内部用指令驱动，如图 2-37 中的“□”所示。

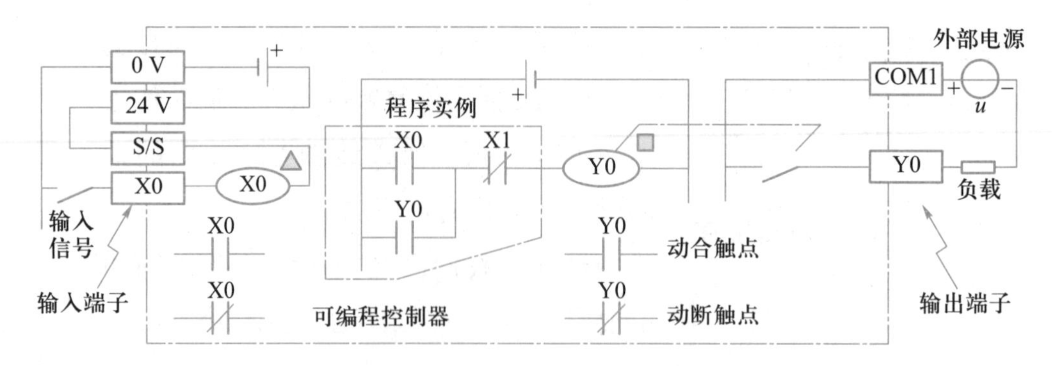

图 2-37　输入、输出继电器

2. 自锁控制程序

＊自锁控制也是常说的启–保–停控制。

如图 2–38 所示，通过启动（X0）、保持（Y0）、停止（X1）触点实现。

＊“断开优先”与“启动优先”。

当启动按钮（X0）、停止按钮（X1）同时按下时，图 2–38（a）的输出 Y0 为断开，称为“断开优先”形式；图 2–38（b）的输出 Y0 为接通，称为“启动优先”形式。

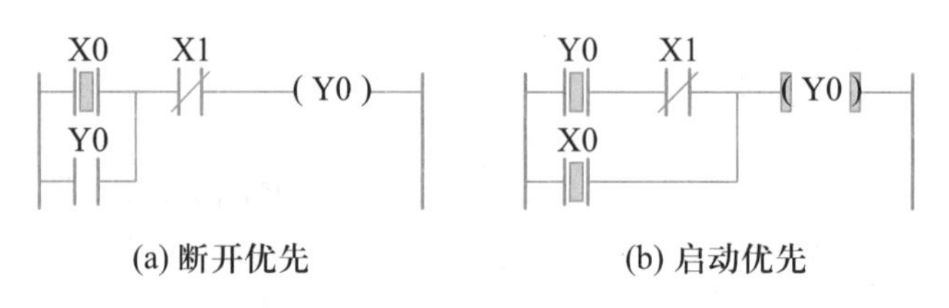

图 2–38　“自锁控制”梯形图程序

3. 梯形图的主要特点

＊两侧的垂直公共线称为公共母线；在分析梯形图逻辑关系时，把左侧母线假想为“相线”，右侧母线假想为“中性线”，“能流”从左向右流动，当各触点闭合时，输出线圈接通。

＊沿用了继电器触点、线圈、串并联等术语和图形符号，形象直观，易于接受。（但它们不是真实的物理继电器，而是在软件中使用的编程元件）。

＊编程元件的触点均可反复使用，次数不限。

＊程序运行时其执行顺序是按从左向右、从上到下的原则。

拓展深化

1. 选择题

FX 系列 PLC，只有触点没有线圈的软元件是（　　）。

A. Y　　B. X　　C. T　　D. C

2. 填空题

（1）PLC 程序中的输入继电器 X 是由________驱动的。

（2）梯形图中各编程元件的________均可反复使用，次数不限。

（3）在梯形图程序中，两侧的垂直公共线称为________。

3. 简答题

（1）参照图 2-36，简述所学相关理论知识。

（2）设备启动按钮一般采用动合触点接入 PLC，而为了安全可靠，停止按钮一般采用动断触点接入 PLC。分析其安全可靠的原因，并指出编程时应如何处理。

4. 综合题

在 FXTRN-BEG-C 仿真软件 D-1 界面中，编写梯形图程序（带注释）实现如下功能：

（1）单击按键 1，指示灯 1 点亮，松开后仍然点亮；单击按键 2，指示灯 2 点亮，松开后仍然点亮。

（2）该点餐呼叫系统“模式”可通过转换开关 SW1 切换：

SW1 位于左侧：模式 1，指示灯 1 与指示灯 2 同时点亮时，远端指示灯 PL4 点亮。

SW1 位于右侧：模式 2，指示灯 1 与指示灯 2 任意一个点亮时，远端指示灯 PL4 点亮。

（3）单击远端响应按键 PB1，所有指示灯熄灭。

➥关于更多练习，请参看 B-2、D-1（FX-TRN-BEG-C 培训仿真软件）

专题 2.4 ANB、ORB、SET、RST 指令

本专题将对并联电路块串联指令 ANB、串联电路块并联指令 ORB、置位与复位指令［SET、RST］进行解读。

在此基础上，探知这些指令的应用，最终完成专题 2.3 所编写梯形图-指令表的转换。

问题引入

“双模式点餐呼叫系统的控制”梯形图-指令表如图 2-39 所示。

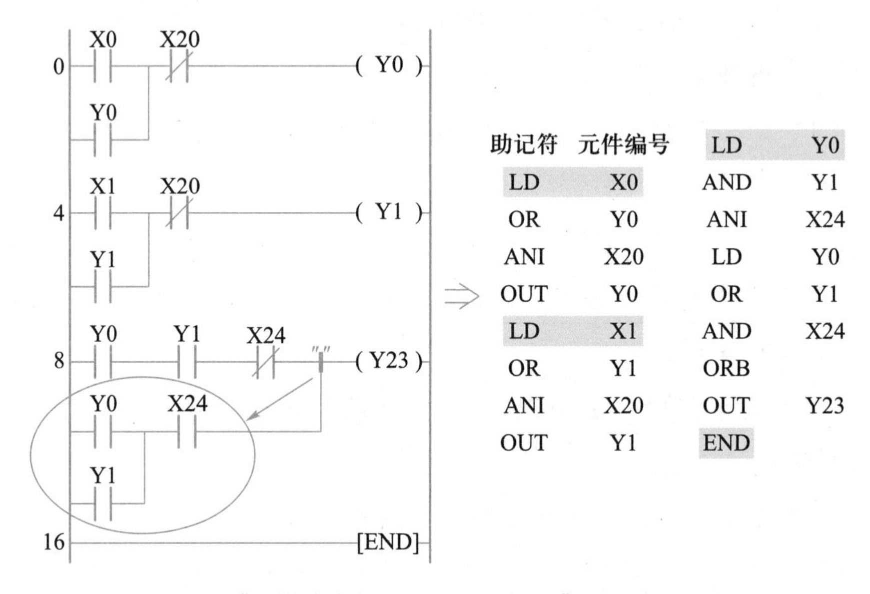

助记符	元件编号	LD	Y0
LD	X0	AND	Y1
OR	Y0	ANI	X24
ANI	X20	LD	Y0
OUT	Y0	OR	Y1
LD	X1	AND	X24
OR	Y1	ORB	
ANI	X20	OUT	Y23
OUT	Y1	END	

图 2-39 “双模式点餐呼叫系统的控制”梯形图-指令表

问题 1：如何将专题 2.3 所编写的梯形图程序转换为指令表程序？

问题 2：若想保持输出状态，除了采用“自锁控制”外，是否还有其他实现方式？

知识链接

关于问题 1：

当转换至图 2-39 光标所示位置时，应用所学指令并不能完成圆圈内部梯形图程序的转换。为解决这一问题，下面就让我们一起学习相关理论知识。

1. 电路块

含有两个以上触点的电路串联或并联结构称为串联或并联电路块，简称“块与”或“块或”。

2. 串联电路块并联指令

（1）助记符与功能（见表 2–5）

表 2–5　ORB 指令

助记符（名称）	功能	梯形图表示	指令对象
ORB（回路块“或”）	串联电路块的并联连接	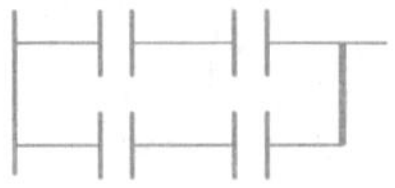	无

（2）使用说明

* ORB：回路块“或”指令，用于串联电路块的并联连接。

① 串联电路块并联时，各电路块分支开始用 LD 或 LDI 指令，分支结尾用 ORB 指令。

② 有多个并联回路时，在每个回路块中使用 ORB 指令，实现并联连接。

3. 并联电路块串联指令

（1）助记符与功能（见表 2–6）

表 2–6　ANB 指令

助记符（名称）	功能	梯形图表示	指令对象
ANB（回路块“与”）	并联电路块的串联连接	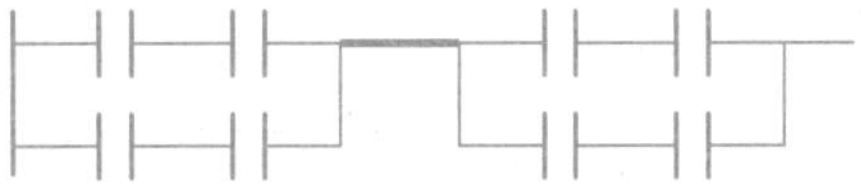	无

（2）使用说明

* ANB：回路块“与”指令，用于并联电路块的串联连接。

① 并联电路块串联时，各分支开始用 LD 或 LDI 指令，在并联好电路块后，使用 ANB 指令与前面的电路块串联。

② 如果有多个并联电路块串联，依次以 ANB 指令与前面支路连接。

注意：若将电路块集中写出，则 ANB 或 ORB 指令最多只能使用 8 次。

说明：

ANB、ORB 指令的应用有两种编程方式，分别为“一般编程法”和“集中编程法”，如图 2-40 所示。

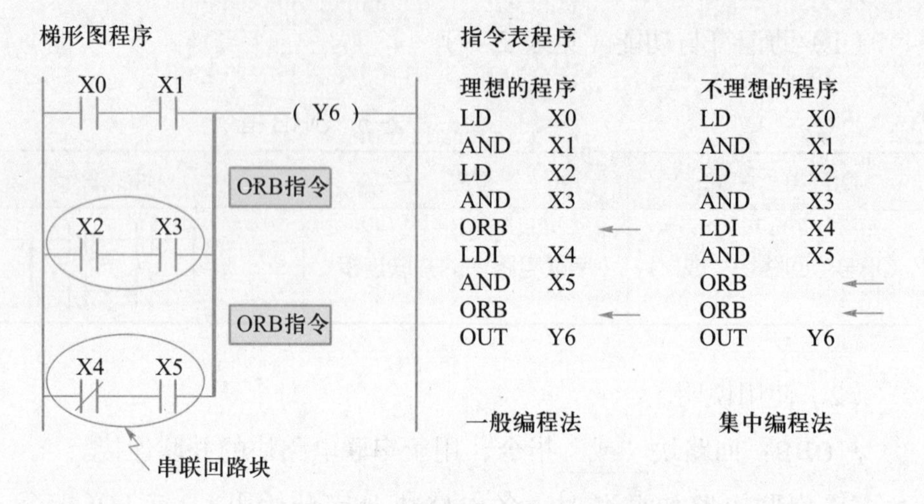

图 2-40 “一般编程法”与“集中编程法”

关于问题 2：

除“自锁控制”程序，还可通过“SET/RST 指令”实现与其相同的功能，不同的是“SET/RST 指令”能够多次用于保持/复位相同输出结果。

4. 置位与复位指令

（1）助记符与功能（见表 2-7）

表 2-7 SET、RST 指令

助记符（名称）	功能	梯形图表示	指令对象
SET（置位）	令元件保持 ON 状态	—[SET]┤	Y、M、S
RST（复位）	令元件保持 OFF 状态	—[RST]┤	Y、M、S、C、D、V/Z、积算定时器 T

（2）使用说明

* SET：置位指令，用于驱动线圈并使其保持接通状态。

* RST：复位指令，用于清除线圈并使其保持断开状态。

① 对同一元件可以多次使用 SET、RST 指令，顺序可任意，但最后执行者有效。

② 数据寄存器 D、变址寄存器 V/Z 的内容清零；计数器 C、累计定时器 T246~T255 的当前值复位及触点复位，也可使用 RST 指令。

探知应用

接下来，我们将通过实例进一步说明上述指令的应用。

1. ANB 指令的应用（如图 2-41 所示）

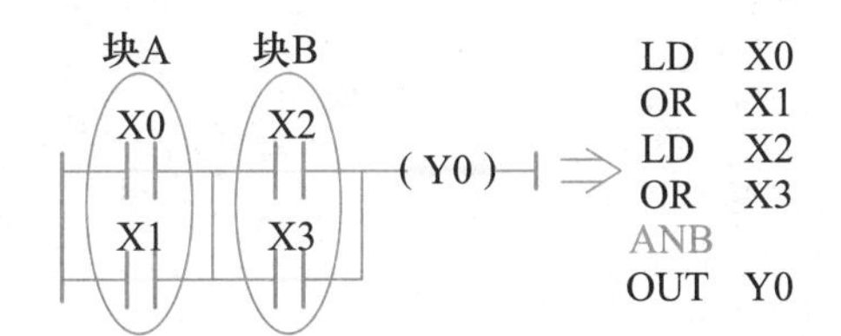

图 2-41　ANB 指令应用

说明：

若某梯形图程序仅应用 LD（I）、AND（I）、OR（I）指令并不能完成转换，就需将该程序拆解为“电路块”后，再进行转换。为此，将图 2-41 所示程序拆解为电路块 A、B。

转换流程如图 2-42 所示。

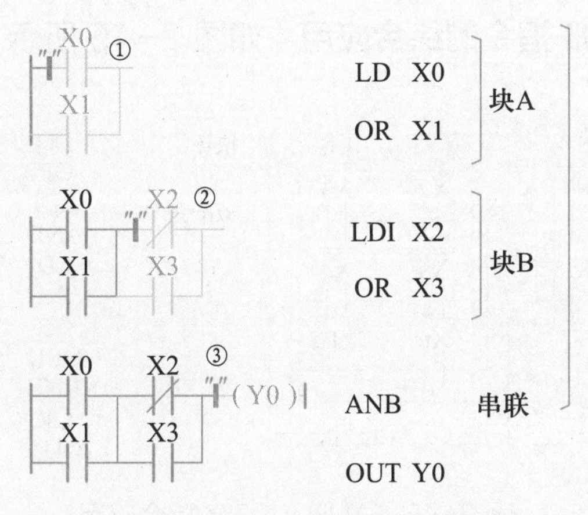

图 2-42　ANB 梯形图-指令表转换流程

注释：①② 电路块的开始用 LD 或 LDI 指令。

③ 指明两电路块关系，电路块串联（ANB）。

2. ORB 指令的应用（如图 2-43 所示）

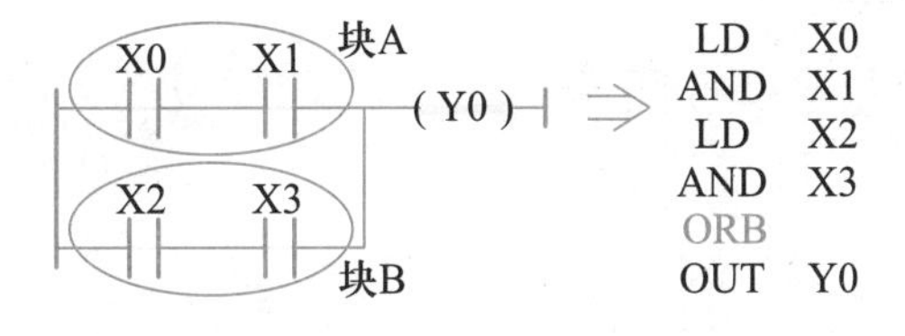

图 2-43　ORB 指令应用

说明：

将图 2-43 所示程序拆解为电路块 A、B。

转换流程如图 2-44 所示。

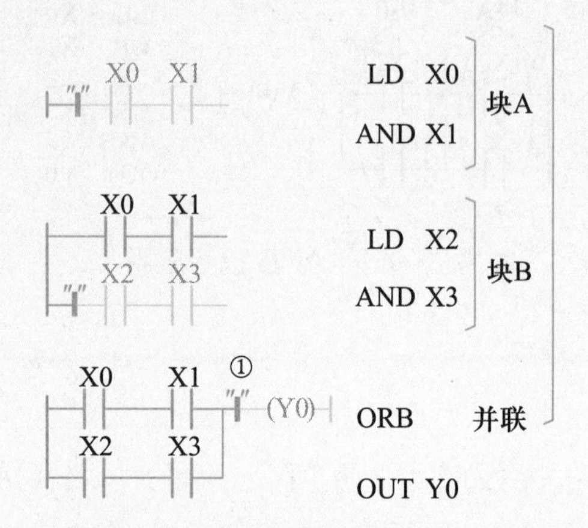

图 2-44 ORB 梯形图-指令表转换流程

注释：① 指明两电路块关系，电路块并联（ORB）。

3. ANB、ORB 指令的综合应用（如图 2-45 所示）

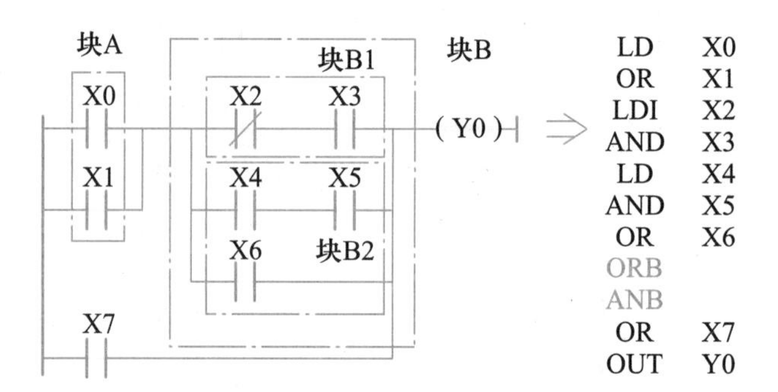

图 2-45 ANB、ORB 指令应用

说明：

Step1：画圈定块

将图 2-45 所示程序拆解为电路块 A、B，两者关系为“串联”；电路块 B 仍需拆解为电路块 B1、B2，两者关系为“并联”。

Step2：转换

转换流程如图 2-46 所示。

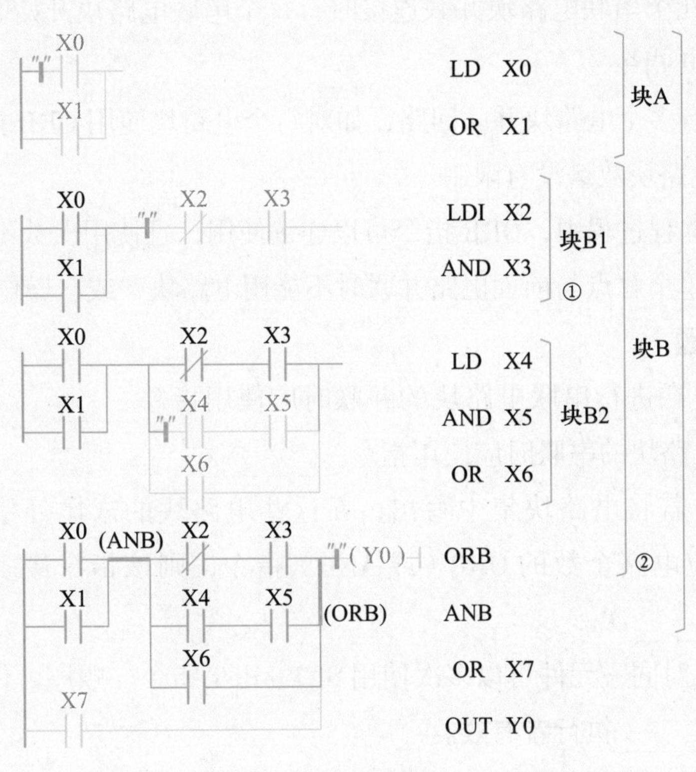

图 2-46　ANB、ORB 梯形图-指令表转换流程

注释：① 块 A 与块 B1 无串并联逻辑关联，所以依次录入块 B2。

② ORB 指令描述块 B1、B2 逻辑关系；之后，可将块 B1、B2 看做一个整体（块 B）；再使用 ANB 指令描述块 A、B 逻辑关系。

4. SET、RST 指令的应用

如图 2-47 所示，X0 一旦接通，即使它断开，Y0 也保持接通；X1 一旦接通，即使它断开，Y0 仍保持断开。

图 2-47　SET、RST 指令应用

最后，请选取对应指令，完成“问题引入”中所提出的问题 1，并对照图 2-39 进行检验。

拓展深化

1. 选择题

下列关于 ORB 指令说法错误的选项是（　　）。

A. 几个串联电路块并联连接时，每个串联电路块开始时应使用LD或LDI指令

B. 有多个电路块并联回路，如对每个电路块使用ORB指令，则并联的电路块数量没有限制

C. 编程过程中，ORB指令可以连续使用，且使用次数不限

D. 单个触点与前面电路并联时不能用电路块“或”操作指令

2. 填空题

（1）在进行串联电路块的并联时应使用指令__________，在进行并联电路块的串联时应使用指令__________。

（2）若将电路块集中写出，在这些电路块的末尾处依次集中写出对应电路个数的ORB（或ANB）指令，则该指令最多只能使用__________次。

（3）对同一元件可以多次使用SET、RST指令，顺序可任意，但__________执行者有效。

3. 简答题

简述AND与ANB、OR与ORB的区别。

4. 综合题

（1）写出图2-48所示各梯形图程序对应的指令表。

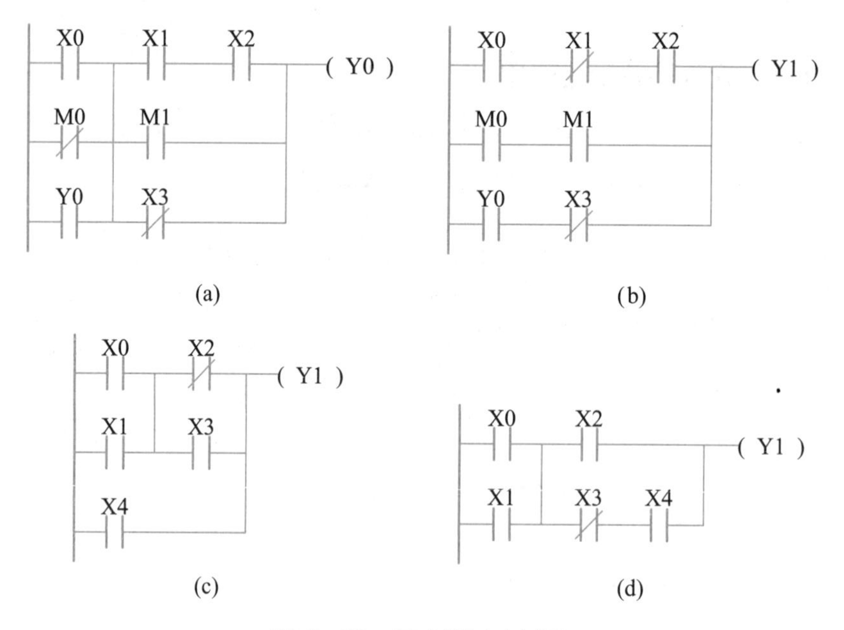

图2-48　综合题（1）图

（2）应用SET/RST指令改写专题2.3“点餐呼叫系统的控制”中所编写的梯形图程序并写出对应的指令表。

专题 2.5 互锁、互控控制、绘制梯形图的基本原则

本专题将探知如何应用梯形图编程语言中的互锁、互控控制程序，实现交通灯系统的控制。

在此基础上，解读互锁、互控控制程序及绘制梯形图的基本原则，规范编写梯形图程序。

问题引入

如图 2-49 所示，本专题将在 FX 仿真软件 B-3 界面，完成交通灯系统的控制。要求如下：

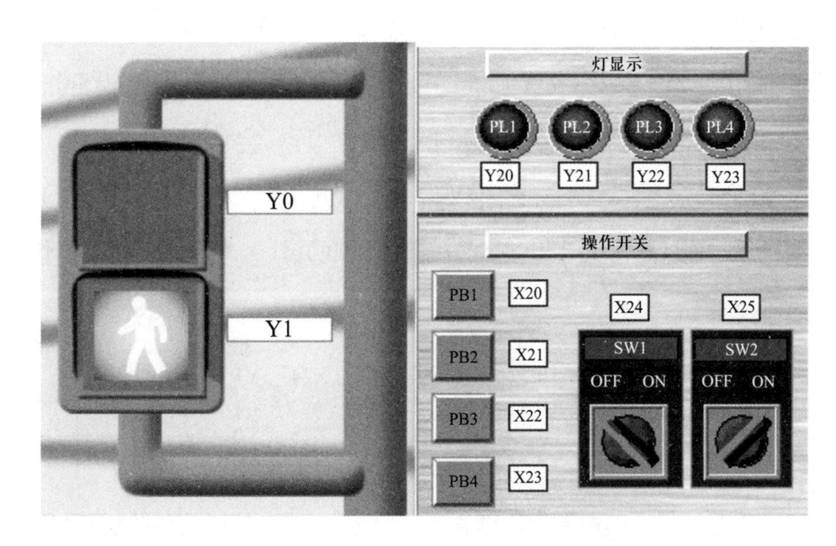

图 2-49　FX 仿真软件 B-3 界面

1. 控制开关 SW1（X24）、SW2（X25）：为 ON 时，分别对应点亮红灯（Y0）和绿灯（Y1）；为 OFF 时，对应红灯和绿灯熄灭。

2. 红灯或绿灯其中一个点亮时，另一个无法点亮。

3. 按键 PB1（X20）、PB2（X21）：单击时，分别对应点亮指示灯 PL1（Y20）和 PL2（Y21），松开后对应指示灯仍然点亮。

4. PL1（Y20）、PL2（Y21）其中一个点亮时，另一个自动熄灭。

探究解决

依据控制功能要求逐步实现，请大家边画边学。

1. 控制开关 SW1（X24）、SW2（X25）为 ON 时，分别对应

点亮红灯（Y0）和绿灯（Y1）；为 OFF 时，对应红灯和绿灯熄灭，如图 2-50 所示。

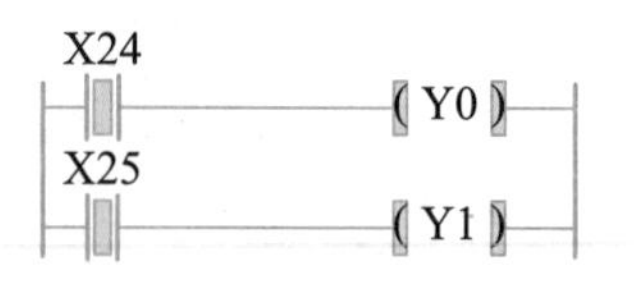

图 2-50　功能 1 梯形图程序

两开关拨至右侧“ON”，动合触点 X24、X25 闭合，使红灯、绿灯点亮。

若想熄灭，需再次将开关拨至左侧“OFF”。

2. 红灯（Y0）或绿灯（Y1）其中一个点亮，另一个无法点亮，如图 2-51 所示。

我们常将上述这类控制要求称为“互锁控制”。在实现上，可将输出线圈的动断触点串联在对方输出前即可。

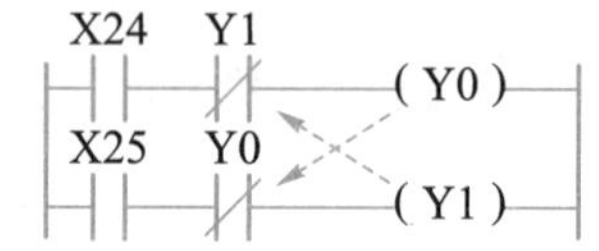

图 2-51　功能 2 梯形图程序

说明：

如图 2-52 所示，将 SW1（X24）拨至“ON”，红灯（Y0）点亮。同时，与线圈 Y0 对应的动断触点为“开”；此时，即使 SW2（X25）拨至“ON”，绿灯（Y1）仍不会点亮。

如图 2-53 所示，与之相对，将 SW2（X25）拨至“ON”时也是如此，即使 SW1（X24）拨至“ON”，红灯（Y0）仍不会点亮。

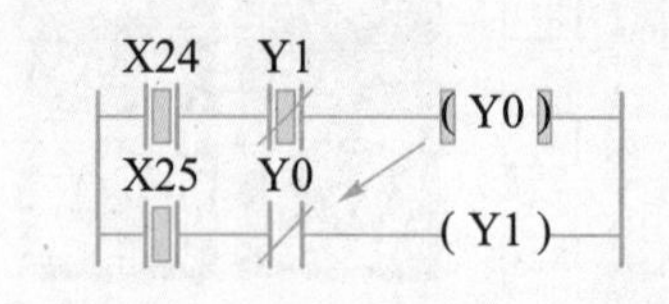

图 2-52　“互锁控制”原理 1

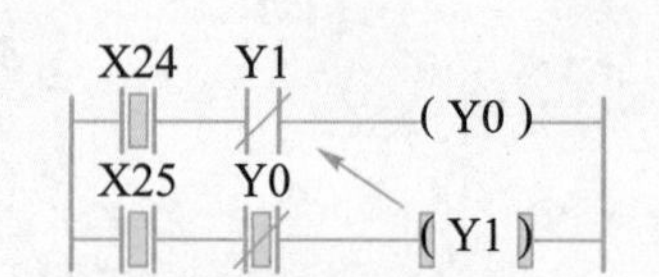

图 2-53　“互锁控制”原理 2

3. 单击按键 PB1（X20）、PB2（X21），分别对应点亮指示灯 PL1（Y20）和 PL2（Y21），松开后对应指示灯仍然点亮，如图 2-54 所示。

参照专题 2.3 中“自锁控制程序”，可实现松开启动按钮后，对应指示灯仍然点亮。

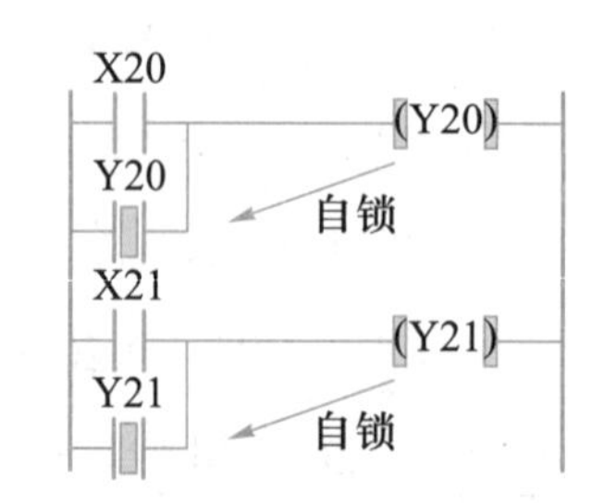

图 2-54　功能 3 梯形图程序

4. PL1（Y20）、PL2（Y21）其中一个点亮时，另一个自动熄灭，如图 2-55 所示。

我们常将这类控制要求称为“互控控制”。在实现方法上，可将启动条件对应的动断触点串联在对方输出前即可。

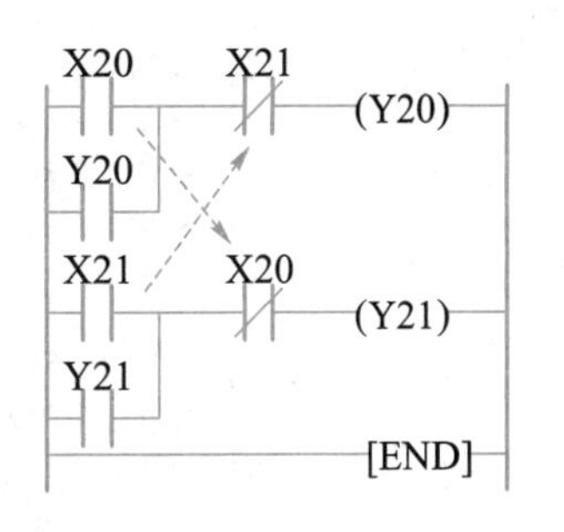

图 2-55 功能 4 梯形图程序

说明：

如图 2-56 所示，指示灯 PL1（Y20）已经点亮。此时，若单击按键 PB2（X21），使程序中：

① 动断触点 X21 状态为“开”，指示灯 PL1（Y20）熄灭。

② 动合触点 X21 状态为“闭”，指示灯 PL2（Y21）点亮。

如图 2-57 所示，与之相对，指示灯 PL2（Y21）已经点亮。若单击按键 PB1（X20）也是如此，即①指示灯 PL1（Y20）点亮，②PL2（Y21）熄灭。

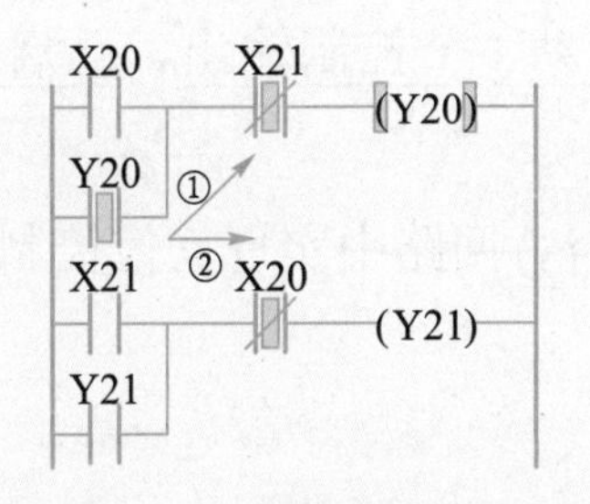

图 2-56 “互控控制”原理 1

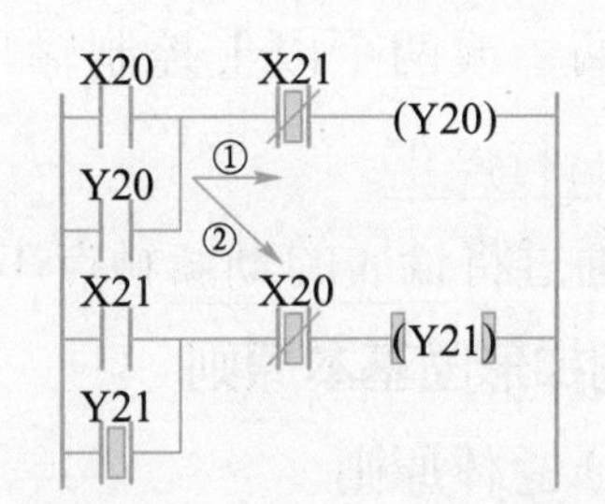

图 2-57 “互控控制”原理 2

知识链接

图 2-58 所示为刚刚完成编写的梯形图程序，请在 FX 仿真软件 B-3 界面中，录入该程序（带注释）并对照功能要求进行操作检验。

随后让我们一起学习与该程序相关联的理论知识。学习过程中，大家可以找一找图中的哪一部分能够体现下述某一理论知识的描述。

1. 互锁控制程序

* 两个或两个以上控制输出，启动 1 个控制输出，其他控制输出不能再启动，直到该控制输出停止。

* 通过将输出的动断触点串联在对方回路中实现互锁控制。

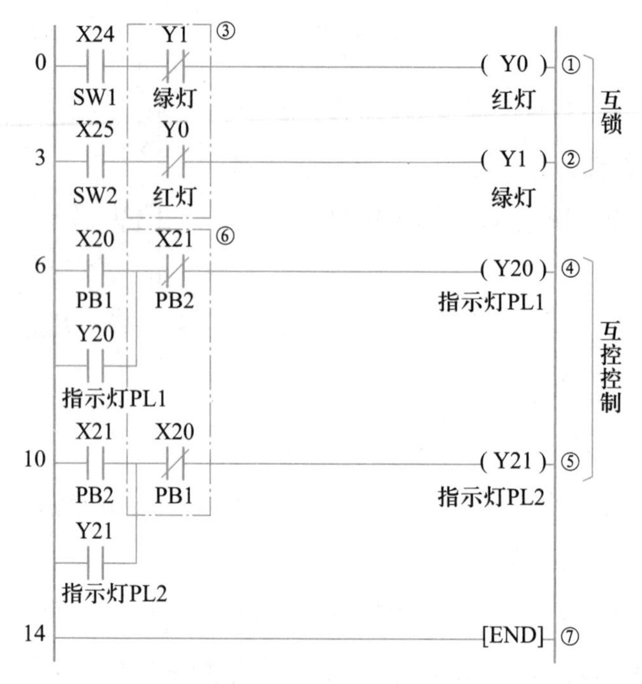

序号①~⑦ 表明程序编写的先后顺序

图 2-58 “交通灯系统的控制”梯形图程序（带注释）

2. 互控控制程序

＊两个或两个以上控制输出，启动 1 个控制输出，已启动的控制输出自行停止。

＊通过将输入的动断触点串联在对方回路中实现互控控制。

3. 绘制梯形图基本原则

（1）总体原则

＊书写顺序：先左后右，自上而下。

＊每一行左母线开始，右母线为止，触点在左边，线圈在最右边。

＊程序结束，画出结束符号。

（2）关于触点的原则

＊可多个触点串并联使用，触点数量不受限制。

＊不允许交叉电路，如图 2-59 所示。

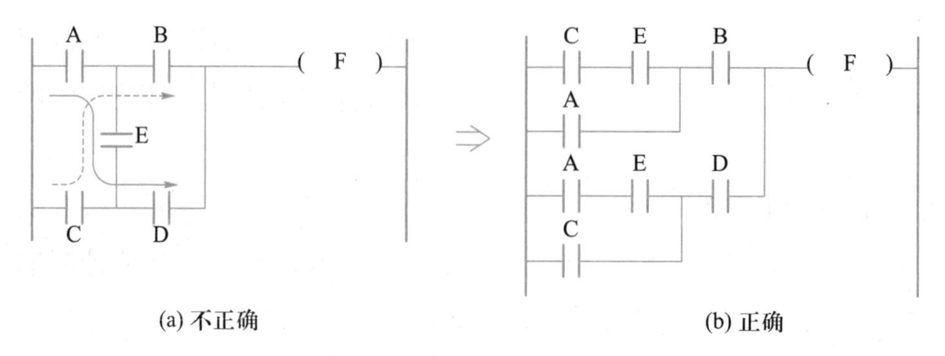

(a) 不正确　　(b) 正确

图 2-59 “交叉电路”的处理

* 串联触点多的在上，并联触点多的在左，可减少程序步数，如图 2–60 所示。

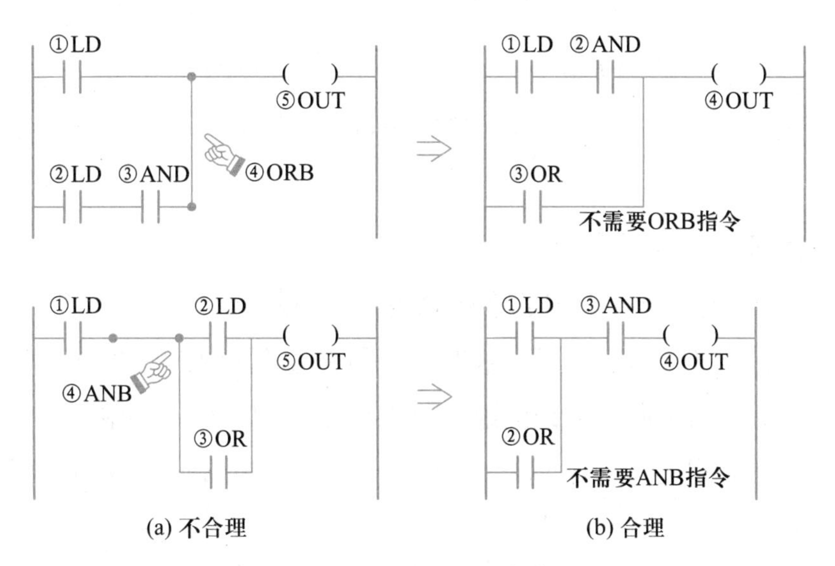

图 2–60 “串并联触点多的支路”的处理

（3）关于线圈的原则

* 输出线圈不能直接与左母线相连，如图 2–61（a）所示。

* 禁止使用“双线圈”，如图 2–61（b）所示。

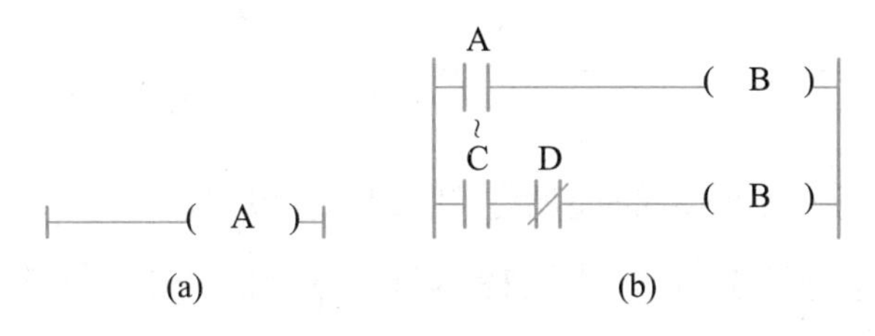

图 2–61 禁止“连接左母线”“双线圈”

* 允许多个线圈并联输出，不允许串联输出，如图 2–62 所示。

(a) 不正确 (b) 正确

图 2–62 禁止线圈“串联”

* 线圈的右侧勿写触点。

同时建议触点间的线圈放在前面编程。如图 2–63 所示，触点 A 和 B 之间的线圈（E）放在程序上方，无须使用栈操作指令，可以减少程序步数（可参看专题 2.7）。

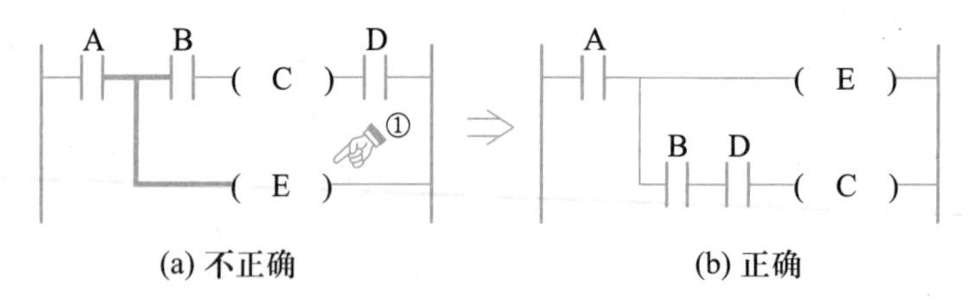

图 2-63 “触点间线圈”的处理

拓展深化

1. 选择题

（1）下列关于梯形图的格式说法错误的是（　　）。

A. 梯形图按行从上至下编写，每行从左至右顺序编写

B. 梯形图中同一标记的触点可以反复使用，次数不限

C. 梯形图的每一逻辑行必须从起始母线开始画起，终止母线可以省略

D. 梯形图中的触点和输出线圈都可以任意并、串联

（2）PLC 程序中，手动程序和自动程序需要（　　）。

A. 自锁　　B. 互锁　　C. 保持　　D. 联动

2. 填空题

梯形图每一行都是左母线开始，到右母线为止，触点在左边，输出线圈放在__________。

3. 简答题

（1）参照图 2-58，简述所学相关理论知识。

（2）本专题所介绍的“互控程序”实现方法，是否适用于使用 SET/RST 指令的情况？

（3）在实际应用中为了安全可靠，不但在程序设计时加入“互锁”，而且还在 PLC 外围电路中也加入“互锁触点”进行保护，以防止 PLC 程序出错或编程错误导致两个信号同时输出造成意外。那么，有哪些实际情况需采用“互锁”？

4. 综合题

在 FXTRN-BEG-C 仿真软件 B-4 界面中，编写梯形图程序实现传送带正、反转的启停控制（正反转可直接切换）；同时要求传送带运行时，红灯点亮、蜂鸣器鸣叫预警。

（1）列出 I/O 点；

（2）设计梯形图程序（带注释）；

（3）写出语句表。

➥关于更多练习，请参看 B-3、D-4（FX-TRN-BEG-C 培训仿真软件）

专题 2.6
联锁控制与M元件

本专题将探知如何应用梯形图编程语言中的联锁控制程序及PLC“内部元件”M 编写梯形图程序，实现提送供给系统的控制。

在此基础上，解读联锁控制程序及辅助继电器 M 等相关理论知识。

问题引入

如图 2–64 所示，本专题将在 FX 仿真软件 B–4 界面完成提送供给系统的控制。要求如下：

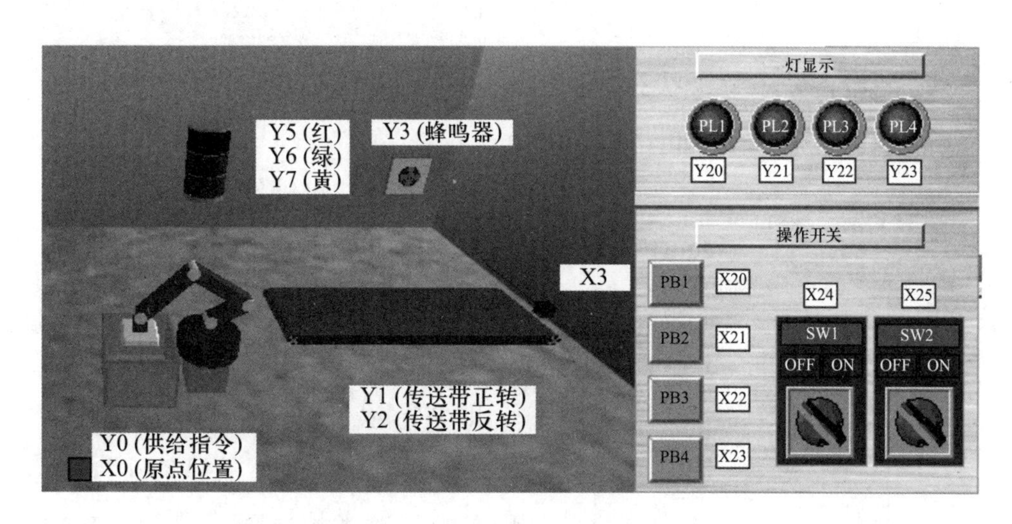

图 2–64　FX 仿真软件 B–4 界面

1. 设备上电，PLC 处于运行状态，红色警示灯（Y5）点亮。

2. 解锁按键 PB1（X20）：单击后，指示灯 PL1（Y20）点亮，设备解锁。

锁定按键 PB2（X21）：单击后，指示灯 PL1（Y20）熄灭，设备锁定。

传送带开关 SW1(X24)：当设备处于解锁状态，且 SW1 为“ON”时，传送带正转（Y1）。

3. 传送带正转时，指示灯 PL2（Y21）以 1 s 为周期闪烁（提示传送带已运行，机械手臂可开始供给货品）。

4. 机械手臂按键 PB3（X22）：当传送带正转时，单击 PB3 机械手臂（Y0）供给货品（注：机械手动作时，Y0 无须保持）。

探究解决

依据控制功能要求逐步实现，请大家边画边学。

2-4. 联锁控制程序实例

1. 设备上电，PLC 处于运行状态，红色警示灯（Y5）点亮，如图 2-65 所示。

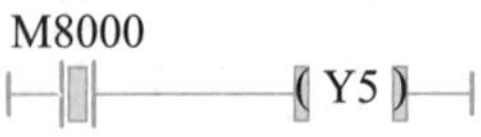

程序中，可通过将动合触点指定为“M8000”，实现对 PLC 当前状态的监视，当 PLC 处于上电运行状态，该触点状态始终为“闭”，使红色警示灯（Y5）点亮。

M8000 —(Y5)—

图 2-65　功能 1 梯形图程序

2. 单击解锁按键 PB1（X20）后，指示灯 PL1（Y20）点亮，设备解锁。

单击锁定按键 PB2（X21）后，指示灯 PL1（Y20）熄灭，设备锁定。

当设备处于解锁状态，且传送带开关 SW1（X24）为“ON”时，传送带正转（Y1），如图 2-66 所示。

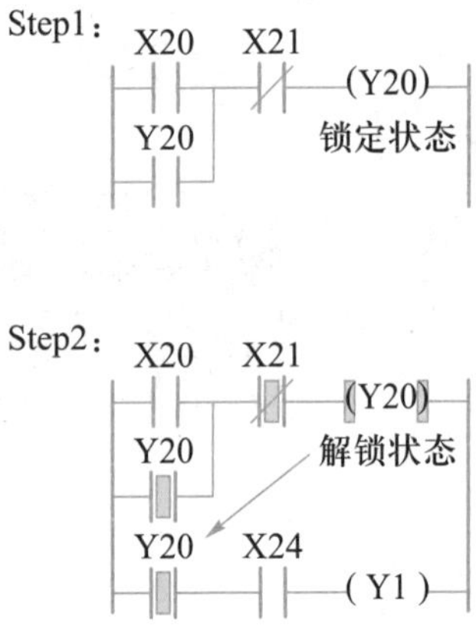

Step1：X20　X21　(Y20)　Y20　锁定状态

Step2：X20　X21　(Y20)　Y20　解锁状态　Y20　X24　(Y1)

图2-66　功能2梯形图程序

参照专题 2.3“自锁控制”程序。

从而实现通过指示灯 PL1（Y20）的“亮”“灭”来表明设备当前所处的状态。

据功能要求，可知设备处于“解锁状态”即“指示灯 PL1 点亮”，是另一输出设备传送带正转的“前提条件”。

我们常将这类控制要求称为“联锁控制”。在实现上，将输出线圈的动合触点串联在对应输出前即可。

说明：

如图 2-67 所示，当设备处于解锁状态，动合触点 Y20状态为“闭”，此时 SW1（X24）拨至“ON”，传送带（Y1）正转。

如图 2-68 所示，当设备处于锁定状态，动合触点 Y20 状态为“开”；此时，即便 SW1（X24）拨至“ON”，传送带（Y1）也不能正转。

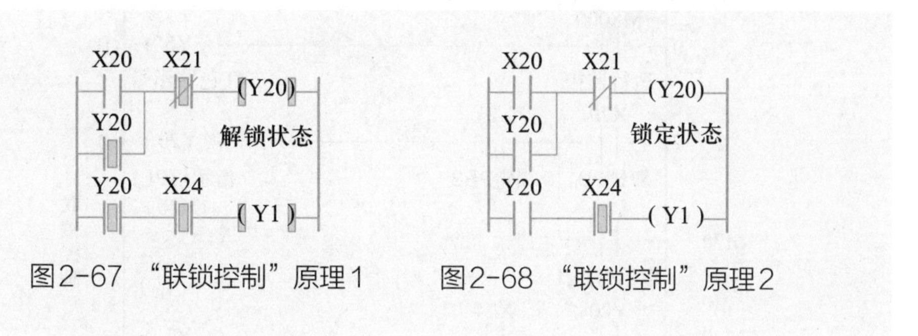

图2-67 “联锁控制”原理1　　图2-68 “联锁控制”原理2

3. 传送带正转时，指示灯 PL2（Y21）以 1 s 为周期闪烁。

4. 传送带正转时，单击机械手臂按键 PB3（X22），机械手臂（Y0）供给，如图 2-69 所示。

首先，可将动合触点指定为“M8013”；当 PLC 处于运行状态，该触点以 1 s 为周期在“开”“闭”状态间切换，从而使指示灯 PL2 以 1 s 为周期闪烁。

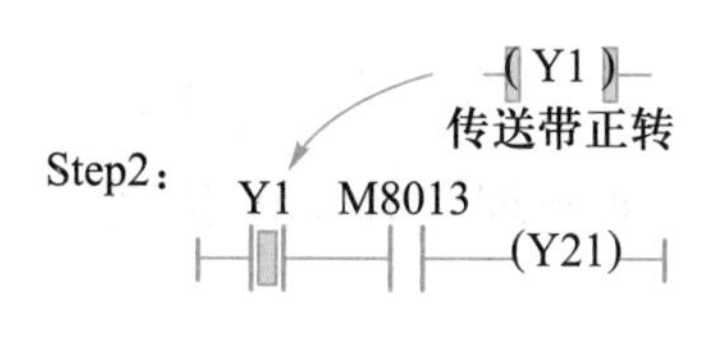

由于该指示灯工作的前提条件为传送带正转，为此参照前述“联锁控制”程序。可将线圈 Y1 的动合触点串联在其线圈前。

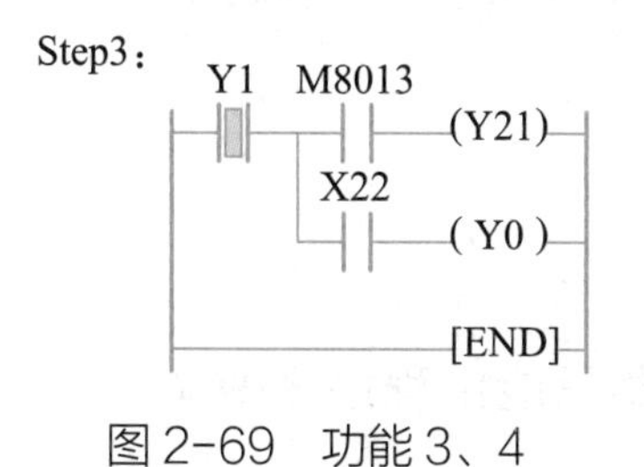

图 2-69 功能 3、4 梯形图程序

同理，在此基础上，实现功能 4 要求。

若设备的锁定与解锁状态无须通过指示灯表明，上述程序将会占用一个输出继电器，造成浪费。遇到这种情况，我们将程序中所有的 Y20 替换成一般辅助继电器 M20 即可。

知识链接

如图 2-70 所示，请在 FX 仿真软件 B-4 界面中，录入该程序（带注释）并对照功能要求进行操作检验。经验证，修改后的程序仍能实现设备的锁定与解锁功能。

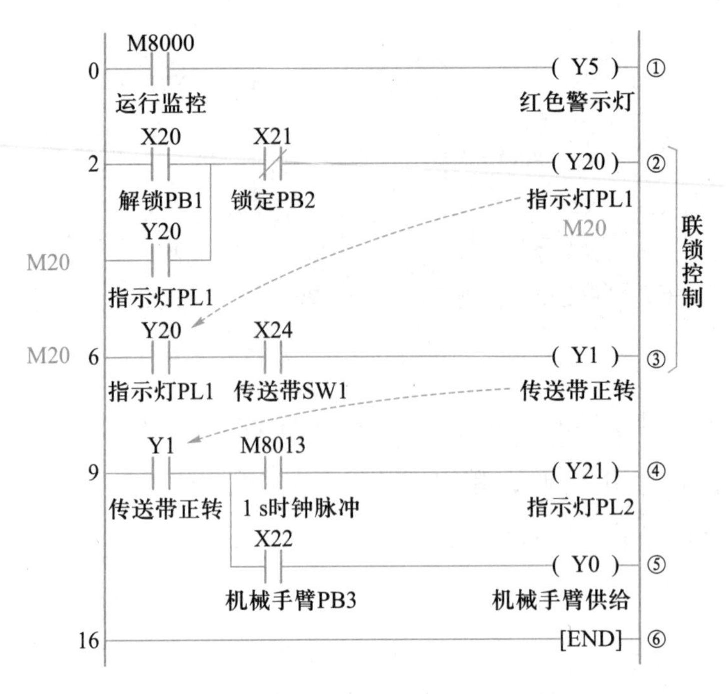

图 2-70 “提送供给系统的控制”梯形图程序（带注释）

下面让我们一起学习与该程序相关联的理论知识。学习过程中，大家可以找一找图中的哪一部分能够体现下述某一理论知识的描述。

1. M 编程元件–FX_{3U} 系列 PLC

PLC 内部有很多辅助继电器（M），它是一种内部的状态标志，相当于继电器控制系统中的中间继电器。

（1）一般、断电保持辅助继电器

* 有触点和线圈。

* 与输出继电器一样，该类辅助继电器只能由程序来驱动，但不能直接驱动外部负载。

* 常用于状态暂存或中间过程处理。如图 2-70 所示，M20 线圈置位时，表明设备处于解锁状态；M20 线圈复位时，表明设备处于锁定状态。

* 按十进制编号。

M0~M499，共 500 个一般辅助继电器。

M500~M1023，共 524 个断电保持辅助继电器。

说明：

如果 PLC 在运行中突然停电，当需要保持断电前的状态，以使来电后继续进行断电前的工作时，就需要保存断电前状态的辅助继电器，即断电保持辅助继电器。该辅助继电器通过 PLC 内置的后备电池来保持断电前的状态。

断电保持用途实例：

如图 2-71 和图 2-72 所示，希望往复动作的平台再次启动时，前进方向与停电前的前进方向相同。

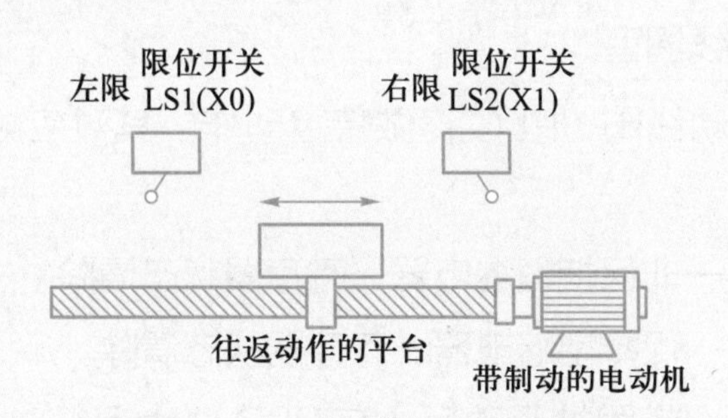

图2-71 往复运动平台示意图

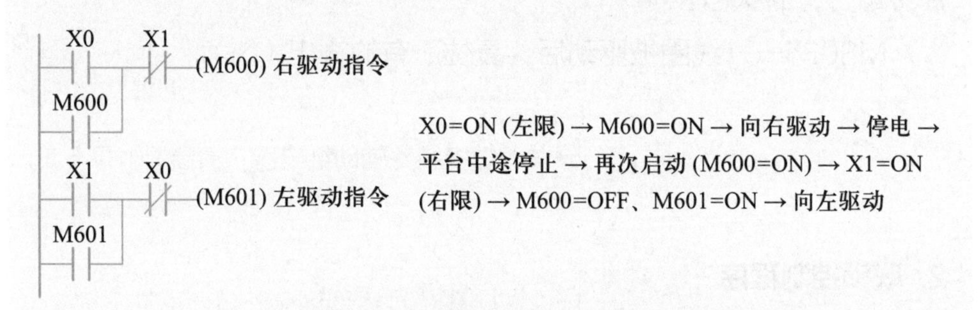

图2-72 “断电保持”梯形图程序

（2）特殊辅助继电器

* 它们各自具有特定的功能。
* 按十进制编号，M8000~M8511，共 512 个。
* 分为触点型和线圈型两类。

说明：

① 触点型特殊辅助继电器

其线圈由 PLC 自动驱动，用户只可以利用其触点。用户可读取该触点来监视 PLC 的运行状态，如图 2-73 所示。例如：

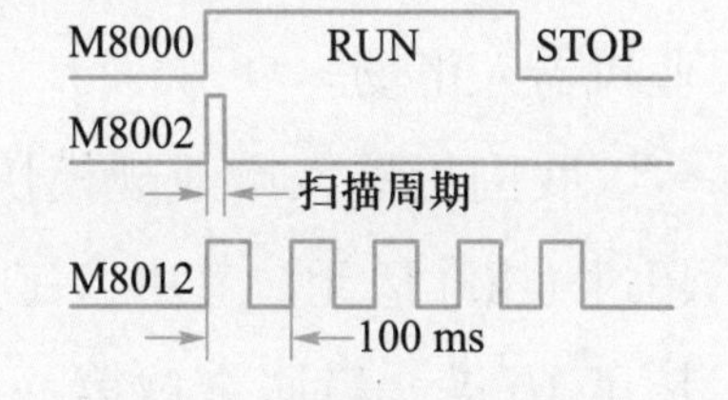

图 2-73 特殊辅助继电器时序

M8000——运行监控，PLC 运行时为 ON。

M8002——初始脉冲，PLC 运行

开始时接通一个扫描周期。

M8005——电池电压过低，PLC 后备锂电池电压过低时接通。

M8011——10 ms 时钟脉冲。

M8012——100 ms 时钟脉冲。

M8013——1 s 时钟脉冲。

M8014——1 min 时钟脉冲。

② 可驱动线圈型

由用户驱动线圈，PLC 将做特定动作，其对应触点也可使用。例如：

M8031——非保持型继电器、寄存器状态清除。

M8032——保持型继电器、寄存器状态清除。

M8033——线圈被驱动后，在 PLC 停止运行时，各软元件将保持运行时的状态。

M8034——线圈被驱动后，复位所有的输出（Y）。

➥关于更多特殊辅助继电器，请参看附录 5.1。

2. 联锁控制程序

* 某一控制对象的动作以另一个控制对象动作为前提。

* 通过将另一个控制对象线圈的动合触点串联在该控制对象线圈前实现联锁控制。

阅读材料　我国的工业机器人产业

“提送供给系统”中所使用的机械手臂作为工业机器人的一种，通过合理应用可以更经济、更有效地完成生产、加工、搬运、测量和检验等工作任务。随着“工业 4.0”和《中国制造业 2025》的相继提出和不断深化，全球制造业正朝着自动化、集成化、智能化、绿色化的方向发展。我国作为全球第一制造大国，以工业机器人为标志的智能制造在各个行业的应用越来越广泛，已经成为全球第一大工业机器人市场。

我国机器人产业规模快速增长，2021 年机器人全行业营业收入超过 1 300 亿元。其中，工业机器人产量达 36.6 万台，比 2015 年增长了 10 倍，稳居全球第一；覆盖国民经济 60 个行业大类的 168 个行业。2021 年我国制造业机器人密度达到每万人超 300 台，比 2012

年增长约 13 倍。

拓展深化

1. 选择题

（1）（　　）在 PLC 从停止到运行的那一刻关断一个扫描周期的脉冲。

A. M8000　　B. M8001　　C. M8002　　D. M8003

（2）在 PLC 上电的第一个脉冲执行某个动作，应选用（　　）内部辅助继电器。

A. M8000　　B. M8001　　C. M8002　　D. M8012

（3）PLC 的内部辅助继电器 M8014 可以产生（　　）的时钟脉冲，那么在这 1 个周期中，M8014 闭合的时间为（　　）。

A. 1 s　　B. 30 s　　C. 1 min　　D. 2 min

2. 填空题

（1）断电保持辅助继电器的编号从__________开始。

（2）当 PLC____________过低时，可能造成数据的丢失；可通过特殊辅助寄存器 M8005 对其进行监测。

3. 简答题

参照图 2–70，简述所学相关理论知识。

4. 综合题

设计一个三路抢答器与 PLC 输入相连，对应 3 个抢答指示灯与 PLC 输出相连，只有最早按下抢答按钮的人，其对应抢答指示灯才会亮起，后续按下抢答按钮均不会有输出。当主持人按下复位按钮后，该抢答器复位，进入下一轮抢答。若突然停电，该抢答器仍能保持断电前的状态。

（1）列出 I/O 点；

（2）设计梯形图程序（带注释）；

（3）写出语句表。

专题 2.7 MPS、MRD、MPP、NOP、INV 指令

本专题将对栈操作指令（MPS、MRD、MPP）、空操作指令NOP、取反指令 INV 进行解读。

在此基础上，探知这些指令的应用，并完成专题 2.6 所编写梯形图-指令表的转换；最终明确梯形图—指令表转换的一般步骤与方法。

问题引入

如图 2-74 所示，如何将专题 2.6 所编写的梯形图程序转换为指令表程序？

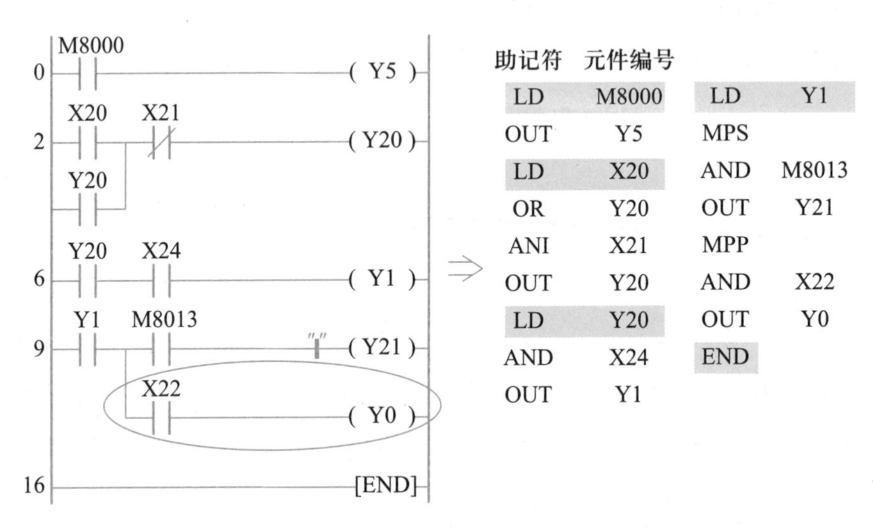

助记符	元件编号	助记符	元件编号
LD	M8000	LD	Y1
OUT	Y5	MPS	
LD	X20	AND	M8013
OR	Y20	OUT	Y21
ANI	X21	MPP	
OUT	Y20	AND	X22
LD	Y20	OUT	Y0
AND	X24	END	
OUT	Y1		

图2-74 专题2.6“提送供给系统的控制”梯形图-指令表

知识链接

当转换至图 2-74 光标所示位置时，应用所学指令并不能完成画圈梯形图程序的转换。为解决这一问题，下面就让我们一起学习相关理论知识。

1. 栈操作指令

（1）助记符与功能（见表 2-8）

表 2-8　MPS、MRD、MPP 指令

助记符（名称）	功能	梯形图表示	指令对象
MPS（进栈）	运算存储	MPS	无
MRD（读栈）	存储读出	MRD	无
MPP（出栈）	存储读出与复位	MPP	无

（2）使用说明

如图 2–75 所示，在 PLC 中，有 11 个被称为堆栈的内存，用于记忆运算的中间结果（ON 或 OFF）。堆栈采用先进后出的数据存储方式。

* MPS：进栈指令，将运算结果存储至栈顶。

* MRD：读栈指令，读取存储在栈顶的运算结果，将下一个触点强制连接到该点。

* MPP：出栈指令，弹出存储在栈顶的运算结果，将下一触点连接到该点。

说明：

使用一次 MPS 指令，即将此刻的运算结果送入栈的第一层存储。再使用 MPS 指令，又将该时刻的运算结果送入栈的第一层存储，而将先前送入存储的数据依次移到栈的下一层。如图 2–75 所示，堆栈存储器中的 ① 是第一次入栈的数据，② 是第二次入栈的数据。

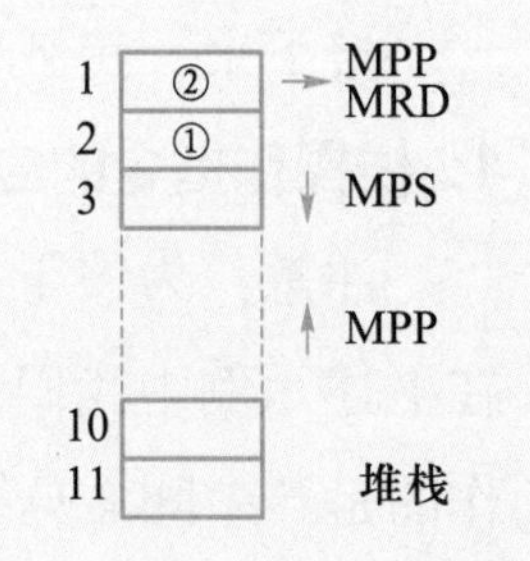

图 2–75　堆栈存储器

MRD 读栈后堆栈内的数据不会上移或下移。

使用 MPP 指令时，堆栈中各层的数据向上移动一层，最上层的数据在弹出后从栈内消失。

注意：MPS 指令可以重复使用，但是 MPS 指令和 MPP 指令的数量差应小于 11，且最终两种指令数目需要一致（成对使用）。

2. NOP 指令

（1）助记符与功能（见表 2–9）

表 2-9　NOP 指令

助记符（名称）	功能	梯形图表示	指令对象
NOP（空操作）	无动作	无	无

（2）使用说明

* NOP：空操作指令，该指令是一条无动作、不带软元件编号的独立指令。执行程序全清除操作后，所有指令都变成 NOP。

3. INV 指令

（1）助记符与功能（见表 2-10）

表 2-10　INV 指令

助记符（名称）	功能	梯形图表示	指令对象
INV（取反）	逻辑运算结果取反	——/——	无

（2）使用说明

* INV：取反指令，将使用 INV 指令之前的运算结果取反。

不能直接与左母线相连，也不能单独占用一条电路分支。

探知应用

接下来，我们将通过实例进一步说明上述指令的应用。

1. 栈操作指令的应用

注意：为便于“栈操作”指令在梯形图—指令表转换中的理解，在下述示例中我们假定其操作的是“光标位置信息”，而实际上其操作的是“中间运算结果”。

（1）一层堆栈，如图 2-76 所示。

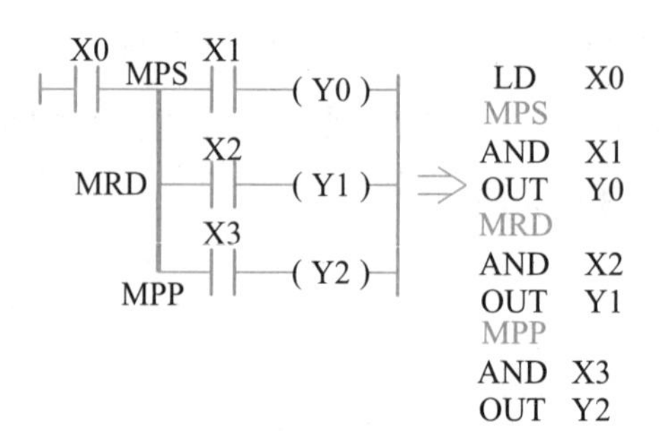

图 2-76　一层堆栈

说明：

Step1：标记需存储光标位置。

如图 2-76 所示，程序中有一处需存储光标位置，以粗实线表示。在粗实线首尾分支处分别标注 MPS、MPP 指令，中间其他分支均标注 MRD 指令。

Step2：转换。

转换流程如图 2-77 所示。

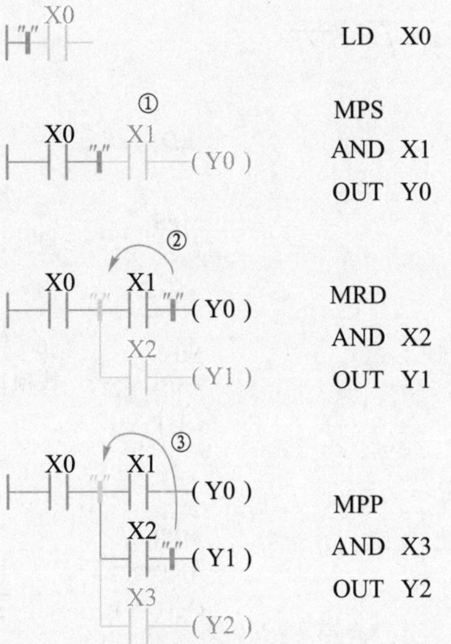

X0
LD X0
①
X0
X1
(Y0)
MPS
AND X1
OUT Y0
②
X0
X1
(Y0)
X2
(Y1)
MRD
AND X2
OUT Y1
③
X0
X1
(Y0)
X2
(Y1)
X3
(Y2)
MPP
AND X3
OUT Y2

图 2-77　一层堆栈梯形图-指令表转换流程

注释：① 在录入下一条指令前，为使光标能再次回到该位置，应用 MPS 指令存储当前光标位置信息至栈顶。

② 使用 MRD 指令读取刚刚存储至栈顶的光标位置信息，使光标返回该位置。

③ 在录入最后一个分支时，应用 MPP 指令，使光标返回，同时清除存储在栈顶的位置信息。

（2）二层堆栈，如图 2-78 所示。

X0
MPS
X1
MPS
X2
(Y0)
2
X3
(Y1)
MPP
1
X4
MPS
X5
(Y2)
MPP
3
X6
(Y3)
MPP
LD X0
MPS
AND X1
MPS
AND X2
OUT Y0
MPP
AND X3
OUT Y1
MPP
AND X4
MPS
AND X5
OUT Y2
MPP
AND X6
OUT Y3

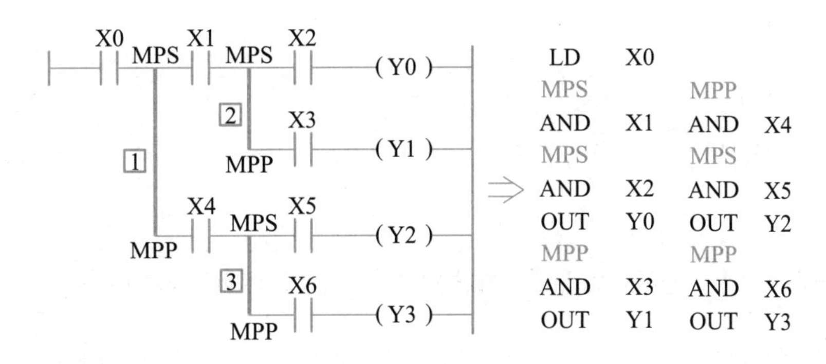

图 2-78　二层堆栈

说明：

Step1：标记需存储光标位置。

如图 2-78 所示，程序中有三处需存储光标位置，以粗实线表示。在粗实线首尾分支处分别标注 MPS、MPP 指令，中间无其他分支，所以无须使用 MRD 指令。

Step2：转换。

转换流程如图 2-79 所示。

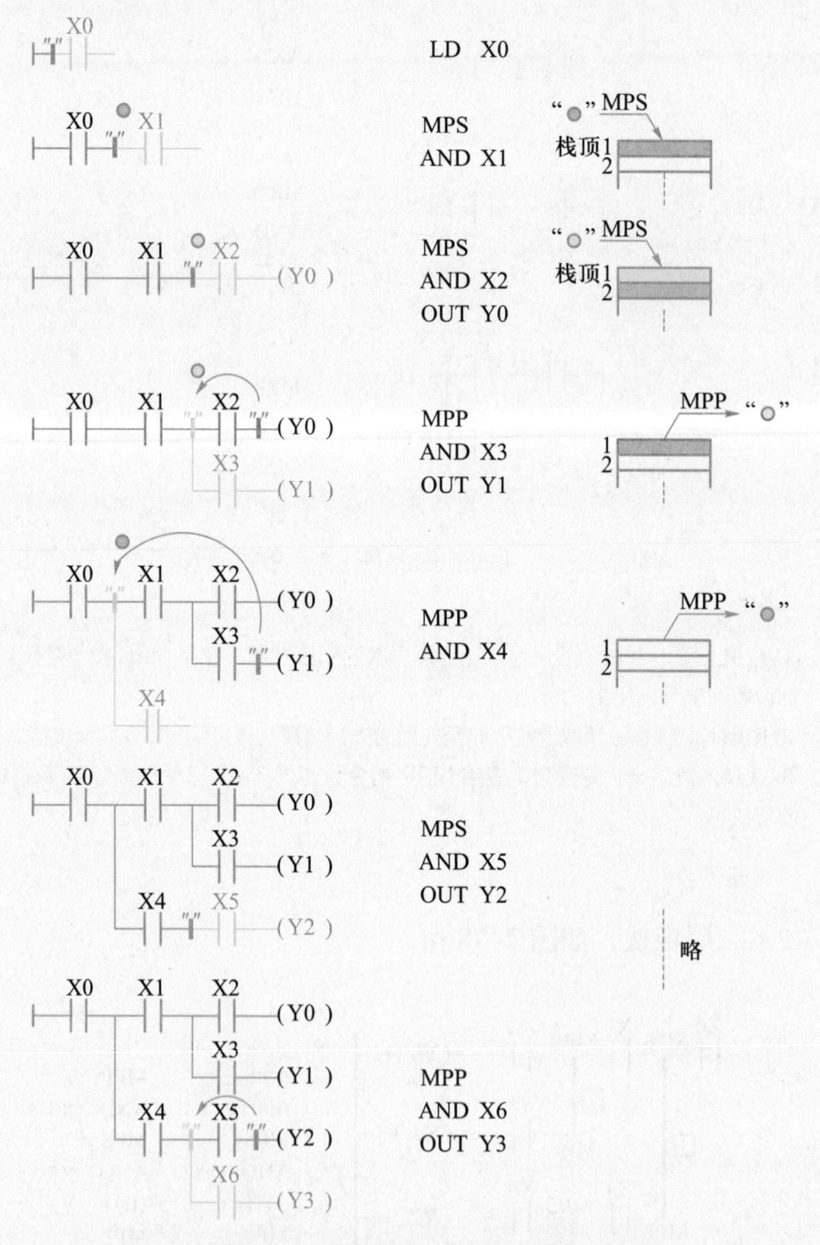

图 2-79　二层堆栈梯形图-指令表转换流程

注释：在该梯级程序整个执行过程中，最多占用了“堆栈存储区”2 个存储单元，所以为“二层堆栈”。

（3）堆栈与 ANB、ORB 指令的综合应用（如图 2-80 所示），“梯形图-指令表”转换的一般步骤与方法。

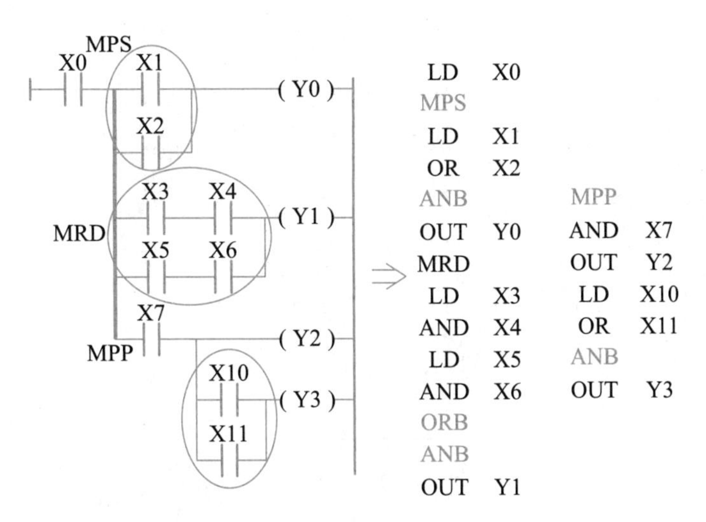

图 2-80　堆栈与 ANB、ORB 指令

说明：

如图 2-80 所示，依据前述方法，在程序转换的过程中会发现该程序有三处需看成“电路块”方能完成转换。为此，接下来我们以本程序为例明确梯形图-指令表转换的一般步骤与方法。

Step1：判断是否有电路块，画圈定块。

Step2：判断是否需存储光标位置。

标记需存储光标位置，以粗实线表示。若有电路块，应将其看成一个整体作为 1 个分支处理，为此粗实线右侧有 3 个分支，首尾分支处分别标注 MPS、MPP 指令，中间分支标注 MRD 指令。

Step3：转换。

转换流程如图 2-81 所示。

X0
LD X0

X0
X1
①
(Y0)
X2

MPP
LD X1
OR X2
ANB
OUT Y0

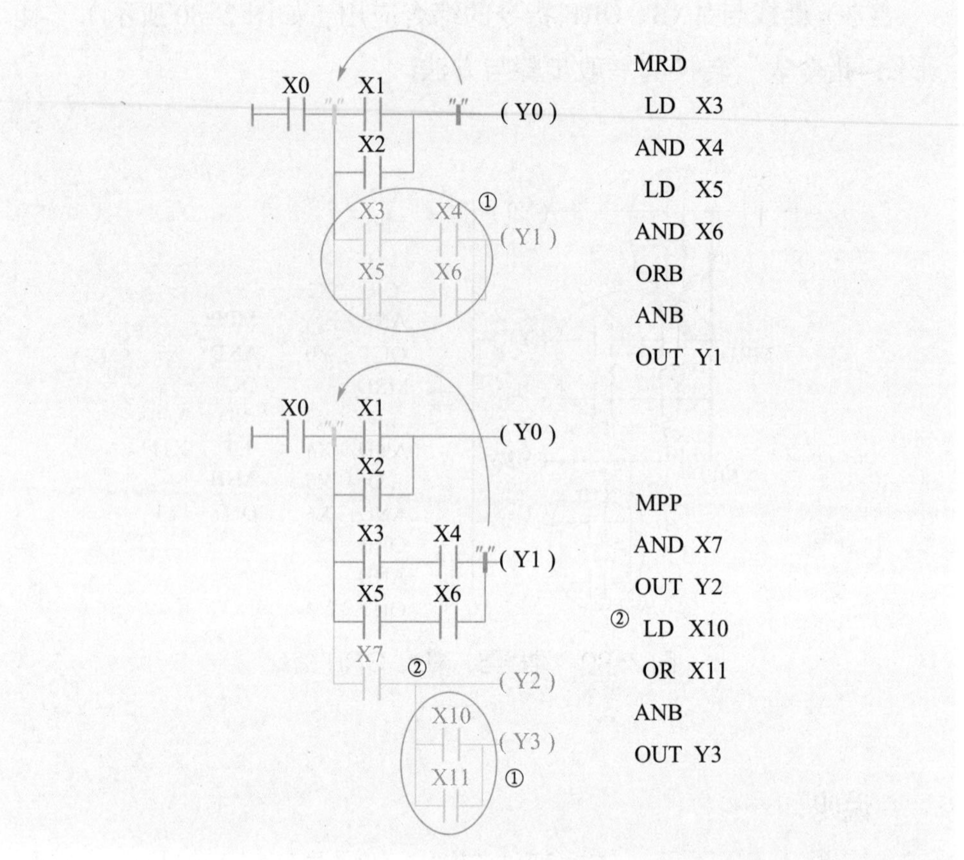

图 2-81 堆栈与 ANB、ORB 梯形图-指令表转换流程

注释：① 电路块转换后，需使用 ANB 指令，描述该电路块与触点 X0（X7）的串联逻辑关系。

② OUT Y2 指令后，光标位于线圈 Y2 前，可直接录入下一条分支，无须使用 MPS 指令。

2. NOP 指令的应用

（1）在程序中加入 NOP 指令，在改变或追加程序时，可以减少步序号的改变。

（2）在一般的指令和指令之间加入 NOP 时，PLC 会无视其存在而继续运行；若将已经写入的指令换成 NOP 指令，等同于执行删除指令的操作，则回路会发生变化，如图 2-82 所示。请务必注意！

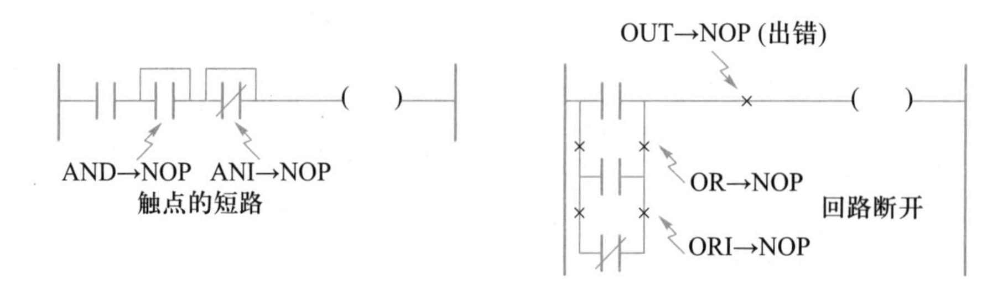

图 2-82 NOP 指令的应用

3. INV 指令的应用

如图 2-83 所示，当 X0 为 OFF 时，Y0 为 ON；当 X0 为 ON 时，则 Y0 为 OFF。

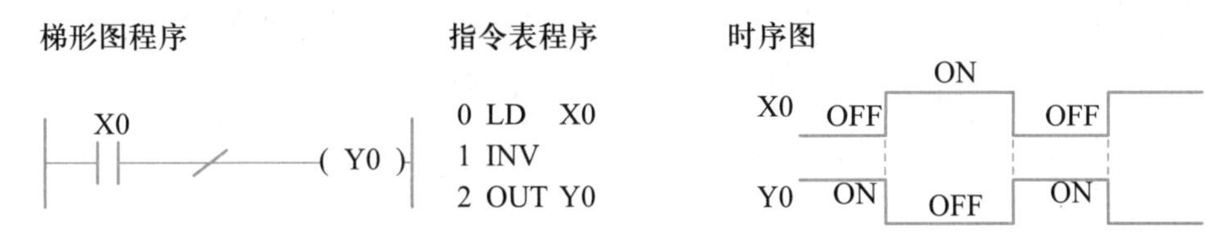

图 2-83　INV 指令的应用

最后，请选取对应指令，完成“问题引入”中所提出的问题，并对照图 2-74 进行检验。

拓展深化

1. 选择题

（1）在 FX_{3U} 系列 PLC 中，有（　　）个存储运算中间结果的存储器，称为栈存储器。

A. 8　　B. 10　　C. 11　　D. 13

（2）空操作指令的作用不包括（　　）。

A. 空操作指令（NOP）不执行操作，但占一个程序步

B. 执行 NOP 时并不做任何事，有时可用 NOP 指令短接某些触点或用 NOP 指令将不要的指令覆盖

C. 当 PLC 执行了清除用户存储器操作后，用户存储器的内容全部变为空操作指令

D. 用空操作指令将程序隔开

2. 填空题

PLC 的输出取反指令为______________。

3. 判断题

（　　）堆栈层数=梯级程序中（MPS 指令和 MPP 指令的数量差$)_{MAX}$

4. 简答题

简述梯形图—指令表转换的一般步骤与方法。

5. 综合题

写出图 2-84 所示梯形图程序对应的指令表。

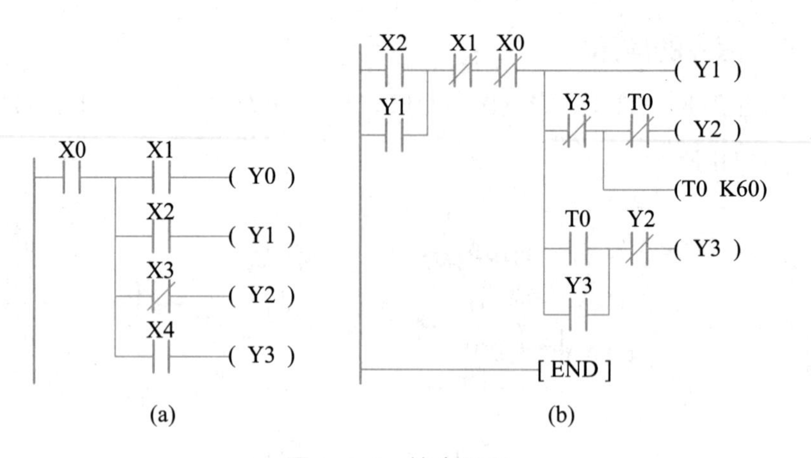
X0
X1
Y0
X2
Y1
X3
Y2
X4
Y3
(a)
X2
X1
X0
Y1
Y1
Y3
T0
Y2
T0 K60
T0
Y2
Y3
Y3
END
(b)

图 2-84 综合题图

专题 2.8 边沿检测触点、货品分拣程序、ZRST 指令

本专题将探知如何应用梯形图编程语言中的“图形符号”边沿检测触点及货品分拣程序，实现“货品分拣系统的控制”。

在此基础上，解读边沿检测触点、扫描周期（机器周期）、“┤├”与“┤↑├”的区别、货品分拣程序及 ZRST 指令等相关知识内容。

问题引入

如图 2-85 所示，本专题将在 FX 仿真软件 D-4 界面完成“货品分拣系统的控制”。要求如下：

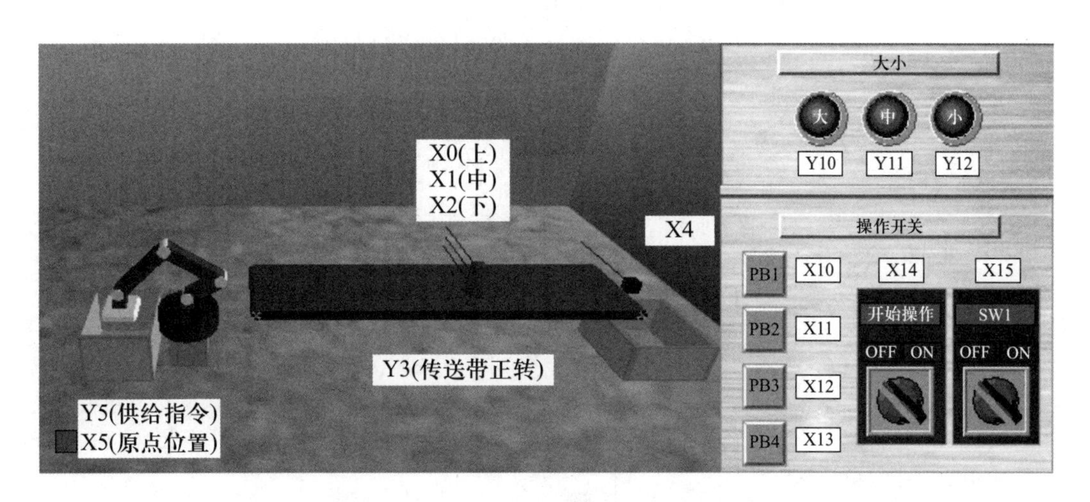

图 2-85　FX 仿真软件 D-4 界面

1. 机械手臂按键 PB1（X10）：当其位于原点（X5），单击 PB1 机械手臂方可供给（Y5），将货品提送至传送带上（注：机械手臂动作时，Y5 无须保持）。

2. 从节能性出发，机械手启动后再次回到原点时，传送带正转（Y3）带动货品前行。

3. 传送带中部光电传感器组（X0、X1、X2）：货品经其检测辨别后，大、中、小对应指示灯（Y10、Y11、Y12）点亮，显示当前货品尺寸。

4. 传送带末端光电传感器（X4）：货品通过该传感器后，传送带停止正转，大、中、小货品类型指示灯熄灭，系统恢复初始状态。

探究解决

依据控制功能要求逐步实现，请大家边画边学。

1. 当机械手臂位于原点（X5）时，单击 PB1（X10）机械手臂方可供给（Y5），如图 2-86 所示。

X5　X10　(Y5)

图 2-86　功能 1 梯形图程序

动合触点 X5（原点）与 X10（PB1）串联，作为控制 Y5（机械手臂）的启动条件。

2. 机械手启动后再次回到原点（X5）时，传送带正转（Y3）带动货品前行，如图 2-87 所示。

2-5. 货品分拣程序实例

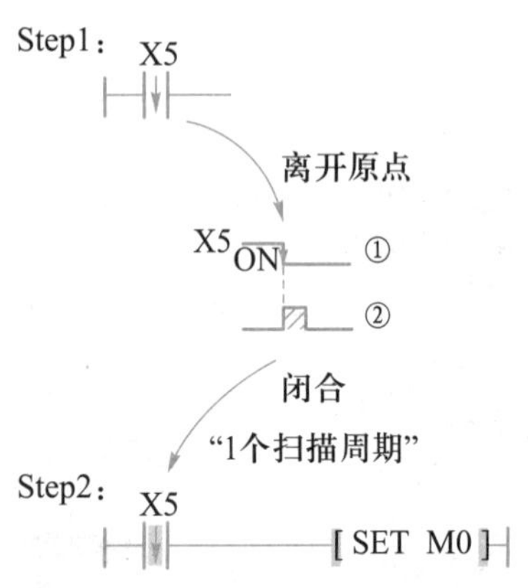

程序中，通过“下降沿检测触点”实现：

①“机械手臂离开原点位置那一刻”状态的检测（X5 由 ON → OFF 变化时）。

② 检测到该状态的同时，仅使其自身触点短暂闭合“1 个扫描周期”。

为此，使用置位指令 SET 将“机械手臂启动离开原点”的状态存储在 M0 中。

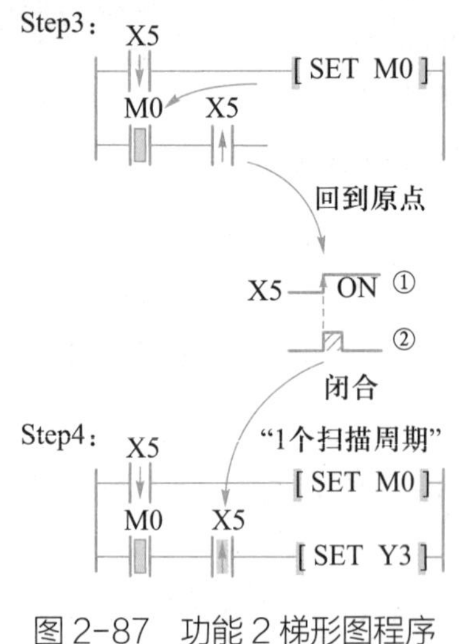

图 2-87　功能 2 梯形图程序

机械手臂离开原点后，动合触点 M0 闭合：在此基础上，通过“上升沿检测触点”实现：

①“机械手臂回到原点位置那一刻状态”的检测（X5 由 OFF → ON 变化时）。

② 检测到该状态的同时，仅使其自身触点短暂闭合“1 个扫描周期”。

为此，使用 SET 指令保持传送带持续正转。

3. 货品经传送带中部光电传感器组（X0、X1、X2）检测辨别后，大、中、小对应指示灯（Y10、Y11、Y12）点亮，显示当前货品尺寸，如图 2-88 所示。

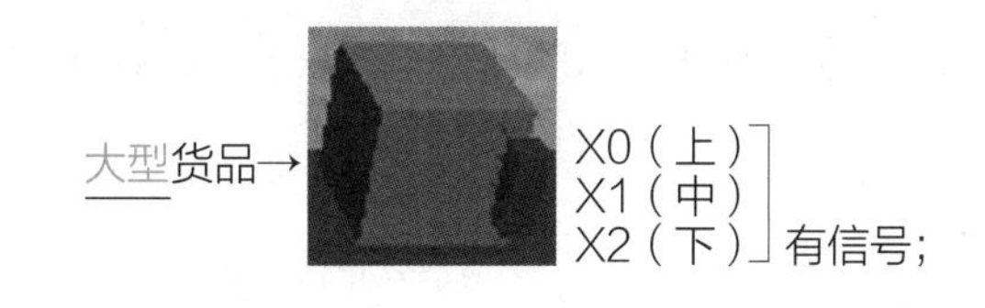

Step1：

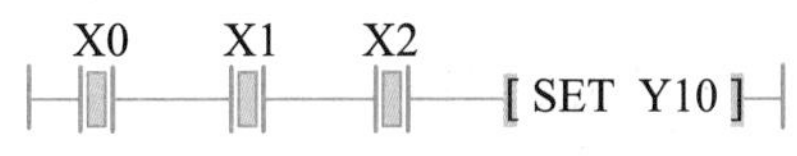

与之相对，动合触点 X0、X1、X2 串联实现对大型货品的检测。

中型货品→

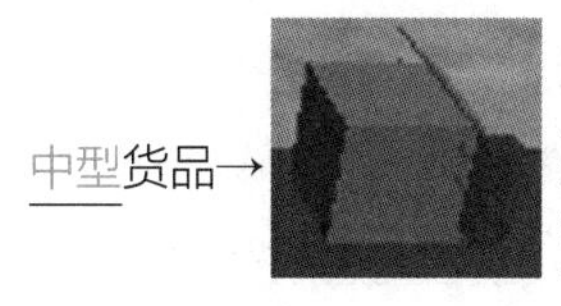

X0（上） 无信号
X1（中）
X2（下） 有信号；

Step2：

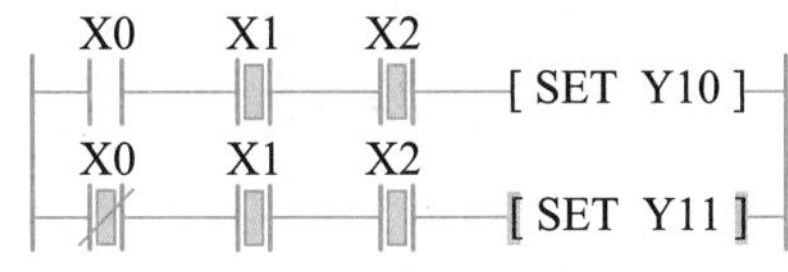

与之相对，动断触点 X0，动合触点 X1、X2 串联实现对中型货品的检测。

小型货品→

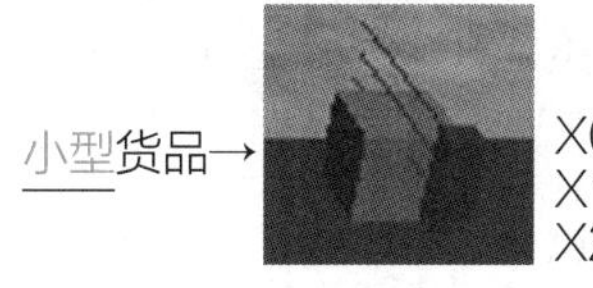

X0（上）
X1（中） 无信号
X2（下） 有信号；

Step3：

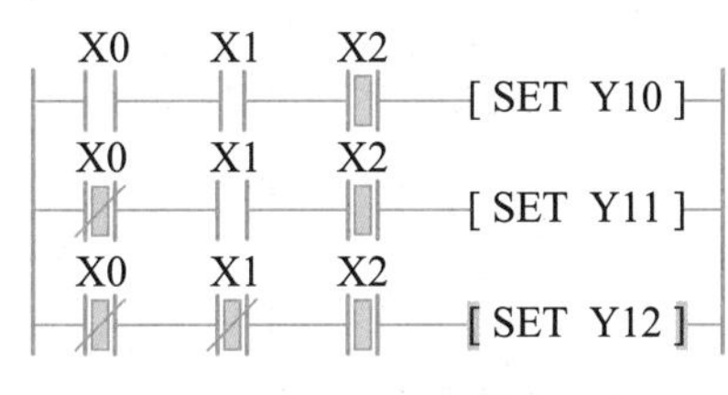

图 2-88　功能 3 梯形图程序

与之相对，动断触点 X0、X1，动合触点 X2 串联实现对小型货品的检测。

4. 货品通过传送带末端光电传感器（X4）后，传送带停止正转，大、中、小货品类型指示灯熄灭，系统恢复初始状态，如图 2-89 所示。

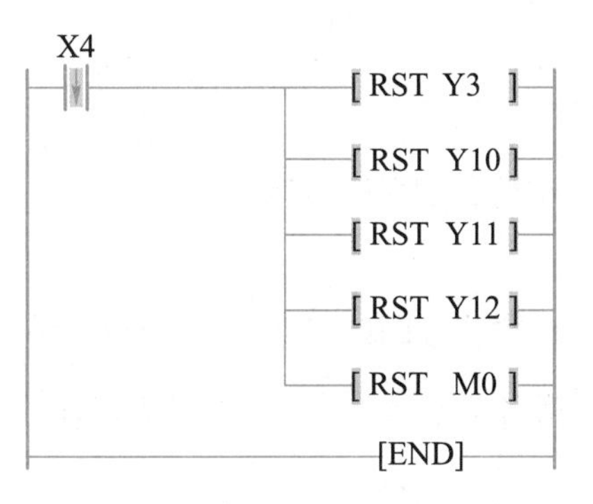

图 2-89　功能 4 梯形图程序

程序中，采用前述“下降沿检测触点”，实现货品“完全通过”该传感器那一刻的检测，并使用复位指令停止传送带及熄灭所有指示灯。

同时，复位清除存储在 M0 中的状态信息，从而使系统恢复“真正的”初始状态。

知识链接

图 2-90 所示为刚刚完成编写的梯形图程序。请在 FX 仿真软件

D-4 界面中，录入该程序（带注释）并对照功能要求进行操作检验。

注意：若程序下载后，第 2 个梯级程序中的 M0 便置位，可在 SET M0 指令前加“M8002 常开触点”，解决仿真软件的这一缺陷。

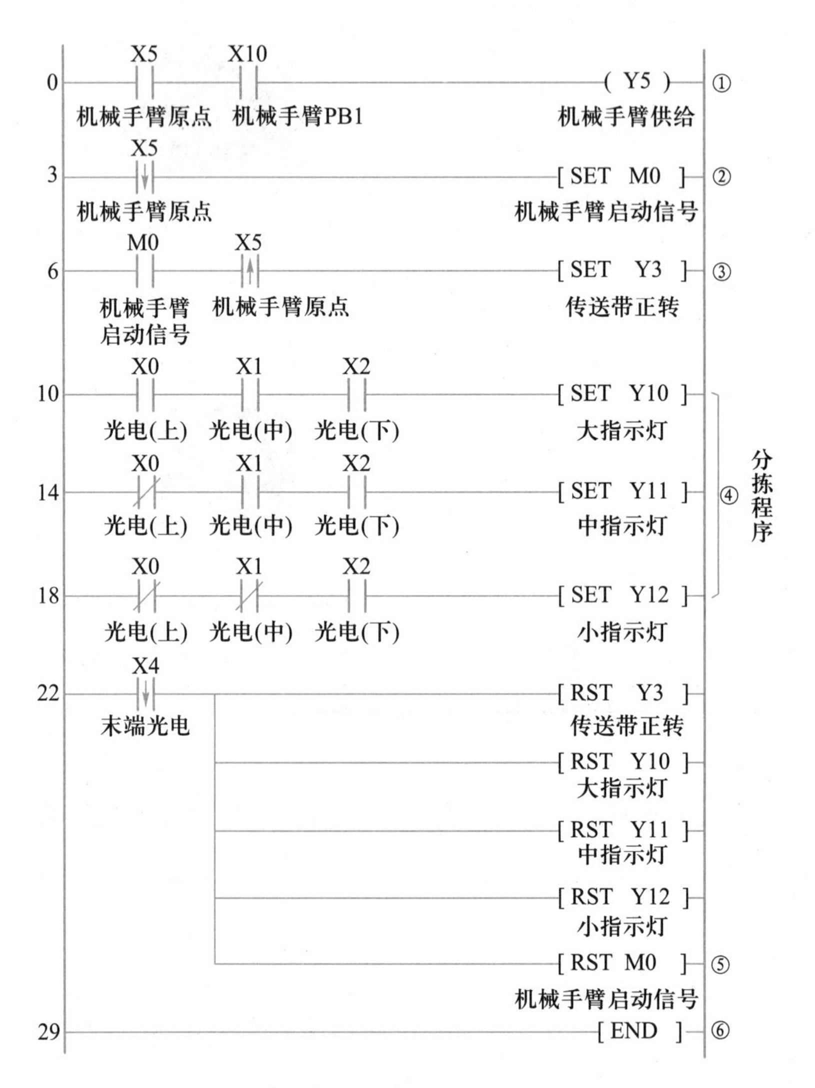

序号①~⑥ 表明程序编写的先后顺序

图 2-90 “货品分拣系统的控制”梯形图程序（带注释）

下面让我们一起学习与该程序相关联的理论知识。学习过程中，大家可以找一找图中的哪一部分能够体现下述某一理论知识的描述。

1. 边沿检测触点（如图 2-91 所示）

边沿检测触点仅在指定位软元件的“上升沿”或“下降沿”时，接通 1 个扫描周期（机器周期）。

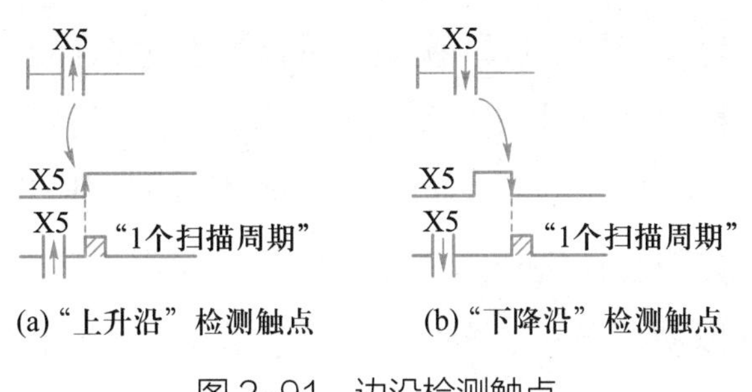

图 2-91　边沿检测触点

2. 边沿检测触点的有效时间

在前述内容中，曾从 PLC 的工作机制出发，指出：PLC 在运行状态时，执行一次扫描操作所需的时间称为“扫描周期”。

本专题，将从 PLC 的程序指令出发，对“边沿检测触点”中提及的“扫描周期”做进一步说明，如图 2-92 所示。

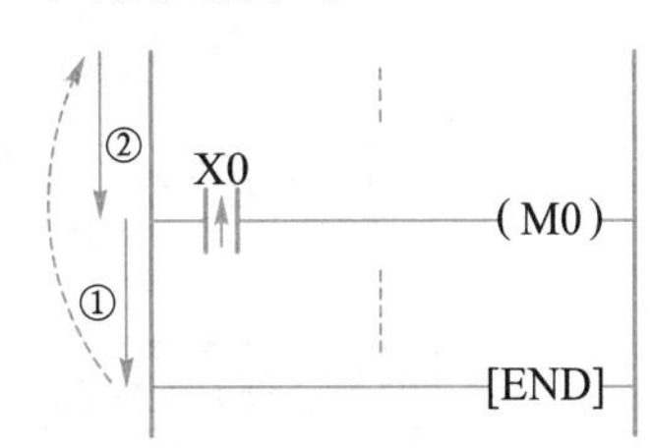

图 2-92　“边沿检测触点”扫描周期的起止

以上升沿检测触点为例：

① 程序扫描至上升沿检测触点，如检测到 X0 的上升沿，则该触点闭合。

② 直至再一次扫描到该上升沿检测触点，1 个扫描周期结束，触点断开。

为此，在分析或编写程序时，可以明确的是“线圈 M0 被驱动 1 个扫描周期”的起止也如图 2-92 中①、②所示。

3. “┤├”与“┤↑├”的区别

如图 2-85 所示，若将操作面板中的“操作开始”（X14）开关置 ON，内部程序状态如图 2-93 所示。

说明：

按下操作面板中的停止按钮“PB1”（X10），则

第 1 个梯级程序：

当按钮“PB1”被松开后指示灯（Y10）又立即重新点亮。

因为“X14 ┤├”一直闭合。

第 2 个梯级程序：

当按钮“PB1”被松开后指示灯（Y11）熄灭。

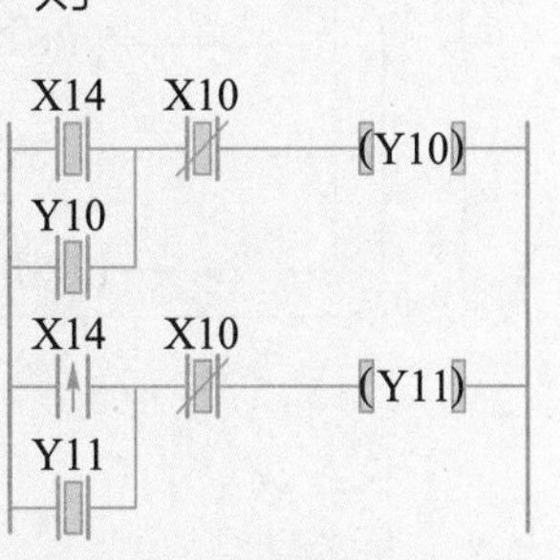

图 2-93　“动合”与“上升沿检测”触点

因为“X14 ┤↑├”已断开，其仅在检测到上升沿时闭合 1 个扫描周期。

为此，试想将“指示灯”换做“机器”会怎么样？

在第 2 个梯级程序中使用上升沿检测，机器便可以在按下停止按钮“PB1”（X10）后停止。除非先关闭再打开“操作开始”（X14）开关，否则机器不会在松开停止按钮后开始动作。

因此，可以明确的是：与动合触点相比，上升沿检测的这种单次触发，避免了机器的意外启动。

4. 货品分拣程序

在编写货品分拣程序时，我们常因所编写的程序不够严谨而导致某一货品检测后多个指示灯同时点亮。

这其实是由于我们对货品位于检测位置时，各传感器的状态描述不够全面造成的。可参看图 2-94，避免这一问题。

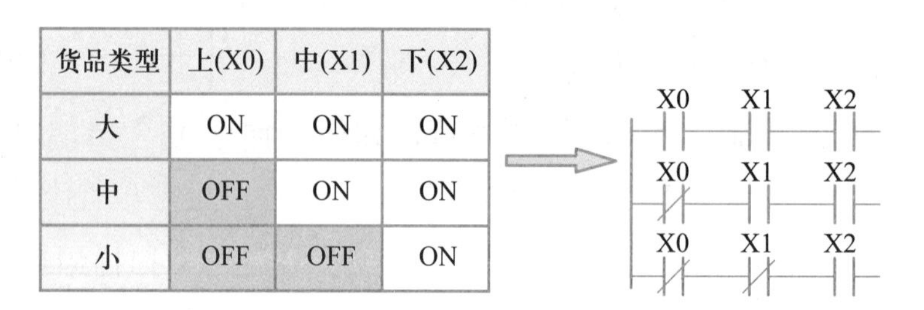

货品类型	上(X0)	中(X1)	下(X2)
大	ON	ON	ON
中	OFF	ON	ON
小	OFF	OFF	ON

图 2-94　货品分拣程序

也许有的同学会提出：该货品分拣程序在结构上并不是最简洁的。但对于初学 PLC 的同学来说，它在编程思路上却较为清晰。

5. ZRST 区间复位指令

如图 2-95 所示，两个梯形图程序功能相同。

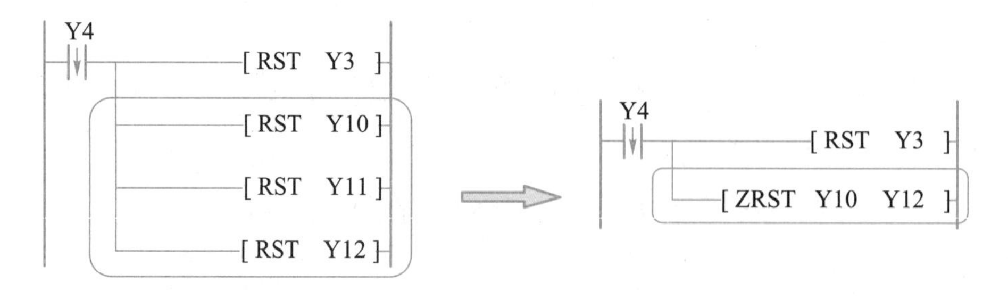

图 2-95　ZRST 指令应用

经观察，不难发现若所需复位元件恰巧为一个连续区间，便可使用应用指令 ZRST。

（1）指令样式（见表 2-11）

表 2-11　ZRST 指令

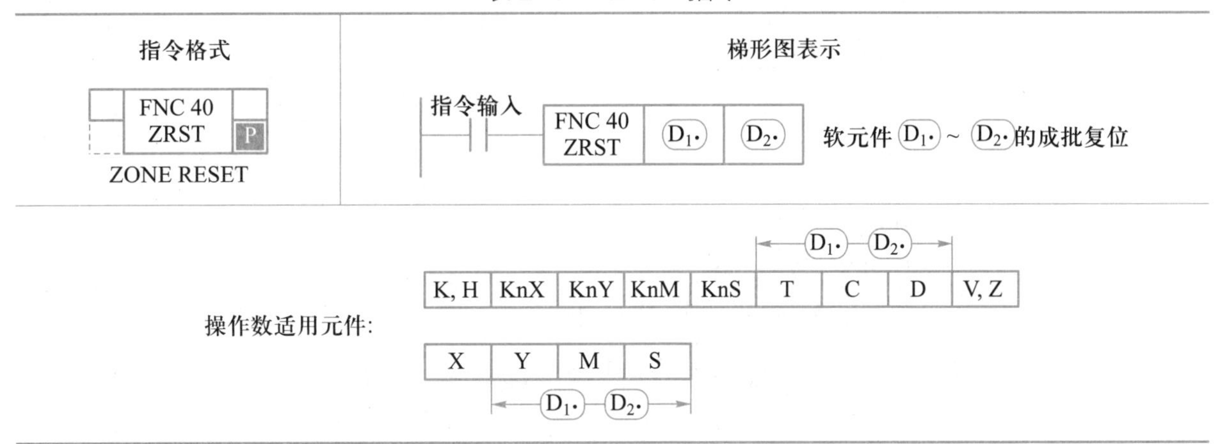

（2）使用说明

将对 2 个指定软元件范围内的元件成批复位。

* $D_1\cdot$、$D_2\cdot$ 指定为同一种类的软元件，且 $D_1\cdot$ 编号 ≤ $D_2\cdot$ 编号。

$D_1\cdot$ 编号 > $D_2\cdot$ 编号时，$D_1\cdot$ 中指定的软元件仅复位 1 点。

➥关于更多应用指令，请参看第 5 篇

拓展深化

1. 选择题

（1）为了检测 X0 端口所接动断按钮按下去的一瞬间，可以采用（　　）触点。

A. 动合　　　　B. 动断

C. 上升沿　　　D. 下降沿

（2）下列选项中，ZRST 指令使用正确的是（　　）。

A. ZRST X0 X5　　　B. ZRST M0 Y5

C. ZRST M0 M5　　　D. ZRST M5 M0

2. 填空题

在调试程序时，不但要检查 PLC 外部执行机构的动作状态是否符合控制要求，还应留意 PLC 内部________________是否正确。

3. 简答题

（1）参照图 2-90，简述所学相关理论知识。

（2）若将图 2-90 所示程序做图 2-96 所示简化是否可行？说明原因。

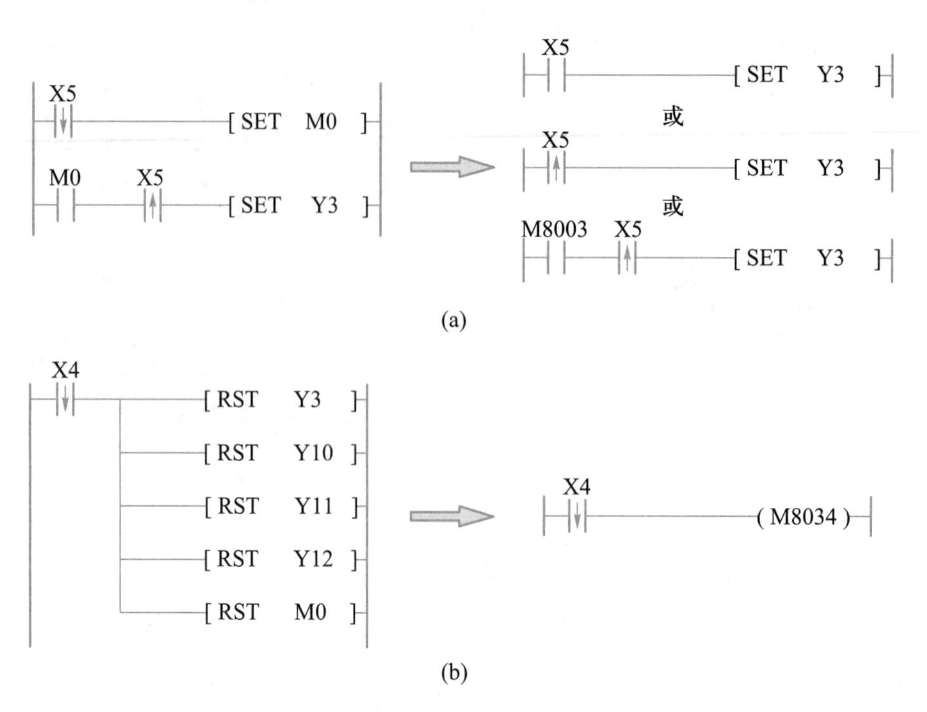

图 2-96　简答题（2）图

4. 综合题

上述简答题（2），是否带给你一些启示？

请对本专题所编写的货品分拣系统的控制程序进行优化设计。在不断尝试优化的过程中，践行“工匠精神”，进而在未来提出能够解决实际问题的创新方案。

➥关于更多练习，请参看 B-4、D-6（FX-TRN-BEG-C 培训仿真软件）

专题 2.9 LD（P/F）、AND（P/F）、OR（P/F）、PLS/PLF、MEP/MEF、MC/MCR 指令

本专题将对边沿检测脉冲指令［LD（P/F）、AND（P/F）、OR（P/F）］、脉冲输出指令［PLS、PLF］、运算结果脉冲化指令［MEP、MEF］、主控指令［MC、MCR］进行解读。

在此基础上，探知这些指令的应用，最终完成专题 2.8 所编写梯形图-指令表的转换。

问题引入

专题 2.8“货品分拣系统的控制”梯形图-指令表如图 2-97 所示：

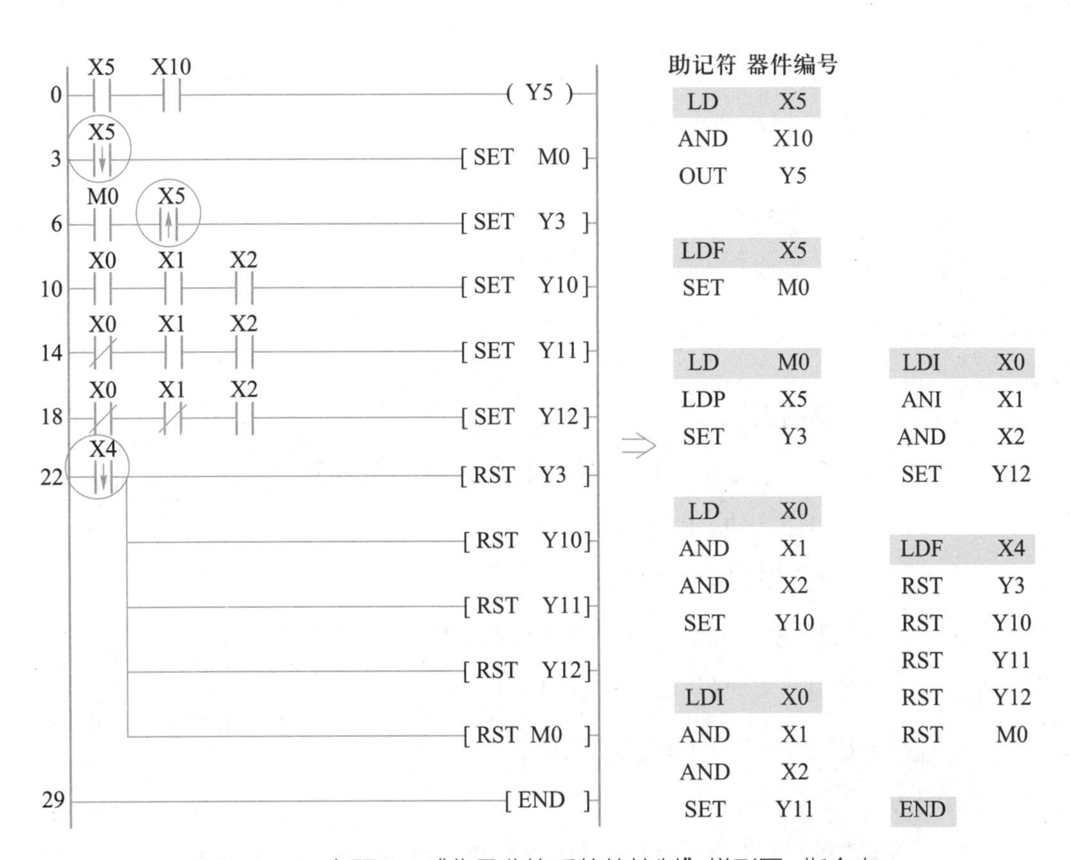

图 2-97　专题 2.8“货品分拣系统的控制”梯形图-指令表

问题 1：如何将专题 2.8 所编写的梯形图程序转换为指令表程序？

问题 2：若想对上升沿或下降沿这类“边沿信号”进行检测，除了采用“边沿检测触点”外，是否还有其他实现方式？

知识链接

关于问题 1：

应用已学指令并不能完成图 2–97 中画圈梯形图程序的转换。为了解决这一问题，让我们一起学习相关理论知识。

1. 边沿检测脉冲指令

（1）助记符与功能（见表 2–12）

表 2-12 LD（P/F）、AND（P/F）、OR（P/F）指令

助记符（名称）	功能	梯形图表示	指令对象
LDP（取脉冲上升沿）	上升沿检出运算开始		X、Y、M、T、C、S
LDF（取脉冲下降沿）	下降沿检出运算开始		X、Y、M、T、C、S
ANDP（与脉冲上升沿）	上升沿检出串联连接		X、Y、M、T、C、S
ANDF（与脉冲下降沿）	下降沿检出串联连接		X、Y、M、T、C、S
ORP（或脉冲上升沿）	上升沿检出并联连接		X、Y、M、T、C、S
ORF（或脉冲下降沿）	下降沿检出并联连接		X、Y、M、T、C、S

（2）使用说明

* LDP：从左母线直接取用上升沿脉冲触点指令。
* ANDP：串联上升沿触点指令。
* ORP：并联上升沿触点指令。

也称上升沿“微分”指令

* LDF：从左母线直接取用下降沿脉冲触点指令。
* ANDF：串联下降沿触点指令。
* ORF：并联下降沿触点指令。

也称下降沿“微分”指令

关于问题 2：

除了通过边沿检测触点外，还可通过 PLS/PLF 或 MEP/MEF 指令实现与其相同的功能，不同的是 PLS/PLF 指令是在指定的编程元件上获得指定信号的上升/下降沿，MEP/MEF 指令是对其前面为止的运算结果进行上升沿/下降沿检测。

2. 脉冲输出指令

（1）助记符与功能（见表 2–13）

表 2-13　PLS、PLF 指令

指令符（名称）	功能	梯形图表示	指令对象
PLS（上升沿脉冲）	上升沿检测输出	—[PLS　]—|	除特殊的 M 以外的 M、Y
PLF（下降沿脉冲）	下降沿检测输出	—[PLF　]—|	除特殊的 M 以外的 M、Y

（2）使用说明

* PLS：脉冲上升沿检测输出指令。

* PLF：脉冲下降沿检测输出指令。

说明：

如图 2-98 所示，两梯形图动作相同：

X10“从 OFF 变为 ON”时，M6 只能维持“一个周期”为 ON。

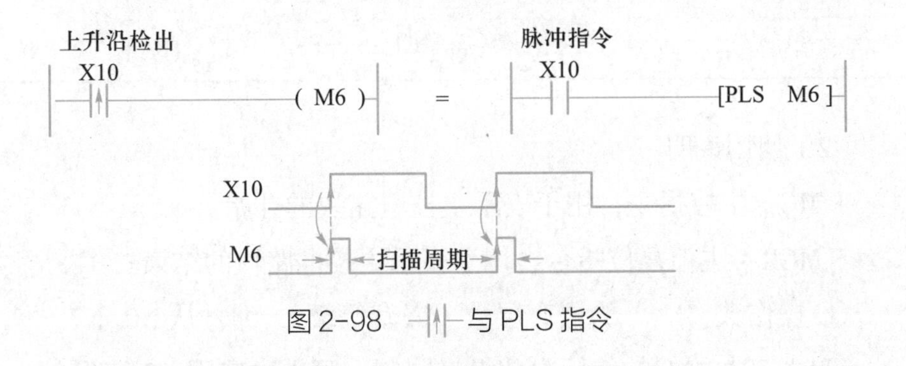

图 2-98　—|↑|— 与 PLS 指令

“—|↓|— 与 PLF”指令类似，不同的是：

① 使用 PLS 指令时，仅在驱动输入为“ON”后的一个扫描周期内，对象元件动作。

② 使用 PLF 指令时，仅在驱动输入为“OFF”后的一个扫描周期内，对象元件动作。

3. 运算结果脉冲化指令

（1）助记符与功能（见表 2-14）

表 2-14　MEP、MEF 指令

指令符（名称）	功能	梯形图表示	指令对象
MEP（M·E·P）	上升沿时导通	↑	无
MEF（M·E·F）	下降沿时导通	↓	

（2）使用说明

＊ MEP：运算结果上升沿脉冲化指令。

＊ MEF：运算结果下降沿脉冲化指令。

① MEP、MEF 指令不能用于 LD、OR 的位置。

② MEP、MEF 指令是根据到 MEP/MEF 指令前面为止的运算结果而动作的，所以应在与 AND 指令相同的位置上使用。

4. 主控触点指令

（1）助记符与功能（见表 2-15）

表 2-15　MC、MCR 指令

指令符（名称）	功能	梯形图表示	指令对象
MC（主控）	主控电路块起点	[MC　N*　Y/M]	N（N0~N7） 除特殊的 M 以外的 M、Y
MCR（主控复位）	主控电路块终点	[MCR　N*]	N（N0~N7）

（2）使用说明

＊ MC：主控指令，用于表示主控电路块的开始。

＊ MCR：主控复位指令，用于表示主控电路块的结束。

① 操作数“N*”为嵌套层数（嵌套等级），编号从 N0~N7。

无嵌套时，N0 的使用次数没有限制，可再次使用 N0 编程。

有嵌套时，N0~N7 从小到大依次使用，嵌套等级最大 8 级。

② 同一编号的 Y、M 不能重复使用，避免双线圈。

说明：

在编程时，经常会遇到多个线圈同时受一个或一组触点控制的情况，如果在每一个线圈的控制电路中都串入同样的触点，将占用很多存储单元。为此，我们既可以采用“多路输出”形式，也可以通过“主控指令”解决这一问题，如图 2-99 所示。

使用主控指令的触点称为主控触点，它在梯形图中与一般触点垂直，主控触点是控制一组电路的总开关。

MC 指令必须有条件，当条件具备时，执行该主控段内的程序；条件不具备时，该主控段内的程序不执行（此时该主控段内的积算型定时器、计数器、用置位/复位指令驱动的软元件保持其原来的状态，普通定时器和用 OUT 指令驱动的软元件状态均变为 OFF 状态）。

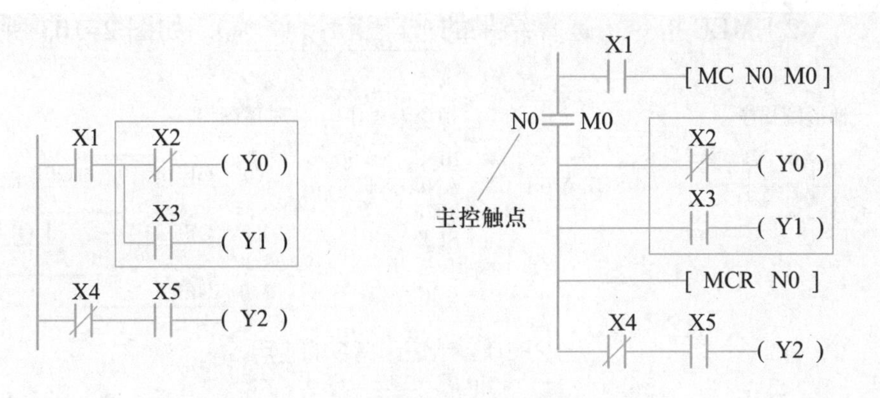

图 2-99 “多路输出”和“主控指令”

➥关于 MC/MCR 指令的编程实例，请参看图 5-16、图 5-24

探知应用

接下来，我们将应用上述指令完成相关梯形图程序—指令表程序的转换。

1. 边沿检测脉冲指令的应用（如图 2-100 所示）

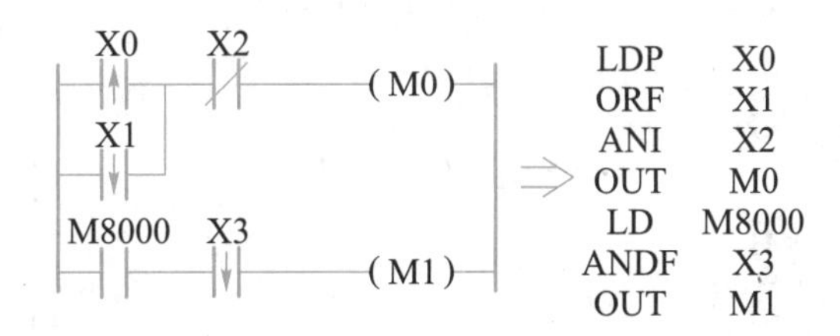

图 2-100 LD（P/F）、ANDF 指令的应用

2. 脉冲输出指令的应用（如图 2-101 所示）

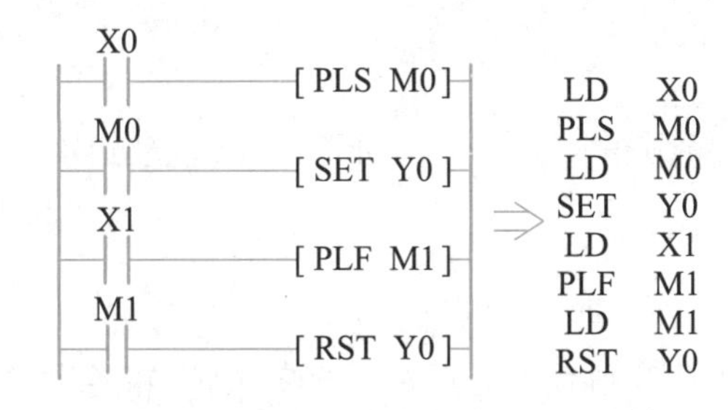

图 2-101 PLS、PLF 指令的应用

3. 运算结果脉冲化指令的应用

（1）MEP 指令（运算结果的上升沿时为 ON），如图 2-102 所示。

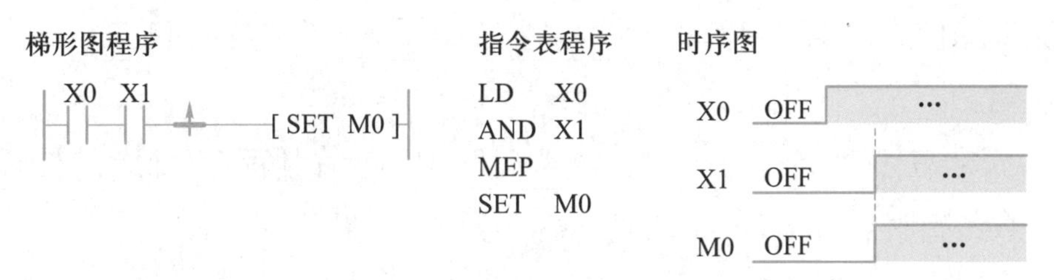

图 2-102 MEP 指令的应用

（2）MEF 指令（运算结果的下降沿时为 ON），如图 2-103 所示。

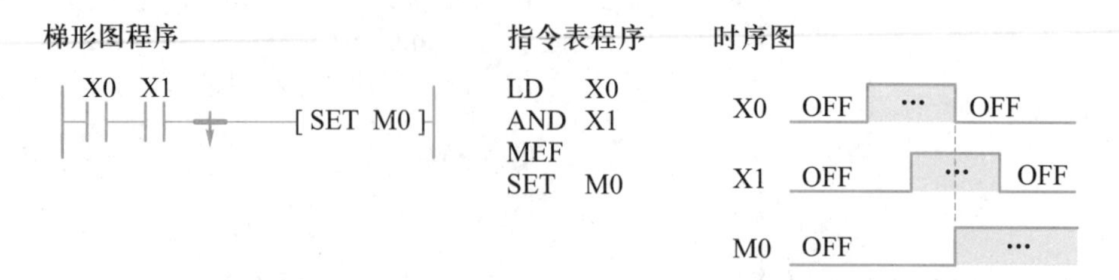

图 2-103 MEF 指令的应用

4. 主控指令的应用

（1）无嵌套，如图 2-104 所示。

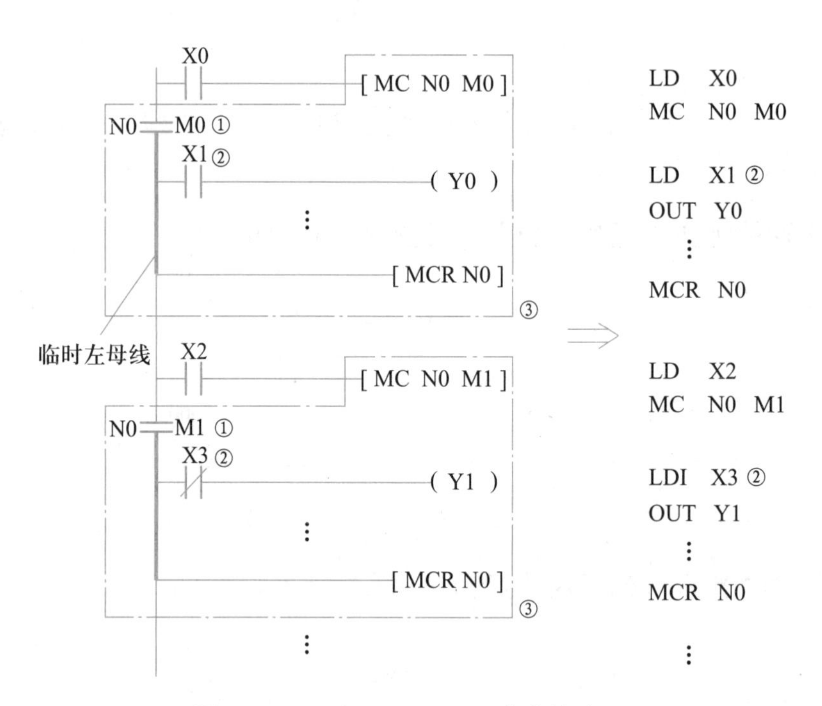

图 2-104 MC、MCR 无嵌套的应用

说明：

① 梯形图中主控触点两侧操作数与 MC 指令中操作数对应，指令录入时无须转换。

② 与主控触点相连的触点必须用 LD 或 LDI 指令，即执行 MC 指令后，左母线移到主控触点的后面，而 MCR 指令使左母线回到原来的位置；也可将其称为“临时左母线”。MC 与 MCR 必须成对使用。

③ 在没有嵌套结构时，可再次使用 N0 编制程序，N0 的使用次数没有限制。

（2）二层嵌套，如图 2-105 所示。

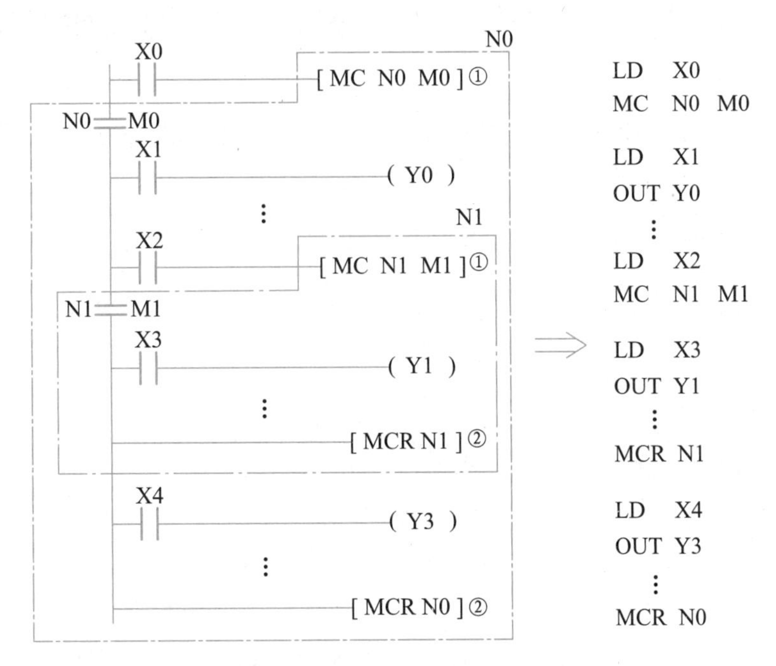

图 2-105　MC、MCR 嵌套的应用

说明：

① 在 MC 指令内采用 MC 指令时，嵌套等级 N 的编号按顺序增大。

（N0→N1→N2→N3→N4→N5→N6→N7）

② 在该指令返回时，采用 MCR 指令，则从大的嵌套级开始消除。

（N7→N6→N5→N4→N3→N2→N1→N0）

③ 嵌套级最大可编写 8 级（N7）。

最后，请选取对应指令，完成"问题引入"中所提出的问题 1，并对照图 2-97 进行检验。

拓展深化

1. 选择题

（1）FX3 系列 PLC，不属于输出类指令的是（　　）。

A. RST　　B. PLF　　C. OUT　　D. MPP

（2）下列关于主控指令描述不正确的是（　　）。

A. MC 与 MCR 必须成对使用

B. 与主控触点相连的触点必须用 LD 或 LDI 指令

C. 在没有嵌套结构时，N0 的使用次数没有限制

D. 嵌套层数（嵌套等级）编号最大为 N7，所以嵌套级最大可编写 7 级

（3）图 2–106 中关于 MEP/MEF 指令使用正确的是（　　）。

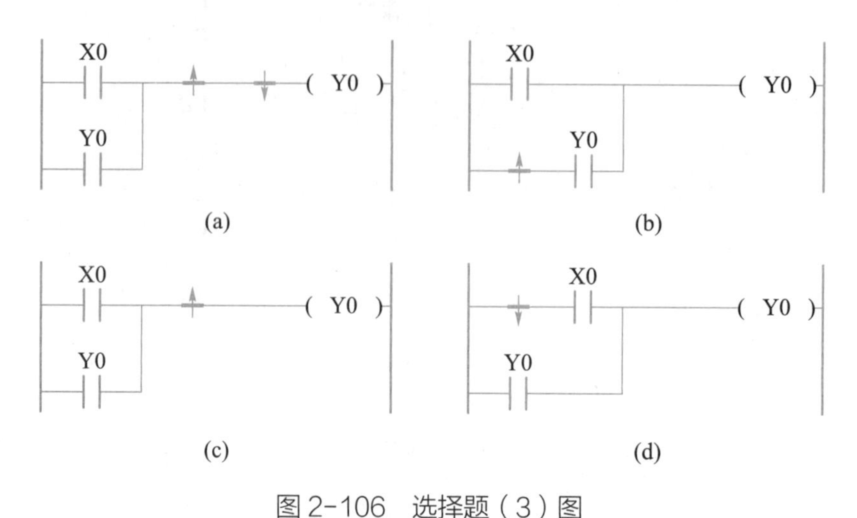

图 2–106　选择题（3）图

2. 填空题

（1）PLF 指令：当输入信号＿＿＿＿＿＿时，输出一个扫描周期的信号。

（2）当主控指令前条件不具备时，主控段内的＿＿＿＿＿＿＿＿＿＿＿＿保持其原来的状态，普通定时器和用 OUT 指令驱动的软元件状态均变为＿＿＿＿＿＿状态。

3. 综合题

（1）应用“PLS/PLF 或 MEP/MEF”指令改写专题 2.8“提送供给系统的控制”中所编写的梯形图程序并写出对应的指令表。

（2）主控指令类似于某段程序的总开关，当主控指令前的条件满足时执行 MC 与 MCR 之间的程序，请利用主控指令编写程序实现以下控制要求：

手动控制时（X0 闭合）：可以实现点动控制，按下正转按钮（X1），电动机正转（Y0），按下反转按钮（X2），电动机可以反转（Y1）。

自动控制时（X0 断开）：按下正转按钮（X1），电动机连续正转（Y0），按下反转按钮（X2），电动机连续反转，当按下停止按钮（X3）时，电动机停止运行。

（3）普通启停控制需要两个按钮，利用脉冲信号可实现单按钮启动和停止。试分析图 2–107 所示梯形图程序逻辑功能并画出其时序图。

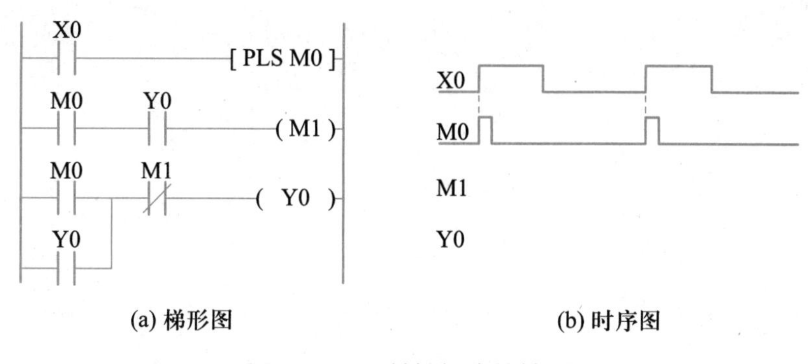

图 2-107　单按钮启停控制

专题 2.10 延时断开、接通，闪烁控制，T 元件及如何处理双线圈

本专题将探知如何应用 PLC“内部元件”T 编写延时断开、接通控制程序，实现“卷帘门自动与手动的控制”。

在此基础上，解读定时器 T，延时断开、接通控制程序，闪烁控制程序及如何处理双线圈等相关理论知识。

问题引入

如图 2-108 所示，本专题将在 FX 仿真软件 F-1 界面，完成“卷帘门自动与手动的控制”。要求如下：

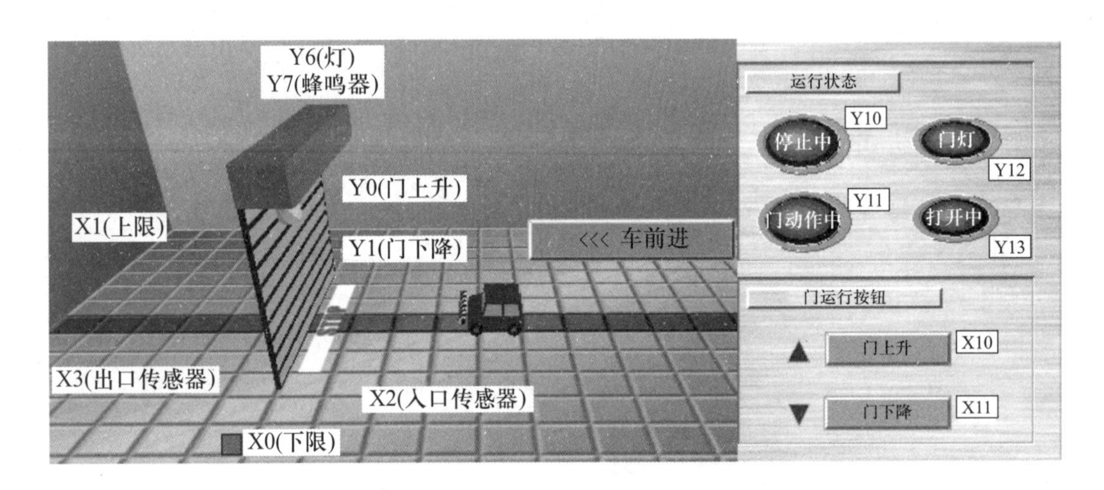

图 2-108　FX 仿真软件 F-1 界面

1. 入口传感器（X2）：若该传感器检测到车辆，控制卷帘门上升（Y0）0.5 s 后停止（卷帘门恰好开启一半）。

2. 门上升按键（X10）：卷帘门开启高度不合适时，可通过该按键手动调节。为防止误操作，长按该按键 2 s 后，卷帘门上升（Y0）。松开按键或到达上限位置（X1）停止。

3. 出口传感器（X3）：当其检测到车辆完全通过后，卷帘门下降（Y1）；到达下限位置（X0）停止。

探究解决

依据控制功能要求逐步实现，请大家边画边学。

1. 若入口传感器（X2）检测到车辆，则控制卷帘门上升（Y0）0.5 s 后停止。

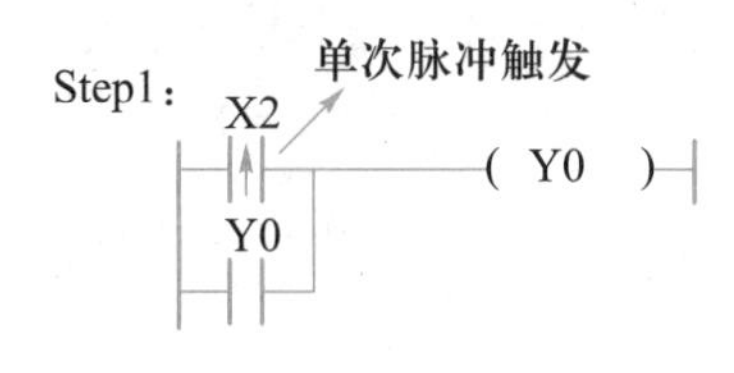

我们常将上述控制功能称为“延时断开”。

首先，通过“自锁控制”程序实现卷帘门持续上升的控制。在这选用“上升沿”触点 X2 而非“动合”触点，是为了避免因车辆停滞不前，动合触点 X2 持续闭合，卷帘门不能停止的情况。

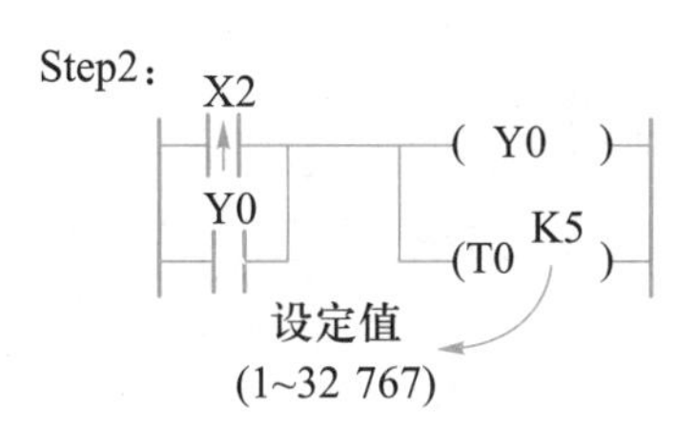

图 2-109 功能 1 梯形图程序 1

接下来，将线圈 T0（定时器）并联到线圈 Y0 上，同时指定 T0 的设定值——K5（K 表示十进制常数），如图 2-109 所示。

进而实现对卷帘门上升时间的监测——0.5 s。

说明：

如图 2-110 所示，在 FX 仿真软件中下载程序后，T0 的当前值会出现在设定值 K5 的下方，其初始值为“0”。

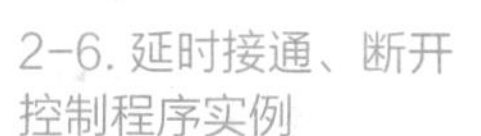

如图 2-111 所示，卷帘门上升（Y0）时，线圈 T0 也被驱动，使其当前值以 100 ms 为时基累积加 1 运算；当到达设定值时，不再累积加 1，监测卷帘门上升（Y0）时间已达到 0.5 s。

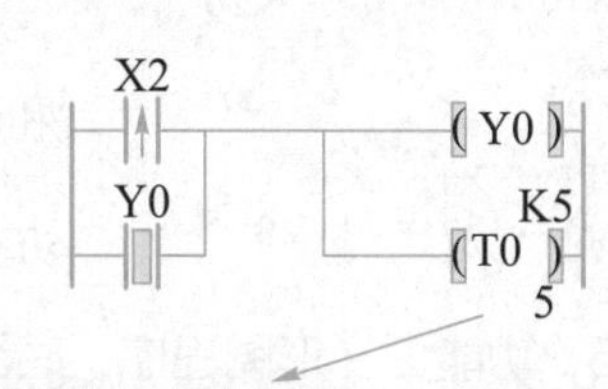

图 2-110 定时器 T 工作原理 1

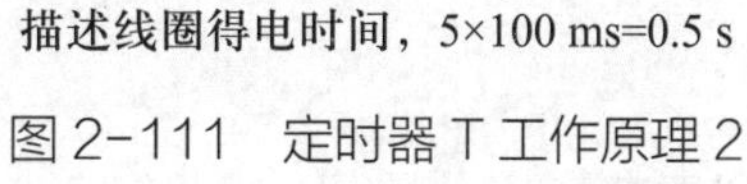

图 2-111 定时器 T 工作原理 2

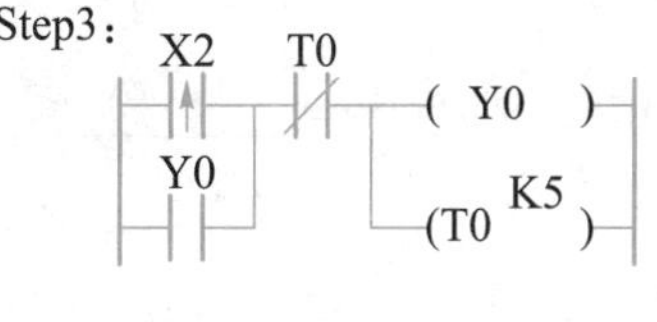

图 2-112 功能 1 梯形图程序 2

最后，将动断触点 T0 串联在线圈 Y0 前，实现卷帘门上升 0.5 s 时，停止其上升的控制，如图 2-112 所示。

说明:

如图 2-113 所示，当卷帘门上升 0.5 s 时，线圈 T0 当前值 = 设定值，其下方 T0 触点状态立即切换，而其上方 T0 触点将在下一个扫描周期切换。

如图 2-114 所示，动断触点 T0 断开，线圈 T0、Y0 同时断电，卷帘门停止上升，定时器线圈 T0 当前值复位清零；其下方 T0 触点状态立即恢复初始状态，而其上方 T0 触点将在下一个扫描周期恢复初始状态。

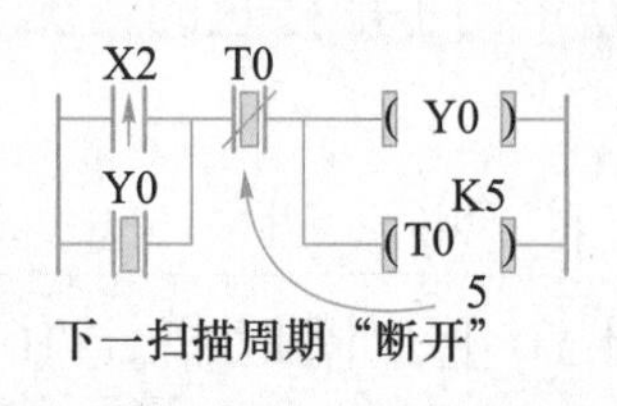

图 2-113　延时断开原理 1

X2　T0　(Y0)　Y0　K5　(T0)　0　下一扫描周期“闭合”

图 2-114　延时断开原理 2

2. 长按门上升按键（X10）2 s 后，卷帘门上升（Y0）。松开按键或到达上限位置（X1）停止，如图 2-115 所示。

Step1:　X10　K20　(T1)

常将上述控制功能称为“延时接通”。

通过线圈 T1（定时器）并指定其设定值——K20 实现对门上升按键长按 2 s 的监测。

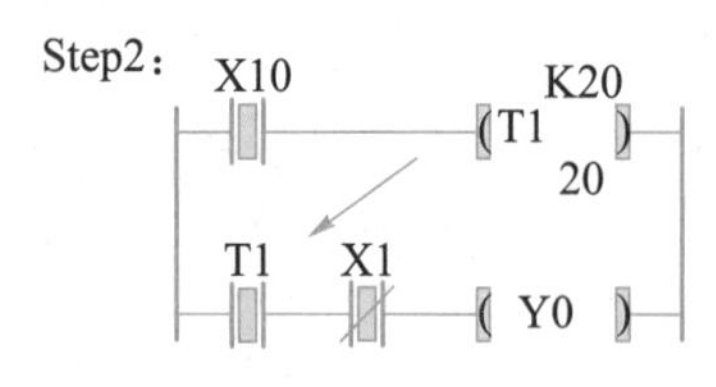

当长按上升键 2 s 后，动合触点 T1 闭合，门才开始上升。门到达上升限位，动断触点 X1 断开线圈 Y0，门将不再上升。

图 2-115　功能 2 梯形图程序

说明:

在上述程序中，功能 1 与 2 分别为卷帘门自动与手动控制程序；它们均涉及卷帘门上升（Y0）的操作控制，这就造成了“双线圈”的出现。

如图 2-116 所示，解决方法如下:

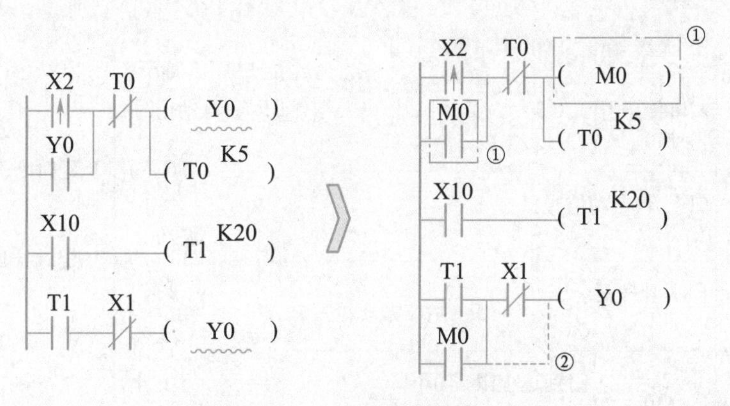

图 2-116　双线圈问题的处理

① 将较复杂梯级程序中所有 Y0 替换成 M0。

② 将动合触点 M0 并联到另一线圈 Y0 之前即可（为避免“自动控制”下卷帘门到达上限仍上升运行，将动合触点 M0 并联到动断触点 X1 之前）。

3. 当出口传感器（X3）检测到车辆完全通过后，卷帘门下降（Y1）；到达下限位置（X0）停止，如图 2-117 所示。

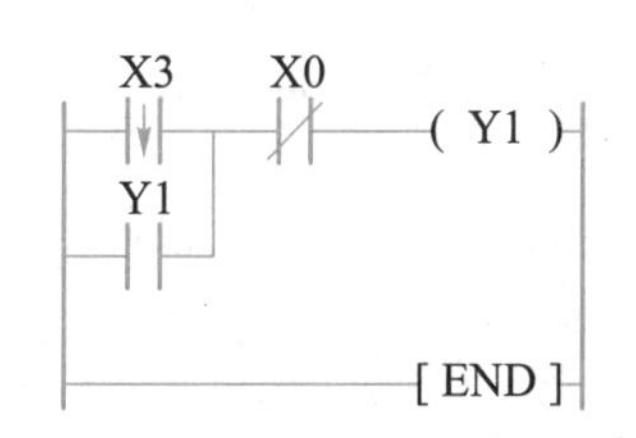

图 2-117　功能 3 梯形图程序

采用“自锁控制”程序实现，需强调：车辆完全通过，即出口传感器 X3 由“能检测到→检测不到”信号时；为此，应通过“下降沿”触点 X3 作为启动条件。

说明：

在上述程序中，功能 2 与 3 中分别涉及卷帘门上升与下降的操作控制，为避免同时动作，需采用“互锁控制”，如图 2-118 中⑦所示。同时，为防止自动控制失效，系统也可以通过门下降按键控制卷帘门下降，如图 2-118 中⑧所示。

知识链接

图 2-118 所示为刚刚完成编写的梯形图程序。请在 FX 仿真软件 F-1 界面中，录入该程序（带注释）并对照功能要求进行操作检验。

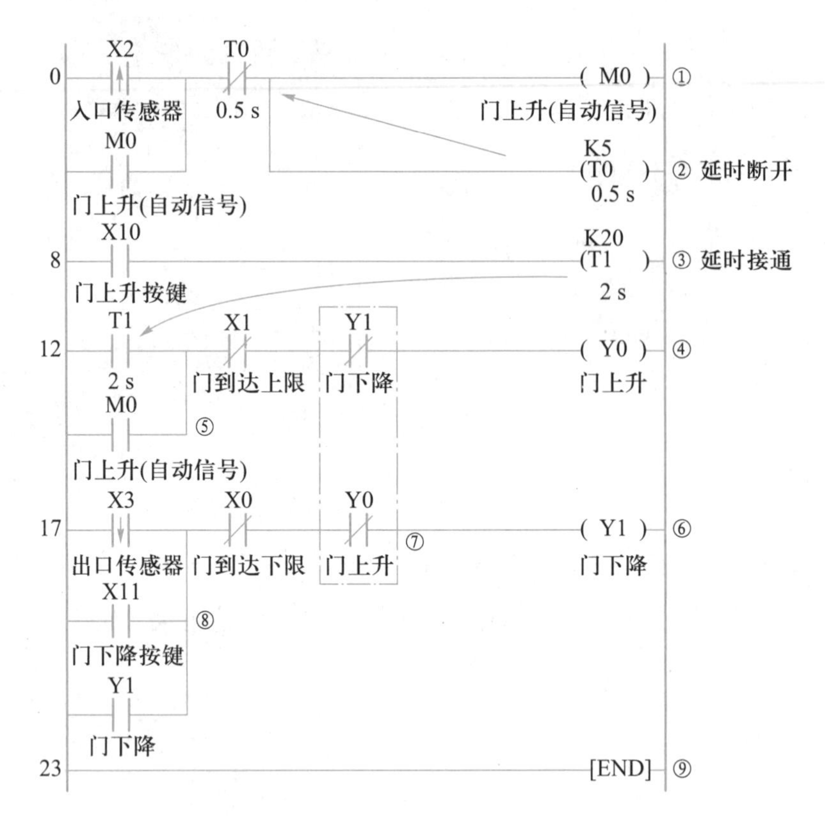

序号①~⑨ 表明程序编写的先后顺序

图 2-118 “卷帘门自动与手动的控制”梯形图程序（带注释）

下面让我们一起学习与该程序相关联的理论知识。学习过程中，大家可以找一找图中的哪一部分能够体现下述某一理论知识的描述。

1. T 编程元件——FX_{3U} 系列 PLC

定时器（T）在 PLC 中的作用相当于一个时间继电器。

* 有触点和线圈。

* 常用于时间控制，如图 2-118 所示。

* 按十进制编号，其设定值范围为 1~32 767。

T0~T199，共 200 个 100 ms 一般定时器，定时范围 0.1~3 276.7 s。

T200~T245，共 46 个 10 ms 一般定时器，定时范围 0.01~327.67 s。

T246~T249，共 4 个 1 ms 累计定时器，定时范围 0.001~32.767 s。

T250~T255，共 6 个 100 ms 累计定时器。

说明：

（1）一般定时器

如图 2-119 所示，当定时器线圈 T200 的驱动输入 X0 为 ON，T200 当前值计数器就对 10 ms 的时钟脉冲进行加法运算，如果这

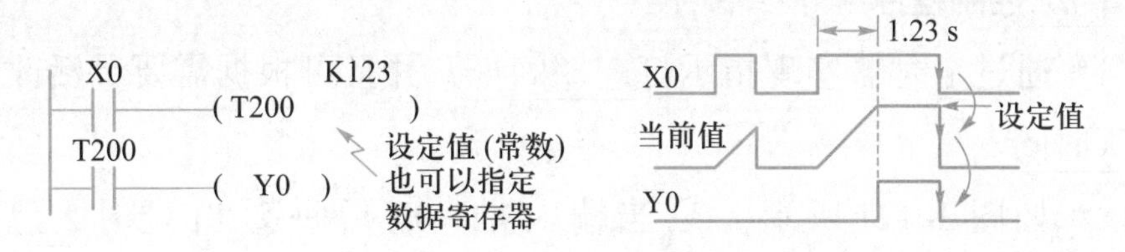

图 2-119　一般定时器动作过程

个值等于设定值 K123，定时器的输出触点动作。也就是说，输出触点是在驱动线圈后的 1.23 s 后动作。

一般定时器不具备断电保持功能，即驱动输入 X0 断开或是停电时，定时器当前值复位清零并且输出触点也复位。

（2）累计定时器

如图 2-120 所示，当定时器线圈 T250 的驱动输入 X1 为 ON 时，T250 当前值计数器就对 100 ms 的时钟脉冲进行加法运算，如果这个值等于设定值 K345 时，定时器的输出触点动作。

累计定时器具有计数累计功能。在计数过程中，即使出现输入 X1 变为 OFF 或停电的情况，当再次运行时也能继续计数。其累计动作时间为 34.5 s。

只有在复位输入 X2 为 ON 时，定时器当前值才复位清零并且输出触点也复位。

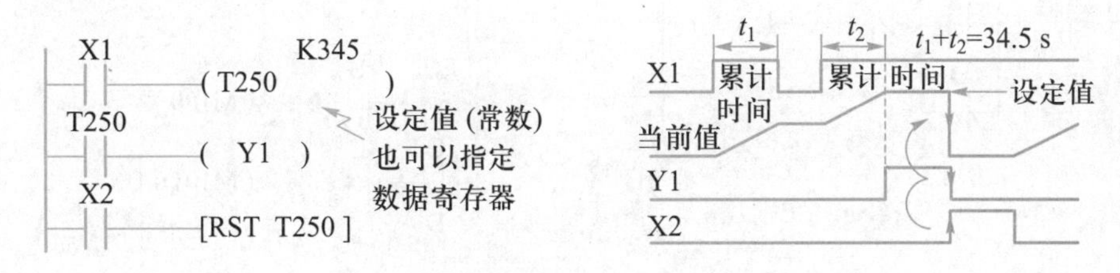

图 2-120　累计定时器动作过程

2. 延时断开控制程序

* 输入信号变为 ON 状态以后，保持控制对象在一定的时间内处于 ON 状态。

* 通过“–|↑|–”实现输入信号的单次触发，将定时器线圈并联到控制对象输出线圈上，并将其动断触点作为控制对象的停止条件。

3. 延时接通控制程序

* 输入信号处于 ON 状态一段时间后，控制对象才处于 ON 状态。

* 输入信号后串联定时器线圈，并将其动合触点作为控制对象的启动条件。

4. 闪烁控制程序

* 通过定时器实现指示灯周期闪烁，并且可根据需要灵活改变亮灭时间。

* 如图 2-121 所示，① 当输入 X1=ON 后→② T1 延时 2 s 后，Y0=ON →③ 同时 T2 定时器开始定时，1 s 后断开 T1 线圈。

使 T1、T2 线圈复位，Y0=OFF；T1 又开始定时，以后 Y0 线圈将这样周期性地灭 2 s 亮 1 s，直到 X1=OFF。

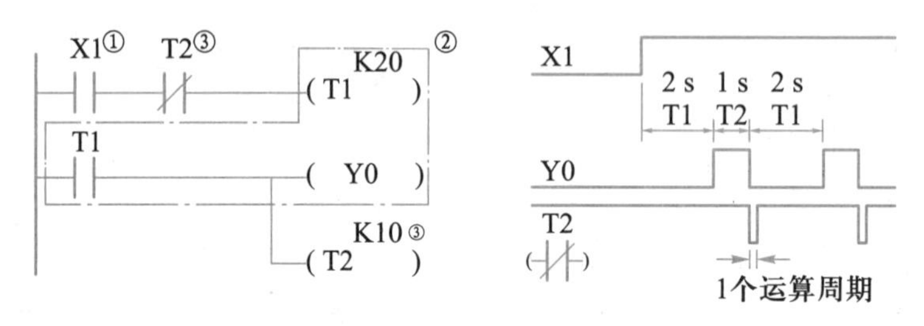

图 2-121　闪烁控制

5. 解决双线圈问题

程序中出现双线圈，可采用图 2-122 所示对策更改程序。

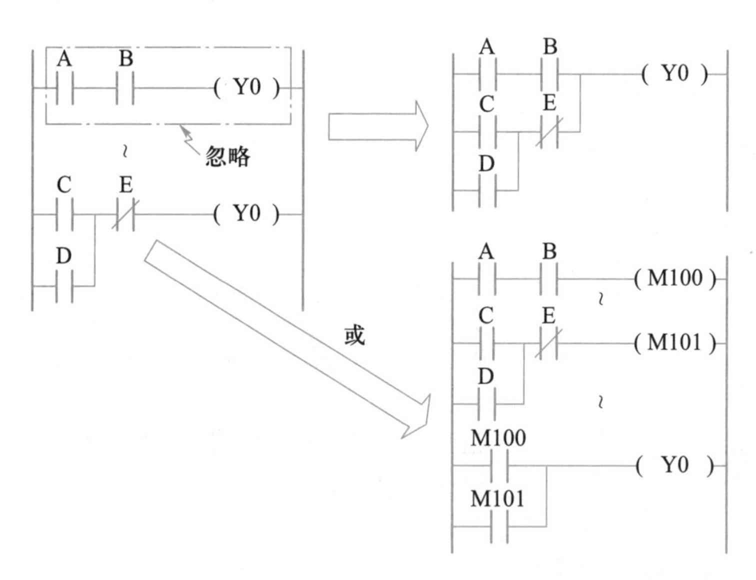

图 2-122　双线圈问题的对策

此外，还可采用其他编程方法，如使用 SET、RST 指令或跳转指令（详见第 5 篇），以及使用步进梯形图指令（详见第 4 篇），在各状态中对同一个输出线圈编程。

其中，使用步进梯形图指令时请注意：如果主程序中存在的输出线圈在状态中也被编程，会被视为“双线圈”。

➥关于步进梯形图指令，请参看本书第 4 篇

拓展深化

1. 选择题

（1）下列定时器中定时精度最高的是（　　）。

A. T0~T199　　B. T200~T245

C. T246~T249　　D. T250~T255

（2）若无需掉电保持，下列定时器中定时范围最广的是（　　）。

A. T0~T199　　B. T200~T245

C. T246~T249　　D. T250~T255

2. 填空题

累计定时器的当前值需使用________________清除。

3. 简答题

请上网或查阅相关参考书籍，回答以下问题：

什么是双线圈？一般情况下为什么不允许使用双线圈？哪种情况下允许使用双线圈输出？

4. 综合题

完成如下控制功能，要求列出I/O点、设计梯形图程序（带注释）、写出语句表。

（1）有3台电动机M1、M2、M3，按下启动按钮，电动机M1启动，经过5 s，电动机M1停止，M2启动，再经过5 s，电动机M2停止，M3启动，实现顺序启动控制（定时器实现）；当按下停止按钮时，电动机立即停止运行。

（2）设计一搅拌机控制程序，控制功能如下：为了防止误操作启动按钮，启动时需要一直按下启动按钮3 s以上才能启动搅拌机，启动后搅拌机先正转10 s，进行试机，然后以正转3 s、停2 s的节拍进行工作，当按下停止按钮时，搅拌机停止工作。

➥关于更多练习，请参看［C-1、C-2、D-3、D-5］［C-3、D-2］（FX-TRN-BEG-C 培训仿真软件）

专题 2.11 计数控制、顺序控制与C元件

本专题将探知如何应用 PLC“内部元件”C 编写计数控制程序，实现“定量供给系统的控制”。

在此基础上，解读计数器 C、计数控制及顺序控制程序等相关理论知识。

问题引入

如图 2–123 所示，本专题将在 FX 仿真软件 C–4 界面，完成“定量供给系统的控制”。要求如下：

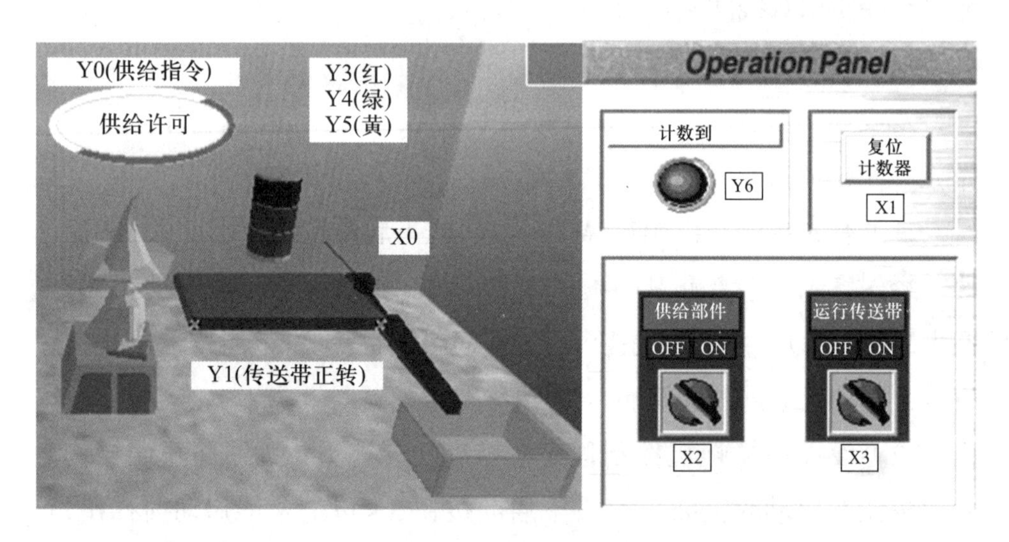

图 2–123 FXTRN–BEG–C 仿真软件 C–4 界面

1. 运行传送带开关（X3）：为 ON 时，传送带正转（Y1）。

为防止货品堆积，传送带正转后，供给部件开关（X2）为 ON，货品方开始供给（Y0）。

2. 传送带末端光电传感器（X0）：通过该传感器统计供给数量，当达到 5 个时，计数到指示灯（Y6）点亮；同时系统停止运行。

3. 复位计数器按键（X1）：单击后，系统再次运行，定量补给 5 个货品。

探究解决

依据控制功能要求逐步实现，请大家边画边学。

1. 运行传送带开关（X3）为 ON 时，传送带正转（Y1）。

传送带正转后，供给部件开关（X2）为 ON，货品方开始供给（Y0），如图 2-124 所示。

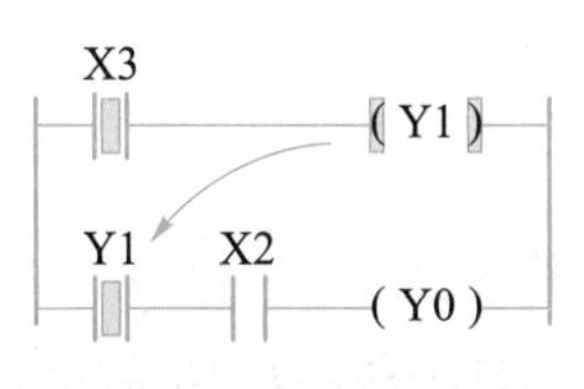

图 2-124　功能 1 梯形图程序

通过“联锁控制”实现传送带正转后，供给部件开关为 ON 时，货品方开始供给操作。

2. 通过传送带末端光电传感器（X0）统计供给数量，当达到 5 个时，计数到指示灯（Y6）点亮；同时系统停止运行。

2-7. 计数控制程序实例

Step 1:
X0　(C0 K5)
设定值 (0~32 767)

图 2-125　功能 2 梯形图程序 1

常将上述控制功能称为“计数控制”。

程序中，通过将线圈 C0 串联在动合触点 X0 后，同时指定 C0 设定值——K5，进而实现对货品数量（5 个）的检测，如图 2-125 所示。

说明：

如图 2-126 所示，在 FX 仿真软件中下载程序后，C0 的当前值会出现在设定值 K5 的下方，初始值为“0”。

如图 2-127 所示，货品通过传送带末端光电传感器（X0），会使线圈 C0 被驱动一次，使其当前值累积加 1 运算；当达到设定值时，不再累积加 1，同时 C0 触点状态切换，监测货品数量已达到 5 个。

X0　(C0 K5 0)
当前值

图 2-126　计数器 C 工作原理 1

X0　(C0 K5 5)
描述线圈通电次数，接通5次

图 2-127　计数器 C 工作原理 2

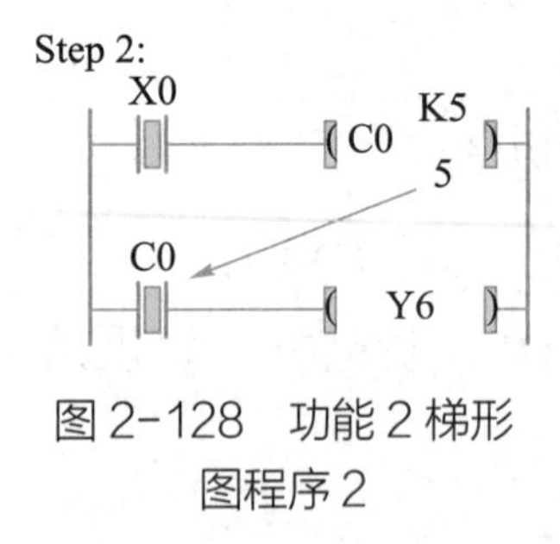

图 2-128 功能 2 梯形图程序 2

当检测到第 5 个货品时，动合触点 C0 闭合，计数到指示灯（Y6）点亮，如图 2-128 所示。

说明：

如图 2-129 所示，当货品已供给 5 个，为使系统停止：

① 在功能 1 程序中，还需将动断触点 C0 分别串联在线圈 Y0（货品供给）、Y1（传送带正转）前，断开禁止其输出。

② 经调试发现，为确保第 5 个货品在系统停止时不会滞留在传送带上，还需将动合触点 X0 替换为下降沿触点 X0。

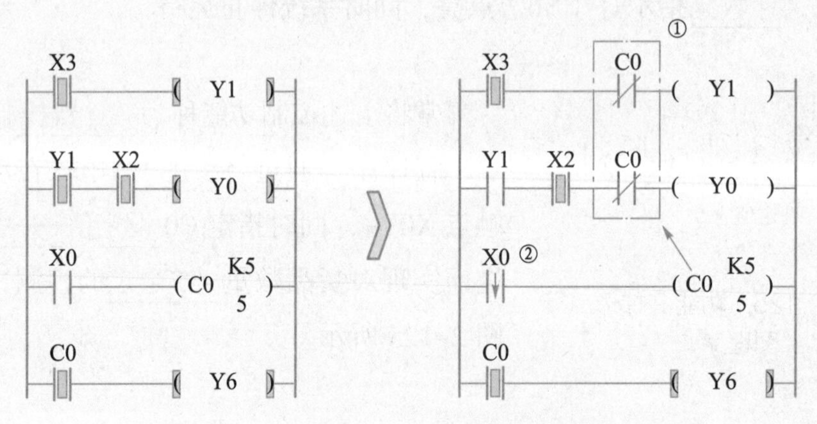

图 2-129 “计数控制”及“货品滞留问题”的处理

3. 单击复位计数器按键（X1）后，系统再次运行，定量补给 5 个货品，如图 2-130 所示。

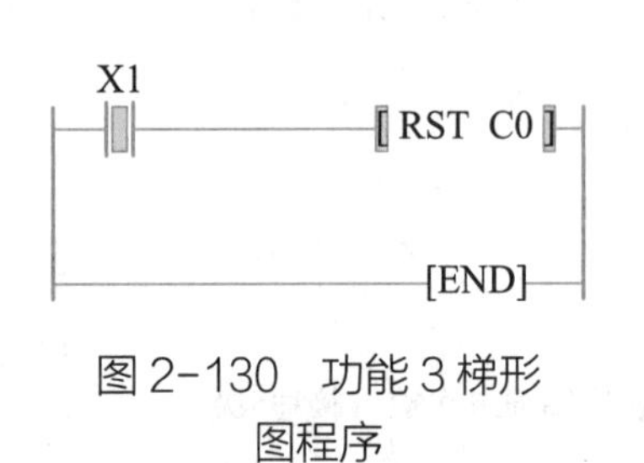

图 2-130 功能 3 梯形图程序

如图 2-129 中①所示，计数器 C0 恢复初始状态，系统便可再次运行；但与定时器不同，C0 的当前值必须使用“RST 指令”复位清零。

复位后，动断触点 C0 恢复闭合状态，系统再次运行；计数器 C0 当前值从 0 再次开始统计货品数量。

知识链接

图 2-131 所示为完成编写的梯形图程序。请在 FX 仿真软件 C-4 界面中，录入该程序（带注释）并对照功能要求进行操作检验。

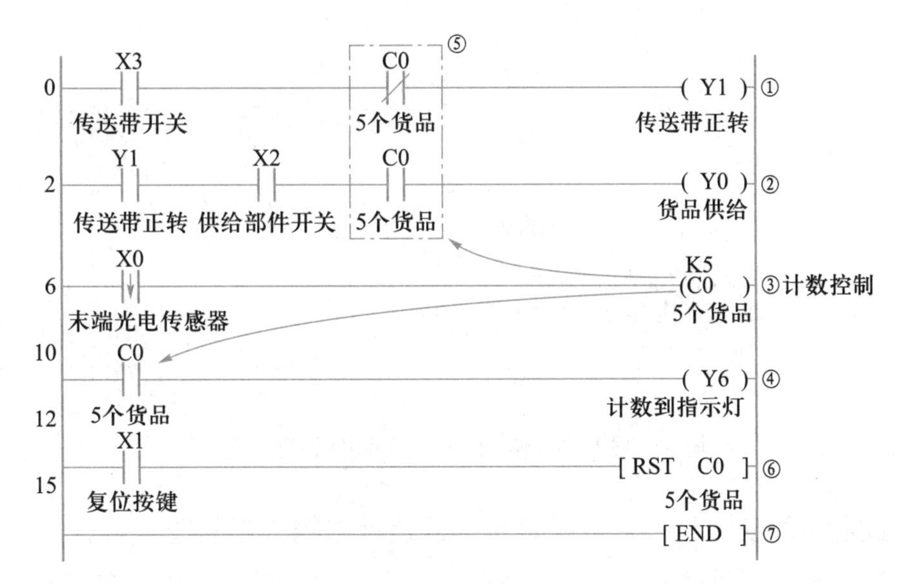

序号①~⑦ 表明程序编写的先后顺序

图 2-131 “卷帘门自动与手动的控制”梯形图程序（带注释）

下面让我们一起学习与该程序相关联的理论知识。学习过程中，同学们可以找一找图中的哪一部分能够体现下述某一理论知识的描述。

1. C 编程元件——FX_{3U} 系列 PLC

计数器（C）在 PLC 中的作用相当于一个计数继电器。

* 有触点和线圈。

* 常用于计数控制，如图 2-131 所示。

* 按十进制编号：

① 16 位加计数器，其设定值范围为 0~32 767。

C0~C99，共 100 个一般计数器。

C100~C199，共 100 个断电保持计数器。

② 32 位加/减计数器，其设定值范围为 -2 147 483 648~2 147 483 647。

C200~C219，共 20 个一般计数器。

C220~C234，共 15 个断电保持计数器。

说明：

（1）16 位加计数器

如图 2-132 所示，通过计数输入 X11，每驱动一次计数器线圈 C0，计数器 C0 的当前值就会加 1，在第 10 次执行线圈指令时输出触点动作。

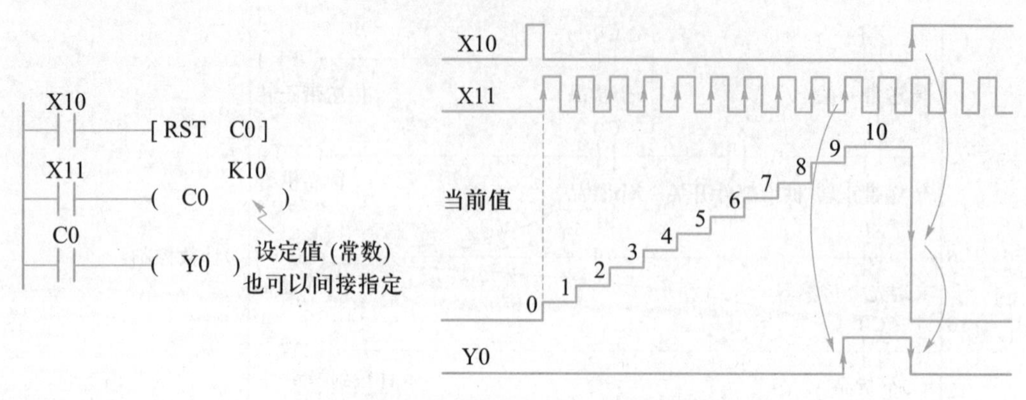

图 2-132 16 位加计数器的动作过程

此后，即使计数输入 X11 动作，但是计数器的当前值不会变化。如果输入复位 X10 为 ON，在执行 RST 指令时，计数器的当前值变为 0，输出触点也复位。

断电保持计数器的当前值和输出触点的动作、复位状态都会被停电保持。

（2）32 位加/减计数器

如图 2-133 所示，可以使用特殊辅助继电器 M8200~M8234 指定加计数/减计数的方向；对于 C×××，驱动 M8××× 后，为减计数器，不驱动时为加计数器。

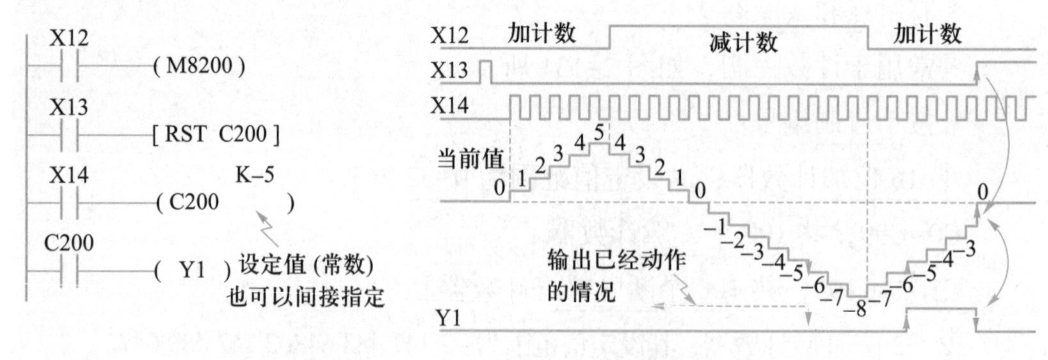

图 2-133 32 位加/减计数器的动作过程

使用计数输入 X14 驱动 C200 线圈时，可加计数也可减计数。在计数器的当前值由“-6”增加到“-5”的时候，输出触点被置位，再由“-5”减少到“-6”时被复位。如果复位输入 X13 为 ON，执行 RST 指令，此时计数器的当前值变为 0，输出触点也复位。

当前值的增减与输出触点的动作无关，如果从 2 147 483 647 开始加计数，就变成-2 147 483 648。同样，如果从-2 147 483 648 开始减计数，就变成 2 147 483 647（像这样的动作称为环形计数）。

断电保持计数器的当前值和输出触点的动作、复位状态都会被停电保持。

32 位的计数器也可以作为 32 位的数据寄存器使用，但是 32 位的计数器不能成为 16 位应用指令中的对象软元件。

2. 计数控制程序

* 对输入信号的通断次数进行计数，达到设定值后改变控制对象的工作状态。

* 输入信号后串联计数器线圈，并将其动合/动断触点作为控制对象的启动/停止条件。

3. 顺序控制程序（计数器实现）

* 通过计数器递增计数的原理，对被控对象实现顺序启停控制。

* 如图 2–134 所示，① X20 每闭合 1 次，C0 计数值递增加“1”。② 触点比较指令条件满足时，对应触点闭合接通。③ 例如：当 X20 第一次闭合，C0 的当前值为“1”，Y20 接通；第二次闭合，Y21 接通……④ 当 X20 第四次闭合或 X21 闭合时，计数器复位，又开始下一轮计数；如此往复，从而实现顺序控制。

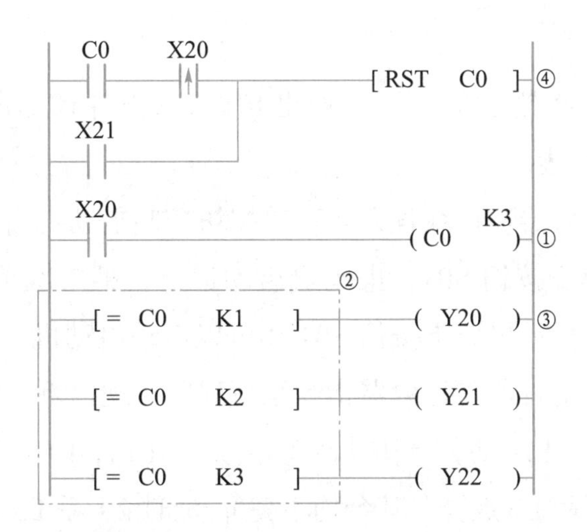

图 2–134 顺序控制（计数器实现）

➥关于触点比较指令，请参看专题 5.1

➥关于顺序控制程序（定时器实现），请参看专题 2.10

拓展深化

1. 选择题

（1）在使用 C200 加减可逆计数器时，其计数方向可通过（　　）设定。

A. M8000　　B. M8002

C. M8012　　D. M8200

（2）下列 PLC 的元器件中，当前值复位不需要使用 RST 指令的是（　　）。

A. 一般定时器　　B. 累计型定时器

C. 一般计数器　　D. 断电保持计数器

2. 简答题

（1）16 位加计数器，其设定值范围为 0~32 767；若设定值为 0，则该计数器如何工作？

（2）简述图 2-135 所示程序逻辑功能。

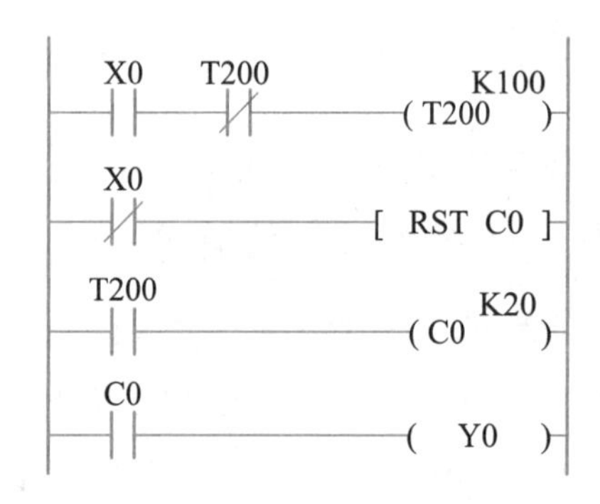

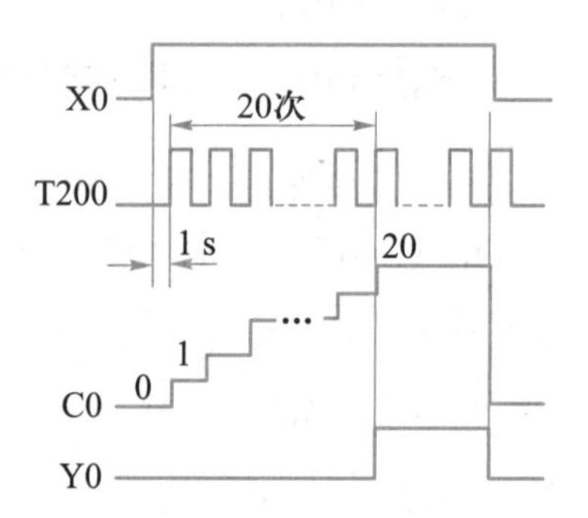

图 2-135　简答题（2）图

3. 综合题

完成如下控制功能，要求列出 I/O 点、设计梯形图程序（带注释）、写出语句表。

（1）用计数器知识编程，实现单按钮控制电动机启停的功能：

第一次单击按钮 SB1，电动机启动运行；第二次单击按钮 SB1，电动机停止运行；再单击按钮 SB1 还可以启动电动机，如此往复。

（2）结合定时器与计数器指令编写程序实现以下控制功能：

有 4 盏灯（L1~L4），当单击启动按钮 SB1 后，L1 点亮（其余均不亮），延时 2 s 后 L2 点亮（其余均不亮），延时 2 s 后 L3 点亮（其余均不亮），再延时 2 s 后 L4 点亮（其余均不亮），如此循环；停止时，当在 3 s 内连击停止按钮 2 次后，指示灯均熄灭。

➥关于更多练习，请参看 C-4、E-2（FX-TRN-BEG-C 培训仿真软件）

专题 2.12 基本指令汇总、步序、指令表-梯形图转换

本专题将对前述 29 条基本指令进行汇总，同时给出各指令所占程序步数。

在此基础上，探知如何标注梯形图及指令表程序的步序，同时明确指令表-梯形图转换的一般步骤与方法。

问题引入

如图 2-136 所示，如何将指令表程序转换为专题 2.11 所编写的梯形图程序？完整的“梯形图与指令表”程序还包括“步序”，又应如何标注梯形图及其指令表程序的步序？

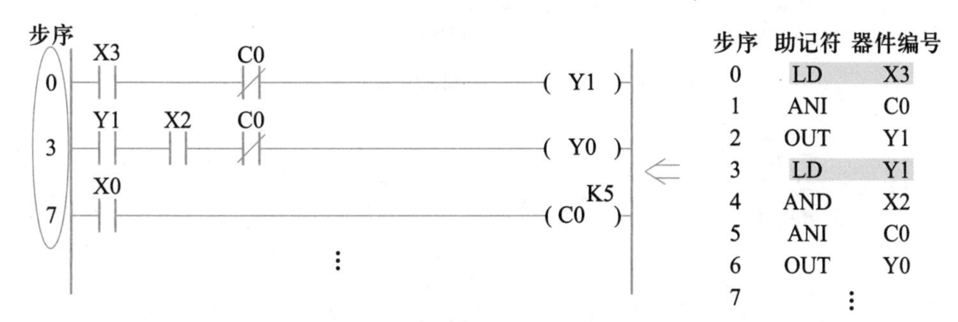

图 2-136 专题 2.11“定量供给系统的控制”梯形图-指令表

知识链接

首先，让我们一起了解 29 条基本指令各自所占的程序步数。

1. 程序步为“1”的指令（见表 2-16）

表 2-16 程序步为“1”的指令

助记符（名称）	功能	梯形图表示及指令对象	程序步
LD（取）	动合触点逻辑运算开始	X、Y、M、T、C、S	1 步
LDI（取反）	动断触点逻辑运算开始	X、Y、M、T、C、S	
AND（与）	动合触点串联连接	X、Y、M、T、C、S	
ANI（与非）	动断触点串联连接	X、Y、M、T、C、S	

续表

助记符（名称）	功能	梯形图表示及指令对象	程序步
OR（或）	动合触点并联连接	X、Y、M、T、C、S	1步
ORI（或非）	动断触点并联连接	X、Y、M、T、C、S	
ANB（块与）	并联电路块的串联连接		
ORB（块或）	串联电路块的并联连接		
MPS（进栈）	运算存储	MPS	
MRD（读栈）	存储读出	MRD	
MPP（出栈）	存储读出与复位	MPP	
NOP（空操作）	无动作	无	
INV（取反）	逻辑运算结果取反		
MEP（M·E·P）	上升沿时导通		
MEF（M·E·F）	下降沿时导通		
END（结束）	输入/输出处理，程序回到第0步	[END]	

2. 程序步为“2或3”的指令（见表2-17）

表2-17　程序步为“2或3”的指令

助记符（名称）	功能	梯形图表示及指令对象	程序步
LDP（取脉冲上升沿）	上升沿检出运算开始	X、Y、M、T、C、S	2步
ANDP（与脉冲上升沿）	上升沿检出串联连接	X、Y、M、T、C、S	
ORP（或脉冲上升沿）	上升沿检出并联连接	X、Y、M、T、C、S	

续表

助记符（名称）	功能	梯形图表示及指令对象	程序步
LDF（取脉冲下降沿）	下降沿检出运算开始	X、Y、M、T、C、S	2步
ANDF（与脉冲下降沿）	下降沿检出串联连接	X、Y、M、T、C、S	
ORF（或脉冲下降沿）	下降沿检出并联连接	X、Y、M、T、C、S	
PLS（上升沿脉冲）	上升沿检测输出	除特殊的M以外的M、Y [PLS]	
PLF（下降沿脉冲）	下降沿检测输出	除特殊的M以外的M、Y [PLF]	
MCR（主控复位）	主控电路块终点	[MCR N*]	
MC（主控）	主控电路块起点	除特殊的M以外的M、Y [MC N* Y/M]	3步

3. 程序步“随指令对象变化”的指令（见表2-18）

表2-18 程序步“随指令对象变化”的指令

助记符（名称）	功能	梯形图表示及指令对象	程序步
OUT（输出）	线圈驱动	Y、M、T、C、S ( )	Y、M：1； S、特M：2； T：3；C：3/5
SET（置位）	令元件保持ON状态	Y、M、S [SET]	Y、M：1； S、特M：2； C、T：2； D、V、Z：3
RST（复位）	令元件保持OFF状态	Y、M、S、C、D、V、Z、积算定时器T [RST]	

➥关于更多指令步数，请参看附录4.4

探知应用

接下来，我们一起学习步序的标注及指令表-梯形图转换的步骤与方法。

1. 标注“梯形图与指令表”步序（如图 2-137 所示）

	步序	指令		步序	指令
①	0	LD M8000		6	OUT T0 K20
②	1	MPS		9	LD T0
	2	ANI T0		10	OUT T1 K30
	3	OUT Y0		13	END
	4	MPP			
	5	ANI T1			

图 2-137 “梯形图与指令表”步序的标注

说明：

* 指令表——标注“每条指令”的起始步序

① 第一条指令的起始步序从第“0”步开始！

② 下一条指令的起始步序 = 上一条起始步序 + 上条指令所占程序步。

* 梯形图

③ 参照指令表，标注“每个梯级”的起始步序。

2. 指令表—梯形图转换的一般步骤与方法。

（1）“不含电路块”，如图 2-138 所示。

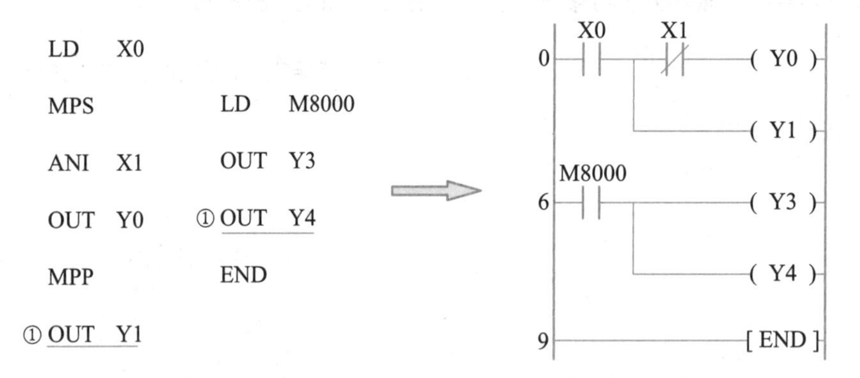

图 2-138 “不含电路块”指令表-梯形图的转换

说明：

Step1：确定梯级程序。

梯级程序起始于 LD（I/P/F），一般结束于“下一条指令为 LD（I/P/F）/END/MCR”的“输出类指令”（OUT、SET、RST、PLS、PLF）”或“主控指令”（MC）。据此，如图 2-138 ①所示，以粗实线表示一个梯级程序的结束。

Step2：转换。

转换流程如图 2-139 所示。

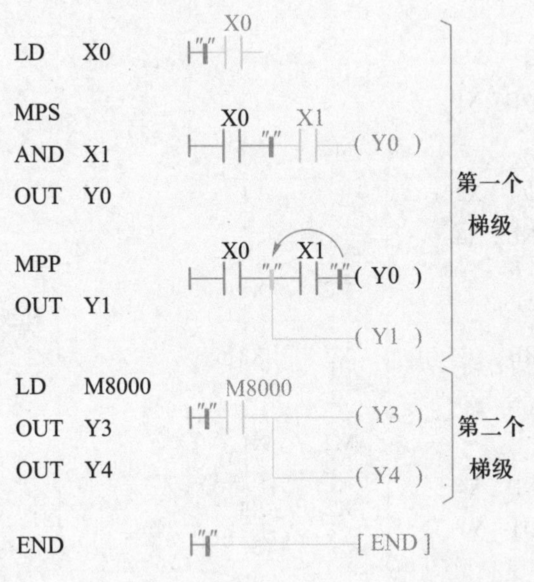

图 2-139 “不含电路块”指令表-梯形图转换流程

（2）“含电路块”，如图 2-140 所示。

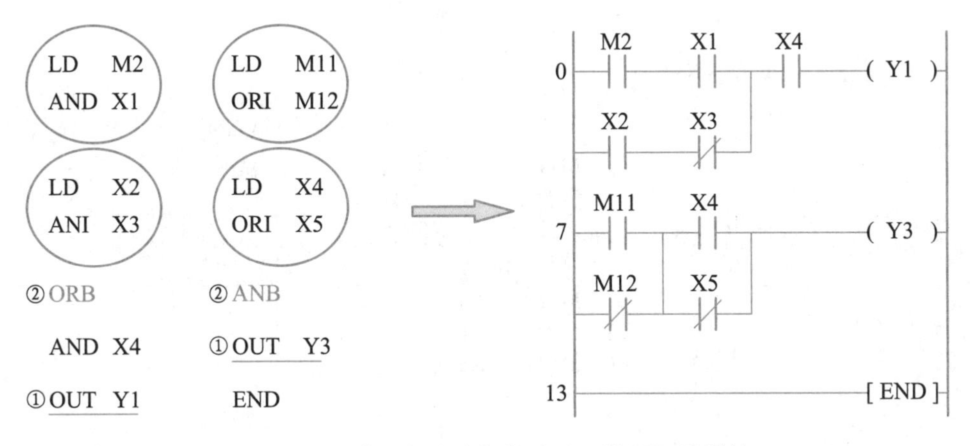

图 2-140 “含电路块”指令表-梯形图的转换

说明：

接下来以本程序为例明确指令表—梯形图转换的一般步骤与方法。

Step1：确定梯级程序。

依据前述，如图 2-140 ①所示，以粗实线表示一个梯级程序的结束。

Step2：确定各梯级程序是否有 ANB、ORB 指令。

若有，画圈定块，电路块以 LD/LDI 开始，如图 2-140 ② 所示。

Step3：转换。

转换流程如图 2-141 所示。

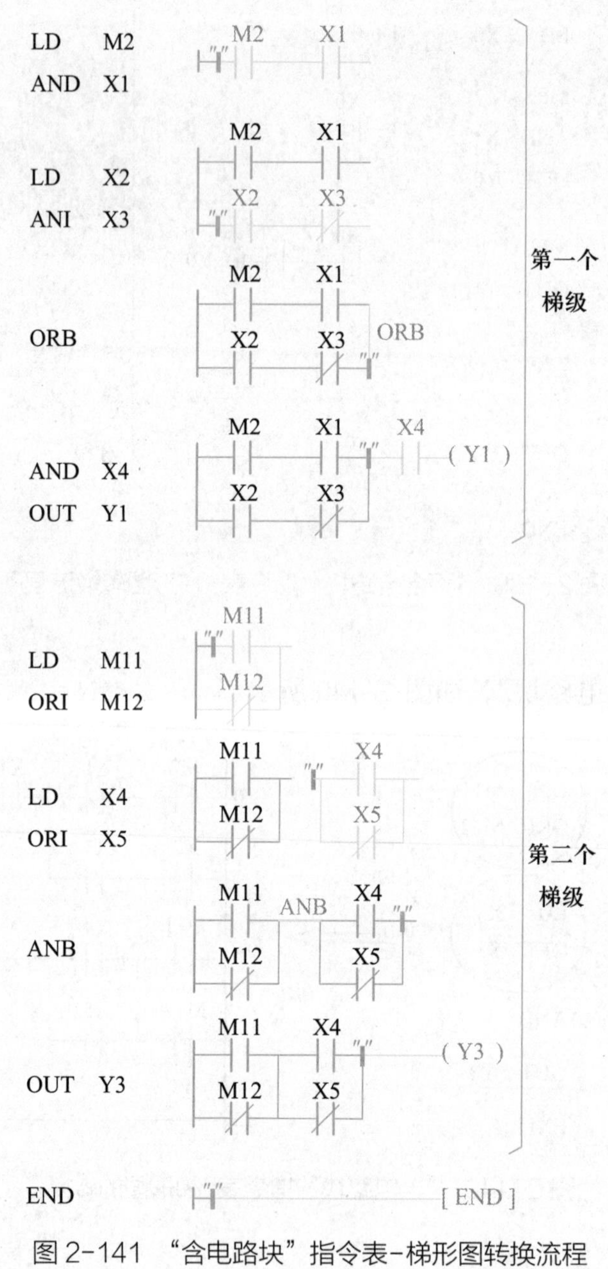

图 2-141 “含电路块”指令表-梯形图转换流程

最后，请完成“问题引入”中所提出的问题，并对照图 2-136 进行检验。

拓展深化

1. 选择题

OUT C200 K10 指令占用的程序步为（　　）。

A. 1 步　　B. 2 步　　C. 3 步　　D. 5 步

2. 填空题

（1）PLC 程序的起始步序从第__________步开始。

（2）指令表中，下一条指令的起始步序 = ________ + ________。

3. 简答题

简述指令表—梯形图转换的一般步骤与方法。

4. 综合题

标注下列指令表步序，并绘出梯形图。

（1）

```
LD   X1      MPS          MPP
MPS          AND  X5      OUT  Y4
AND  X2      OUT  Y1      MPP
MPS          MPP          OUT  Y5
AND  X3      OUT  Y2      END
MPS          MPP
AND  X4      OUT  Y3
```

（2）

```
LD   X1      ANB
ANI  X2      LD   M1
LD   X3      AND  M2
ANI  X4      ORB
ORB          AND  M3
LD   X5      OUT  Y1
AND  X6      END
LD   X7
ANI  X10
ORB
```

（3）

```
LD   X2      LD   X3
OR   Y2      OUT  T1 K50
ANI  X1      MCR  N0
MC   N0 M0   END
LDI  T1
OUT  Y2
```

➥关于更多练习，请参看 E［1~6］、F［1~7］

（FX-TRN-BEG-C 培训仿真软件）

知识脉络梳理－第2篇 梯形图程序（基本指令）及编程方法

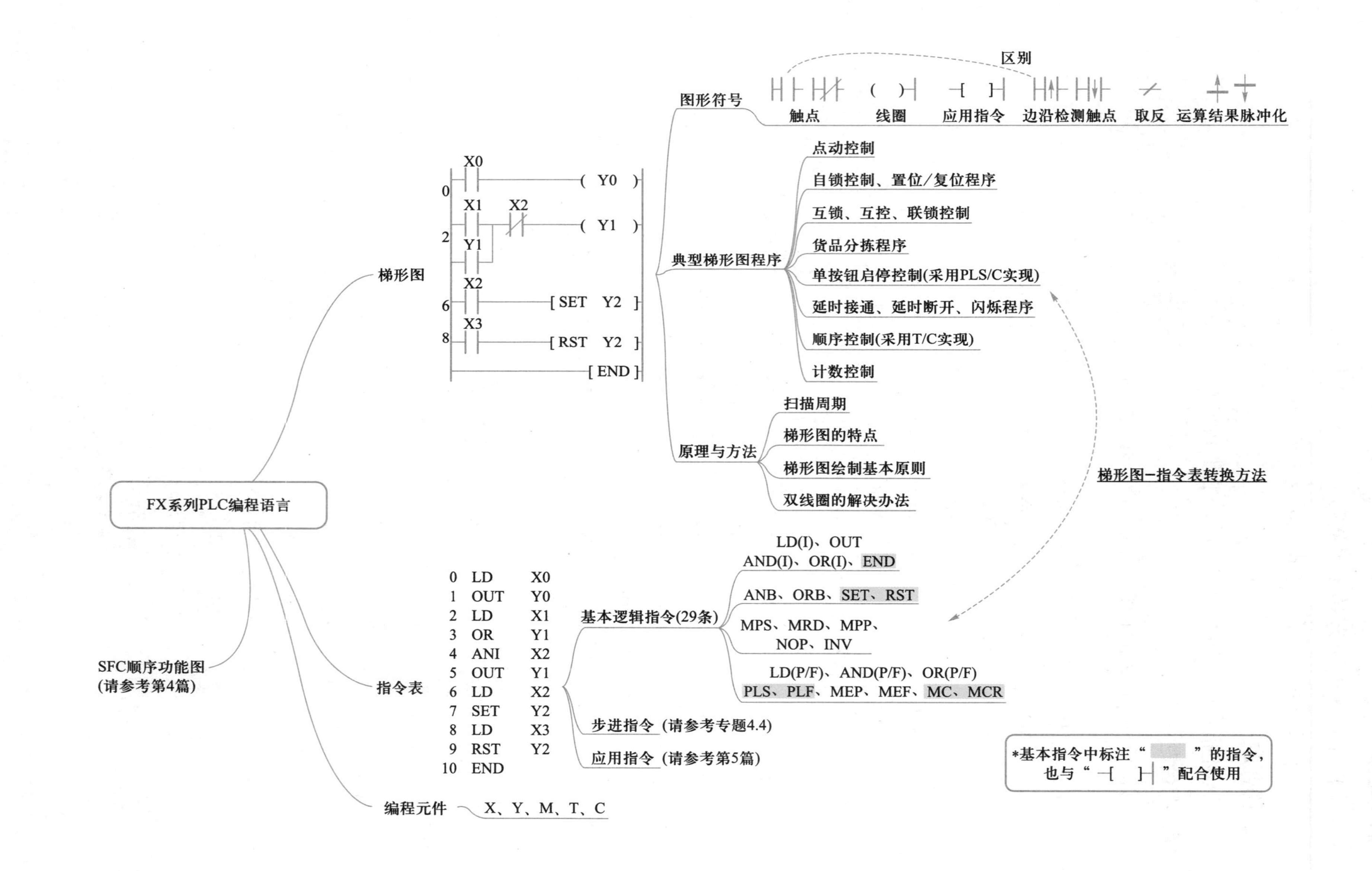

控制系统设计与编程工具

在前面学习的基础上，本篇从 FX 系列 PLC 控制系统的安装与接线出发，尝试搭建硬件系统；并进一步了解其日常维护、故障诊断及防护处理的相关知识；同时，结合具体的应用实例对 PLC 控制系统的设计原则、设计步骤和设计方法进行介绍。

读者可借助宇龙机电控制仿真软件，也可选取适用的实训装置、设备或平台，设计搭建 PLC 控制系统并检验其运行是否可靠。通过反复实践不断积累经验，以便应用到控制系统的设计中。

➥ 关于宇龙机电控制仿真软件，请参看附录 2.2

➥ 关于 GX Developer/Works2 编程软件，请参看附录 2.3

专题 3.1
安装与接线

本专题将探知如何完成“点餐呼叫系统”硬件平台的搭建；并在此基础上，解读 PLC 的工作环境、安装布线、接线等相关知识内容。

问题引入

本专题将完成专题 2.3 中“点餐呼叫系统”硬件平台的搭建，主要包括：配置所需元件及连接电气线路。

如图 3-1 所示，选用 FX_{3U}-48MR/ES 型 PLC、按钮、指示灯（AC220V，AC 表示交流）等元件，配置好所需元件后，关键是如何做到正确接线。

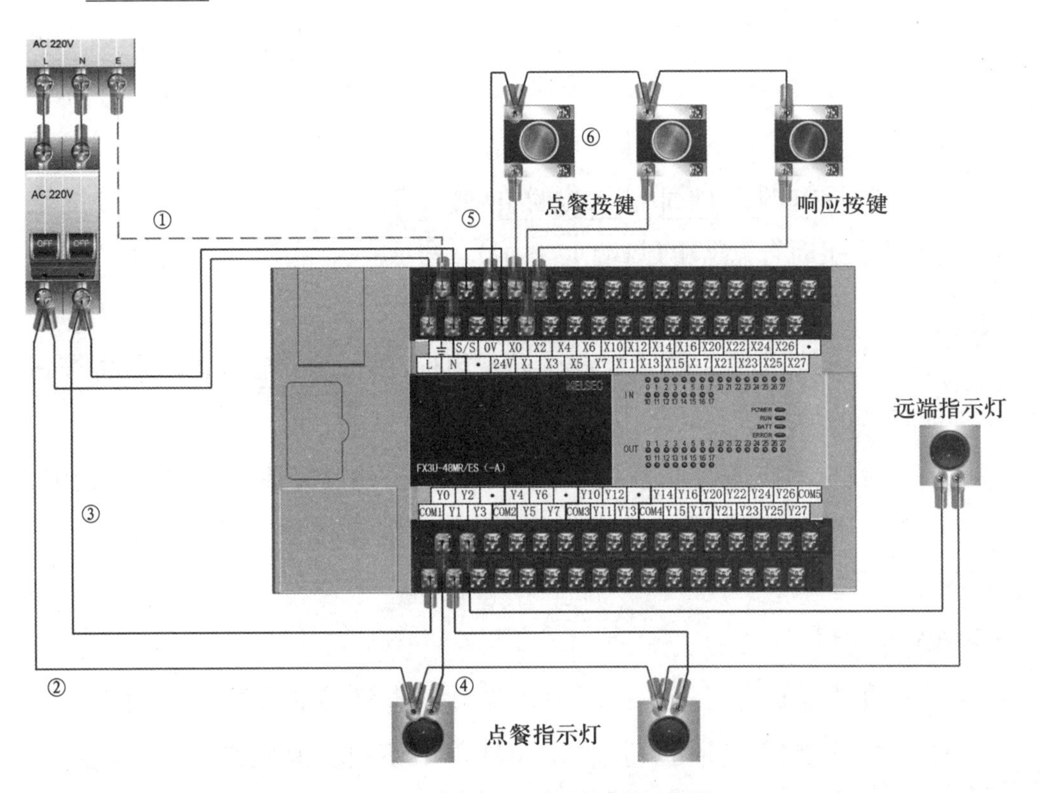

图 3-1 “点餐呼叫系统”接线图

探知解答

参照图 3-1 中的标注（①~⑥），按如下流程完成“点餐呼叫系统”的接线。

安全提示：在外部断开所有电源后方可进行如下操作！

1. [L][N]（电源、接地端子）

经断路器将AC220V连接到［L］、［N］（电源端子）上，接地线连接到［⏚］（接地端子）上（①）。

2. [COM1][Y0][Y1][Y2]（输出端子）

将AC220V外部电源与负载（指示灯）串联连接（②）。

再将电源与负载的另一端分别连接到［COM］（③）与［Y］（④）上，构成一个能使电流流通的闭合回路。

输出指示灯点亮时，PLC内部电路接通，电路中就有了电流，从而驱动负载工作。

3. [S/S][0V][X0][X2][24V][X1]（输入端子）

将PLC的内部DC24V电源（DC表示直流）与PLC内部输入电路串联连接：［S/S］选择连接到［24V］上（⑤），此时［X0］~［X27］电压均为DC24V（在断路情况下）。

再将电源与内部输入电路的另一端（［0V］与［X］）分别连接到按钮动合触点的两端上（⑥），构成一个能使电流流通的闭合回路。

单击按钮时，动合触点接通，电路中就有了电流，从而将按钮被单击的物理状态转换成电信号传递到PLC内部。

至此，“点餐呼叫系统”硬件平台的搭建已完成。在下一专题中，将进一步对该系统进行检查与试运行，以确保其运行时安全可靠。

知识链接

PLC是专为工业生产环境而设计的电气控制装置，一般不需要采取特殊措施，便可直接在工业环境中使用。但如果工作环境过于恶劣或安装使用不当，仍然会影响PLC的正常安全运行。因此，使用时应注意以下问题：

1. 工作环境

（1）空气

避免安装在有大量铁屑和灰尘，或者有腐蚀性、易燃性气体的场所。

（2）温度

PLC 使用的环境温度为 0~55℃。安装时应远离发热量大的元器件或设备，且四周要有足够的散热空间，控制柜上、下部都应有通风的百叶窗。

（3）湿度

为了保证 PLC 的绝缘性能，使用环境的相对湿度一般应小于 85%（不结露），以保证其绝缘性能良好。

（4）电磁干扰

PLC 应尽量远离电焊机、电火花机床等可能产生电磁干扰的设备，否则应采取屏蔽措施。

（5）振动

应使 PLC 远离强烈振动源，必要时应采取相应的减振措施。

2. 安装布线原则

（1）控制柜内的安装位置

如图 3–2 所示，为防止 PLC 工作中温度上升，不能采取地面、天花板及垂直方向的安装方式，务必水平安装在柜壁上。

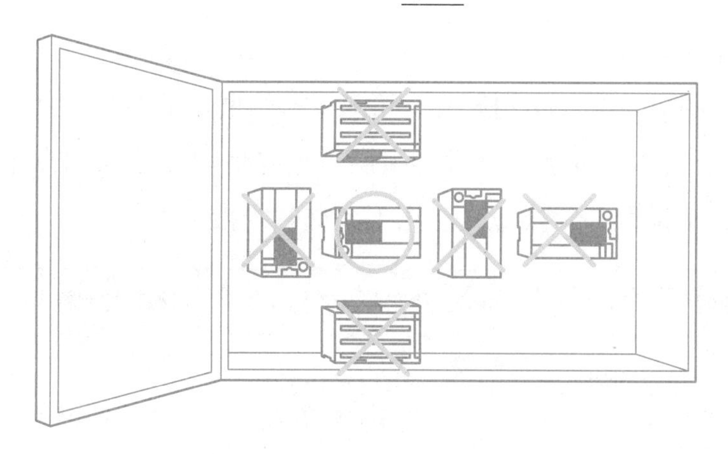

图 3–2　控制柜内的安装位置

此外，PLC 应尽可能远离高压线、高压设备、动力机器。

（2）控制柜内的空间

如图 3–3 所示，在单元本体和其他设备，以及结构之间，设置 50 mm 以上的空间。如果有增加扩展设备的计划，应在左侧和右侧留出所需的空间。

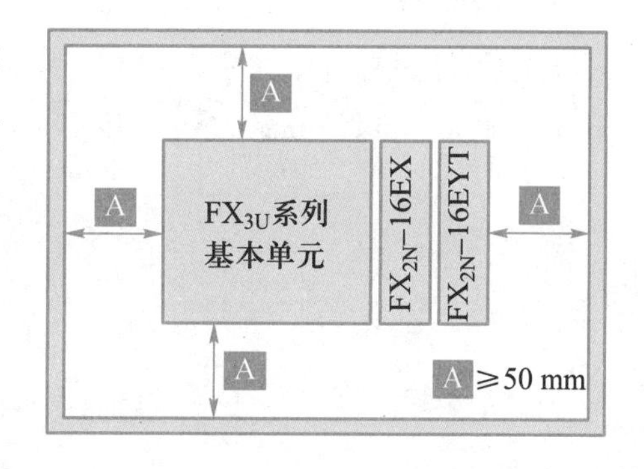

图 3–3　控制柜内的空间

扩展电缆传送信号电压低，很容易受到干扰；所以在布线时，请在各扩展单元/模块的左侧连接口位于靠近基本单元的一侧进行连接。

（3）控制柜内的布线

PLC 的连接线、电缆等最好根据电压等级和信号类型分开布线。如交流与直流线、输入与输出线、开关量与模拟量的 I/O 线等分开布线，其中模拟量的 I/O 线最好用屏蔽线。

3. 正确接线

安全提示：进行接线操作时，务必在外部断开所有电源后方可进行操作；否则有触电、产品损坏的危险！

（1）电源

PLC 最好采用稳压电源供电，且电源的规格（种类及电压等级）要与 PLC 产品说明书中相符。

➥关于 FX_{3U}-48MR/ES 型 PLC 的电源规格，请参看附录 1.4

对于电源线的干扰，PLC 本身具有足够的抗干扰能力。在电源干扰特别严重或对可靠性要求很高的场合，可以安装带屏蔽层的隔离变压器。

（2）接地

良好的接地是保证 PLC 安全可靠运行的重要条件。

① 如图 3-4 所示，尽可能采用专用接地。无法采用专用接地的情况下，请采取共用接地，注意不允许共同接地。

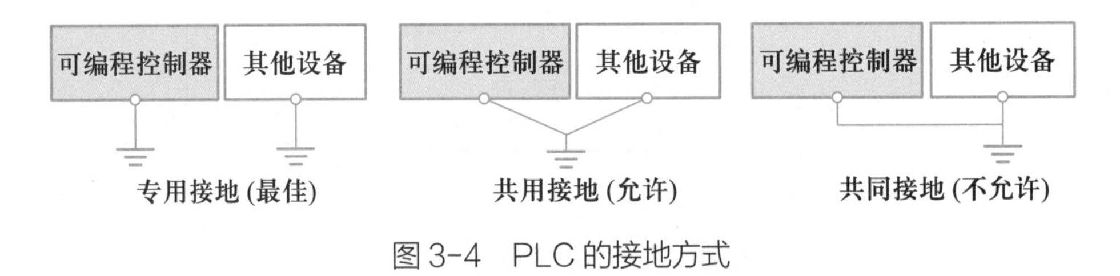

图 3-4　PLC 的接地方式

② 如图 3-5 所示，在专用接地下，若接地电阻在 100 Ω 以下，则为 D 类接地。

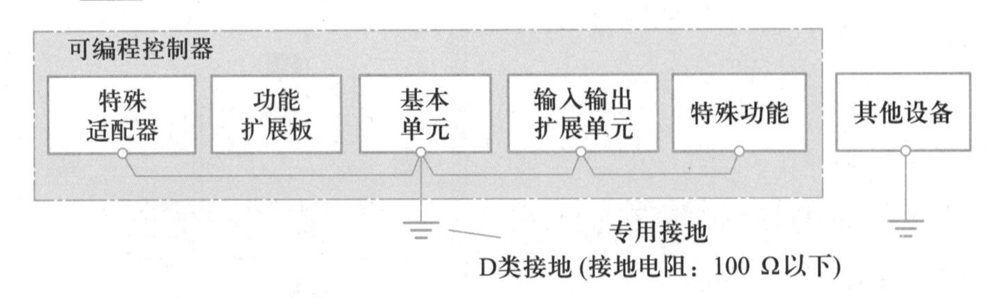

图 3-5　D 类接地

③ 接地线应尽可能短，横截面积应大于 2 mm^2。

① 尽可能采取专用接地。

无法采取专用接地的情况下，请采取图 3-4 中的“共用接地”。

② 采用 D 类接地（接地电阻：100 Ω 以下）

③ 接地线应尽可能短，横截面积应大于 2 mm^2。

（3）输入接线

输入接线是指 PLC 输入端与输入设备的连接线。PLC 输入设备一般为按钮、行程开关及传感器等，依靠其状态变化来产生 PLC 执行程序时所需要的输入信号。

输入端子从电压类型看，有直流输入、交流输入形式，并以直流输入最为常用。例如，FX_{3U}-48MR/ES 的输入（X）即为内部供电 DC24V 的直流输入形式产品，其连接形式分为漏型和源型，如图 3-6 所示。

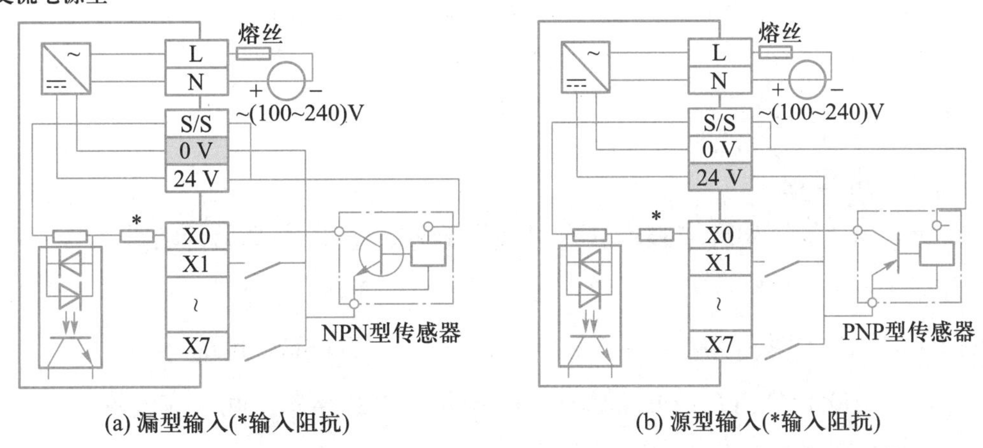

图 3-6 漏型和源型输入接线（FX_{3U}-48MR/ES）

漏和源是描述电源的术语。如图 3-6（a）所示，当开关（输入设备）安置在电源负极一边时，就说其控制着“漏”；如图 3-6（b）所示，当开关（输入设备）安置在电源正极一边时，就说其控制着“源”。

➥关于更多 FX_{3U} 系列的输入接线，请参看 FX_{3U} 用户手册［硬件篇］-10

（4）输出接线

输出接线是指 PLC 输出端与输出设备的连接线。PLC 的输出设备一般为继电器、接触器、电磁阀和信号灯等，依靠输出设备执行 PLC 输出的控制信号。

PLC 的输出端子有继电器（R）、晶体管（T）、晶闸管（S）三种输出形式，如果控制系统输出量的变化不是很频繁，一般优先考虑使用继电器输出形式。例如，FX_{3U}-48MR/ES 的输出（Y）即为继电器输出形式产品，其连接形式如图 3-7 所示。

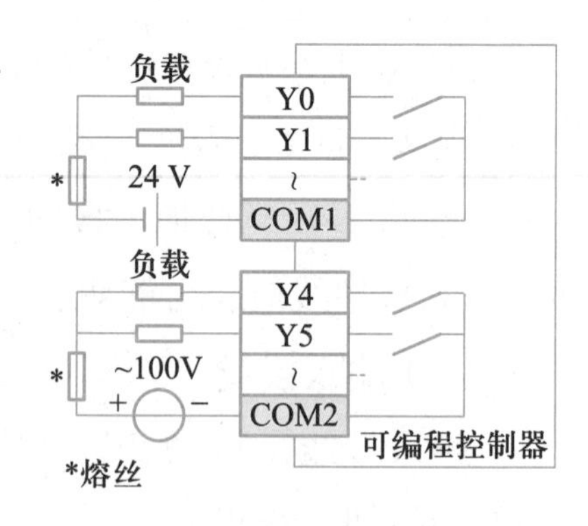

图 3-7　继电器输出接线（FX_{3U}-48MR/ES）

输出接线时，可以以各公共端为单位，驱动不同回路电压系统（例如 AC220V、AC100V、DC24V 等）的负载。若负载较小，可通过 PLC 的输出接口直接驱动；然而对于大电流负载，则需要经过中间继电器进行转换，利用中间继电器的触点驱动负载。

➥关于更多 FX_{3U} 系列的输出接线，请参看 FX_{3U} 用户手册［硬件篇］-12

安全提示：在接线作业完成后执行上电运行时，请务必在产品上安装附带的接线端子盖板；否则会有触电的危险！

拓展深化

1. 选择题

（1）下列环境因素，有可能影响 PLC 正常安全运行的是（　　）。

A. 温度　　B. 湿度

C. 电磁干扰　　D. 以上都有可能

（2）在 PLC 单元本体和其他设备，以及结构之间，应设置（　　）以上的空间。

A. 30 mm　　B. 50 mm

C. 30 cm　　D. 50 cm

2. 填空题

（1）进行接线操作时，务必在外部__________后方可进行操作；否则有触电、产品损坏的危险！

（2）若将 PLC 的［S/S］端选择连接到［0V］端子上，此时检测［X0］~［X27］输入端的电压均为__________（在断路情况下）。

（3）PLC 的连接线、电缆等最好根据________和________分开布线。

3. 简答题

（1）PLC 如何良好接地？

（2）结合图 3-6，简述什么是源型和漏型输入。

4. 综合题

（1）在进行 PLC 输出接线时，直流负载与交流负载有无不同？需要注意些什么？对于大电流负载，需要经过中间继电器进行转换，利用中间继电器的触点驱动。请上网或查阅相关参考书籍，找出有哪些大电流负载。

（2）图 3–8 所示为散装物料运输机示意图。

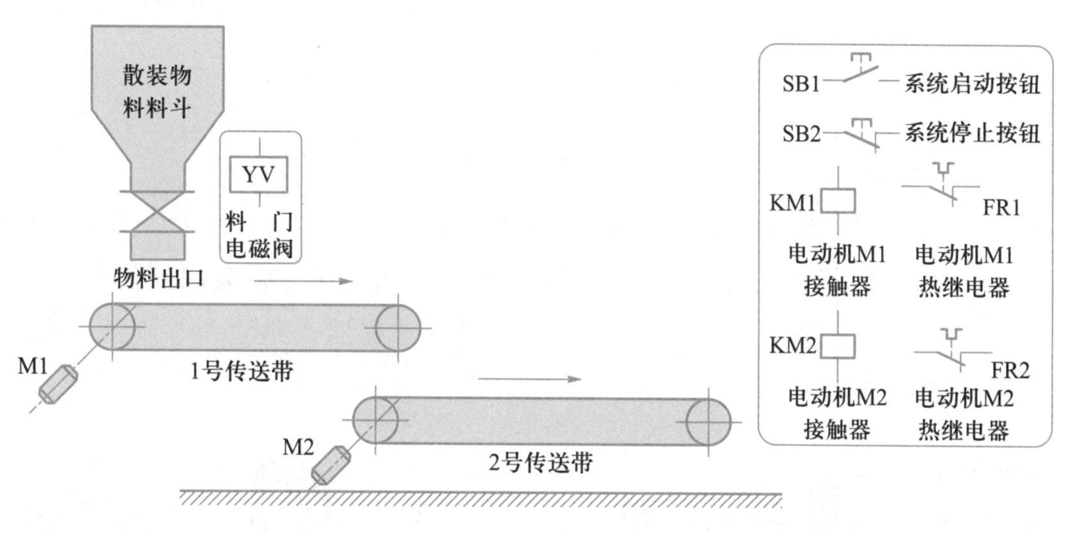

图 3–8　运输机示意图

散装物料可从料斗经过 1 号、2 号两条传送带送至加工现场。电磁阀 YV 控制料斗向 1 号传送带供料；1 号和 2 号传送带分别由电动机 M1 和 M2 驱动，由接触器 KM1 和 KM2 控制。

请设计该系统的具体控制要求，列出 I/O 点并参照图 3–6 和图 3–7 画出该控制系统 PLC 的外部接线图。

3–2.GX 软件的使用

5. 操作练习

参照附录 2.3.1 ~ 2.3.4，在 GX Developer 编程软件中完成如下操作练习：启动和新项目的创建、梯形图的制作及将程序写入 PLC。

专题 3.2 日常维护、故障诊断及防护处理

本专题将探知如何对“PLC 控制系统”进行检查与试运行；并在此基础上，解读 PLC 的日常维护、故障诊断、继电器输出的防护等相关知识内容。

问题引入

PLC 系统在正式投入使用之前，必须对其进行检查与试运行，以确保其正式运行时安全可靠。在这一过程中，常会用到数字万用表、示波器、GX 编程软件、PLC 手持编程器及兆欧表等调试工具，如图 3-9 所示。

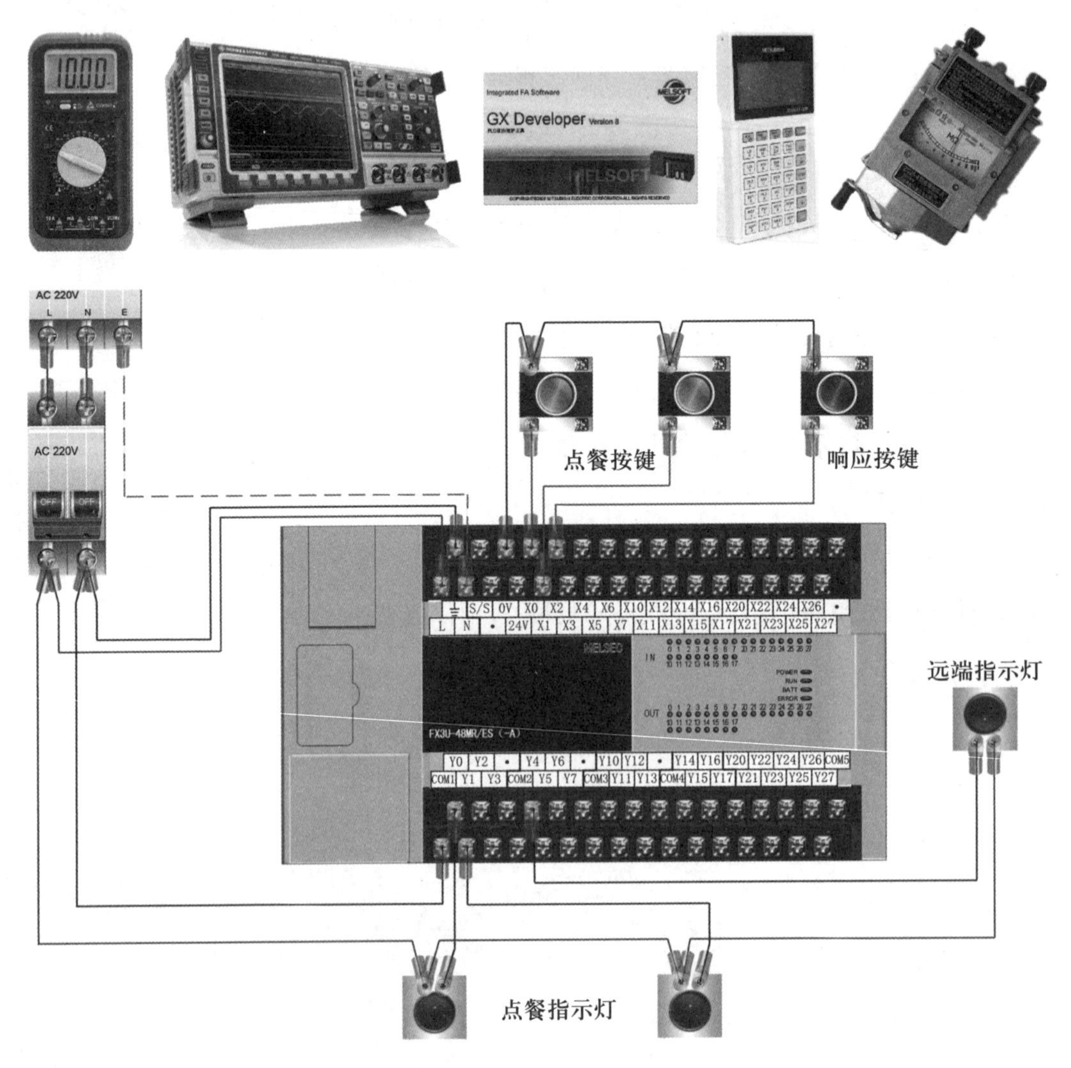

图 3-9　PLC 控制系统及常用调试工具

那么，应如何对 PLC 系统进行检查与试运行呢？

探知解答

以图 3–9 所示 PLC 控制系统为例，进行说明。

通电前：

1. 检查电源与接地的连接、输入输出等的接线是否正确。若电源端连接错误，输入端与电源端之间短路或者是输出端负载短路都会严重损坏 PLC（经检查，可确定图 3–9 所示的“点餐呼叫系统”有若干接线问题，请在图中标注修改）。

2. 检查 PLC 的绝缘电阻。断开 PLC 的所有连线，然后在各端子与接地端子间用 DC500V 兆欧表测量绝缘电阻，其值应大于 5 MΩ 以上。

3–3.PLC 控制系统的检查与试运行

通电后：

3. PLC 暂处于 STOP 状态，使用编程工具（手持编程器或装有 GX 编程软件的计算机）中的程序检查功能，对回路错误以及语法错误进行检查；无误后，写入程序，然后再将程序读出，检查程序是否能正确传输交换；同时也可通过编程工具更改 PLC 软元件的状态（ON/OFF）以及当前值/设定值测试程序功能。

➥关于 GX Developer 编程软件，请参看附录 2.3

4. 将 PLC 的 RUN/STOP 开关设置在 RUN 位置，进行 PLC 的试运行。按原编程时设计的工作顺序，检查和校验 PLC 工作是否符合原设计要求。

这种试运行时间应足够长，因为系统的有些状态出现的次数很少，经过相当长的时间运行才会出现一次。试运行的具体时间应视系统的复杂程度和对可靠性的要求不同而异。

试运行后，经验收合格便可交付使用。

知识链接

PLC 系统在长期运行中，可能出现一些故障。通过 PLC 提供的各种诊断方法，一般可以迅速排除故障；同时，为了防范故障的出现，要做好日常维护工作，以便及早发现、及时处理，从而防止重大事故的发生。

1. 日常维护

PLC 控制系统的日常维护对提高控制系统的可靠性与延长使用

寿命关系密切。主要包括以下几个方面：

（1）定期检查

定期检查系统中部件的安装工作状态与线路的连接状态。如安装是否牢靠，PLC、电源电压、I/O 设备等部件是否处于正常工作状态，插接件、电线连接是否有松动等。

（2）维护保养

安装有 PLC 的电气控制柜要有整洁、干燥的工作环境；保证电气柜的风机通风良好，同时定期检查、清洗更换风机过滤防尘网，以确保柜内温度适宜；定期断电除尘，保证电气元件处于良好的工作环境和工作状态。随时清洁安装于设备上的检测元件和开关上的铁屑、灰尘等污物，以保证其动作的可靠性。

（3）损耗元件

定期检查、更换易损部件，确保 PLC 控制系统中全部电气元件都在规定的使用寿命之内。其中，PLC 内的损耗元件如下：

① 锂电池

PLC 断电时，RAM 中的用户程序由锂电池保持。在正常情况下，它的使用寿命约为 5 年。若环境温度高，寿命会缩短，需提前更换。

当电池电压下降到规定值以下，PLC 面板上的［BATT］LED 亮红灯，提醒操作人员需更换锂电池。更换时 RAM 中的内容由 PLC 中的电容充电加以保持，应在 20 s 内完成电池更换，以保证 PLC 数据不丢失。

➥关于锂电池的更换，请参看 FX_{3U} 用户手册［硬件篇］-22.5

② 继电器输出型触点

继电器输出的触点寿命根据使用的负载种类有很大变化。请注意，负载产生的反向电动势或突入电流可能会导致触点接触失败或触点下陷，致使触点寿命显著缩短。

2. 故障诊断

若有故障，首先断开电源，再检查 PLC 及输入/输出元件的端子螺钉是否有松动或被开路、短路的情况。若无上述情况，按以下要领检查是 PLC 自身的异常，还是外部电路的故障。

（1）通过 LED 判断

发生异常时，根据 PLC 的各种 LED 的亮灯情况可以确认大体的状况，如图 3-10 所示。

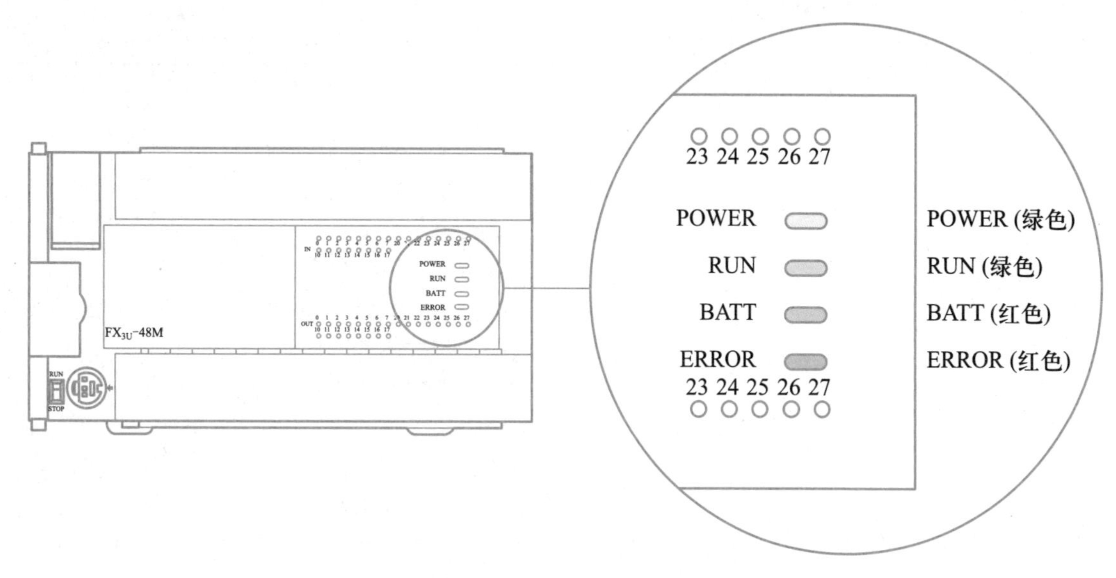

图 3-10　FX_{3U} 系列 PLC 面板 LED

POWER LED【灯亮/闪烁/灯灭】

LED 的状态	可编程控制器的状态	解决方法
灯亮	给电源端子供应了规定的电压	电源正常
闪烁	以下的任意一种状态： • 没有给电源端子提供规定的电压、电流。 • 外部接线不正确。 • 可编程控制器内部有故障	• 先确认电源电压。 • 在拆除电源电缆以外的连接电缆后，再次上电，请确认状态是否有变化。如果状态没有改善，联系厂家售后人员
灯灭	以下的任意一种状态： • 电源断开。 • 没有给电源端子提供规定的电压。 • 电源电缆断线	在电源没有断开的情况下，先确认电源以及电源路径。 如果供电正确，联系厂家售后人员

RUN LED【灯亮/灯灭】

LED 的状态	可编程控制器的状态	解决方法
灯亮	顺控程序执行中	显示可编程控制器的运行状态。 该指示灯会根据 ERROR LED 的状态点亮
灯灭	顺控程序停止中	

BATT LED【灯亮/灯灭】

LED 的状态	可编程控制器的状态	解决方法
灯亮	电池的电压过低	迅速更换电池
灯灭	电池的电压超出了 D8006 中设定的数值时	正常

ERROR LED【灯亮/闪烁/灯灭】

LED 的状态	可编程控制器的状态	解决方法
灯亮	可能是看门狗定时器出错，也可能是可编程控制器的硬件受损	（1）停止可编程控制器，再次上电。 ERROR LED 灯灭时，考虑是由于看门狗定时器出错造成的。 执行下述中的某一个解决方法。 - 修改程序：扫描时间的最大值（D8012）勿超出看门狗定时器的设定值（D8000）。 - 输入中断或脉冲捕捉中使用的输入，在 1 个运算周期内是否频繁地 ON/OFF 多次。 - 高速计数器中输入的脉冲（DUTY 50%）的频率是否超出规格的范围。 - 增加 WDT 指令：在程序中加入多个 WDT 指令，在 1 个运算周期内复位几次看门狗定时器。 - 变更看门狗定时器的设定值：通过程序，更改看门狗定时器的设定值（D8000），使其值大于扫描时间的最大值（D8012）。 （2）拆下可编程控制器，提供其他的电源。 ERROR LED 灯灭时，考虑有可能是噪声带来的影响，因此考虑以下解决措施： - 确认接地情况，修改接线的路径以及设置的场所。 - 在电源线上加上噪声滤波器。 （3）若实施了（1）、（2）后 ERROR LED 灯仍然不灭，联系厂家售后人员
闪烁	在可编程控制器中出现了以下任意一种错误： • 参数出错 • 语法出错 • 回路出错	用编程工具进行 PLC 诊断以及程序的检查。 关于对应解决方法，参考用户手册
灯灭	没有出现会使可编程控制器停止的错误	可编程控制器的动作出现异常时，用编程工具执行 PLC 诊断以及程序检查。 有可能发生“I/O 构成出错”“串行通信出错”“运算出错”

（2）通过错误代码判断

若 PLC 异常，ERROR LED 闪烁或灯灭时，还可通过 GX Developer 确认错误代码，进一步解决异常故障。

Step1：连接计算机和 PLC。

Step2：执行 PLC 诊断。

如图 3-11 所示，单击菜单中的“诊断”—“PLC 诊断”后，执行可编程控制器的诊断。

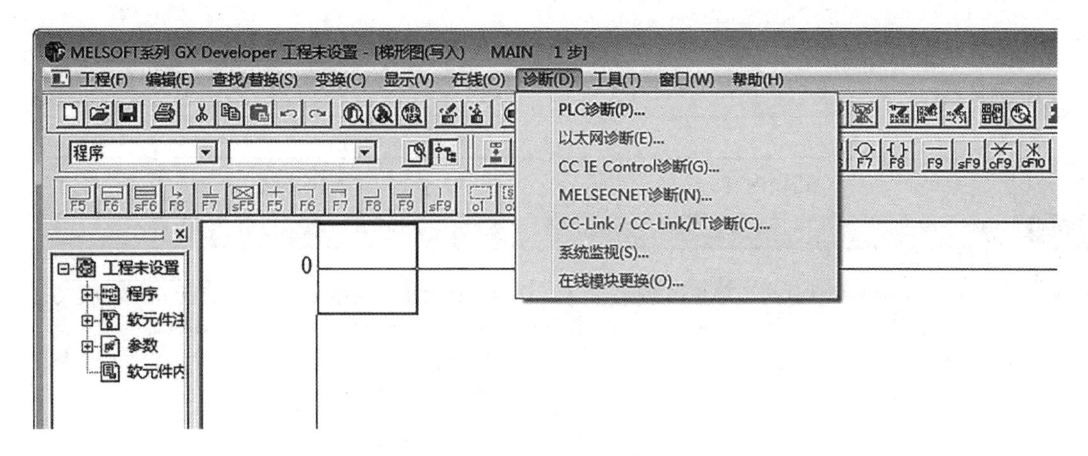

图 3-11　诊断菜单

Step3：确认诊断结果。

显示图 3-12 所示窗口，可以确认错误内容。

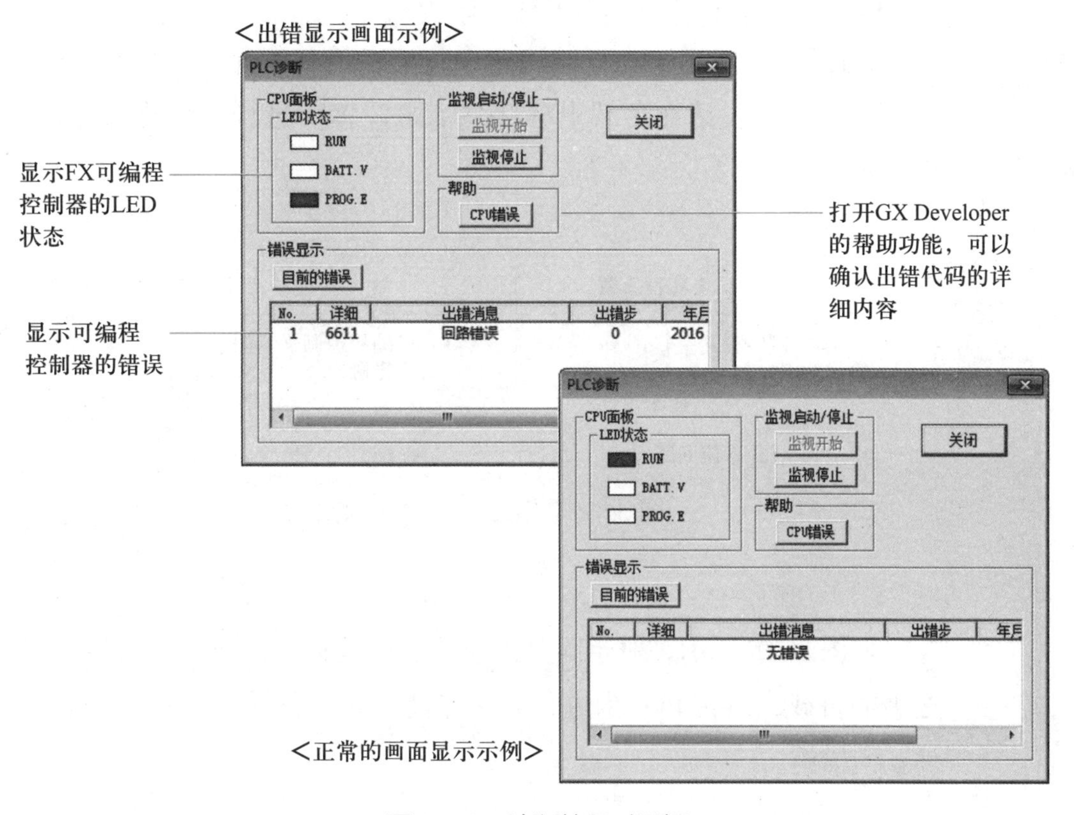

图 3-12　诊断结果对话框

Step4：查阅用户手册，排除故障，如图 3-13 所示。

3. PLC 继电器输出的防护

现仅对本书研究对象（FX_{3U}–48MR/ES），即继电器输出型的防护进行说明。

➥关于其他类型输出的防护，请参看 FX_{3U} 用户手册［硬件篇］–12.3.4、12.4.3

（1）针对负载短路的防护

如图 3-7 所示，当输出端子上连接的负载短路时，有可能烧坏

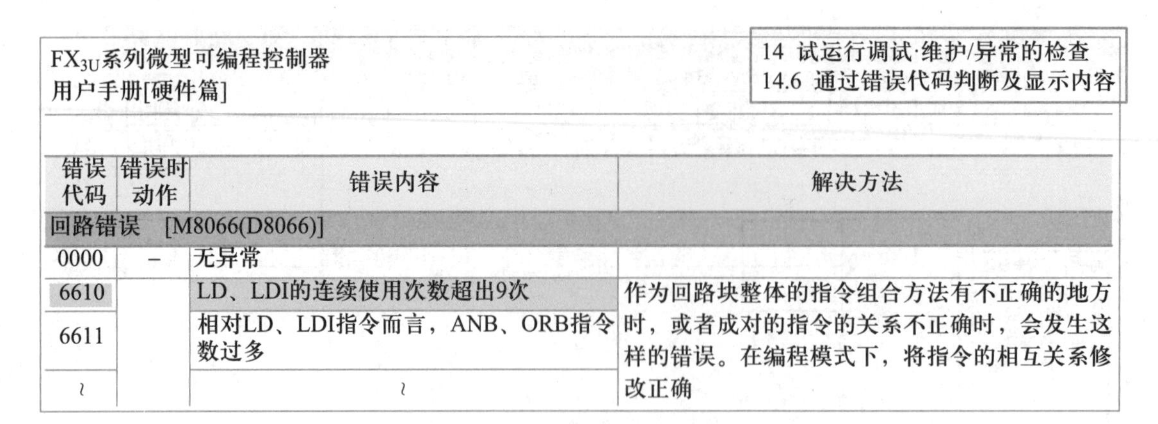
FX3U系列微型可编程控制器
用户手册[硬件篇]

14 试运行调试·维护/异常的检查
14.6 通过错误代码判断及显示内容

错误代码	错误时动作	错误内容	解决方法
回路错误 [M8066(D8066)]			
0000	-	无异常	
6610		LD、LDI的连续使用次数超出9次	作为回路块整体的指令组合方法有不正确的地方时，或者成对的指令的关系不正确时，会发生这样的错误。在编程模式下，将指令的相互关系修改正确
6611		相对LD、LDI指令而言，ANB、ORB指令数过多	
~		~	

图 3-13 错误代码及解决办法节选

PLC 内部的印制电路板。因此务必在输出电路中加入起保护作用的熔丝。

（2）使用电感性负载时的触点防护

如图 3-14 所示，在直流回路中，请在负载中并联续流二极管；在交流回路中，请在负载上并联浪涌吸收器。这样可以降低噪声，延长寿命。

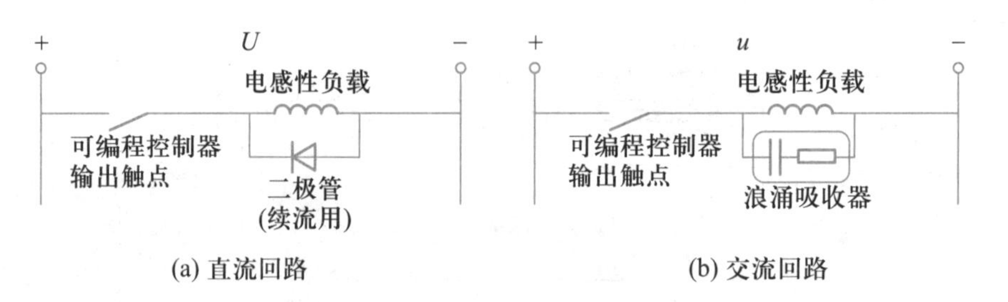

图 3-14 “电感性负载”的防护

（3）互锁

如图 3-15 所示，对于同时接通后会引起危险的正反转用接触器之类的负载，请在 PLC 内进行程序互锁，同时还需在 PLC 外采取硬件互锁措施。

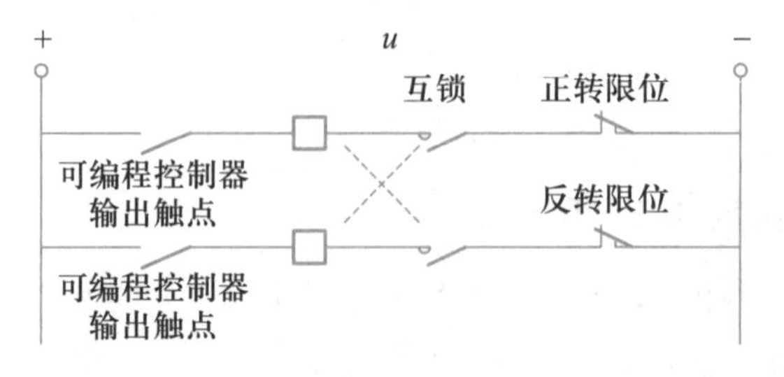

图 3-15 “同时接通会引起危险”的防护

（4）同向

如图 3-16 所示，请同向使用 PLC 的输出（*）。

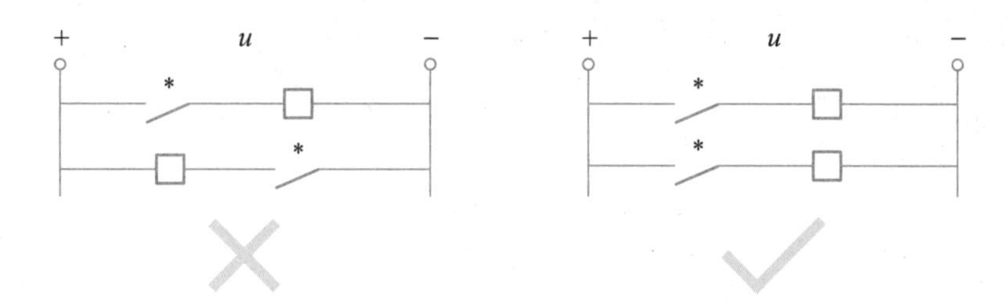

图 3-16 “输出同向”使用

拓展深化

1. 选择题

（1）用直流 500V 兆欧表测量各端子与接地端子间绝缘电阻，其值应大于（　　）。

A. 3 MΩ　　B. 5 MΩ　　C. 6 MΩ　　D. 8 MΩ

（2）在正常情况下，PLC 锂电池的使用寿命约为（　　）年。

A. 1　　B. 2　　C. 3　　D. 5

（3）当 PLC 锂电池电压过低时，（　　）指示灯将点亮。

A. POWER　　B. RUN

C. BATT　　D. ERROR

2. 填空题

（1）当输出端子上连接的负载短路时，有可能会烧坏印制电路板。为此，请务必在输出中加入起保护作用的__________。

（2）对于同时接通后会引起危险的正反转用接触器之类的负载，应采取__________措施。

3. 简答题

（1）PLC 系统在正式投入使用之前，必须对它进行哪些方面的检查？

（2）如何做好 PLC 控制系统的日常维护？

4. 操作练习

（1）使用 GX Developer 确认错误代码。

（2）参照附录 2.3.5，完成在 GX Developer 编程软件中“程序的监视与调试”的操作练习。

专题 3.3 PLC 应用控制系统的设计

本专题将探知遵循设计原则完成 PLC 控制系统设计的步骤；并在此基础上，解读 PLC 型号的选择、PLC 控制系统的软硬件设计、现场调试等相关知识内容。

问题引入

PLC 控制系统的设计要求设计者除了掌握必要的电气设计基础知识外，还必须反复实践，深入生产现场，将积累的经验应用到设计中。

设计时，虽然各种工业控制系统的功能、要求不同，但所遵循的设计原则、步骤却基本相同。

那么，PLC 控制系统在设计时有哪些步骤？又应遵循什么原则呢？

探知解答

如图 3-17 所示，PLC 控制系统的设计一般包括系统规划、硬件

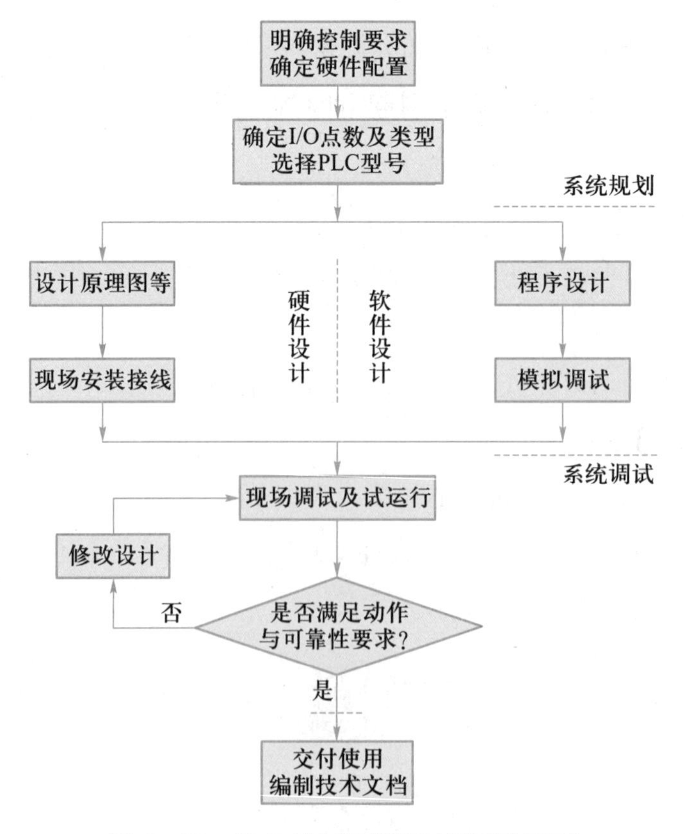

图 3-17　PLC 控制系统设计调试流程图

设计、软件设计、系统调试及编制技术文档 5 个步骤。

需要注意的是，在设计的过程中始终要遵循的基本原则为：在最大限度满足被控对象控制要求的前提下，力求使控制系统简单可靠、经济实用、维护方便，并便于更新和升级以适应发展的需要。

知识链接

随着 PLC 功能的不断提高和完善，PLC 几乎可以完成工业控制领域的所有任务。但 PLC 还是有它最适合的应用场合，所以在接到一个控制任务后，要分析被控对象的控制过程和要求，综合判断用 PLC 来完成该任务是否最合适。

确定采用 PLC 后，当依据 PLC 控制系统设计调试流程进行设计时，仍需考虑许多因素。

1. PLC 型号的选择

PLC 产品种类繁多，同一厂家也常常推出几个系列产品。这些产品的功能、I/O 点数、用户存储器容量、运算速度和结构形式各有不同，价格上也有较大差异。在选择 PLC 的型号时，主要从是否能满足被控对象的需求，而又不浪费机器的性能来考虑。

还需要考虑 PLC 的 I/O 端子数在满足控制系统要求外，还应留有 10%~15% 的余量，以做备用或系统扩展时使用。

2. PLC 控制系统的硬件设计

硬件设计阶段，设计人员需根据前期系统规划完成电气控制原理图、接线图、元件布置图等基本图样的设计工作。在设计过程中，不能因为 PLC 具有灵活、通用的特点，而将全部控制均通过软件解决，只是进行 PLC I/O 信号的简单连接，还应从以下方面考虑：

（1）输入点的简化

① 输入点的合并

如图 3–18 所示，要设置 3 处电动机的启动按钮和停止按钮，可以将 3 个启动按钮（SB1、SB2 和 SB3）并联，将 3 个停止按钮（SB4、SB5 和 SB6）串联，分别送入 PLC 的两个输入点。与每个启动按钮或停止按钮均占用一个输入点的方法相比，这种方法不仅节约了输入点数，还简化了梯形图程序。

为此，如果某些外部输入信号总是以某种“与或非”串联或并联组合的整体形式出现在梯形图中，可以将它们对应的触点在 PLC 外部串联、并联后作为一个整体输入 PLC，只占用 PLC 的一个输入点。

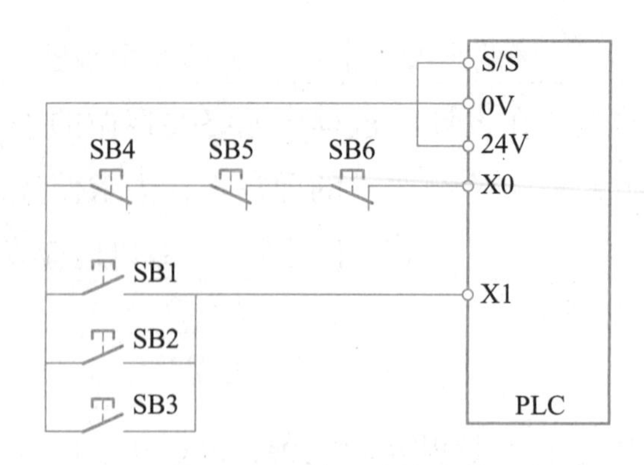

图 3-18　输入点的合并

② 分时分组输入

如图 3–19 所示，某系统有自动和手动两种工作方式，它们不会同时执行，自动和手动这两种工作方式分别使用的输入量可以分成两组输入。X0 用来输入自动和手动命令信号，供自动程序和手动程序切换之用。

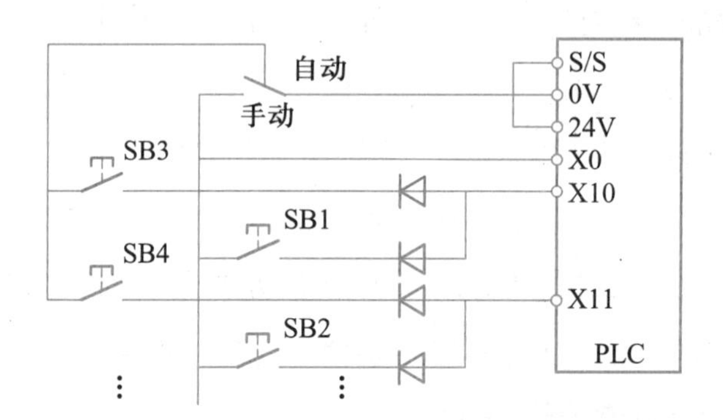

图 3-19　分时分组输入（“漏型”输入）

为此，有些输入信号可以按输入时机分成几组。

注意：图 3-19 中，“二极管”用于切断寄生电路，若采用“源型”输入时，应改变二极管“方向”。

③ 用 PLC 的程序减少多余的输入点

如图 3–20（a）所示，有自动、半自动和手动 3 种控制方式的切换输入；在程序上可用自动和半自动的“非”来表示手动，可节省一点输入，如图 3–20（b）所示。

为此，如果 PLC 程序能够判断输入信号的状态，则可以减少一些多余的输入。

④ 将信号设置在 PLC 外部

如图 3–21 所示，手动操作按钮（SB1、SB2）和控制的输出接

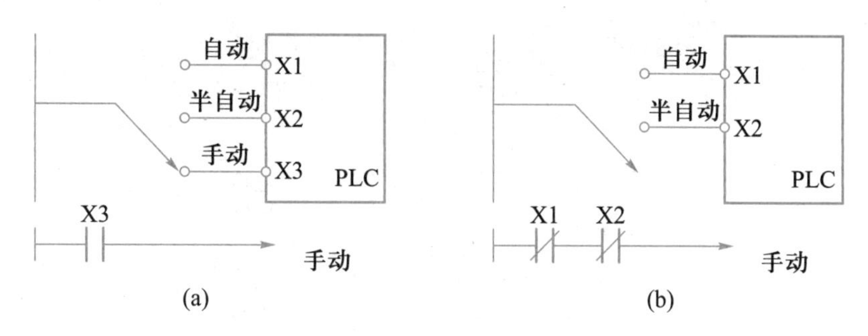

图 3-20　减少多余输入点

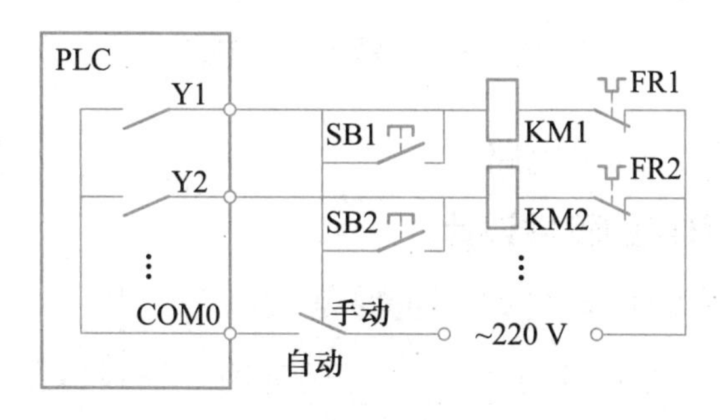

图 3-21　输入信号设置在 PLC 之外

点相并联，电动机热继电器的动断触点（FR1、FR2）和控制的输出接点相串联，可以节省大量的输入点，并可以简化梯形图。（有些手动按钮可能还需要串联一些安全联锁触点；而如果外部硬件联锁电路过于复杂，则应考虑将有关信号送入 PLC，用梯形图程序实现联锁。）

为此，系统的某些输入信号，如手动操作按钮、电动机热继电器 FR 的动断触点等提供的信号，可以设置在 PLC 外部的硬件电路中。

（2）输出点的简化

如图 3-22 所示，在 PLC 的输出功率允许的条件下，系统中通/断状态完全相同、电压（电流）一致的负载，可以共用一个输出点来驱动。

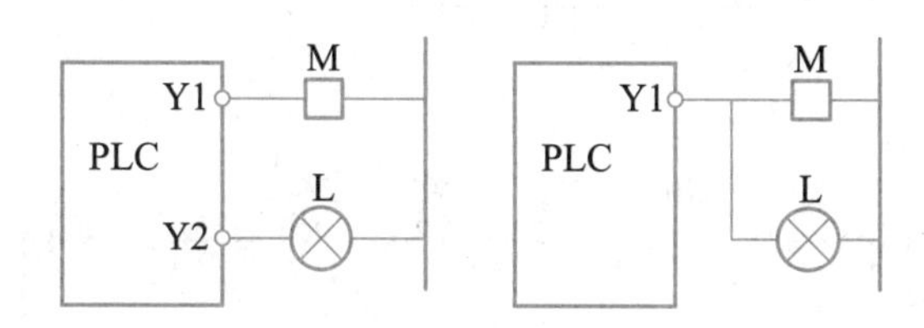

图 3-22　负载的并联使用

如果需要显示和输入的数据较多，最好使用“文本显示器或触摸屏”。

（3）危险负载的防护

如图 3-23 所示，除了在 PLC 的控制程序中加以考虑外，还应在

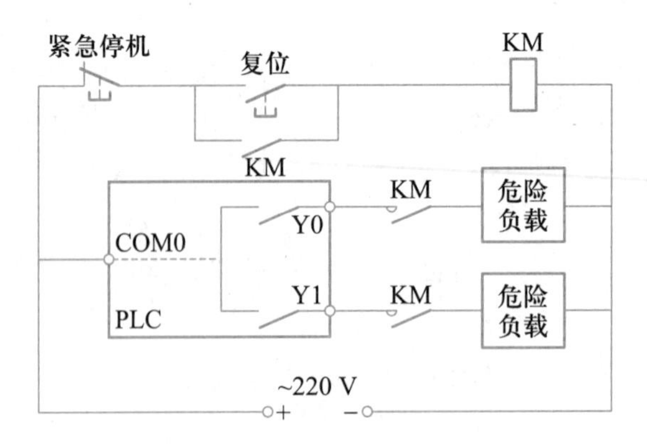

图 3-23　紧急停机电路

PLC 外部设计紧急停机电路。

3. PLC 控制系统的软件设计

PLC 控制系统的软件设计主要是编制 PLC 用户程序；在有条件时，对复杂程序还应进行模拟与仿真试验。在设计过程中，对于一些特定的功能通常有相对固定的设计方法。

（1）经验设计法

即在一些基本控制程序或典型控制程序的基础上，根据被控制对象的具体要求，进行选择组合，并多次反复调试和修改梯形图，有时需增加一些辅助触点和中间编程元件，才能达到控制要求的设计方法。一般用于控制方案简单、I/O 端子数规模不大的控制系统的梯形图设计。

4 人竞赛抢答器

图 3-24 为在“互锁控制”程序的基础上经过修改、完善的 4 人

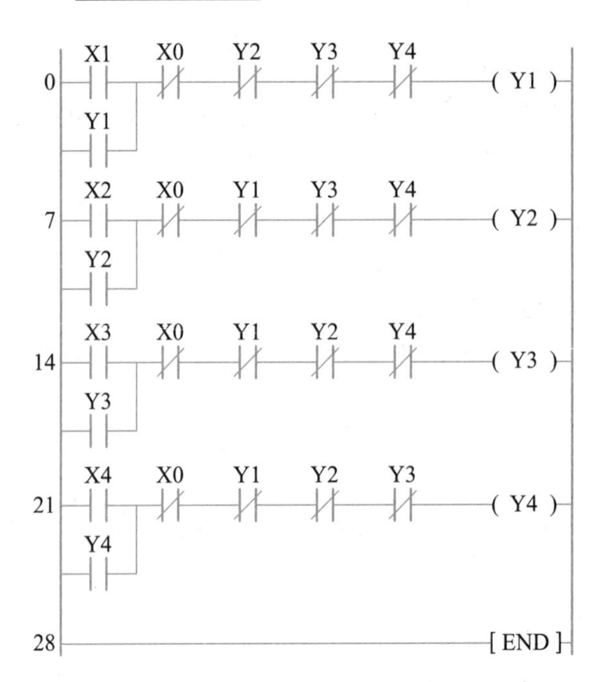

图 3-24　4 人竞赛抢答器梯形图程序

竞赛抢答器梯形图程序。图中，输入 X1~X4 与 4 个抢答按钮相连，对应 4 个输出指示灯与 Y1~Y4 相连。只有最早按下按钮的人其对应指示灯才点亮，后续按下抢答按钮者均不会有输出。当主持人按下复位按钮后，输入 X0 接通抢答器复位，进入下一轮竞赛。

（2）移植设计法

即根据原有的继电器电路图经过适当的“翻译”，直接转换为具有相同功能的 PLC 梯形图程序的设计方法。一般用于对原有继电器控制系统的改造。

三相交流异步电动机-单向连续运转控制：

如图 3-25 所示，① 首先根据继电器电路图分析和掌握控制系统的工作原理；② 在此基础上，依据控制回路确定 PLC 的输入信号和输出负载；③ 在绘制 PLC 的外部接线图时，建议尽可能用动合触点作为 PLC 的输入信号，以符合编程逻辑习惯；④ 根据上述的对应关系画出梯形图。

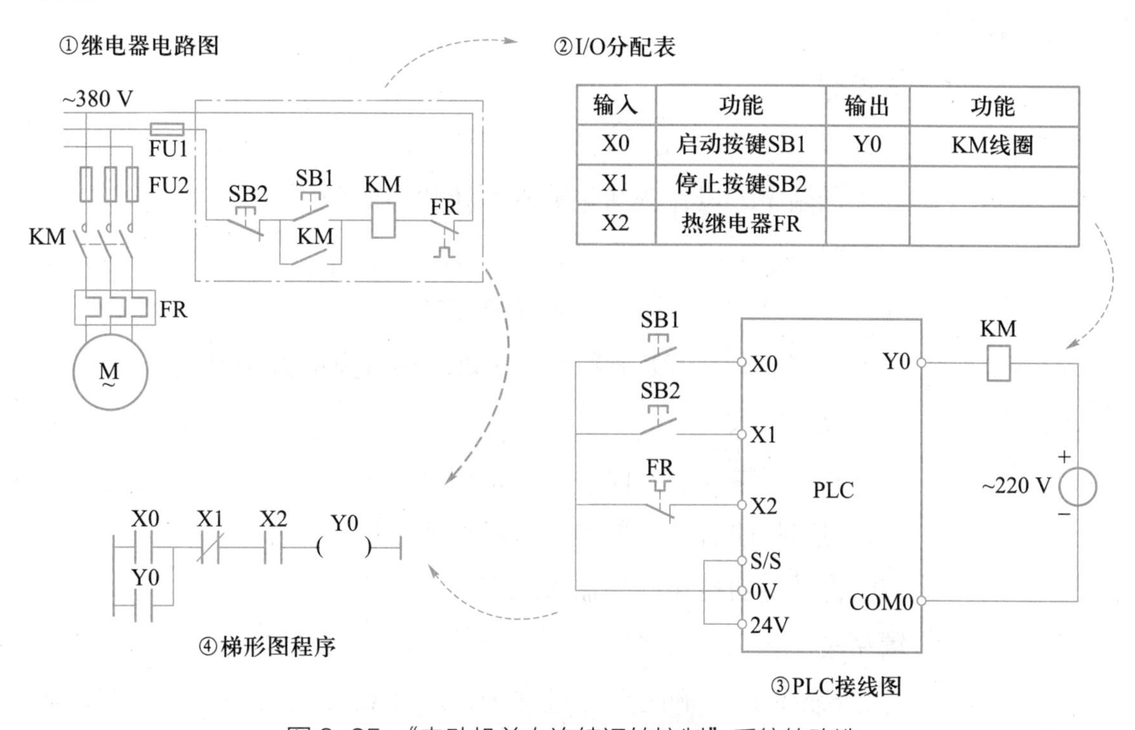

输入	功能	输出	功能
X0	启动按键SB1	Y0	KM线圈
X1	停止按键SB2		
X2	热继电器FR		

图 3-25 “电动机单向连续运转控制”系统的改造

若控制回路中有中间继电器、时间继电器，还需确定它们在 PLC 内部的辅助继电器、定时器的编号。

注意：从安全角度出发，有些信号最好采用动断触点输入（如热继电器 FR），此时应注意将梯形图中对应元件的触点进行相应修改。

（3）顺序功能图设计法（SFC）

即根据系统的功能图，以步为核心，以各步之间的转换条件为触发信号，以各步对应的动作功能为驱动输出，从首步开始一步一步地设计梯形图，直至完成整个程序为止的设计方法。一般用于复杂的控制系统，尤其是带有跳转和循环的自动控制程序。

➥关于顺序功能图设计法（SFC），请参看第 4 篇

4. 现场调试

在设计和模拟调试程序的同时可以设计、制作控制台或控制柜，PLC 之外的其他硬件的安装，接线工作也可以同时进行。完成以上工作后，将 PLC 安装到控制现场，进行联机总调试，并及时解决调试时发现的软件和硬件方面的问题。

系统交付使用后，应根据调试的最终结果，整理出完整的技术文件，如硬件接线图、带注释的程序，以及必要的文字说明等。

拓展深化

1. 选择题

（1）PLC 的 I/O 端子数在满足控制系统要求的基础上，还应留有（　　）的余量，以作为备用或在系统扩展时使用。

A. 5%~15%　　B. 10%~15%

C. 10%~20%　　D. 20%~25%

（2）下列不属于改进接线减少 PLC 输入点的方法是（　　）。

A. 分组输入

B. 将某些输入信号设置在 PLC 外部

C. 利用脉冲信号实现单按钮启动和停止

D. 将某些功能相同的输入触点合并

2. 填空题

（1）减少 PLC 输出点的过程中，应注意校验在 PLC 同时带动多个负载时，输出点的________是否足够。

（2）________设计法，一般用于复杂的控制系统，尤其是带有跳转和循环的自动控制程序。

3. 简答题

（1）PLC 控制系统设计的主要内容和基本原则是什么？

（2）为何热继电器 FR 最好采用动断触点输入？还有哪些信号也最好这样处理？

4. 综合题

（1）根据三相交流异步电动机正反转控制电路（如图 3–26 所示），设计 PLC 梯形图、指令表，并画出 PLC 接线图。

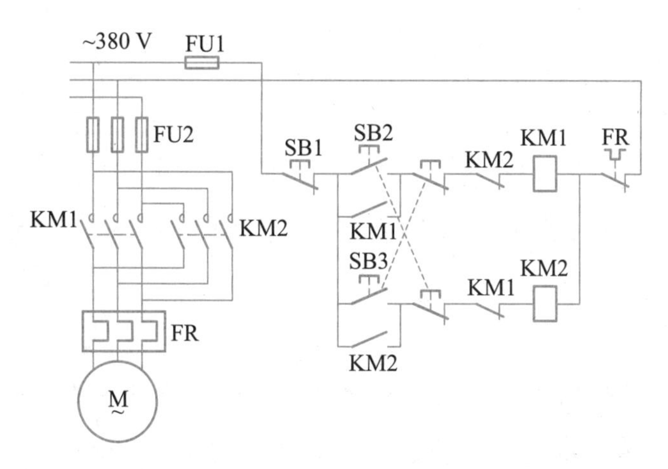

图 3-26　三相交流异步电动机正反转控制电路

（2）根据三相交流异步电动机 Y–Δ 启动控制电路（如图 3–27 所示），设计 PLC 梯形图、指令表，并画出 PLC 接线图。

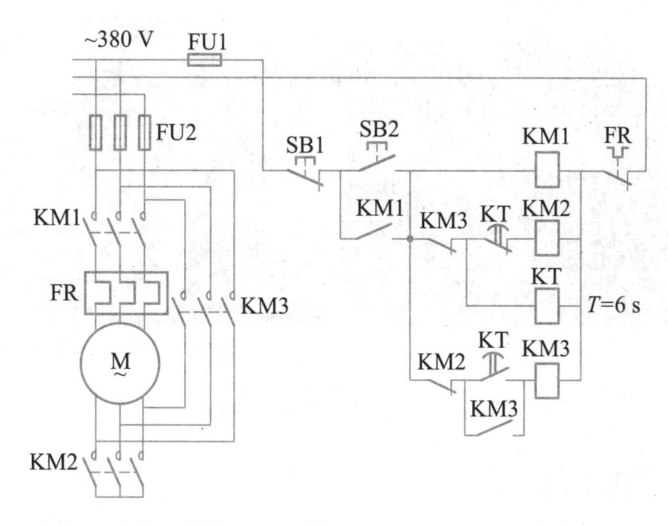

图 3-27　三相交流异步电动机 Y-Δ 启动控制电路

专题 3.4 综合应用实例——物料分拣控制系统

为能更进一步深入了解 PLC 控制系统的设计，本专题将参照前述设计步骤，给出 YL-235A 物料分拣控制系统在设计各阶段的技术文档；并在此基础上，引出下一篇“SFC 程序（步进指令）及编程方法”。

设备功能

如图 3-28 所示，YL-235A 物料分拣控制系统主要由储料仓、机械手、分拣传送带等部分组成，并能够实现如下功能：

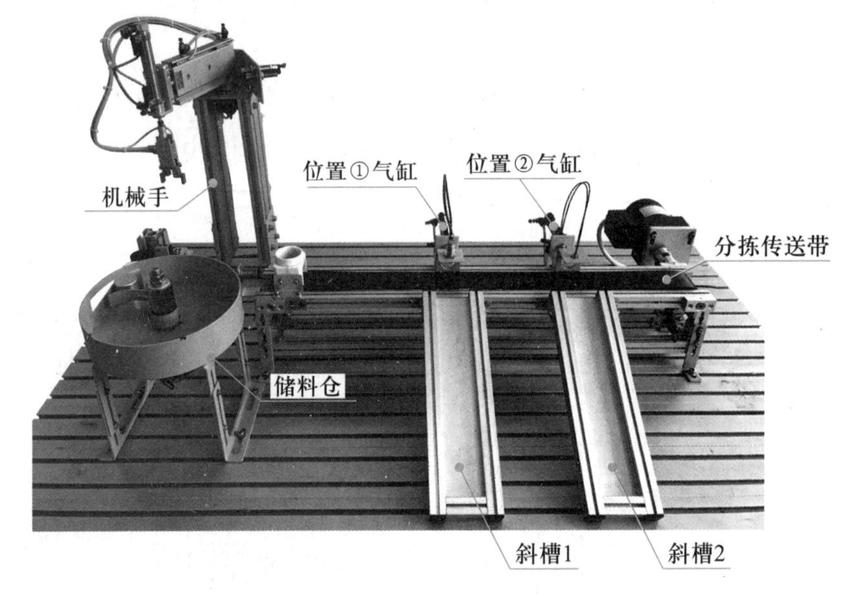

图 3-28　YL-235A 物料分拣控制系统

1. 机械手复位功能

PLC 上电，机械手手爪放松、手臂上升、悬臂缩回、旋转气缸左旋至左侧限位处停止。

2. 启停控制

机械手复位后，按下启动按钮，储料仓直流电动机转动，传送带低速运行。按下停止按钮，搬运装置完成当前搬运工作后回到初始位置，分拣装置完成当前物料分拣后停止。

3. 搬运功能

若接料平台上有物料，储料仓直流电动机停止转动，机械手悬臂伸出→手臂下降→手爪夹紧→手臂上升→悬臂缩回→旋转气缸右转→悬臂伸出→手臂下降，若传送带上无物料，则手爪松开→手臂上升→悬臂缩回→旋转气缸左转至左侧限位处停止。

4. 传送功能

当传送带入料口的光电传感器检测到物料时，传送带由低速变为中速运行，自左向右传送物料。当物料分拣完毕，传送带恢复低速运行。

5. 分拣功能

（1）分拣金属物料：当金属物料被传送至位置①时，传送带停转，位置①气缸伸出，将它推入斜槽 1 内。气缸伸出到位后，活塞杆缩回；缩回到位后，传送带恢复低速运行。

（2）分拣塑料物料：当塑料物料被传送至位置②时，传送带停转，位置②气缸伸出，将它推入斜槽 2 内。气缸伸出到位后，活塞杆缩回；缩回到位后，传送带恢复低速运行。

系统规划

1. 硬件配置

（1）送料机构（如图 3-29 所示）

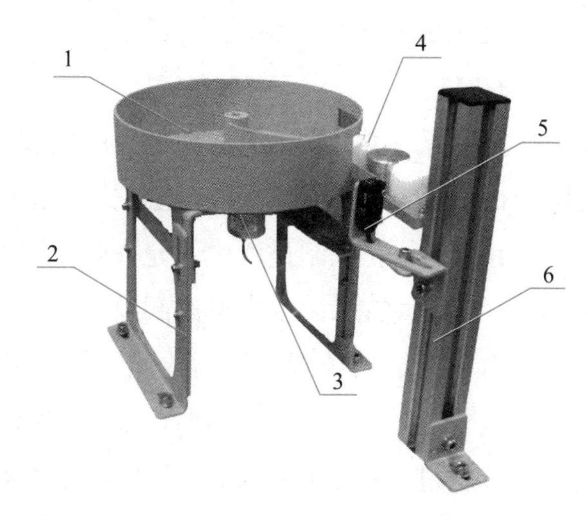

1-放料转盘　2-调节支架　3-驱动电动机　4-物料
5-出料口传感器　6-物料检测支架

图 3-29　送料机构

放料转盘：转盘中共放 3 种物料，即金属物料、白色非金属物料、黑色非金属物料。

驱动电动机：电动机采用 24V 直流减速电动机，转速 6 r/min；用于驱动放料转盘旋转。

出料口传感器：物料检测由光电传感器完成，主要为 PLC 提供一个输入信号。

物料检测支架：将物料有效定位，并确保每次只上一个物料。

（2）机械手搬运机构（如图 3-30 所示）

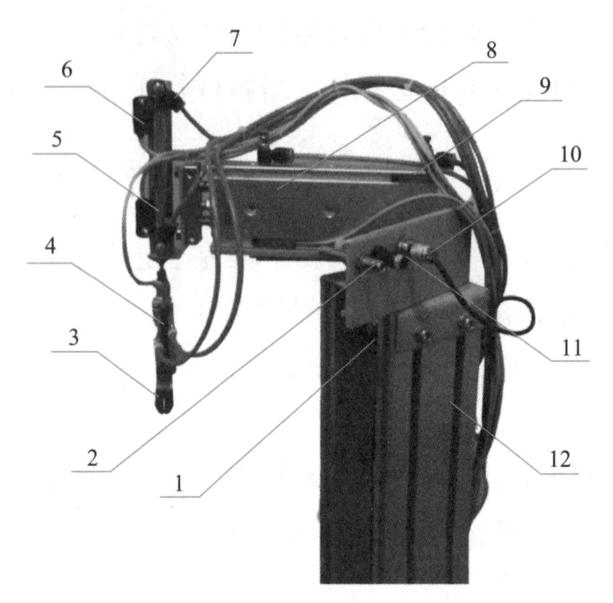

1-旋转气缸　2-非标螺钉　3-气动手爪　4-手爪磁性传感器 (D-Z73)
5-手臂提升气缸　6-磁性开关 (D-C73)　7-节流阀　8-悬臂伸缩气缸
9-磁性传感器 (D-Z73)　10-接近传感器　11-缓冲器　12-安装支架

图 3-30　机械手搬运机构

整个搬运机构能完成 4 个自由度动作，机械手臂旋转、悬臂伸缩、手臂上下、手爪松紧。

旋转气缸：机械手臂的正反转，由双向电磁阀控制。

手爪：夹紧和松开物料由双向电磁阀控制，手爪夹紧磁性传感器有信号输出，指示灯亮，在控制过程中不允许两个线圈同时通电。

手臂提升气缸：提升气缸采用双向电磁阀控制。

磁性传感器：用于气缸的位置检测。检测气缸上升和下降是否到位，在上点和下点处各一个，当检测到气缸准确到位后将给 PLC 发出一个信号（在应用过程中，应确保其所在输入回路中的电流从它的棕色线流入蓝色线流出；为此，采用漏型输入接线，棕色线接 PLC 主机输入端，蓝色线接直流 24 V 电源“-”，采用漏型输入接线，棕色线接直流 24 V 电源“+”，蓝色线接 PLC 主机输入端）。

悬臂伸缩气缸：机械手臂伸出、缩回，由双向电磁阀控制。气缸上装有两个磁性传感器，检测气缸伸出或缩回位置。

接近传感器：机械手臂正转和反转到位后，接近传感器信号输出（在应用过程中棕色线接直流 24 V 电源“+”、蓝色线接直流 24 V 电源“-”、黑色线接 PLC 主机的输入端）。

缓冲器：旋转气缸高速正转和反转时，起缓冲减速作用。

（3）物料传送和分拣机构（如图 3-31 所示）

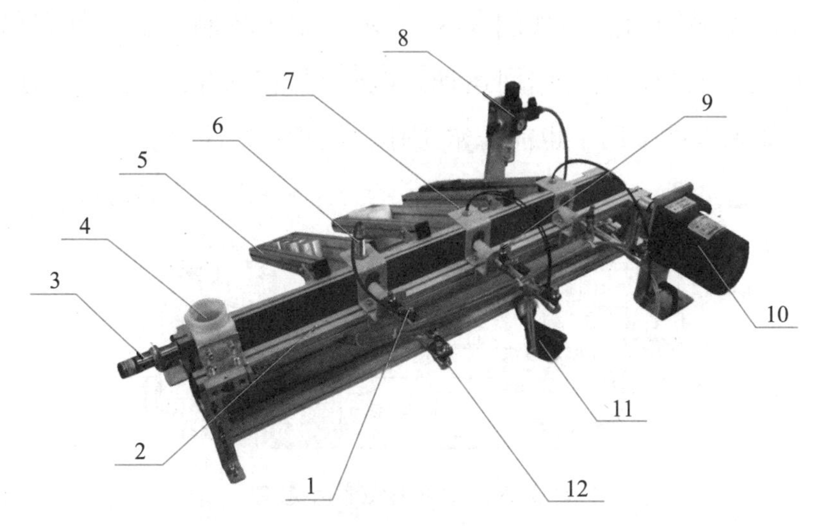

1-磁性开关 (D-C73)　2-传送分拣机构　3-落料口传感器　4-落料口
5-料槽　6-电感式传感器　7-光纤传感器　8-过滤调压阀
9-节流阀　10-三相异步电动机　11-光纤放大器　12-推料气缸

图 3-31　物料传送与分拣机构

落料口传感器：检测是否有物料到传送带上，并给 PLC 一个输入信号。

落料口：物料落料位置定位。

料槽：放置物料。

电感式传感器：检测金属材料，检测距离为 3~5 mm。

光纤传感器：用于检测不同颜色的物料，可通过调节光纤放大器来区分不同颜色的灵敏度。

三相异步电动机：驱动传送带转动，由变频器控制。

推料气缸：将物料推入料槽，由单向电磁阀控制。

（4）气缸与电磁阀

气缸示意图如图 3-32 所示。气缸的正确运动使物料分到相应

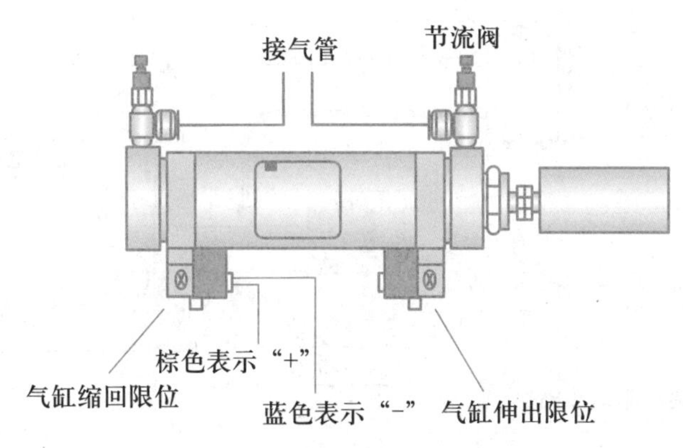

图 3-32　气缸示意图

的位置，只要交换进出气的方向就能改变气缸的伸出（缩回）运动，气缸两侧的磁性传感器可以识别气缸是否已经运动到位。

双向电磁阀示意图如图 3-33 所示，用来控制气缸进气和出气，从而实现气缸的伸出、缩回运动。电磁阀内装的红色指示灯有正负极性，如果极性接反了也能正常工作，但指示灯不会亮。

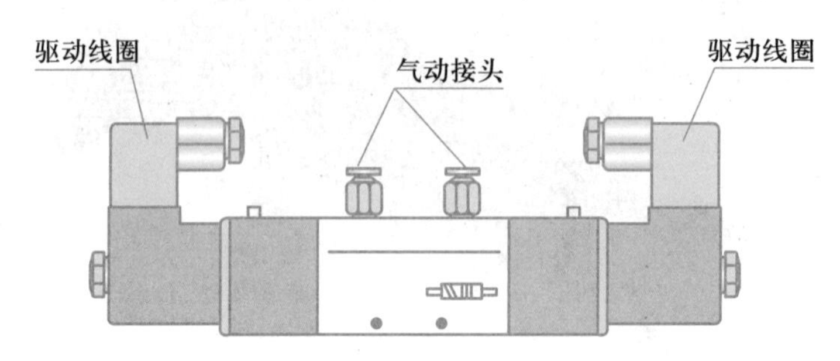

图 3-33　双向电磁阀示意图

单向电磁阀示意图如图 3-34 所示，用来控制气缸单个方向运动，实现气缸的伸出、缩回运动。与双向电磁阀的区别在于双向电磁阀初始位置是任意的可以随意控制的两个位置，而单向电磁阀的初始位置是固定的，只能控制一个方向。

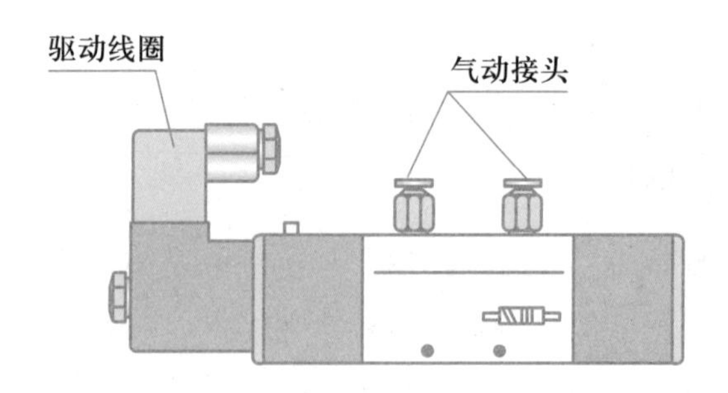

图 3-34　单向电磁阀示意图

当手爪由单向电磁阀控制时（如图 3-35 所示），电磁阀通电，手爪夹紧；电磁阀断电，手爪张开。

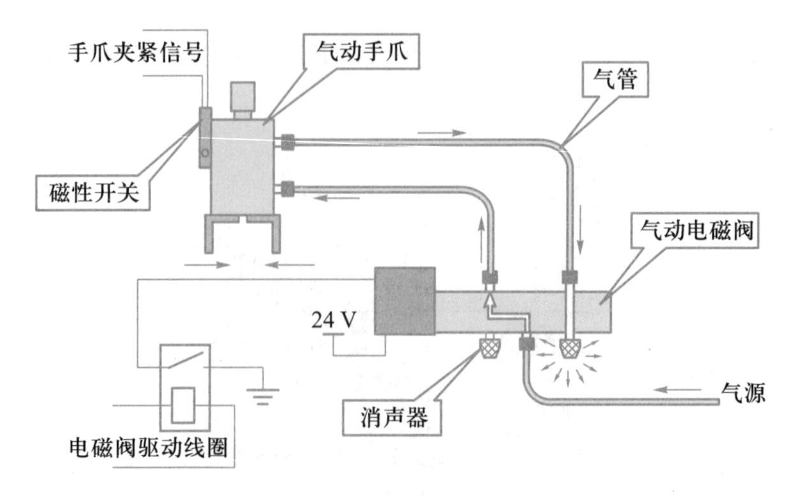

图 3-35　手爪控制示意图

当手爪由双向电磁阀控制时，手爪抓紧和松开分别由一个线圈控制，在控制过程中不允许两个线圈同时通电。

2. I/O 分配（见表 3-1）

表 3-1　PLC 输入输出端子（I/O）分配表

输入端子	功能说明	输出端子	功能说明
X0	启动按钮 SB5	Y0	传送带正转
X1	停止按钮 SB6	Y1	—
X2	接料平台传感器（光电）	Y2	传送带低速
X3	位置①传感器（电感）	Y3	传送带中速
X4	位置②传感器（光纤）	Y4	储料仓直流电动机
X5	入料口传感器（光电）	Y5	手爪夹紧
X6	旋转气缸左到位检测	Y6	手爪松开
X7	旋转气缸右到位检测	Y7	旋转气缸左转
X10	悬臂伸出到位检测	Y10	旋转气缸右转
X11	悬臂缩回到位检测	Y11	悬臂伸出
X12	手臂上升到位检测	Y12	悬臂缩回
X13	手臂下降到位检测	Y13	手臂上升
X14	手爪夹紧到位检测	Y14	手臂下降
X15	位置①气缸伸出到位检测	Y15	位置①气缸伸出
X16	位置①气缸缩回到位检测	Y16	位置②气缸伸出
X17	位置②气缸伸出到位检测		
X20	位置②气缸缩回到位检测		

系统设计

1. 硬件设计

该系统电气部分主要有：电源模块、按钮模块、可编程控制器（PLC）模块、变频器模块、三相异步电动机、接线端子排等。

参照图 3-36 中的标注（①~⑩），了解电源及按钮模块。

电源模块：三相电源总开关（①）（带漏电和短路保护）、熔断器（②）。单相电源插座（③）用于按钮模块和 PLC 模块的电源连接，而电源模块与变频器模块之间的电源连接则采用安全导线方式连接（④）。

电源与按钮模块

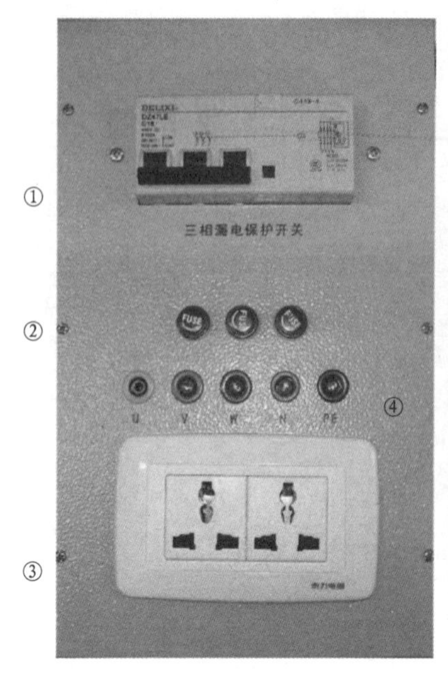

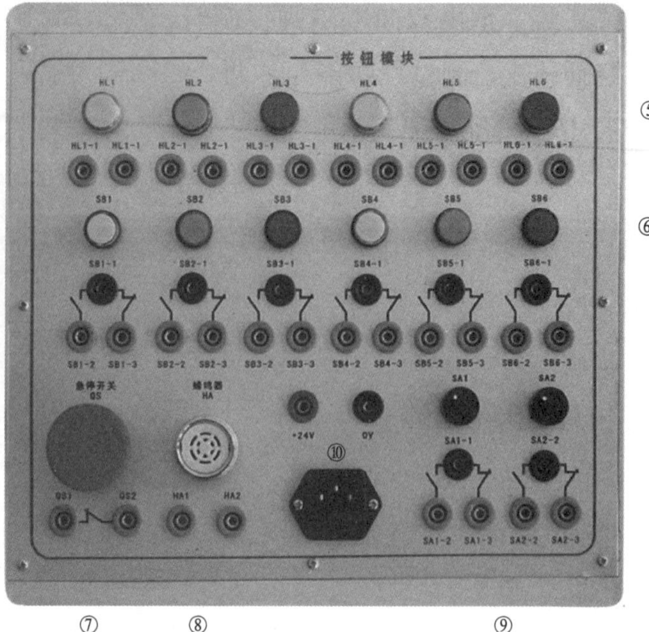

图 3-36　电源与按钮模块

按钮模块：提供了多种不同功能的按钮（⑥）和指示灯（⑤）（直流 24V），急停按钮（⑦）、蜂鸣器（⑧）、转换开关（⑨）。所有接口采用安全插拔线连接。内置开关电源（⑩）（24V/6A）为外部设备工作提供电源。

PLC 模块：采用 FX_{3U}–48MR 继电器输出，所有接口采用安全插拔线连接。

变频器模块：E740–0.75kW 控制传送带电动机转动，所有接口采用安全插拔线连接，如图 3–37 所示。

PLC 与变频器模块

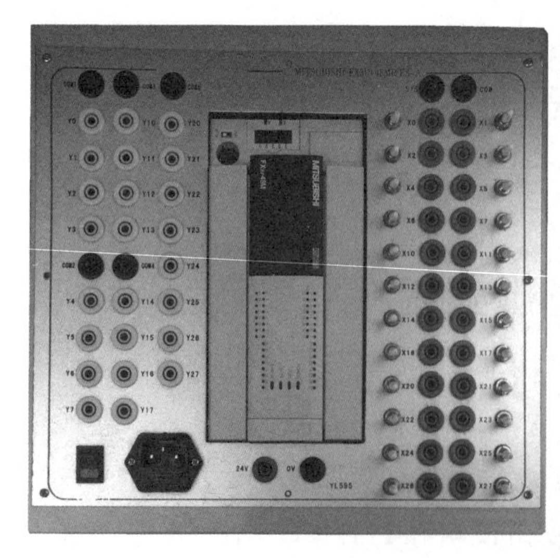

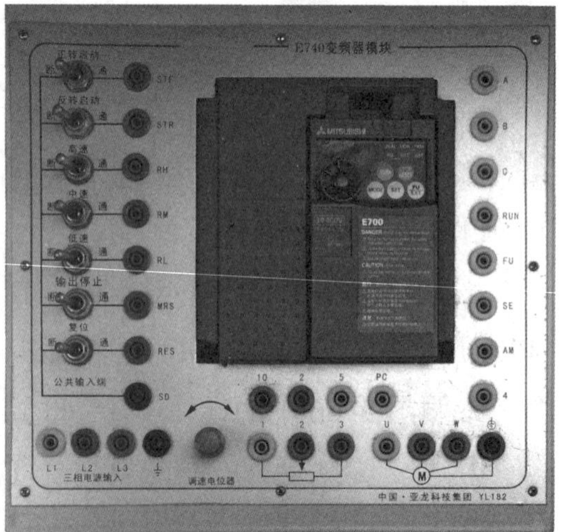

图 3-37　PLC 与变频器模块

所有的电气元件均连接到接线端子排上，再通过接线端子排连接到安全插孔，并由安全接插孔连接到各个模块。结构为拼装式，各个模块均为通用模块，可以互换，扩展性较强。

（1）设计原理图

本系统电气控制原理图如图3–38所示。

（2）现场安装接线

根据电气控制原理图进行电路连接，检查无误后，设置变频器参数（工作模式及速度）。通电检测，确保各部件处于正常工作状态。

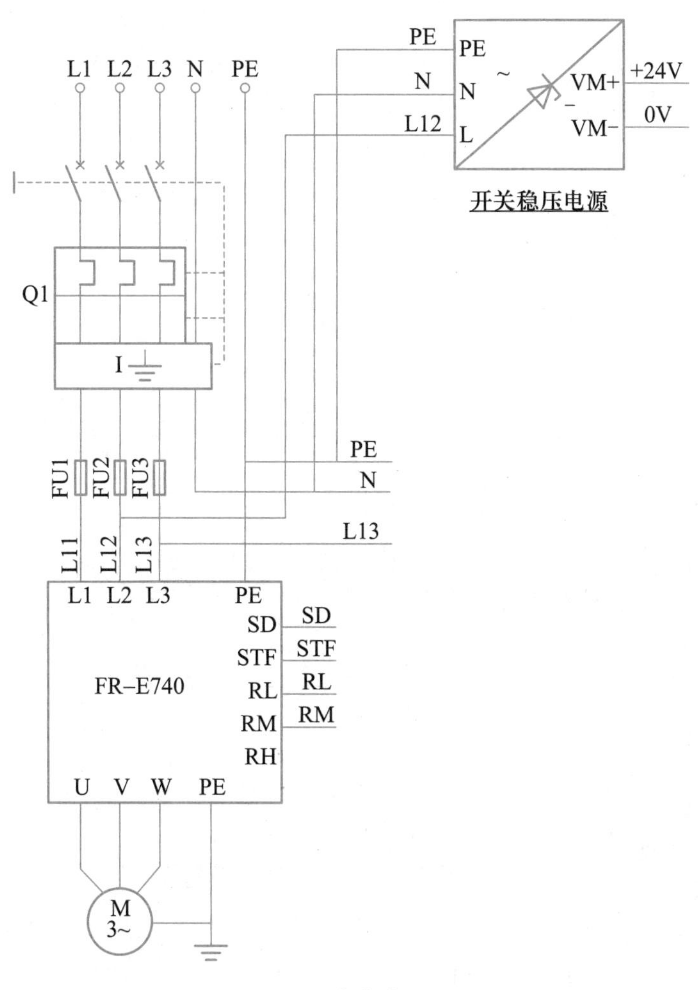

(a) 主电路

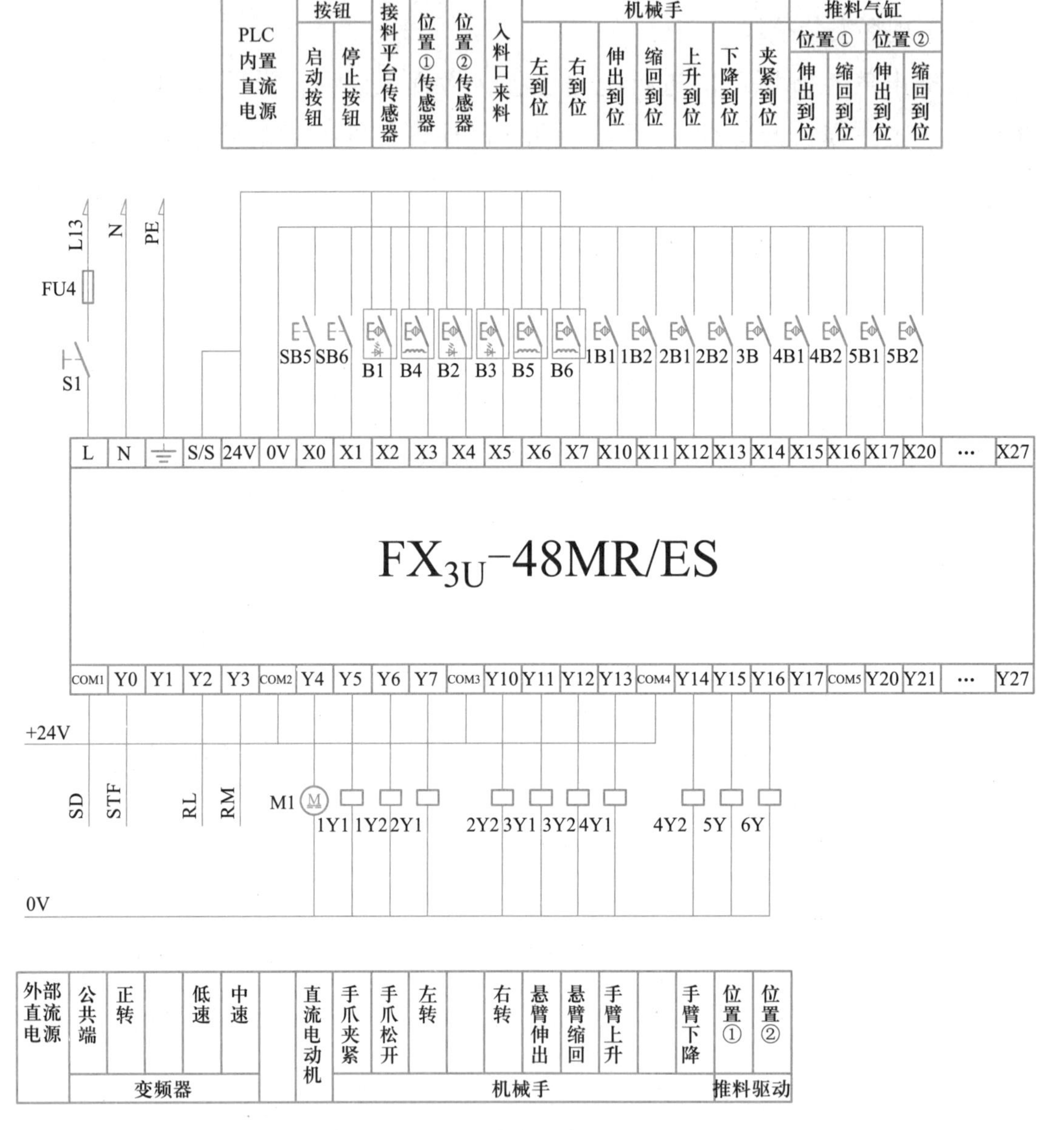

(b) 控制电路

图 3-38　电气控制原理图

2. 软件设计

（1）程序设计

本系统程序采用顺序功能图（SFC）编程方法进行程序设计，其工序流程图及 SFC 程序分别如图 3-39 和图 3-40 所示。

➥关于 SFC 程序及其编程方法，请参看本教材第 4 篇

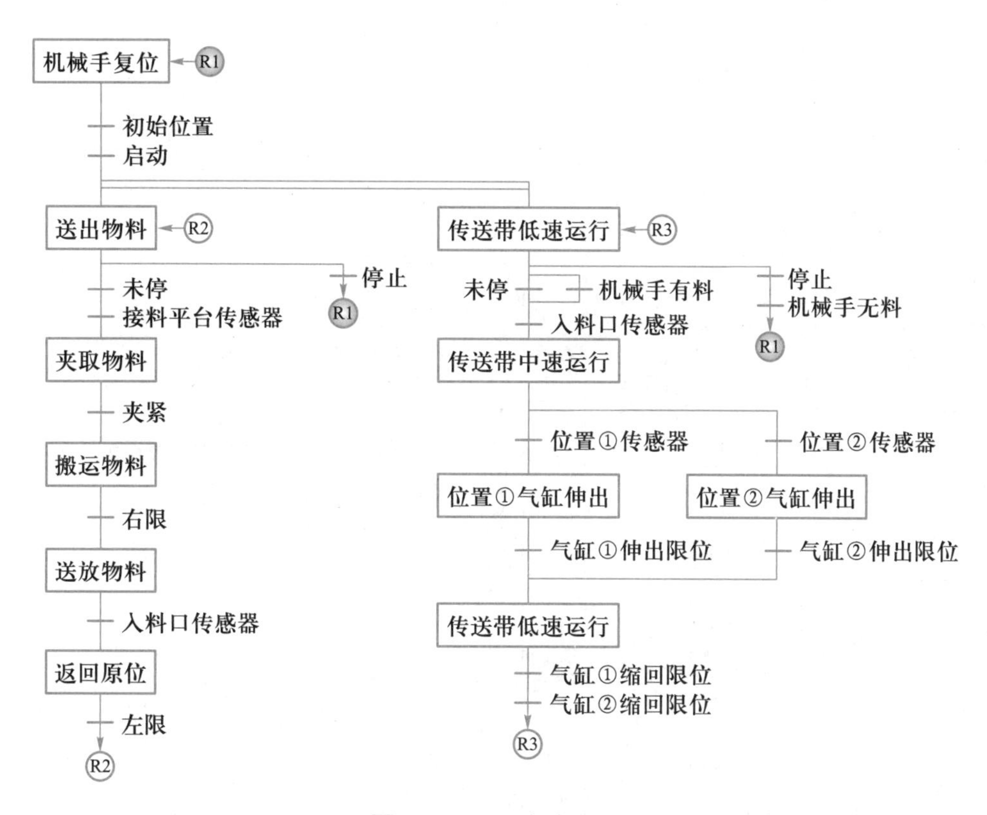

图 3-39　工序流程图

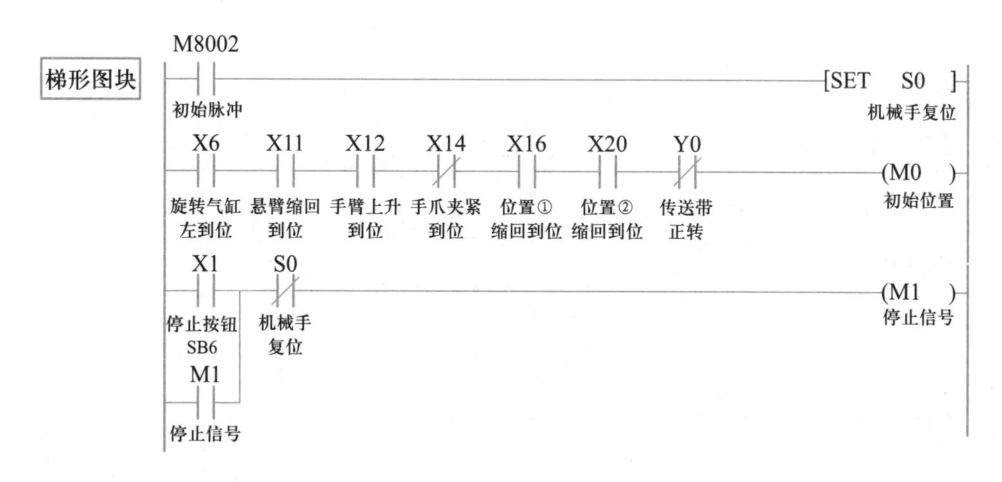

(a)

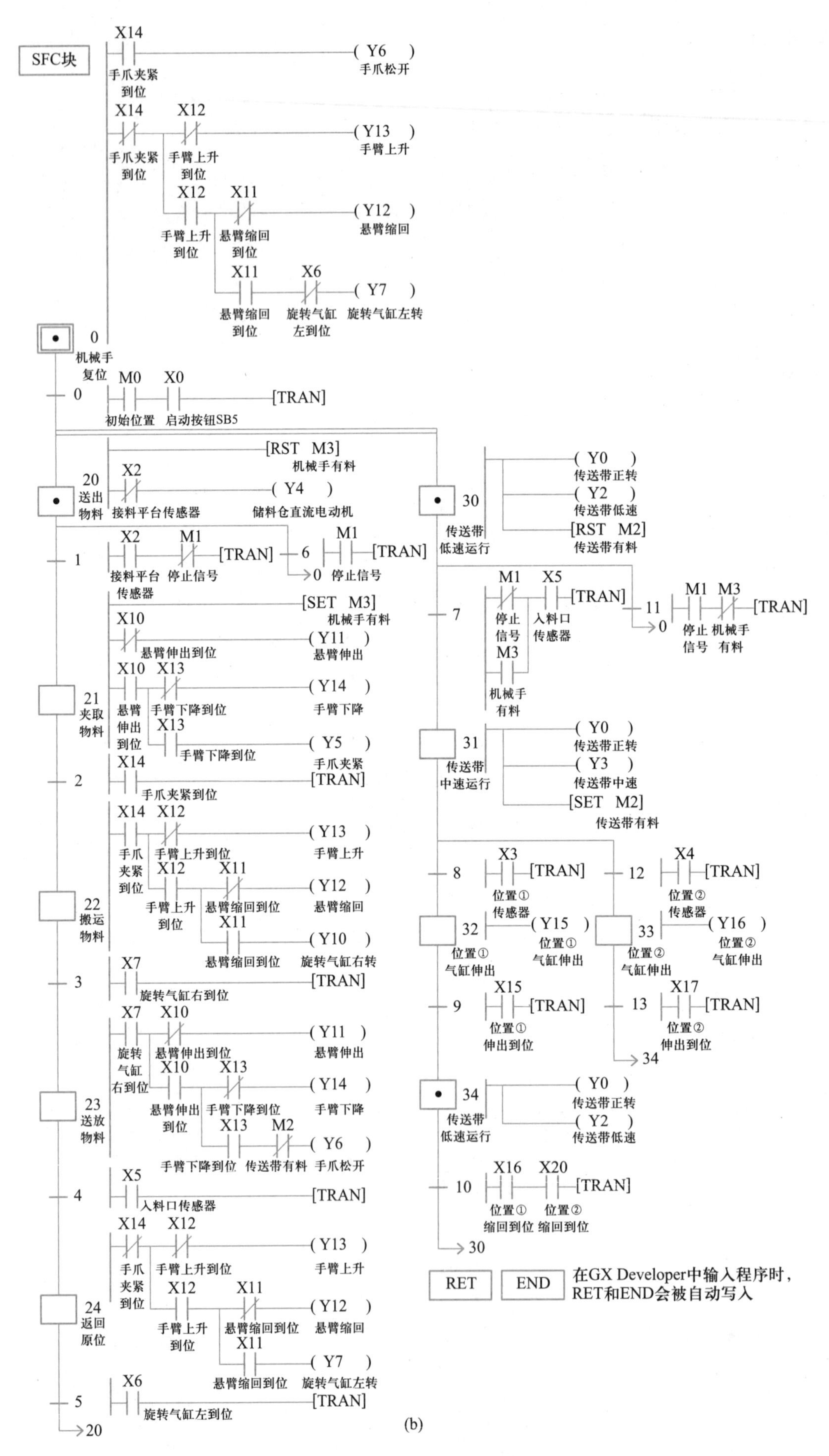

图 3-40　SFC 程序（带注释）

（2）模拟调试

通过 GX Simulator 与 GX Developer 编程软件配合使用进行离线模拟调试，可缩短程序调试时间。

对程序进行逐条检查和验证，改正程序设计中的逻辑、语法、数据错误或输入过程中的按键及传输错误，观察各个输入量、输出量之间的变换关系是否符合设计要求。发现问题及时修改，直到完全满足系统的控制要求为止。

系统调试

进入现场调试及试运行阶段，要求调试人员认真观察设备的运行情况，若出现问题，应立即解决或切断电源，避免扩大故障范围。在分析、判断故障形成原因（机械、电路、气路或程序）的基础上，进行检修、重新调试，直至设备完全实现功能。

经验收合格便可交付使用，编制形成上述技术文档。

知识脉络梳理–第 3 篇　控制系统设计与编程工具

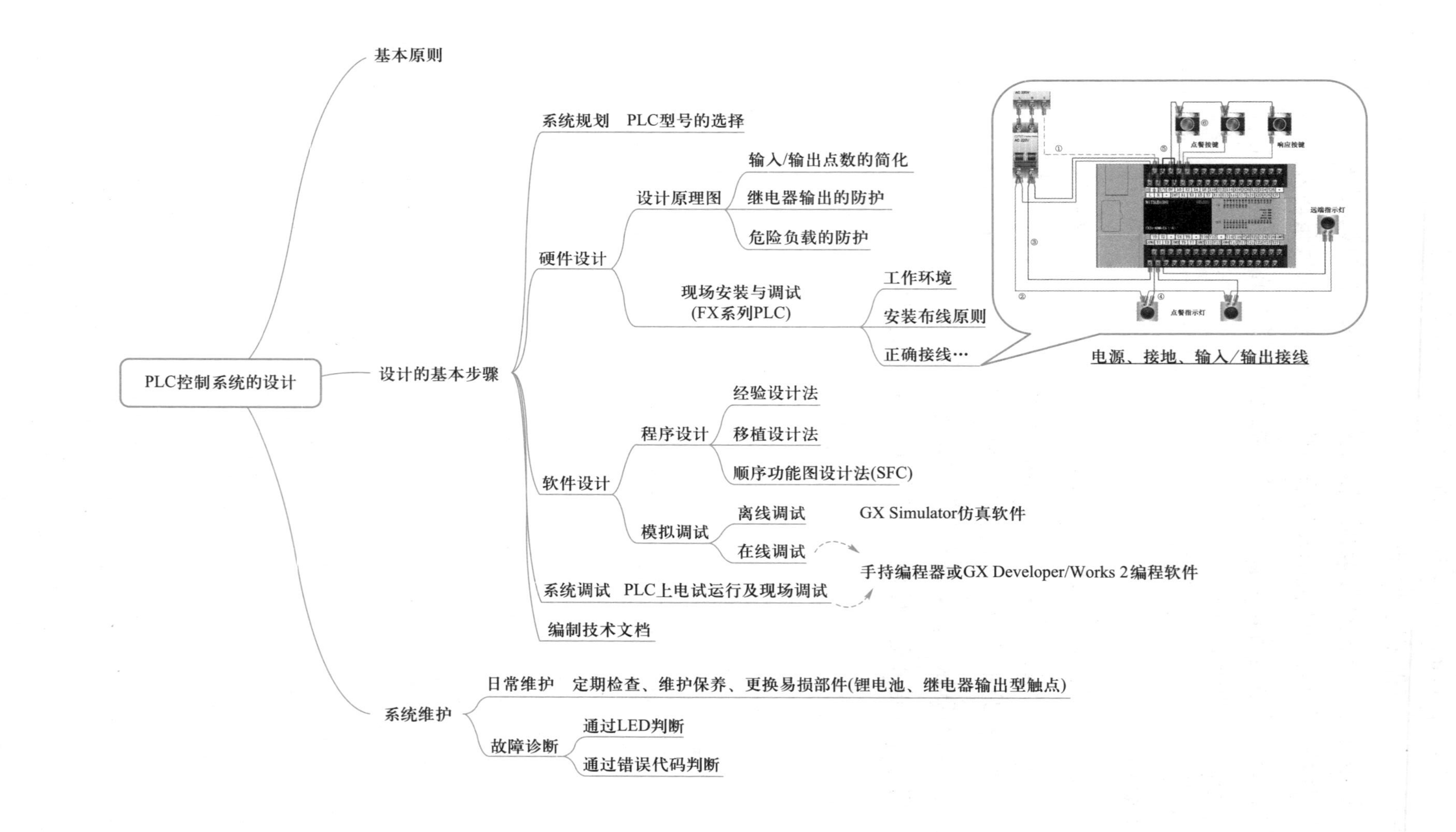

SFC 程序（步进指令）及编程方法

对于前述较简单的梯形图设计，我们采用了经验设计法。这种方法具有较大的试探性和随意性，设计所用的时间、设计的质量与设计者的工作经验有很大的关系。对于一些复杂的控制系统，尤其是顺序控制程序，由于其内部的联锁、互动关系极其复杂，若仍采用该种方法，在程序的编制、修改和可读性等方面都存在许多缺陷。

为解决这一问题，本篇将借助 YL-235A 型机电一体化实训考核平台介绍如何应用顺序控制设计法编写 SFC（顺序功能图）程序，并进一步说明 SFC 及“步进梯形图”的相关知识。

➥ 关于 SFC 程序的创建步骤，请参看附录 2.4
➥ 关于 SFC 程序录入的注意事项，请参看附录 2.5

专题 4.1 S元件、SFC、单序列与重复

本专题主要探知如何应用 SFC 编程语言及 PLC“内部元件”S，编写单序列与重复结构程序，实现“送料与搬运装置的调试”。

在此基础上，解读状态继电器 S、SFC 的定义与组成及单序列、重复等相关知识内容。

问题引入

如图 4-1 所示，送料与搬运装置主要由储料仓、接料平台、气动机械手等部分组成；本专题将在该硬件平台上，实现以下功能：

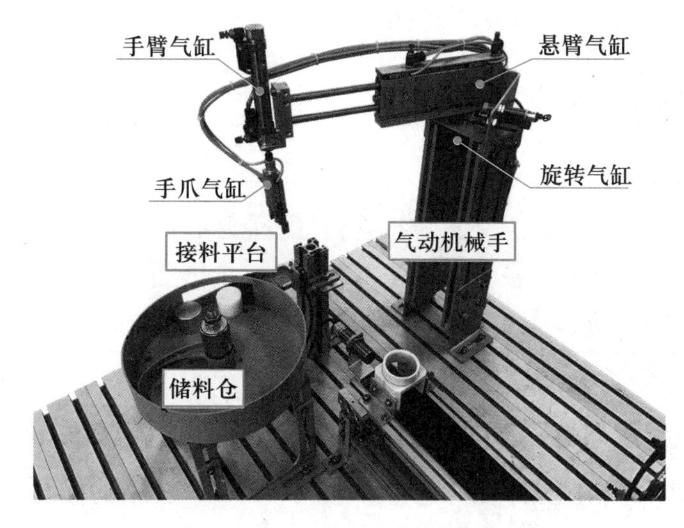

图 4-1　YL-235A 送料与搬运装置

4-1. 组成与工作过程

1. 初始位置：手动将机械手复位，机械手手爪松开，手臂上升，悬臂缩回，旋转气缸位于左侧限位处。

2. 启停控制：机械手复位后，按下启动按钮，搬运装置启动待命（参见搬运功能），搬运装置完成当前搬运工作后停止，等待下次启动。

3. 搬运功能：启动后，储料仓直流电动机转动，将物料送到接料平台，若接料平台上有物料，储料仓直流电动机停止转动，同时机械手悬臂伸出→到位后，手臂下降→到位后，手爪夹紧，随后手臂上升→到位后，悬臂缩回。到位后，旋转气缸右转→至右侧限位处，悬臂伸出→到位后，手臂下降→到位后，手爪松开→松开到位

后，手臂上升→到位后，悬臂缩回→到位后，旋转气缸左转至左侧限位处停止。

探究解决

在充分了解和分析被控对象全部功能的基础上，创建 SFC 程序（带注释）。

➥关于 SFC 程序的创建步骤，请参看附录 2.4

1. I/O 分配（见表 4–1）

表 4–1　PLC 输入输出端子（I/O）分配表

输入端子	功能说明	输出端子	功能说明
X0	启动按钮 SB4	Y0	储料仓直流电动机
X1	接料平台传感器（光电）	Y1	手爪夹紧
X2	手爪夹紧到位检测	Y2	手爪松开
X3	手臂上升到位检测	Y3	手臂上升
X4	手臂下降到位检测	Y4	手臂下降
X5	悬臂伸出到位检测	Y5	悬臂伸出
X6	悬臂缩回到位检测	Y6	悬臂缩回
X7	旋转气缸左到位检测	Y7	旋转气缸左转
X10	旋转气缸右到位检测	Y10	旋转气缸右转

2. 工序流程图与 SFC 程序

参照图 4–2 中的标注（①~⑦），学习 SFC 程序的编写。

说明：

（1）梯形图块程序

M8002 在 PLC 上电运行的第 1 个扫描周期接通，执行 SET 指令，使初始状态 S0 置“ON”（见图中①），变为活动步。辅助继电器 M0 用于检测“设备是否位于初始位置”（②），并通过其触点作为 SFC 块程序中转换条件（②）的一部分。

（2）SFC 块程序

状态 S0 为“ON”，转换条件（③）被满足，即机械手位于初始位置并按下启动按钮（③）；下一个状态 S20 置“ON”，状态 S0 为“OFF”，变为静止步。

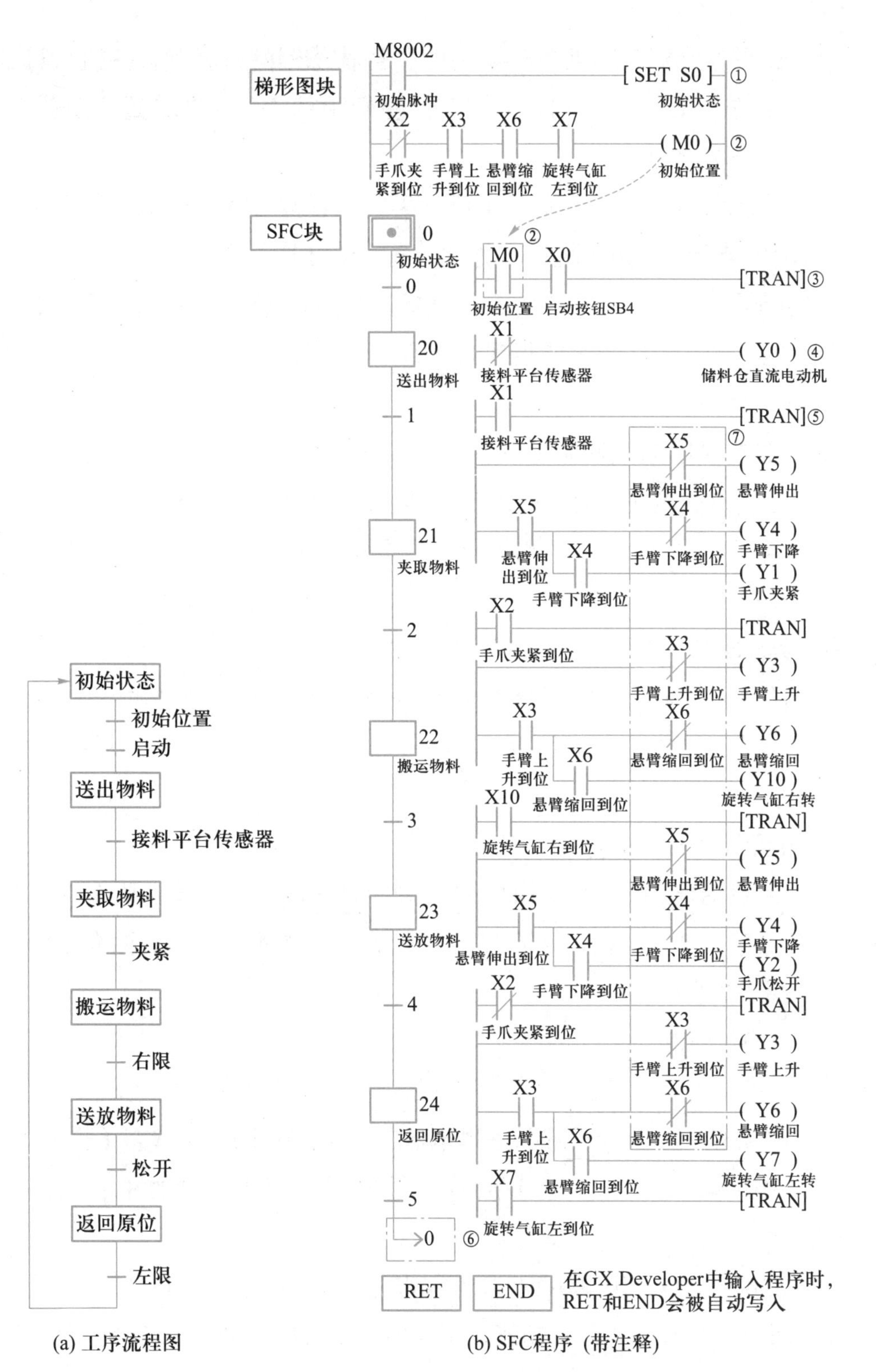

(a) 工序流程图　　(b) SFC程序（带注释）

图 4-2　送料与搬运装置

状态 S20 为“ON”时，执行其内部动作（④），储料仓直流电动机转动直到转换条件（⑤）被满足，即接料平台有物料（⑤）；下一个状态 S21 置“ON”，状态 S20 为“OFF”，变为静止步，便不再执行其内部动作。

此后，当对应转换条件满足时，各状态相继被激活，并执行其对应动作；最后，返回 S0（⑥），使初始状态 S0 再次置“ON”，等待下一次启动。

该装置机械手各气缸（手爪、手臂、悬臂、旋转气缸）均采用“双电控电磁阀”进行控制；为此，气缸动作执行到位后，对应电磁阀线圈无须一直通电工作（⑦），也可保持其动作；这也避免了电磁阀长时间通电工作，可能引起的发热甚至烧毁的问题。

4-3.SFC 程序的调试

完成程序的编写后，可通过 GX Developer 编程软件将其输入 PLC 中，进一步完成对 YL-235A 送料与搬运装置的调试。

➥关于 SFC 程序录入的注意事项，请参看附录 2.5

知识链接

下面让我们一起学习与图 4-2 所示程序相关联的理论知识。

学习过程中，大家可以想一想还可以应用它们去解决哪些实际问题。

1. S 元件——FX_{3U} 系列 PLC

状态继电器（S）是构成顺序功能图（SFC）的基本要素，也是对工序步进顺序控制进行简易编程的重要软元件，与后面介绍的 STL 指令配合使用。

* 有触点和线圈。

* 按十进制编号：

S0~S9，共 10 个一般状态继电器，用于 SFC 的初始状态（步）；

S10~S499，共 490 个一般状态继电器，用于 SFC 的中间状态（步）；

S500~S899，共 400 个断电保持状态继电器，用于 SFC 的中间状态（步）；具有停电保持功能，用于停电恢复后需继续执行停电前状态的场合；

S900~S999，共 100 个信号报警器用状态继电器，作为诊断外部故障的输出使用。

* 若不用于顺序功能图或步进顺序控制，可作为一般的辅助继电器（M）使用。

2. SFC

（1）定义

SFC（Sequential Function Chart：顺序功能图）是描述控制系统的控制过程、功能、特性的一种图形，是反映编制顺序控制程序的基本算法，又称转移图、状态图或流程图。

（2）组成（如图 4–3 所示）

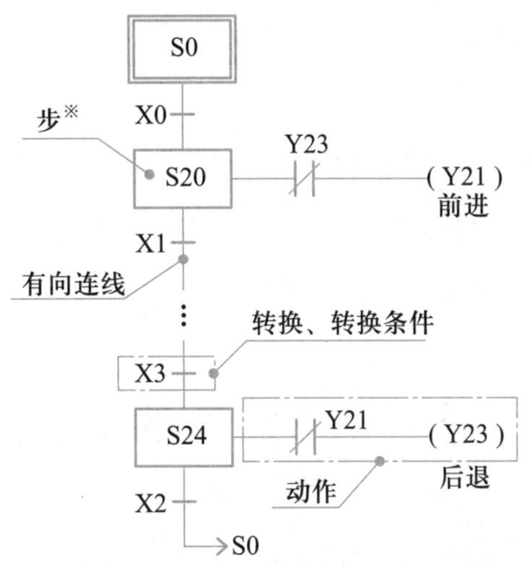

图 4-3　SFC 顺序功能图的组成

* 步：顺序控制设计法最基本的思想是将系统的一个工作周期划分成若干顺序相连的工序，这些工序称为步（Step），也称为状态。

* 有向连线：表示步与步之间进展的路线和方向，也表示了各步之间的连接顺序关系。

* 转换、转换条件：使系统由当前一步进入下一步，进而实现步与步之间的推进。

* 动作或命令：在某一步（工序）中要完成的具体工作。

说明：

①“活动步”与“静止步”

如图 4–4 所示，当系统正处于某一步所在的工序时，则该步处于活动状态，称为“活动步”，与之相对应的动作或命令将被执行。

步处于不活动状态时为“静止步”，相应的非保持型动作（S31 中的 OUT Y30 指令）被停止执行，而保持型动作（S31 中的 SET Y31 指令）则继续执行。

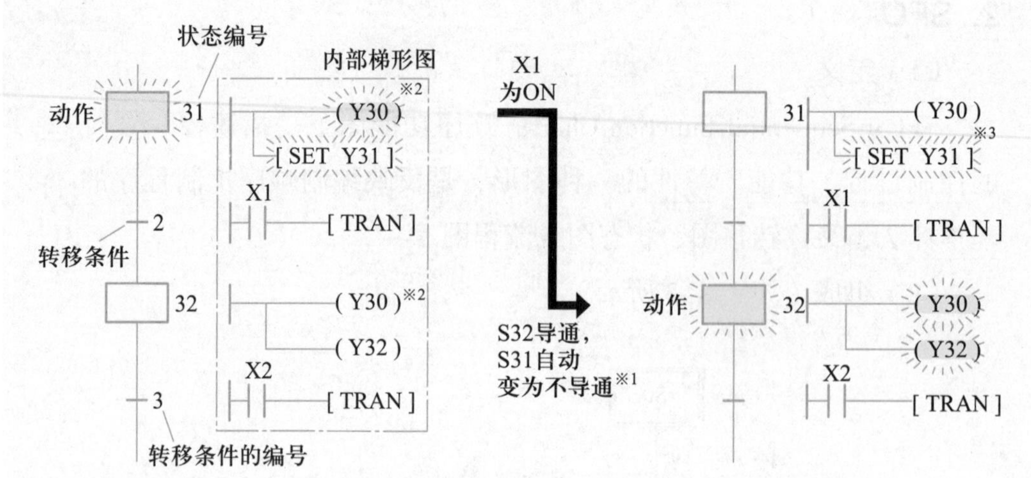

图 4-4 “活动步”与“静止步”

② 动作或命令

可以将一个控制系统划分为被控系统和施控系统。

例如在数控车床系统中，数控装置是施控系统，车床是被控系统。对于被控系统，在某一步中要完成某些“动作”；对于施控系统，在某一步中则要向被控系统发出某些“命令”。一般将动作或命令简称为动作。

3. SFC 的结构形式 1

（1）单序列

如图 4-5（a）所示，单序列由一系列相继被激活的步组成，每一步的后面仅接有一个转换，且每一个转换的后面只有一个步。

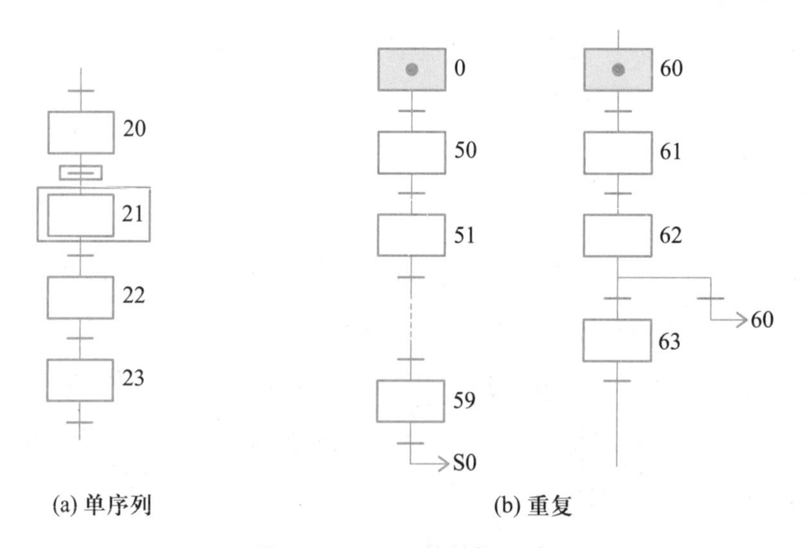

图 4-5 SFC 的结构形式

（2）重复

转移到上方的状态称为重复，使用“└→”表示要转移的目标状态。如图 4-5（b）所示，从 S59 转移到 S0 或从 S62 转移到 S60。

在 GX Developer 中，作为转移对象的状态中会自动显示“●”。

注意事项：

若不熟悉送料与搬运装置，盲目进行程序设计与调试，可能发生如下危险：气动机械手与接料平台立柱、储料仓发生机械碰撞导致损坏，储料仓直流电动机堵转导致烧毁等。当前，新技术和新设备更新速度很快，相应的安全防范和管理制度则显得有些滞后。操作者应提高防范意识和分析问题的能力，防止出现安全事故。要通过仔细观察，掌握硬件与硬件的联系，全面把握软件与硬件运行的关系，防范可能存在的危险。

拓展深化

1. 选择题

（1）占据 SFC 程序的起始位置的状态称为初始状态，可以使用（　　）的状态编号。

A. S0~S9　　B. S10~S19

C. S20~S499　　D. S500~S899

（2）初始状态也可通过其他状态驱动，但在 PLC 上电运行时，一般通过（　　）来驱动。

A. M8000　　B. M8002

C. M8013　　D. M8034

2. 填空题

（1）顺序功能图的组成包括：__________、__________、__________、__________。

（2）______________使系统由当前步进入下一步，进而实现步与步之间的推进。

3. 判断题

（　　）（1）若不用于顺序功能图或步进顺序控制，状态继电器（S）可作为一般辅助继电器（M）使用。

（　　）（2）步处于不活动状态即静止步时，相应的保持与非保持型动作均被停止执行。

4. 简答题

（1）简述 SFC 程序创建的步骤。

（2）参照图 4-2，简述所学相关理论知识。

5. 综合题

（1）请在本专题“送料与搬运装置”功能的基础上，增加如下功能：

增加停止按钮，未按停止按钮，送料与搬运装置连续送料与搬运；按下停止按钮，设备完成当前物料的搬运后停止，等待下次启动。

（2）设计一个三相电动机循环正反转的控制系统。其功能要求如下：按下启动按钮，电动机正转 3 s，暂停 2 s，反转 3 s，暂停 2 s，如此循环 5 个周期，然后自动停止；运行中，可按停止按钮停止，热继电器动作也应停止。

根据上述要求，进行 I/O 分配、绘制工序流程图、编写 SFC 程序（带注释）。

专题 4.2 选择序列与跳转、分支回路的限制、SFC 程序停止的方法

本专题主要探知如何编写选择序列与跳转结构程序，实现“物料传送及分拣装置的调试”。

在此基础上，解读选择序列、跳转及分支回路的限制与 SFC 程序停止的方法等相关知识内容。

问题引入

如图 4-6 所示，物料传送与分拣装置主要由入料口、传送带、推料气缸、三相异步电动机、物料回收槽等部分组成。请在该硬件平台上，实现以下功能：

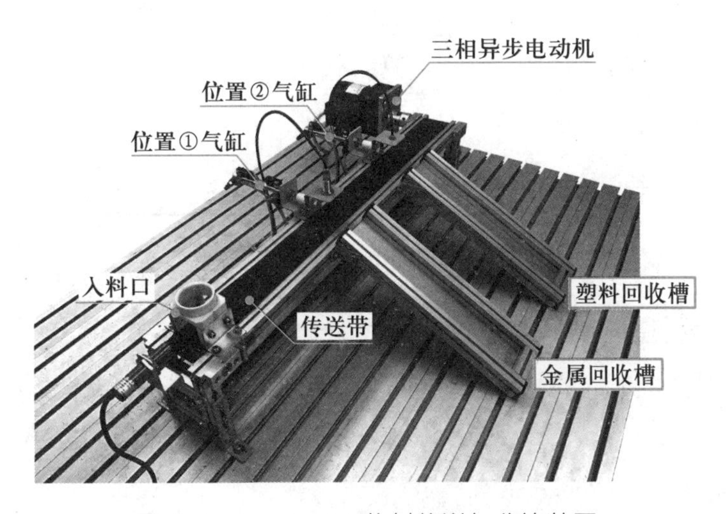

图 4-6　YL-235A 物料传送与分拣装置

4-4. 组成与工作过程

1. 初始位置：手动将设备复位，推料气缸缩回，传送带不转动。

2. 启停控制：设备处于初始位置，按下启动按钮，分拣装置启动待命（参见分拣功能）；按下停止按钮，分拣装置完成当前物料分拣后停止。

3. 分拣功能：启动后，传送带低速运行，当入料口传感器检测到物料，传送带中速运行，将物料运送到相应的位置；若位置①传感器检测到金属物料，则位置①气缸伸出，将其送到金属回收槽；若位置②传感器检测到塑料物料，则位置②气缸伸出，将其送到塑料回收槽。

结束当前物料分拣后，传送带再次低速运行，等待下一物料。

探究解决

在充分了解和分析被控对象全部功能的基础上，创建 SFC 程序（带注释）。

1. I/O 分配（见表 4-2）

表 4-2　PLC 输入输出端子（I/O）分配表

输入端子	功能说明	输出端子	功能说明
X0	启动按钮 SB5	Y0	位置①气缸伸出
X1	停止按钮 SB6	Y1	位置②气缸伸出
X2	入料口传感器（光电）	Y2	—
X3	位置①传感器（电感）	Y3	—
X4	位置②传感器（光纤）	Y4	传送带正转
X5	位置①气缸伸出到位检测	Y5	传送带反转
X6	位置①气缸缩回到位检测	Y6	传送带中速
X7	位置②气缸伸出到位检测	Y7	传送带低速
X10	位置②气缸缩回到位检测	Y10	—

2. 工序流程图与 SFC 程序

参照图 4-7 中的标注（①~⑦），学习 SFC 程序的编写。

说明：

（1）梯形图块程序

PLC 上电运行后，执行 SET 指令，使初始状态 S0 置“ON”（见图中①），变为活动步；辅助继电器 M0 用于检测“设备是否位于初始位置”（②），M1 用于检测“是否有停止操作”（③），并通过它们的触点作为 SFC 块程序中转换条件（②③）的一部分。

（2）SFC 块程序

状态 S0 为“ON”，设备位于初始位置并按下启动按钮（④）；则下一个状态 S30 置“ON”，传送带低速运行，待命；根据其后的转换条件确定是进入物料分拣序列（⑤）还是返回初始状态（⑥）。

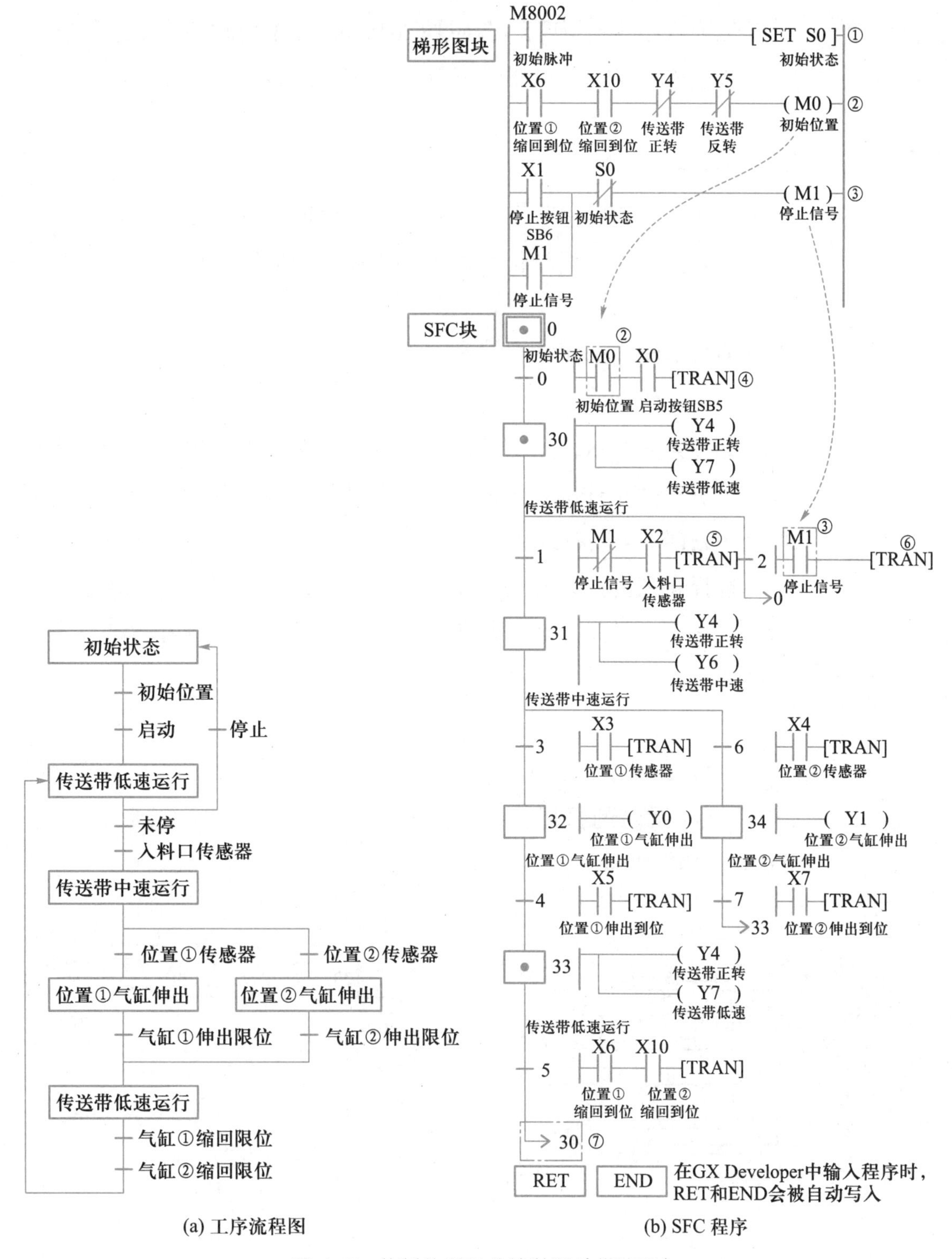

图 4-7　物料传送及分拣装置（带注释）

若进入物料分拣序列，当对应转换条件满足时，各状态相继被激活，并执行其对应动作；最后，返回 S30（⑦），传送带低速运行，再次待命。

需特别指出的是：某些工序流程图中未能涵盖的功能（③）或是需要一直执行的程序（③），均可编写在梯形图块中。

完成程序的编写后，可通过 GX Developer 编程软件将其输入 PLC，进一步完成对 YL–235A 物料传送及分拣装置的调试。

知识链接

下面让我们一起学习与图 4–7 所示程序相关联的理论知识。

学习过程中，同学们可以想一想还可以应用它们去解决哪些实际问题。

1. SFC 的结构形式 2

（1）选择序列

如图 4–8 所示，选择序列的某一步后有若干个单一序列等待选择，根据转换条件确定进入其中一个序列。各序列相互排斥，任何两个序列都不会同时执行。

选择序列的开始称为分支，转换只能标在选择序列“开始”的水平线之下；选择序列的结束称为汇合，转换只能标在“结束”水平线的上方。

（2）跳转

直接转移到下方的状态或转移到流程外的状态，称为跳转，用“└>”表示跳转的目标状态。如图 4–9 所示，向下转移到 S22 或向流程外转移到 S42。

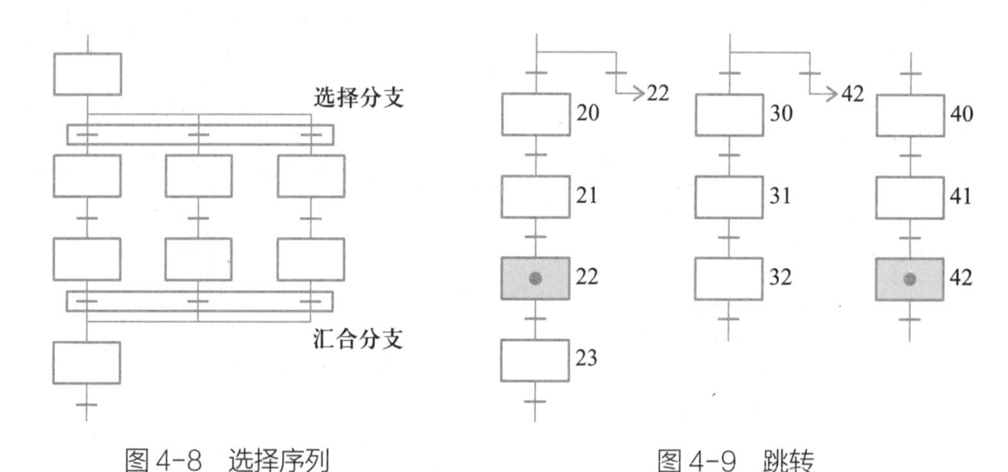

图 4–8　选择序列　　　图 4–9　跳转

在 GX Developer 中，作为转移对象的状态中会自动显示“●”。

在图 4–7（b）中，采用了从 S34 向下转移到 S33 的跳转程序结构。除此之外，还可在 S33 前将选择序列进行汇合。

2. 分支回路的限制

如图 4–10 所示，每一个分支点最多允许 8 个回路；有多个并行分支和选择分支时，从整体而言，每个初始状态中最多 16 条回路。

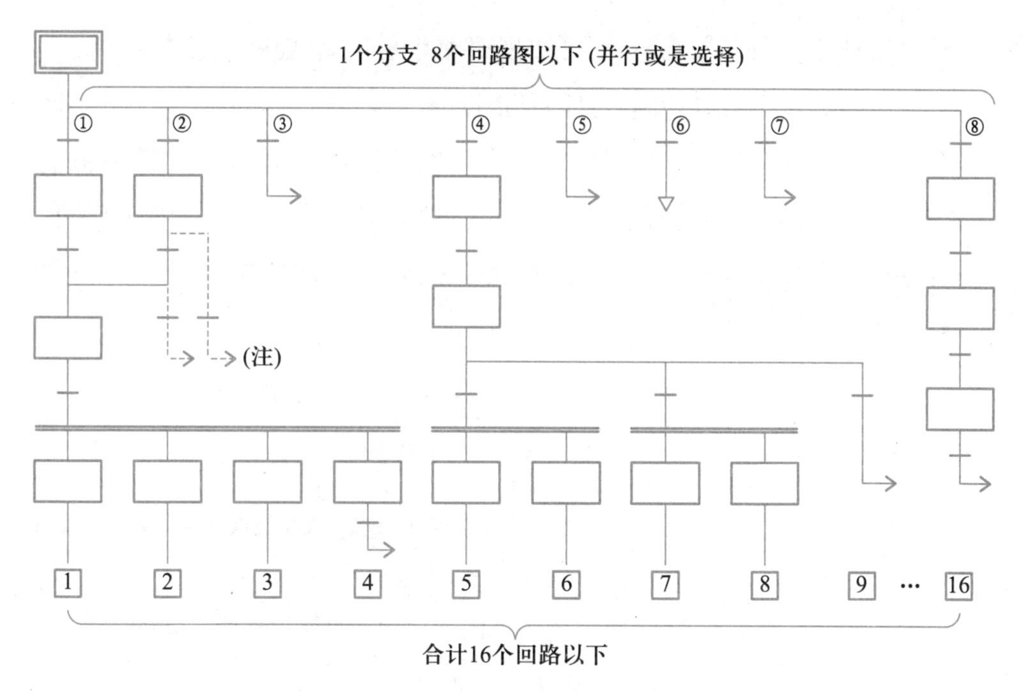

图 4-10　分支回路的限制

注：不能执行从汇合线或汇合前的状态向分支状态转移的处理，以及复位处理。请设置空状态，必须从分支线上向分离状态进行转移，以及复位的处理。

3. SFC 程序停止的方法

（1）流程的停止

如图 4-11 所示，在分拣过程中（①）按下停止（②）按钮，会在完成当前物料分拣返回 S30 后结束当前流程（③），再次回到 S0 等待下次启动。

（2）复位指定范围的状态

如图 4-12 所示，按下停止按钮，状态 S0~S50 无论哪一状态处

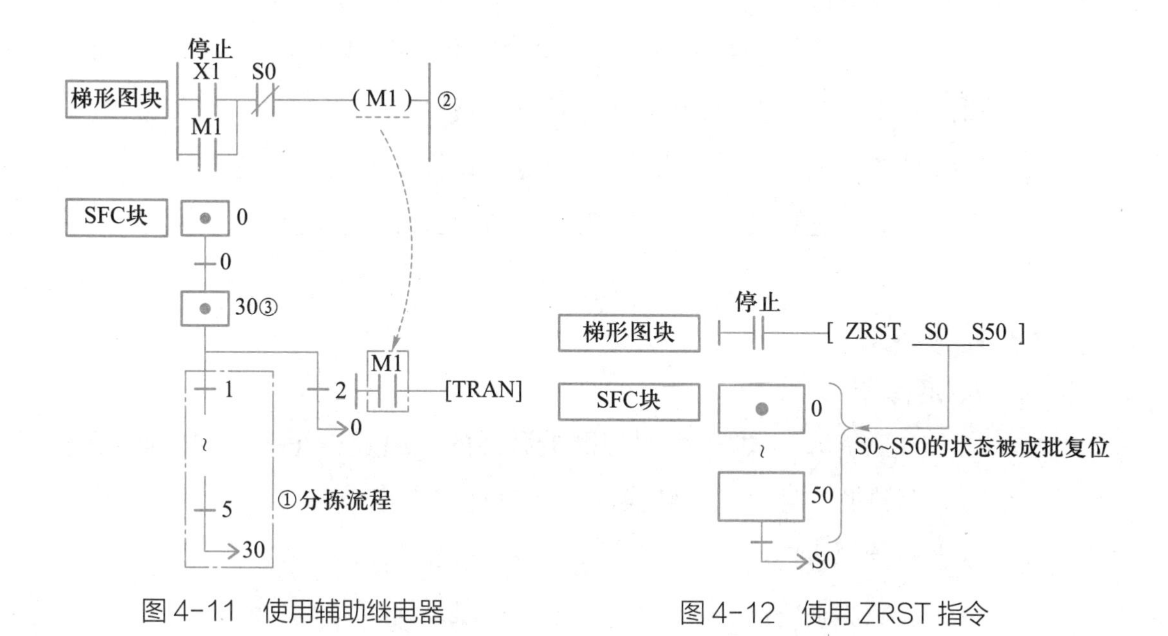

图 4-11　使用辅助继电器　　　　图 4-12　使用 ZRST 指令

于“活动步”都将被复位，可实现对整个 SFC 块程序的复位。

（3）禁止动作中状态的任意输出

如图 4-13 所示，当“禁止输出”条件接通，辅助继电器 M10 置位；状态 S10 中 Y1 仍接通，而 Y5、M30、T4 被断开；当 M10 暂停信号被复位时，Y5、M30、T4 将再次接通。进而可实现暂停某一状态中任意输出的需求。

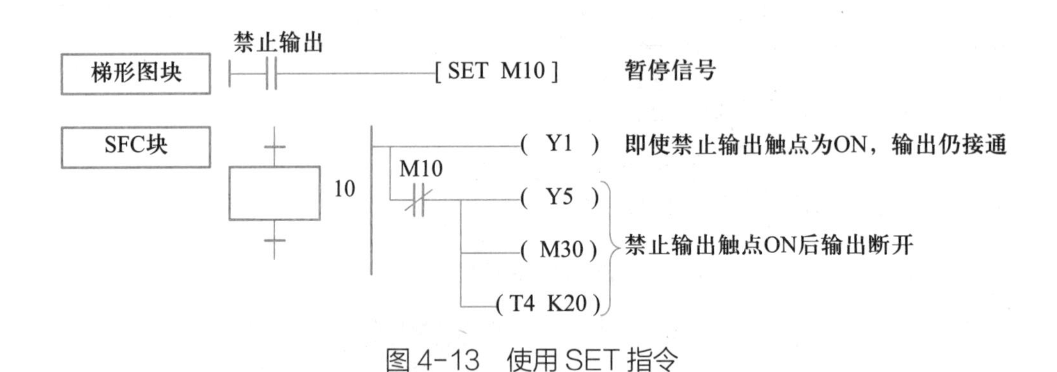

图 4-13 使用 SET 指令

（4）断开 PLC 的所有输出继电器（Y）

如图 4-14 所示，可在梯形图块中通过驱动特殊辅助继电器 M8034 实现。

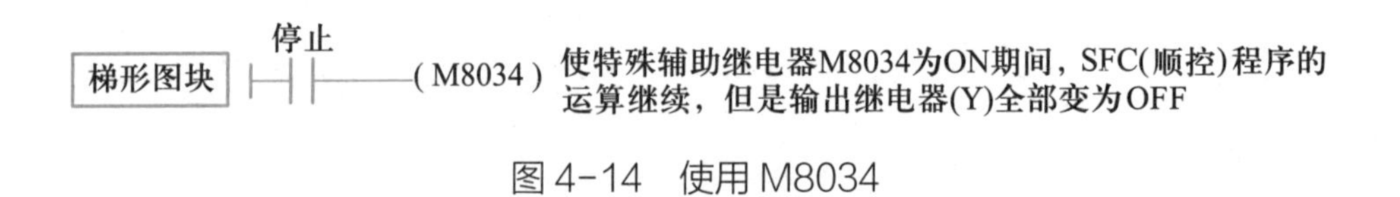

图 4-14 使用 M8034

注意事项：

若位置①/②气缸未能准确将物料推送至回收槽时，可具体问题具体分析，从硬件、软件两个方面探究解决方案，例如：调整传感器安装位置与灵敏度、气缸伸出速度、软件延时等。通过学习要不断提高辩证思维能力，善于抓住关键、找准重点、洞察系统规律。

拓展深化

1. 选择题

（1）（   ）由一系列相继被激活的步组成，每一步的后面仅接有一个转换，且每一个转换的后面只有一个步。

A. 单序列　　　　B. 重复

C. 选择序列　　　D. 跳转

（2）选择序列或并行序列的每个分支点最多允许（　　）个回路。

A. 2　　B. 4　　C. 8　　D. 16

2. 填空题

选择序列的开始称为分支，转换只能标在选择序列“开始”的水平线______；选择序列的结束称为汇合，转换只能标在“结束”水平线的______。

3. 判断题

（　　）（1）在不同状态之间，可编写同样的输出继电器。

（　　）（2）通常情况下，初始状态以外的一般状态，都必须通过其他状态驱动，没有被状态以外的程序驱动的情况。

4. 简答题

（1）简述 SFC 程序停止的情况及方法。

（2）参照图 4–7，简述所学相关理论知识。

5. 综合题

（1）图 4–15 所示程序并不正确，请问应如何进行修改？

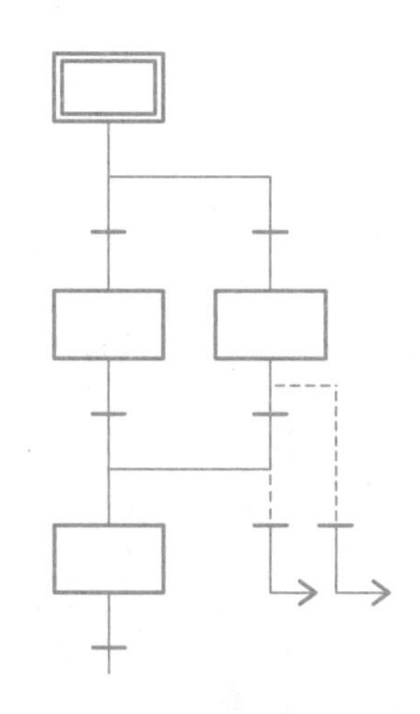

图 4–15　综合题（1）图

（2）设计一个大小球分类传送的控制装置。如图 4–16 所示，已知该装置的动作有：上、下、左、右，分别由对应驱动线圈 Y1、Y2、Y3、Y4 实现控制；由 Y0 去接通磁铁吸住球；当吸到的是小球，机械手臂到达下限位，则 X2 动作；若到了一定时间，X2 还未动作，则说明机械手臂不能达到 X2 下限位，此时吸到的是大球；再根据判断，把球送到指定的位置。

根据上述要求，写出 I/O 分配表、绘制工序流程图、编写 SFC 程序（带注释）。

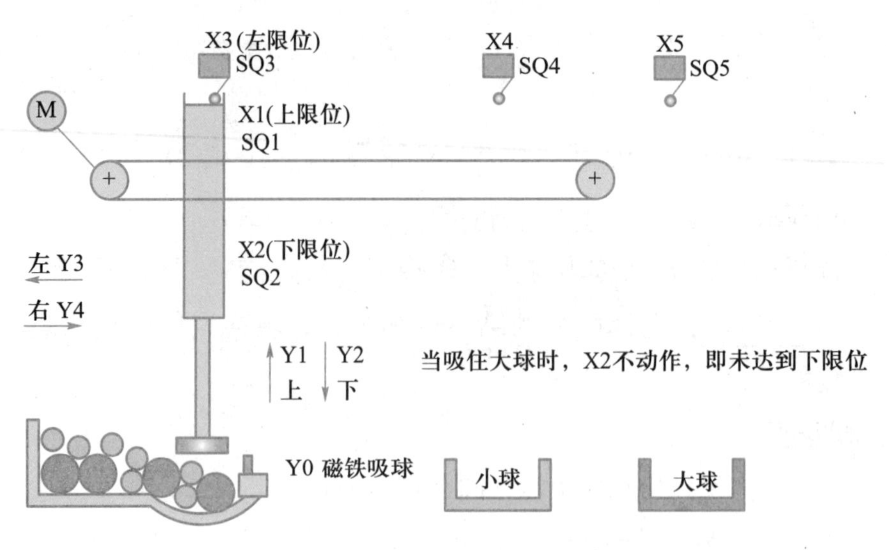

图 4-16 大小球分类传送装置

专题 4.3 并行序列与状态复位、流程分离、SFC 中的输出与特 M

本专题主要探知如何编写具有掉电保持功能的并行序列与复位结构程序，实现“清洗加工装置的调试”。

在此基础上，解读并行序列、状态的复位，流程的分离，驱动输出的注意事项和 SFC 特殊辅助继电器等相关知识内容。

问题引入

如图 4–17 所示，清洗加工装置主要由储料仓、传送带、推料气缸、成品槽、次品回收台等部分组成；请在该硬件平台上，实现以下功能：

4–6. 组成与工作过程（清洗加工装置）

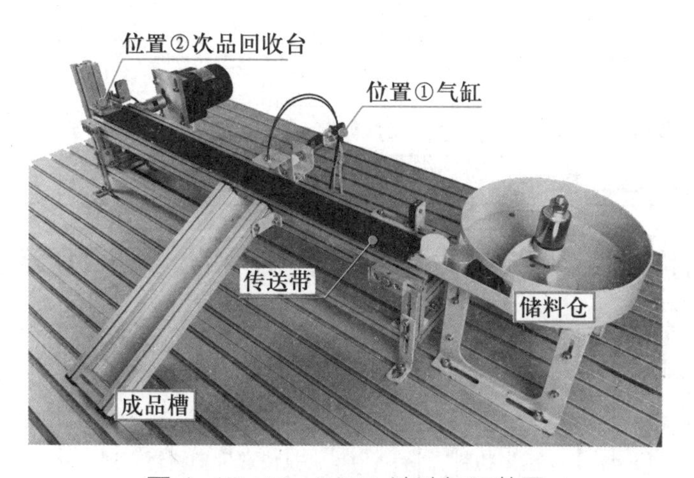

图 4–17　YL–235A 清洗加工装置

1. 初始位置：手动将设备复位，推料气缸缩回，次品回收台无物料，传送带、储料仓直流电动机不转动。

2. 启停控制：设备处于初始位置，按下启动按钮，加工装置启动待命（参见加工功能）；按下停止按钮，加工装置完成当前物料加工后停止。

3. 加工功能：启动后，储料仓直流电动机转动，同时传送带中速运行；当传送带入口传感器检测到物料，传送带停止，物料在此处清洗 3 s；清洗结束后，传送带再次中速运行；物料在位置①处（位置①传感器检测）停止加工 3 s，加工结束后，位置①气缸伸出，将其送入成品槽。

若加工过程中出现异常（按钮 SB3 模拟），则立即停止加工将其送至次品回收台，经人工取走后（次品回收台传感器检测）再进行下一物料的加工。

4. 断电功能：工作过程中，若发生断电，加工装置在上电后仍能继续运行。

探究解决

在充分了解和分析被控对象全部功能的基础上，创建 SFC 程序（带注释）。

1. I/O 分配（见表 4-3）

表 4-3　PLC 输入输出端子（I/O）分配表

输入端子	功能说明	输出端子	功能说明
X0	启动按钮 SB4	Y0	储料仓直流电动机
X1	停止按钮 SB5	Y1	位置①气缸伸出
X2	加工异常按钮 SB6	Y2	—
X3	传送带入口传感器（光电）	Y3	—
X4	位置①传感器（光纤）	Y4	传送带正转
X5	次品回收台传感器（光电）	Y5	—
X6	位置①气缸伸出到位检测	Y6	传送带中速
X7	位置①气缸缩回到位检测	Y7	—

2. 工序流程图与 SFC 程序（如图 4-18 和图 4-19 所示）

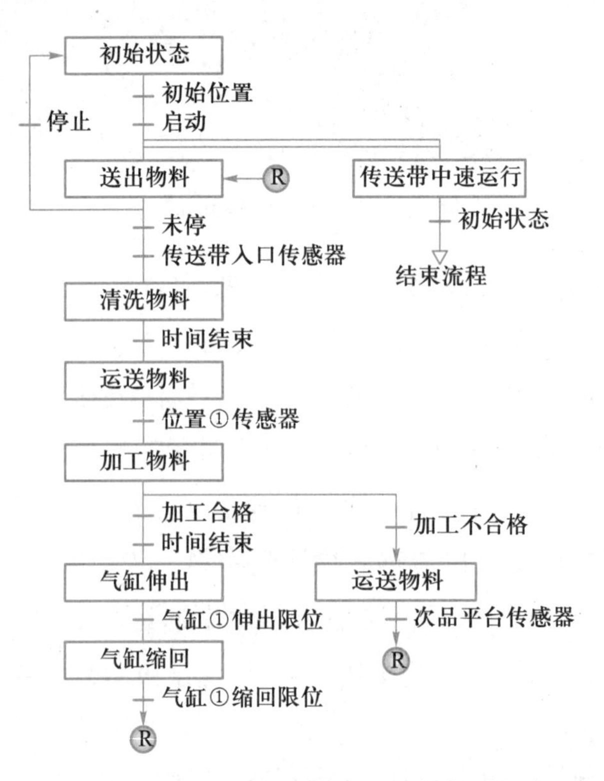

图 4-18　清洗加工装置—工序流程图

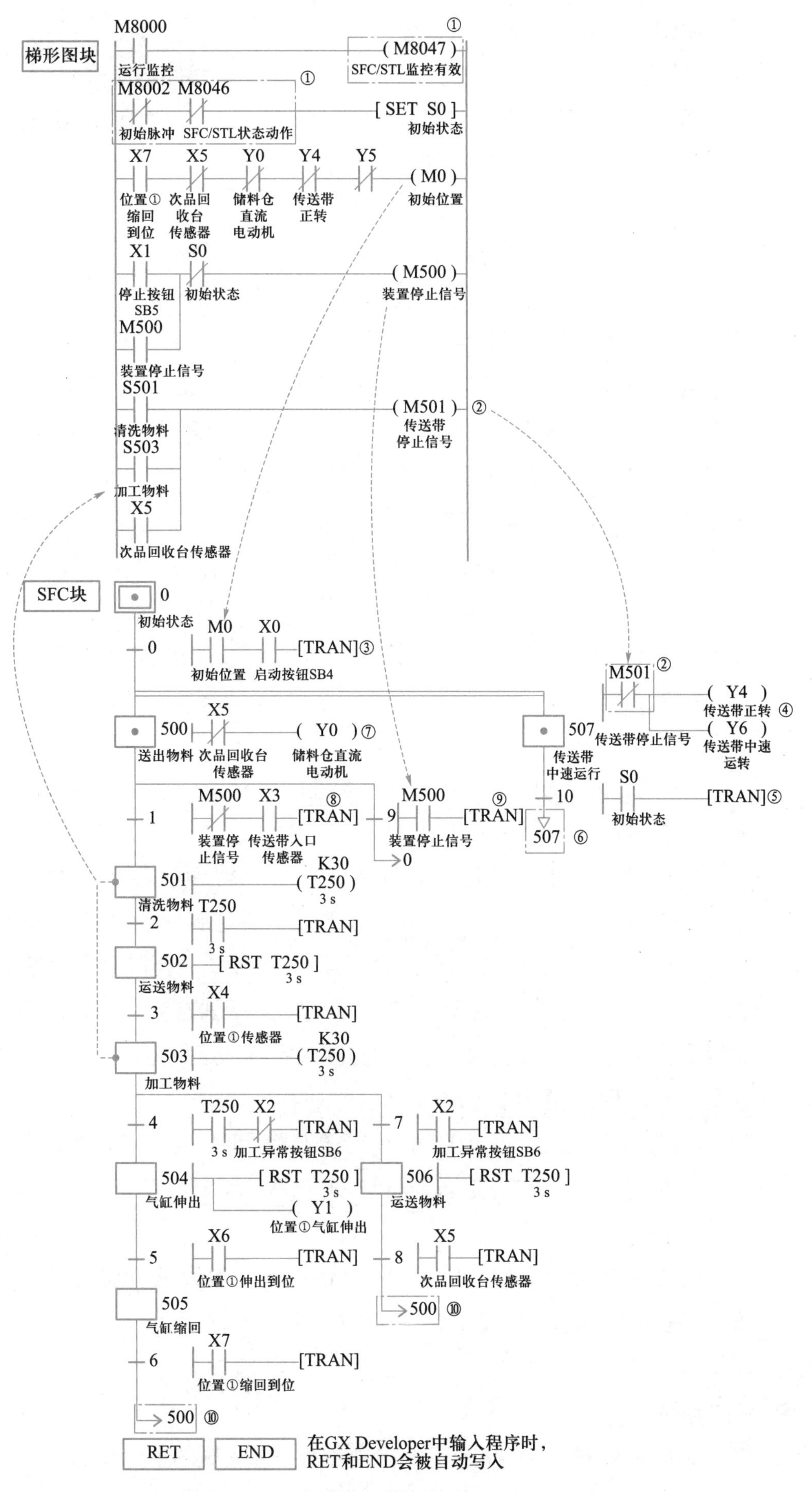

图 4-19　清洗加工装置—SFC 程序（带注释）

说明：

参照图 4-19 中的标注（①~⑩），学习 SFC 程序的编写。

程序中编程元件 S、M、T 均选用断电保持型，以满足加工装置断电后再次上电仍能继续运行的控制要求。

（1）梯形图块程序

使用特殊辅助继电器 M8002、M8046、M8047（见图中①）防止 SFC 进入流程后，断电再次上电产生的流程双重启动。M8047 置“ON”，使 SFCISTL 监控变为有效；在当前扫描周期，若 S0~S899 状态中任意一个为“ON”，则在执行 END 指令后的下一扫描周期，M8046 也为“ON”；为此，上电后的第 1 个扫描周期，M8046 还无法反映 SFC/STL 状态是否动作，所以用“M8002”屏蔽第 1 个扫描周期 M8046 的数据；在此之后，“M8046”仅在 M8046 不为“ON”，即 SFC 未进入流程时，置位 S0，避免流程双重启动。

M501 用于检测设备是否处于“清洗、加工状态”及“次品回收台上有无物料”（②），并通过其触点作为 SFC 块程序中传送带停止的条件（②）。

（2）SFC 块程序

状态 S0 为“ON”，设备位于初始位置并按下启动按钮（③）。

状态 S500、S507 同时置“ON”：

S507 为“ON”，执行其内部动作（④），当设备不在“清洗、加工状态”或“回收台上无次品”（②）时，传送带一直中速运行，直到设备停止再次返回 S0（⑤），然后复位结束（⑥）当前流程状态。

S500 为“ON”，执行其内部动作（⑦），回收台上无次品时，储料仓直流电动机转动，根据其后的转换条件确定是进入物料加工序列（⑧）还是返回初始状态（⑨）。

4-7.SFC 程序的调试

若进入物料加工序列，当对应转换条件满足时，各状态相继被激活，并执行其对应动作；最后，返回 S500（⑩），准备加工下一物料。

完成程序的编写后，可通过 GX Developer 编程软件将其输入 PLC，进一步完成对 YL-235A 清洗加工装置的调试。

知识链接

下面让我们一起学习与图 4-19 所示程序相关联的理论知识。

学习过程中，同学们可以想一想还可以应用它们去解决哪些实际问题。

1. SFC 的结构形式 3

（1）并行序列

如图 4–20 所示，在某一转换实现时，同时有几个序列被激活，也就是同步实现，这些同时被激活的序列称为并行序列。

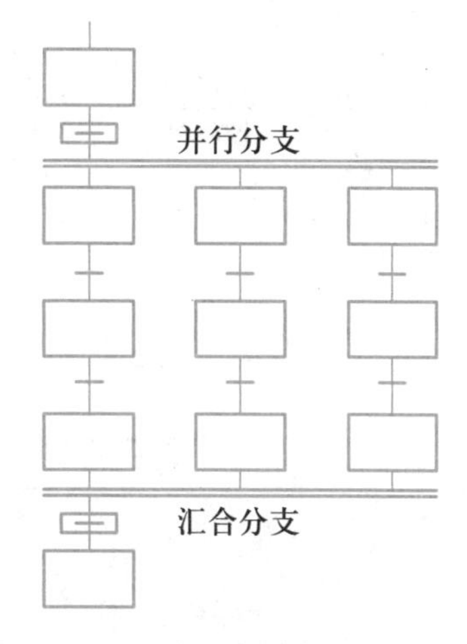

图 4–20 并行序列

并行序列的开始称为分支，转换只能标在表示开始同步实现的水平双线上方；并行序列的结束称为汇合，转换只能标在表示汇合同步实现的水平双线下方。

（2）状态的复位“↓”

当某一状态下的转换条件满足时，仅复位该状态结束当前流程，则用“↓”表示对当前状态的复位处理。如图 4–21 所示，通过 S65 中的 X7 对 S65 进行复位。

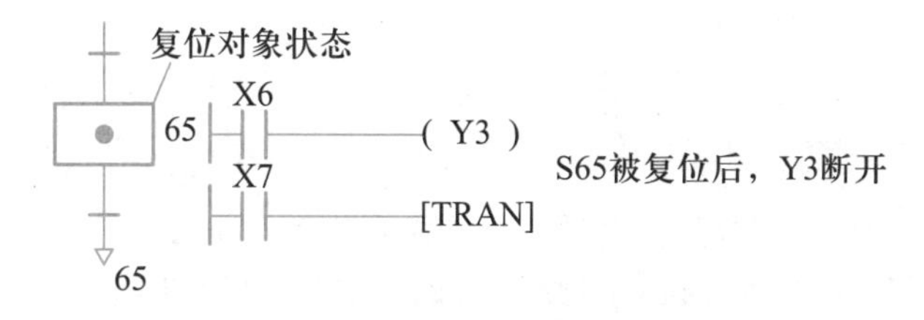

图 4–21 状态的复位

从 S65 对其他状态（如 S80）进行复位时也相同，但是这并非是转移动作，所以 S65 不被复位。

在 GX Developer 中，作为复位对象的状态中会自动显示“●”。

2. 流程的分离

一般情况下，采用前述 SFC 的结构形式（6 种）足以实现不太复杂控制系统程序的设计。但当系统的生产工艺或工作过程较为复杂时，就需要进行流程的分离，编写多个初始状态的 SFC 块程序，如图 4–22 所示。

分离后的程序块之间也可以转移（①）；此外，某一程序块中的状态，可以作为另一程序块中转移条件的触点（②），也可以作为另一程序块中某一状态内部梯形图的触点（②）。

3. SFC 相关特殊辅助继电器

可通过表 4–4 中列出的特殊辅助继电器更有效地编写 SFC 程序。

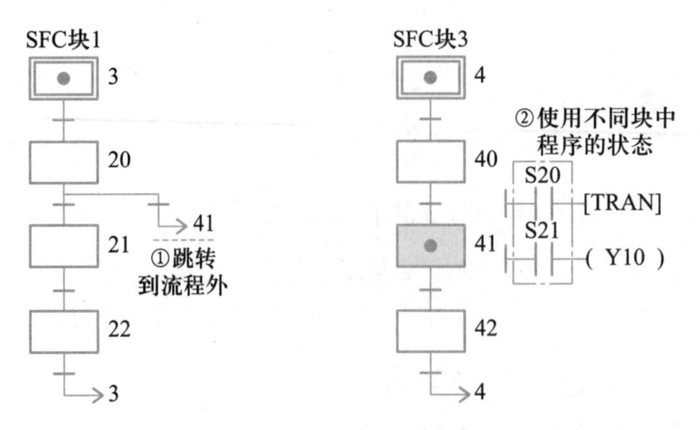

图 4-22　流程的分离

表 4-4　特殊辅助继电器

软元件编号	名称	功能及用途
M8000	RUN 监控	在可编程控制器运行过程中一直为 ON 的继电器。 可以作为需要一直驱动的程序的输入条件以及作为可编程控制器的运行状态的显示来使用
M8002	初始脉冲	仅仅在可编程控制器从 STOP 切换成 RUN 的瞬间（1 个扫描周期）为 ON 的继电器。 用于程序的初始设定和初始状态的置位
M8040	禁止转移	驱动这个继电器后，所有的状态之间都禁止转移。 此外，即使是在禁止转移的状态下，由于状态内的程序仍然动作，所以输出线圈等不会自动断开
M8046※1	SFCISTL 状态动作	即使只有 1 个状态为 ON 时，M8046 也会自动置 ON。 用于避免与其他流程同时启动，或者作为工序的动作标志位
M8047※1	SFCISTL 监控有效	驱动这个继电器后，将状态 S0～S899、S1000～S4095 中正在动作（ON）的状态的最新编号保存到 D8040 中，将下一个动作（ON）的状态编号保存到 D8041 中。D8041~D8047 依次保存动作状态（最大 8 点）。 • 在 FX-PCS/WIN（-E）和 FX-10P（-E）中，驱动这个继电器后，可以自动读出正在动作中的状态并加以显示。 详细内容，请参考各外围设备的手册。 • 在 GX Developer 的 SFC 监控中，即使不驱动这个继电器，也可以实现自动滚动监控

※1. 执行 END 指令时处理

SFC 输出的驱动不同于梯形图程序，为了避免编程时出现问题或设备损坏，需留意下述注意事项。

4. 驱动输出的注意事项

（1）输出的重复使用

如图 4-23 所示，不同状态之间可以对相同的输出（Y2）进行编程；此时，当 S21 或是 S22 为 ON 时输出 Y2。

但是在梯形图块的程序中编写了与状态中的输出线圈相同的软元件（Y2），或同时在 1 个状态内编写相同的输出线圈时，会执行与一般的双重线圈相同的处理，请注意。

（2）输出的互锁

如图 4–24 所示，在状态转移过程中，两个状态会同时为“ON”1个扫描周期。

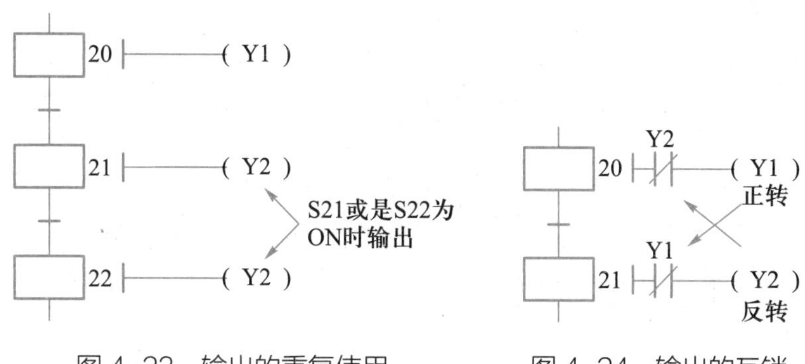

图 4-23　输出的重复使用　　图 4-24　输出的互锁

因此，像电动机正转、反转这种不可以同时接通的一对输出之间，为了避免同时为 ON，除了在 PLC 的外部设置互锁，也应同时在程序中进行互锁。

（3）定时器的重复使用

如图 4–25 所示，定时器线圈与输出线圈一样，可在不同状态间对同一软元件编程。但在相邻状态中则不能编程。这是因为，若 S40 处于“活动步”，当满足转换条件工序转移时，S40、S41 两个状态会同时为“ON”1 个扫描周期；在这个扫描周期内，定时器线圈不断开，当前值不能复位；这就会导致 S41 状态中的 Y2 立即输出，而非达到设定值 2 s 后再输出。

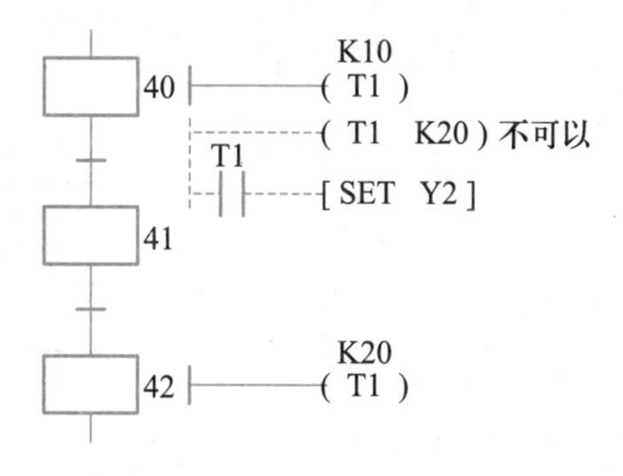

图 4-25　定时器的重复使用

拓展深化

1. 选择题

（1）下面是断电保持型状态继电器的是（　　）。

A. S0~S9　　B. S10~S19

C. S20~S499　　　　　　　　　D. S500~S899

（2）下面具有断电保持功能的定时器是（　　）。

A. T0~T199　　　　　　　　　B. T200~T245

C. T246~T249　　　　　　　　D. T250~T255

（3）驱动（　　）后，所有的状态之间都禁止转移。

A. M8002　　　　　　　　　　B. M8040

C. M8046　　　　　　　　　　D. M8047

2. 填空题

（1）当某一状态下的转换条件满足时，仅复位该状态结束当前流程，在 SFC 程序中应用图形符号________表示对当前状态的复位处理。

（2）相邻两状态中存在不可以同时接通的一对输出时，应在 PLC 的外部和程序中进行________。

3. 判断题

（　　）（1）不同块中的程序状态可以将其作为状态的内部梯形图和转换条件的触点。

（　　）（2）定时器线圈与输出线圈一样，可在不同状态间对同一软元件编程。

4. 简答题

（1）请指出图 4–26 所示程序中，状态 S28 变为活动步的条件。

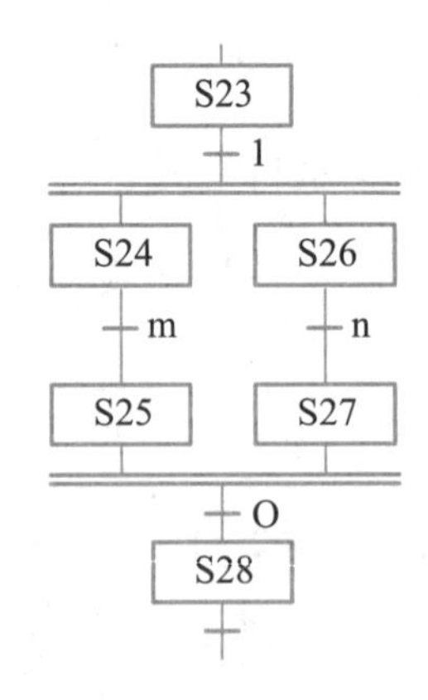

图 4–26　简答题（1）图

（2）参照图 4–19，简述所学相关理论知识。

5. 综合题

设计一个按钮式人行横道指示灯的控制系统。其控制要求如下：按下 X0 或 X1 按钮，人行横道和车道指示灯按图 4–27 所示点亮。

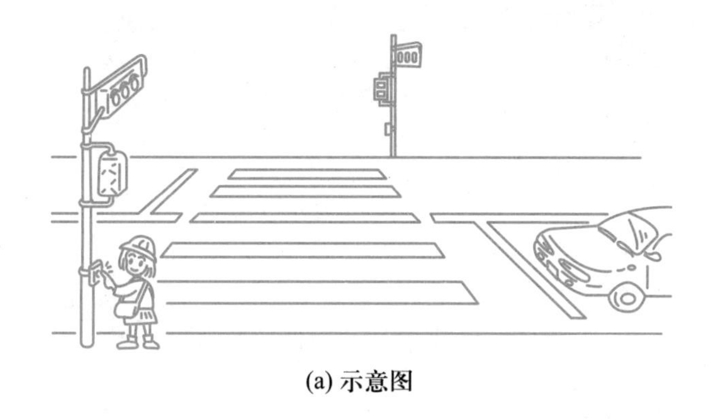

(a) 示意图

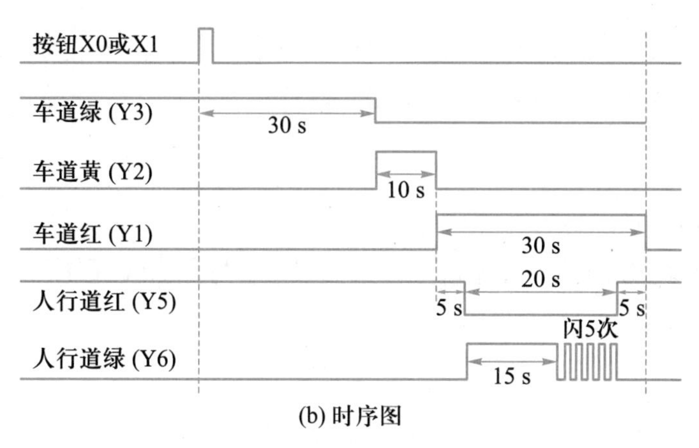

(b) 时序图

图 4-27　按钮式人行横道指示灯

根据上述要求，进行 I/O 分配，绘制工序流程图，编写 SFC 程序（带注释）。

专题 4.4 步进指令（STL、RET）、SFC-顺序控制梯形图

本专题将对步进梯形图指令（STL、RET）及 SFC 程序-顺序控制梯形图的转换进行解读。

在此基础上，探知步进梯形图指令的应用，并完成专题 4.1 所编写 SFC 程序-顺序控制梯形图的转换。

问题引入

如图 4-28 所示，如何将专题 4.1 所编写的 SFC 程序转换为顺序控制梯形图？

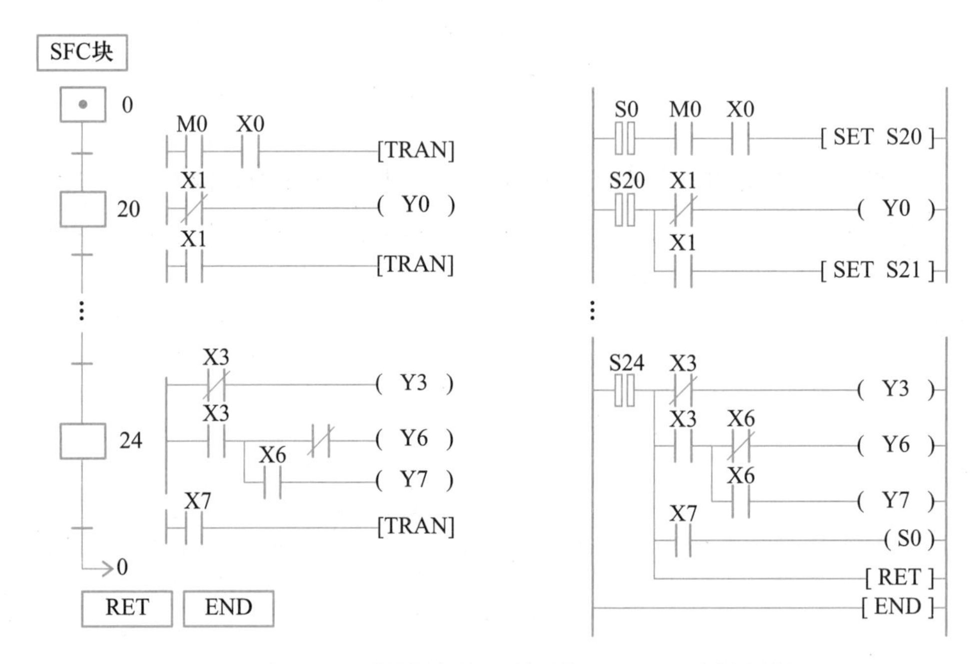

图 4-28　专题 4.1“送料与搬运装置”SFC-顺序控制梯形图

知识链接

FX 系列 PLC 有两条专门用于顺序控制的指令，即步进梯形图指令（STL、RET）。利用这两条指令，可以很方便地编制顺序控制梯形图和指令表程序。下面就让我们一起学习相关理论知识。

1. 步进梯形图指令

（1）助记符与功能（见表 4-5）

表 4-5　STL、RET 指令

助记符（名称）	功能	梯形图表示及指令对象	程序步
STL（步进梯形图）	步进梯形图开始	S ├─┤├─	1 步
RET（返回）	步进梯形图结束	└─[RET]─┤	1 步

（2）使用说明

* STL：步进开始指令，用于 STL 触点与左母线连接。

* RET：步进结束指令，用于顺序控制程序的复位。

2. SFC 程序–顺序控制梯形图–指令表

STL 指令与顺序功能图如图 4–29 所示：

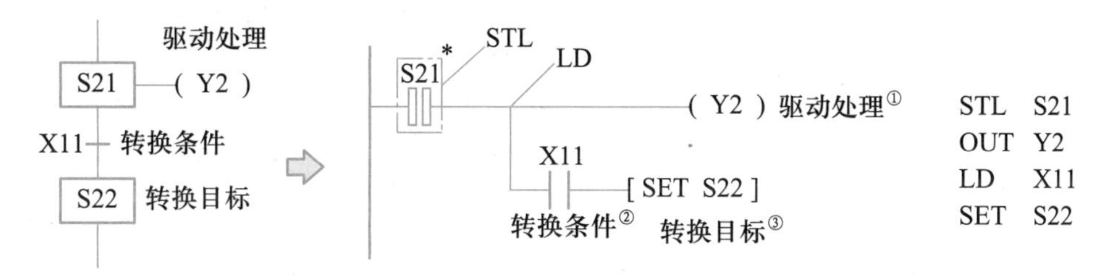

图 4-29　STL 指令与顺序功能图

使用 STL 指令的状态继电器的动合触点称为 *STL 触点。

从该图中可以看出顺序功能图与梯形图之间的对应关系，STL 触点驱动的电路块具有 3 个功能：负载的驱动处理（见图中①）、指定转换条件（②）和指定转换目标（③）。

（1）状态为 ON 后，通过 STL 触点，使与其连接的内部梯形图动作。

（2）与 STL 触点相连的触点应使用 LD 或 LDI 指令。

（3）使用 SET 指令转移到下一段的状态。

3. SFC 程序中“└>”和“↓”的替换

如图 4–30 所示，在 SFC 程序中，对表示重复、跳转以及转移到被分离的其他序列的状态的转移符号“└>”使用 OUT（①）指令编程，对表示状态复位的复位符号“↓”使用 RST（②）指令编程。

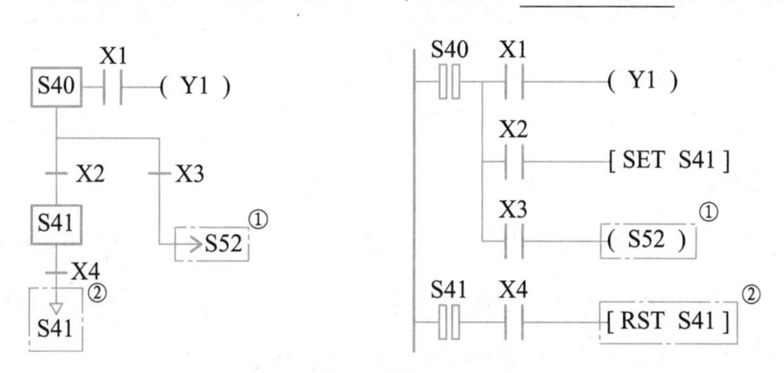

图 4-30　SFC“└>”和“↓”的处理

探知应用

接下来，我们将应用步进指令完成 SFC-顺序控制梯形图-指令表的转换。

1. 单序列（如图 4-31 所示）

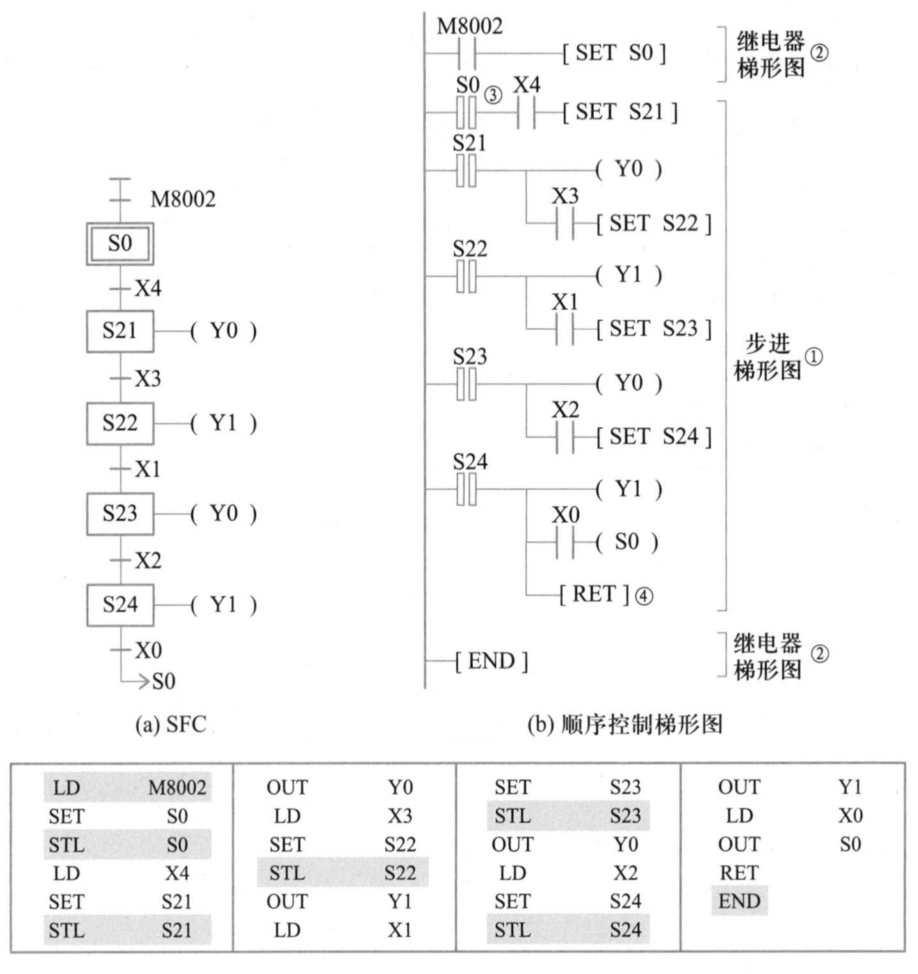

(a) SFC　　(b) 顺序控制梯形图

LD	M8002	OUT	Y0	SET	S23	OUT	Y1
SET	S0	LD	X3	STL	S23	LD	X0
STL	S0	SET	S22	OUT	Y0	OUT	S0
LD	X4	STL	S22	LD	X2	RET	
SET	S21	OUT	Y1	SET	S24	END	
STL	S21	LD	X1	STL	S24		

(c) 指令表

图 4-31　单序列程序

说明：

如图 4-31（b）所示，由于将步进梯形图（①）作为与继电器梯形图（②）相同的梯形图回路进行编程，所以不需要像 SFC 程序那样分成继电器梯形图部分和 SFC 部分的块。

对一连串的步进梯形图，要从初始状态开始，按照要转移的状态的顺序编程。

此外，PLC 根据 STL 指令（③）开始步进梯形图的处理，根据 RET 指令（④）从步进梯形图返回到继电器梯形图的处理；所以请务必在步进梯形图的末尾编写 RET 指令。

2. 选择序列（如图 4-32 所示）

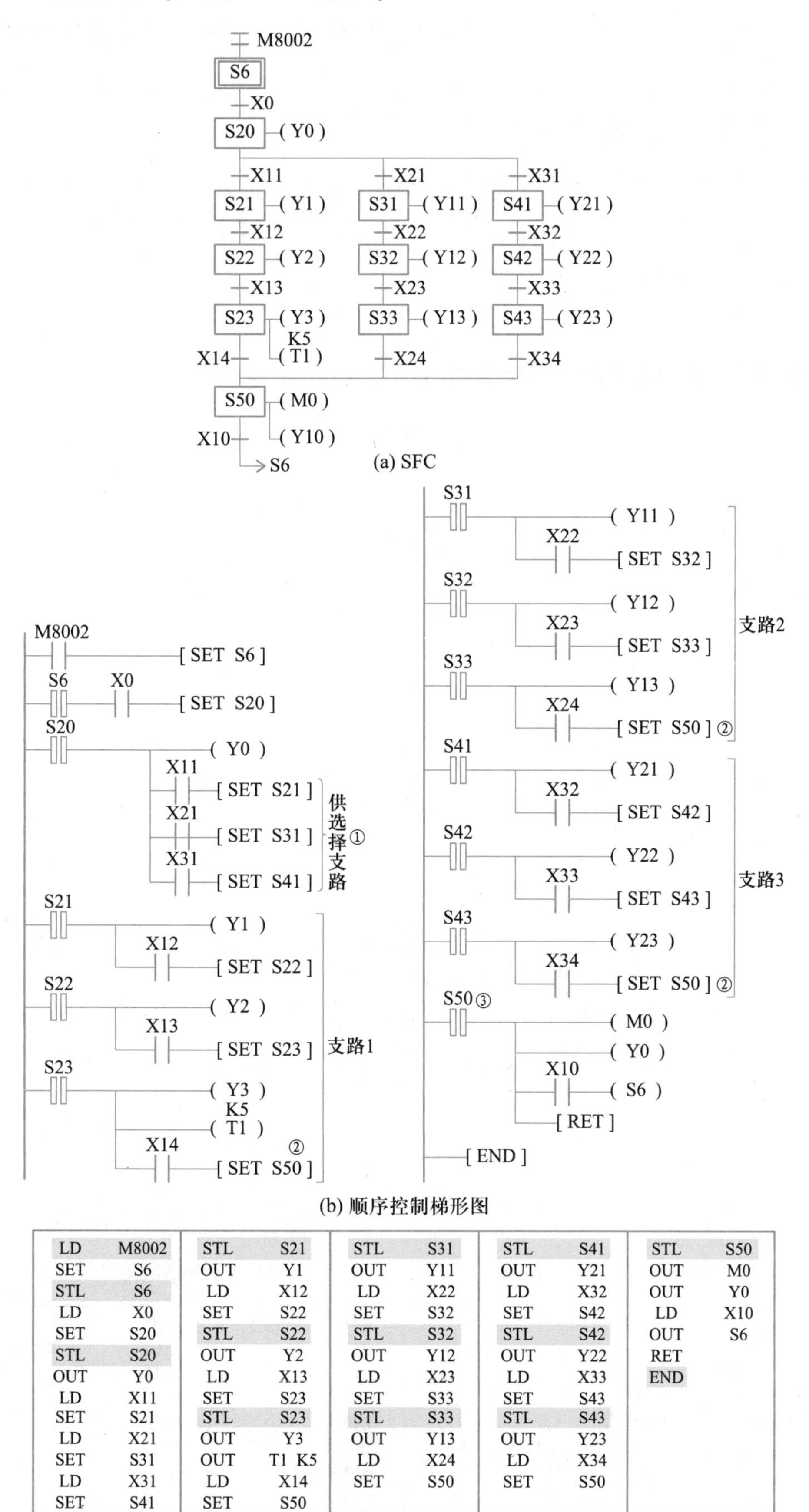

LD	M8002	STL	S21	STL	S31	STL	S41	STL	S50
SET	S6	OUT	Y1	OUT	Y11	OUT	Y21	OUT	M0
STL	S6	LD	X12	LD	X22	LD	X32	OUT	Y0
LD	X0	SET	S22	SET	S32	SET	S42	LD	X10
SET	S20	STL	S22	STL	S32	STL	S42	OUT	S6
STL	S20	OUT	Y2	OUT	Y12	OUT	Y22	RET	
OUT	Y0	LD	X13	LD	X23	LD	X33	END	
LD	X11	SET	S23	SET	S33	SET	S43		
SET	S21	STL	S23	STL	S33	STL	S43		
LD	X21	OUT	Y3	OUT	Y13	OUT	Y23		
SET	S31	OUT	T1 K5	LD	X24	LD	X34		
LD	X31	LD	X14	SET	S50	SET	S50		
SET	S41	SET	S50						

(c) 指令表

图 4-32　选择序列程序

说明：

如图 4-32（b）所示，在对应的梯形图中，画出有并行供选择的支路（①）。其后应按“从左到右，从上到下”，一条一条支路地顺序编写在梯形图中。

每当一条支路画到汇合点，再画第二条支路。

可见梯形图中出现了 3 个“SET S50”（②），画完最后一条支路后，才有“STL S50”（③）出现。

3. 并行序列（如图 4-33 所示）

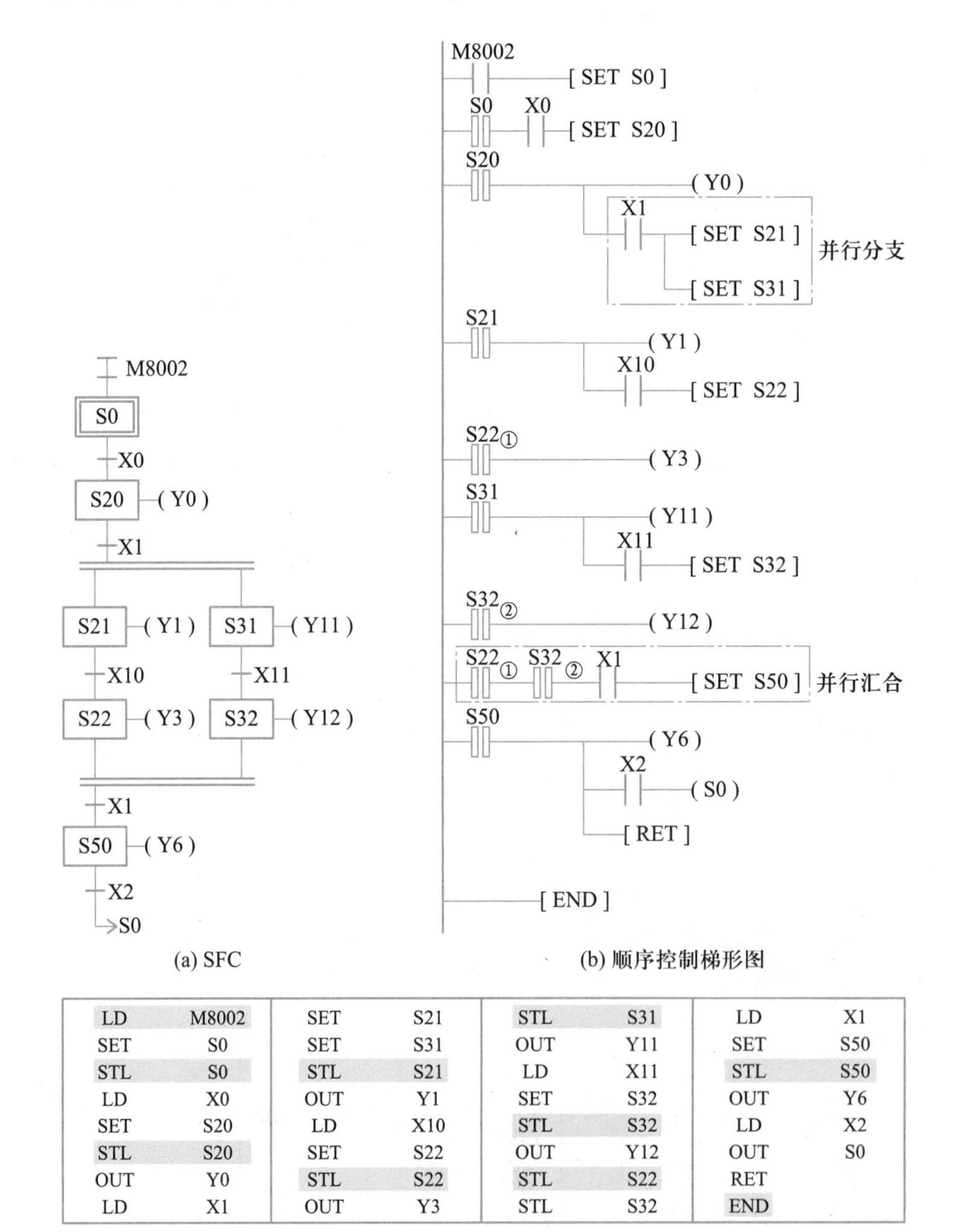

(a) SFC　　(b) 顺序控制梯形图

LD	M8002	SET	S21	STL	S31	LD	X1
SET	S0	SET	S31	OUT	Y11	SET	S50
STL	S0	STL	S21	LD	X11	STL	S50
LD	X0	OUT	Y1	SET	S32	OUT	Y6
SET	S20	LD	X10	STL	S32	LD	X2
STL	S20	SET	S22	OUT	Y12	OUT	S0
OUT	Y0	STL	S22	STL	S22	RET	
LD	X1	OUT	Y3	STL	S32	END	

(c) 指令表

图 4-33　并行序列程序

说明：

如图 4-33（b）所示，S22、S32 的 STL 触点出现了两次（①、②），如果不涉及并行序列的合并，同一状态继电器的 STL 触点只能在梯形图中使用一次。

最后，请完成“问题引入”中所提出的问题，并对照图 4-28 进行检验。

拓展深化

1. 选择题

（1）（　　）指令仅仅具有使顺序功能图复位的功能。

A. SRET　　B. IRET　　C. RET　　D. FEND

（2）在 SFC 程序中，表示重复、跳转以及转移到被分离的其他序列的状态的转移符号“└>”使用（　　）指令编程。

A. SET　　B. RST　　C. OUT　　D. TRAN

2. 判断题

（　　）（1）步进梯形图程序中是按照先对负载进行驱动处理，然后执行转移处理的顺序执行的。

（　　）（2）在不带驱动负载的状态中，仍需要进行负载的驱动处理。

（　　）（3）当多个步进梯形图和继电器梯形图混在一起时，应在每一个步进梯形图的末尾输入 RET 指令。

3. 综合题

（1）请将专题 4.2、专题 4.3 中的 SFC 程序转换为顺序控制梯形图及指令表程序。

（2）实际编程中，会遇到不合适的顺序控制功能图，需在保证其控制功能不变的情况下稍加修改才能画出对应的顺序控制梯形图，如图 4–34 所示。请上网或查阅相关参考书籍，完成图 4–34 所示程序的修改。

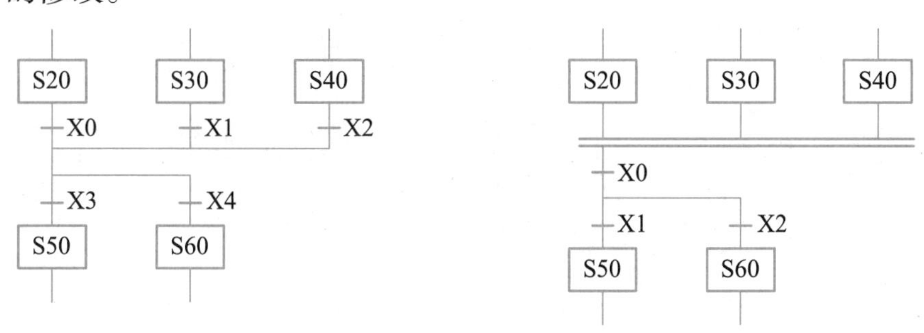

图 4-34　综合题（2）图

知识脉络梳理–第4篇　SFC程序（步进指令）及编程方法

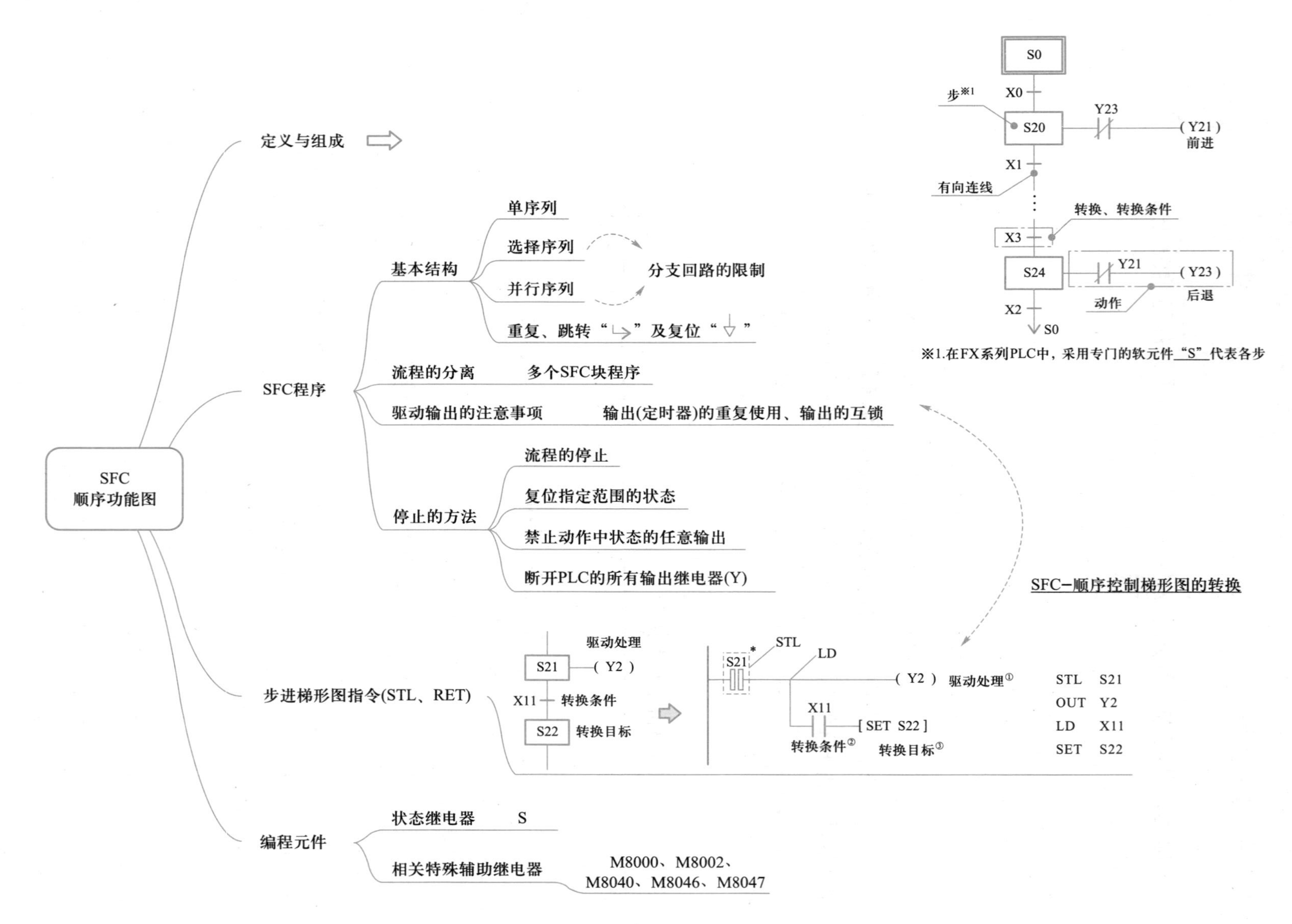

应用指令及编程方法

PLC 的基本逻辑指令适用于开关量的逻辑控制，而对于工业自动化控制中的“数据运算和特殊处理”就需要用到应用指令，也称功能指令。这些应用指令实际上是许多功能不同的子程序，它们大大地扩大了 PLC 的应用范围，实现了更复杂过程控制系统的闭环控制。

本篇结合实际应用选取 FX 系列 PLC 中的部分应用指令，基于 FX 系列 PLC 培训仿真软件（FX-TRN-BEG-C）中的硬件系统，设计各专题控制功能。在此基础上，学习 FX 系列 PLC 的应用指令及其编程方法。

注 1：本篇“知识连接”中线圈及应用指令的梯形图表示均采用《FX_{3U} 系列编程手册［基本·应用指令说明书］》中的表示形式。

注 2：本篇“拓展深化”“关于更多练习”所提及的 FX-TRN-DATA 软件有别于 FX-TRN-BEG-C，它是 FX 系列 PLC 数据处理的培训仿真软件，内容涉及常用的应用指令。感兴趣的读者可下载进一步深入了解。

➥ 关于更多 FX 系列 PLC 应用指令，请参看附录 4.3

1

2

3

4

5

专题 5.1 MOV、INC、DEC、CMP 指令和 D 元件、LD/AND/OR(=、>、<)

本专题将探知如何应用梯形图编程语言中的“应用指令”（MOV、INC、DEC、LD>、LD=、LD<）及 PLC“内部元件”D 编写梯形图程序，实现“多级传送带控制系统的调试”。

在此基础上，解读上述应用指令及数据寄存器 D 等相关知识内容。

问题引入

如图 5-1 所示，本专题将在 FX 仿真软件 D-6 界面完成“多级传送带控制系统的调试”，要求如下：

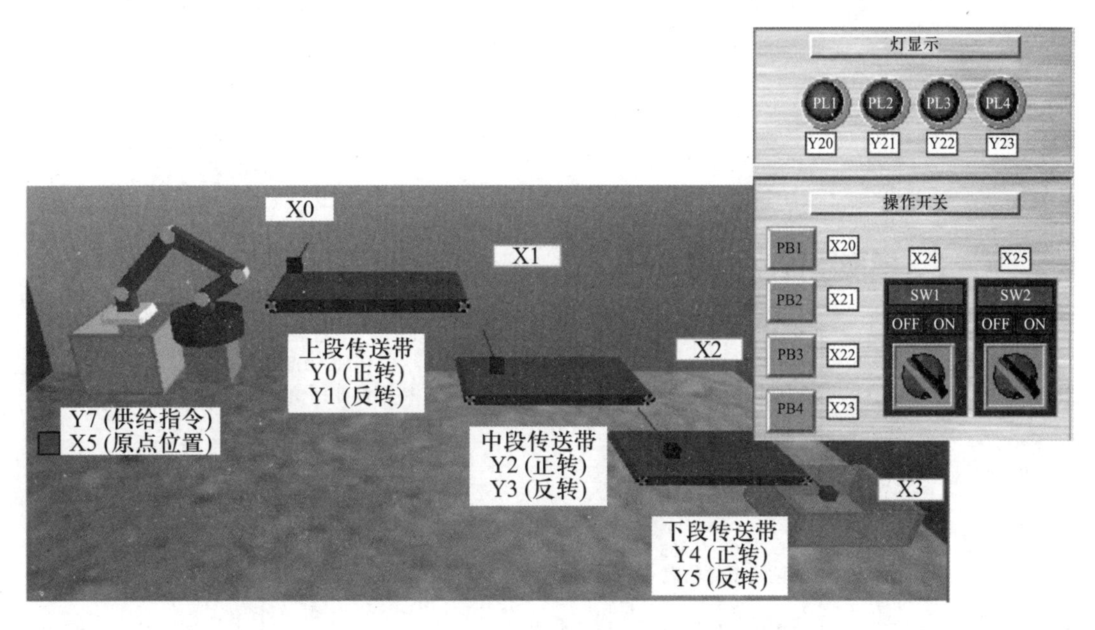

图 5-1　FX 仿真软件 D-6 界面

1. 设备待调试部件为上、中、下三段传送带，通过选择按键 PB1、PB2 切换选择；选择过程中，通过对应指示灯 PL1、PL2、PL3 的点亮指示当前所选部件，如图 5-2 所示。

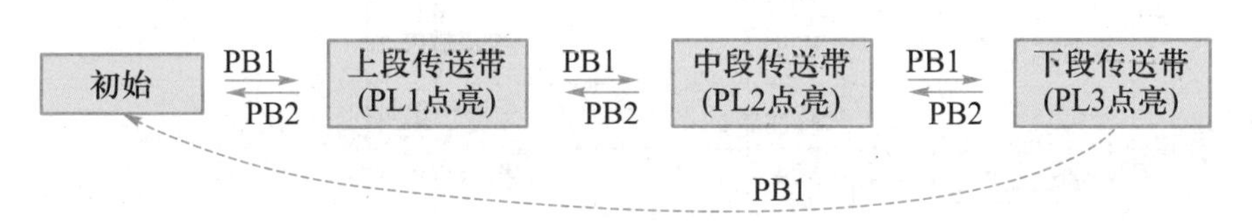

图 5-2　设备部件切换选择示意图

在选择过程中，可通过取消选择按键 PB3 撤销，恢复到初始状态。

2. 选定后，通过调试开关 SW1 启动或停止当前所选定部件的调试（传送带正转或停止）。为防止误操作，在调试启动后单击选择按键 PB1、PB2 或取消选择按键 PB3 无效。

探究解决

本专题中，将数据寄存器 D0 中存储的数据“0~3”与部件选择过程中的 4 种状态“初始~下段传送带”对应关联；在此基础上，通过 D0 中当前存储的数据表明当前所选定的待调试部件，并可通过修改 D0 中的数据实现部件的切换选择。

1. I/O 分配（见表 5-1）

表 5-1　PLC 输入输出端子（I/O）分配表

输入端子	功能说明	输出端子	功能说明
X20	顺序选择按键 PB1	Y0	上段传送带
X21	逆序选择按键 PB2	Y2	中段传送带
X22	取消选择按键 PB3	Y4	下段传送带
—	—	Y20	指示灯 PL1
X24	调试开关 SW1	Y21	指示灯 PL2
—	—	Y22	指示灯 PL3

2. 梯形图程序（图 5-3）

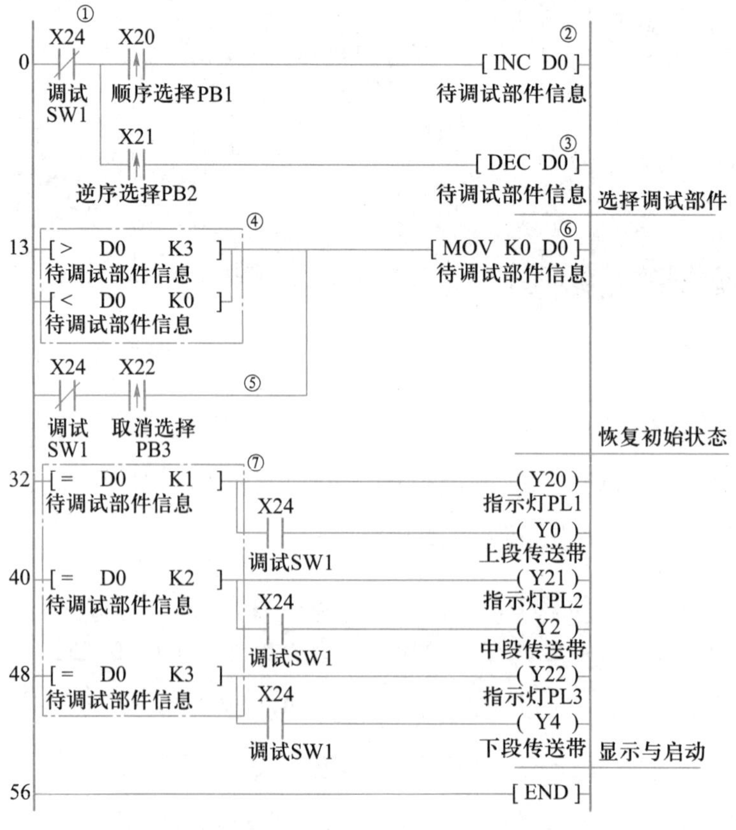

图 5-3　“多级传送带控制系统的调试”梯形图程序（带注释）

说明：

参照图 5-3 中的标注（①~⑦），学习编写该程序。

（1）选择调试部件

调试开关 SW1（X24）未接通（见图中①），此时每单击 PB1（X20）一次，INC 指令（②）使数据寄存器 D0 中存储的数据“加 1”（初始数据为“0”）；每单击 PB2（X21）一次，DEC 指令（③）使数据寄存器 D0 中存储的数据“减 1”，从而实现设备待调试部件的切换选择。

（2）恢复初始状态

选择过程中，超出选择范围即“D0>3 或 D0<0”，对应触点比较指令（④）满足条件闭合；又或者调试开关 SW1（X24）未接通，单击 PB3（X22）取消选择（⑤），均执行 MOV 指令（⑥）将常数 K0 传送到 D0 中，使 D0 恢复初始状态。

（3）显示与启动

D0 中存储的数据为 1~3 时，对应触点比较指令（⑦）满足条件闭合，进而使 PL1~PL3（Y20~Y22）中对应的指示灯点亮，指示当前选定部件；此时，若接通调试开关 SW1（X24）则上（Y0）、中（Y2）、下（Y4）对应传送带启动运行。

3. 指令表程序

步	指令		
0	LDI	X24	
1	MPS		
2	ANDP	X20	
4	INC	D0	
7	MPP		
8	ANDP	X21	
10	DEC	D0	
13	LD>	D0	K3
18	OR<	D0	K0
23	LDI	X24	
24	ANDP	X22	
26	ORB		
27	MOV	K0	D0

步	指令		
32	LD=	D0	K1
37	OUT	Y20	
38	AND	X24	
39	OUT	Y0	
40	LD=	D0	K2
45	OUT	Y21	
46	AND	X24	
47	OUT	Y2	
48	LD=	D0	K3
53	OUT	Y22	
54	AND	X24	
55	OUT	Y4	
56	END		

完成程序的编写后，可在 FX 仿真软件 D-6 界面中，录入该程序（带注释）并进一步完成对该系统的调试。

知识链接

下面让我们一起学习与图 5-3 所示程序相关联的理论知识。

学习过程中，大家可以想一想还可以应用它们去解决哪些实际问题。

1. D 编程元件

数据寄存器（D）在 PLC 内部用于存储数据。

* 无触点、线圈，常与应用指令配合使用。

* 按十进制编号：

通用数据寄存器：D0~D199，共 200 个；

断电保持数据寄存器（锁存）：D200~D511，共 312 个；

特殊数据寄存器：D8000~D8511，共 512 个。

* 每个数据寄存器都是 16 位，两个相邻的数据寄存器可组合成 32 位数据寄存器，如图 5-4 所示。

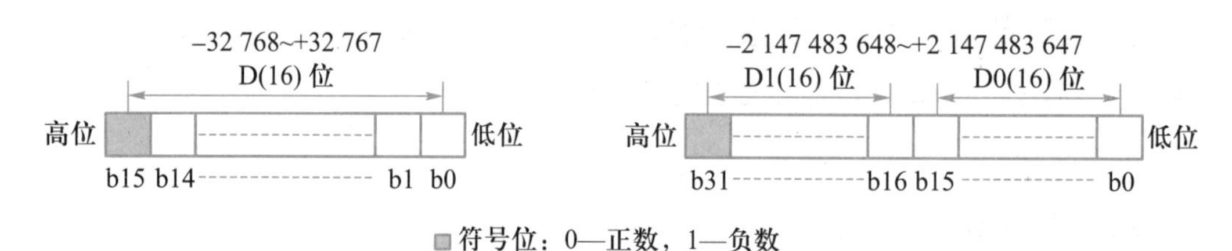

图 5-4 “16 位、32 位”数据寄存器

2. MOV 传送指令

（1）指令样式（见表 5-2）

表 5-2 MOV 指令

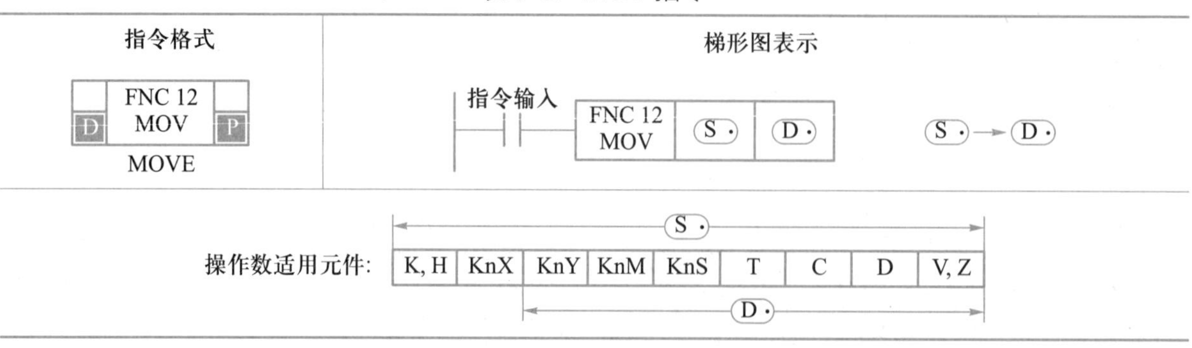

指令格式	梯形图表示
D FNC 12 MOV P MOVE	指令输入 FNC 12 MOV S· D·　　S·→D·

操作数适用元件：

K, H	KnX	KnY	KnM	KnS	T	C	D	V, Z

S·：K, H ~ V, Z；D·：KnY ~ V, Z

（2）使用说明

将源 S· 的内容传送到目标 D· 中。

* 指令输入为 OFF 时，传送目标 D· 不变化。

程序举例（如图 5-5 所示）：

①读取定时器、计数器当前值的例子

X1 — FNC 12 MOV | T0 | D20 — (T0 当前值)→(D20) 计数器也相同

②间接指定定时器、计数器设定值的例子

通过开关(X2)的ON/OFF可以对定时器(T20)设定2个设定值。

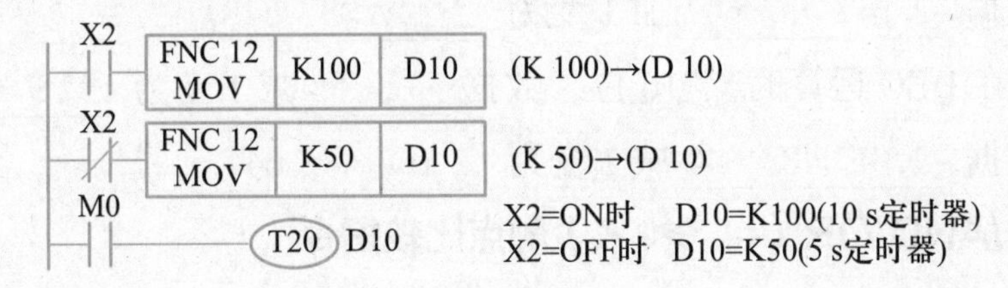

③位元件的传送

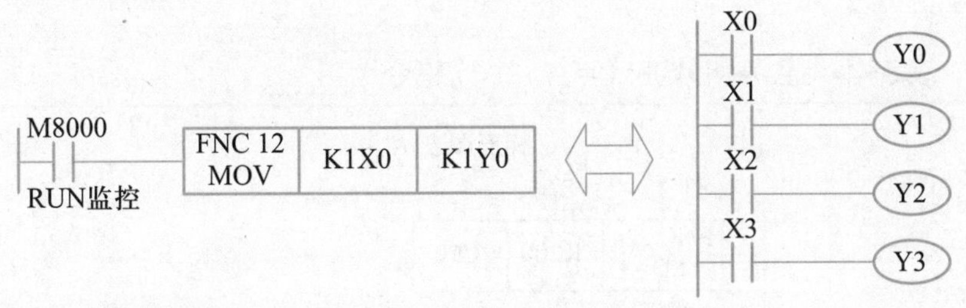

④32位数据的传送

运算结果作为32位被输出的应用指令(MUL等)或者用32位的数值、或是向32位的位软元件传送高速计数器当前值(C235~C255)时，必须使用DMOV指令。

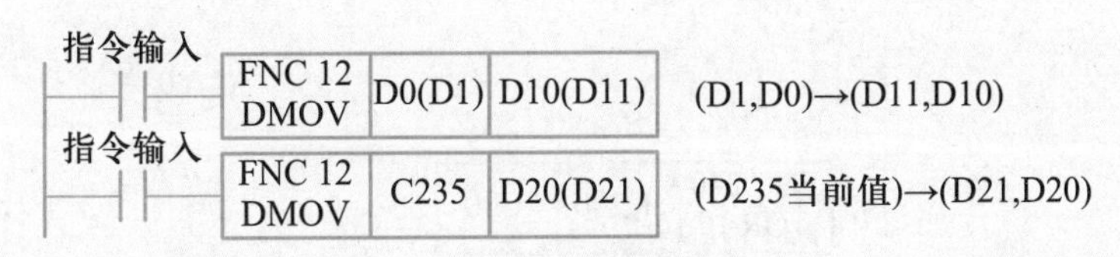

图 5-5 MOV 指令应用

3. INC/DEC 加 1、减 1 指令

（1）指令样式（见表 5-3）

表 5-3 INC、DEC 指令

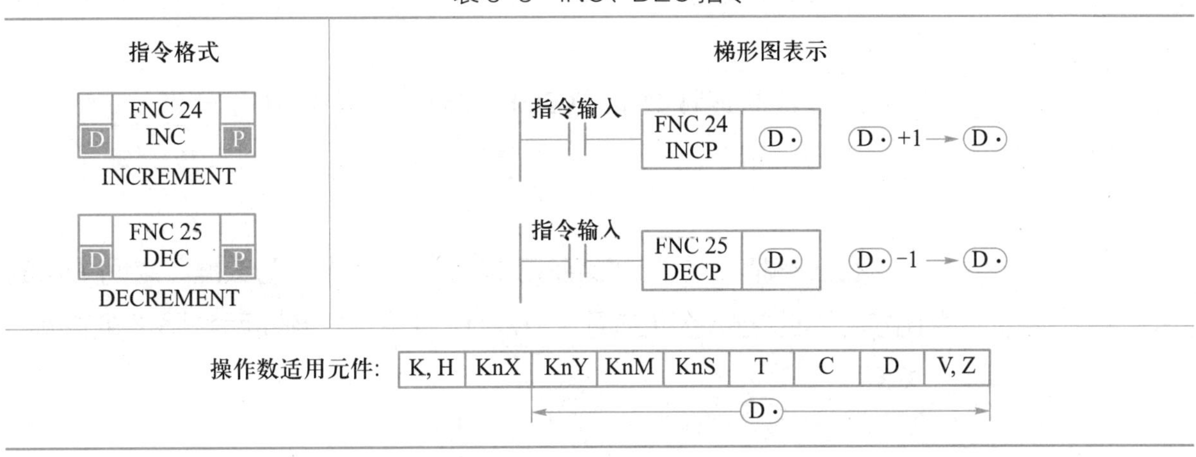

指令格式	梯形图表示
D FNC 24 INC P INCREMENT	指令输入 — FNC 24 INCP | D· — D·+1→D·
D FNC 25 DEC P DECREMENT	指令输入 — FNC 25 DECP | D· — D·−1→D·

操作数适用元件：

K, H	KnX	KnY	KnM	KnS	T	C	D	V, Z
		←D·→						

（2）使用说明

D· 的内容“加 1”或“减 1”运算后，传送到 D· 中。

* 连续执行型指令中，每个运算周期都执行“加 1”或“减 1”运算。

* 在 INC 运算时，“16 位”数据 +32 767 加 1 变为 –32 768；“32 位”数据 +2 147 483 647 加 1 变为 –2 147 483 648。

* 在 DEC 运算时，“16 位”数据 –32 768 减 1 变为 +32 767；“32 位”数据 –2 147 483 648 减 1 变为 +2 147 483 647。

4. LD/AND/OR（=、>、<）触点比较指令

（1）指令样式（见表 5–4）

表 5–4　LD/AND/OR（=、>、<）指令

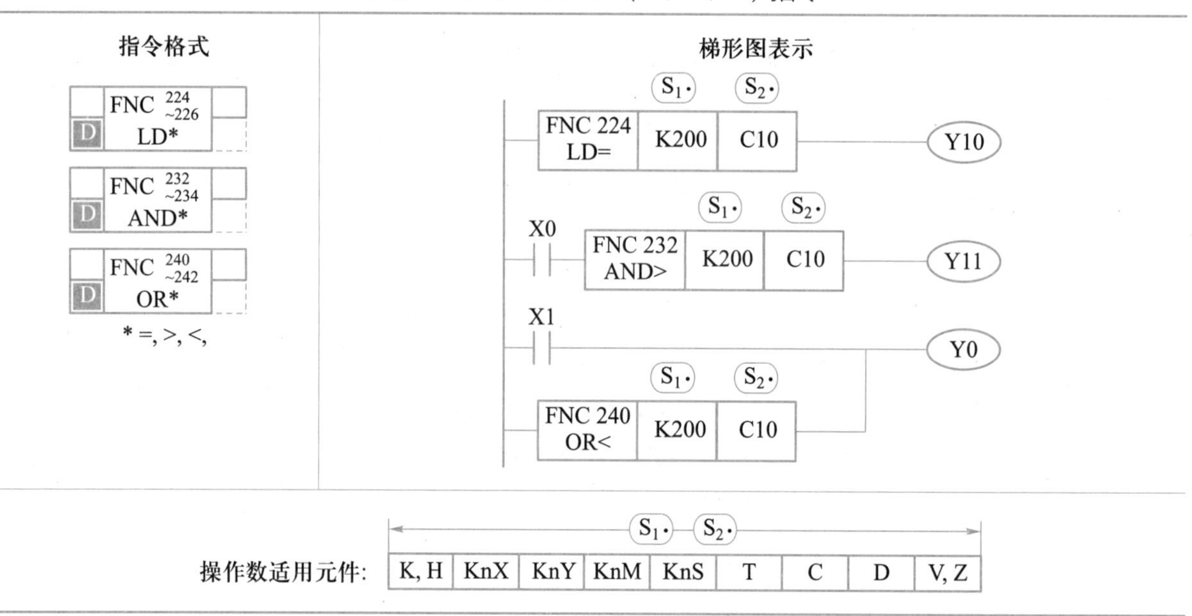

（2）使用说明

对比较源 S_1· 和比较源 S_2· 的内容进行比较，条件满足时触点置 ON。

* 32 位高速计数器（C200~C255）比较必须用 LDD/ANDD/ORD（=、>、<）指令。

在应用指令中，“触点比较指令”适用于“两数据”之间关系的比较，除此之外还可应用“CMP 比较指令”判断两数据之间的大小关系。

5. CMP 比较指令

（1）指令样式（见表 5-5）

表 5-5　CMP 指令

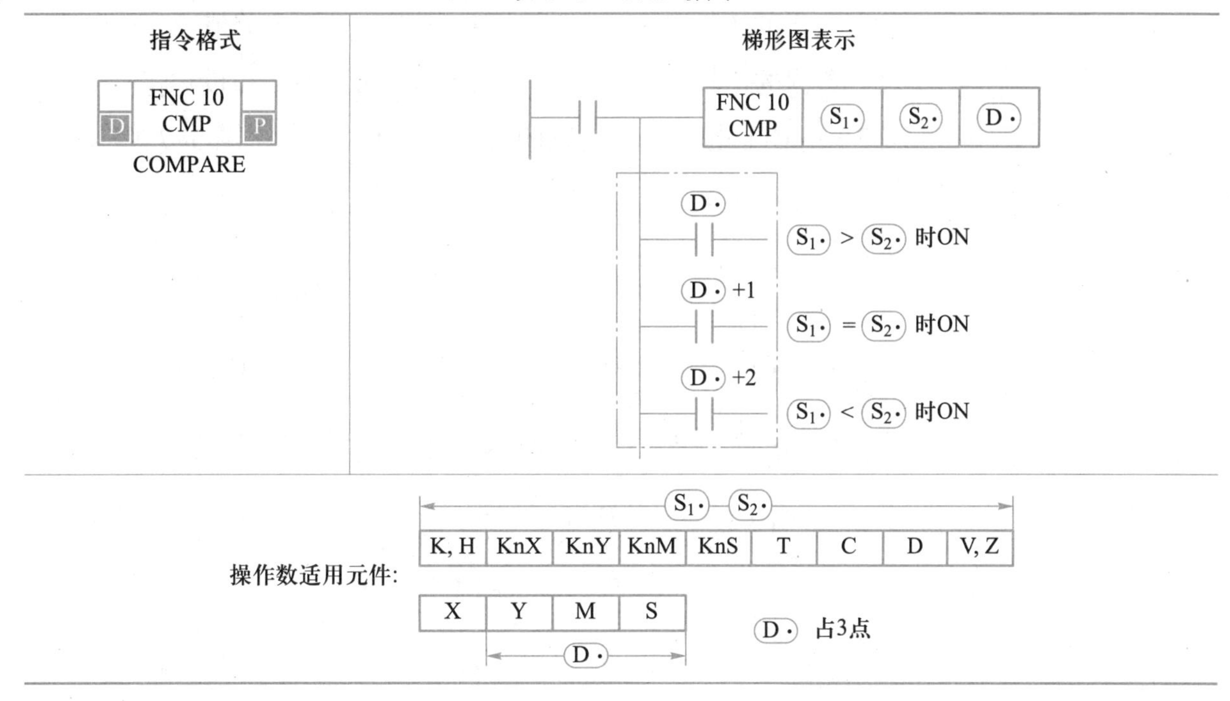

指令格式	梯形图表示
D FNC 10 CMP P COMPARE	FNC 10 CMP S_1· S_2· D· D·：S_1· > S_2· 时ON D· +1：S_1· = S_2· 时ON D· +2：S_1· < S_2· 时ON

操作数适用元件：

K, H	KnX	KnY	KnM	KnS	T	C	D	V, Z

（S_1·、S_2· 适用：K, H ~ V, Z）

X	Y	M	S

（D· 适用：Y, M, S）　D· 占3点

（2）使用说明

对比较源 S_1· 和比较源 S_2· 的内容进行比较，根据其结果（大、一致、小），使 D·、D· +1、D· +2 其中一个为 ON。

* 指令输入为 OFF 时，D·~D· +2 也会保持 OFF 之前的状态。

* 以 D· 中指定的软元件为起始位置，占用 3 点。注意不要与其他控制中使用的软元件重复。

程序举例：

比较计数器的当前值，如图 5-6 所示。

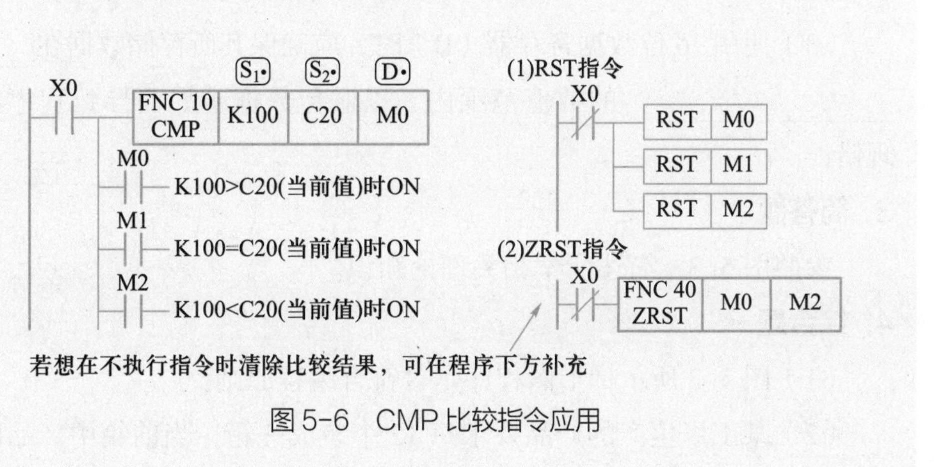

图 5-6　CMP 比较指令应用

拓展深化

1. 选择题

（1）下列不属于 MOV 指令应用情况的是（　　）。

A. 数据的传送　　B. 读取 T、C 当前值

C. 数据的比较　　D. 间接指定 T、C 设定值

（2）PLC 上电后，当连续闭合 2 次 X0 时，执行图 5-7 所示程序后（　　）会输出。

X0
[DEC D0]
[= D0 K1]
(Y0)
[= D0 K2]
(Y1)
[= D0 K3]
(Y2)

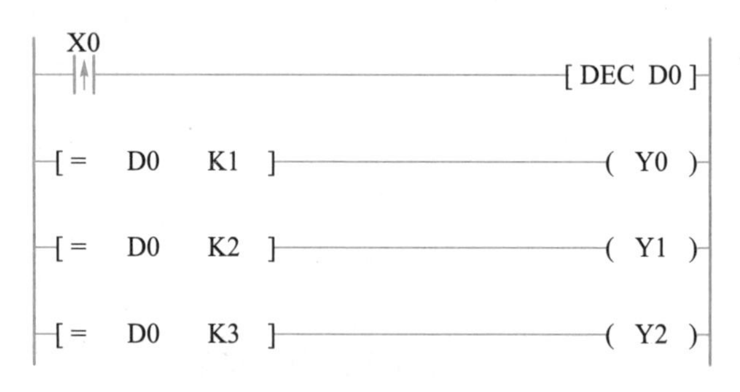

图 5-7　选择题（2）图

A. Y0　　B. Y1　　C. Y2　　D. 没有输出

2. 填空题

（1）将十进制数 56 写入 PLC 内部数据寄存器 D2 中，相对应的程序是________________。

（2）C0 的设定值为 150，当前值为 99，则执行图 5-8 所示程序后________________为 ON。

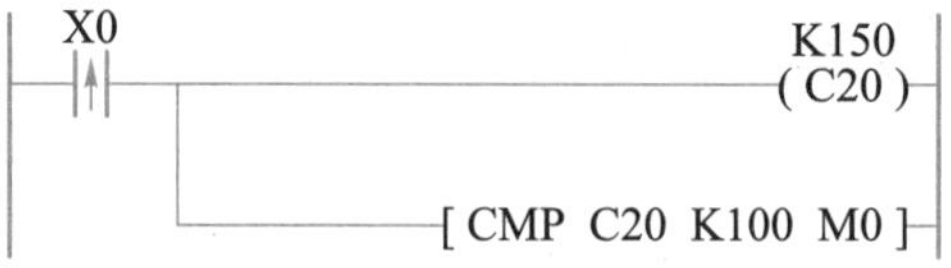

X0
K150
(C20)
[CMP C20 K100 M0]

图 5-8　填空题（2）图

（3）使用 16 位数据寄存器（D）时，应确保其所存储数据在________________的数值范围内，以避免数据越界而导致程序出现错误。

3. 简答题

参照图 5-3，简述所学相关理论知识。

4. 综合题

（1）图 5-3 所示梯形图程序是否符合编程原则？

（2）某工厂生产的产品要求每 12 个装成一箱，当前箱中产品的个数存储在 D100 中。编写程序实现：当箱子中的产品不够 12 个时，

绿色灯闪烁，表示可以继续装产品；当产品装满 12 个时，绿色灯停止闪烁，黄色灯亮，表示已经装满；当超过 12 个产品时，红灯闪烁，表示出现故障，需要停止装箱操作。

根据上述要求，进行 I/O 分配、程序编写（带注释）、调试。

➥关于更多练习，请参看［A-1~A-5、B-4］
（FX-TRN-DATA 培训仿真软件）

专题 5.2 ADD、SUB、ZCP 指令、应用指令表示形式、LD/AND/OR（<>、≤、≥）

本专题将探知如何应用梯形图编程语言中的“应用指令”（ADD、SUB、AND≤、AND<>）及 PLC“内部元件”D 编写梯形图程序，实现“定质量补给系统的控制”。

在此基础上，解读上述应用指令及应用指令表示形式与步序等相关知识内容。

问题引入

如图 5-9 所示，本专题将在 FX 仿真软件 E-2 界面完成“定质量补给系统的控制”，要求如下：

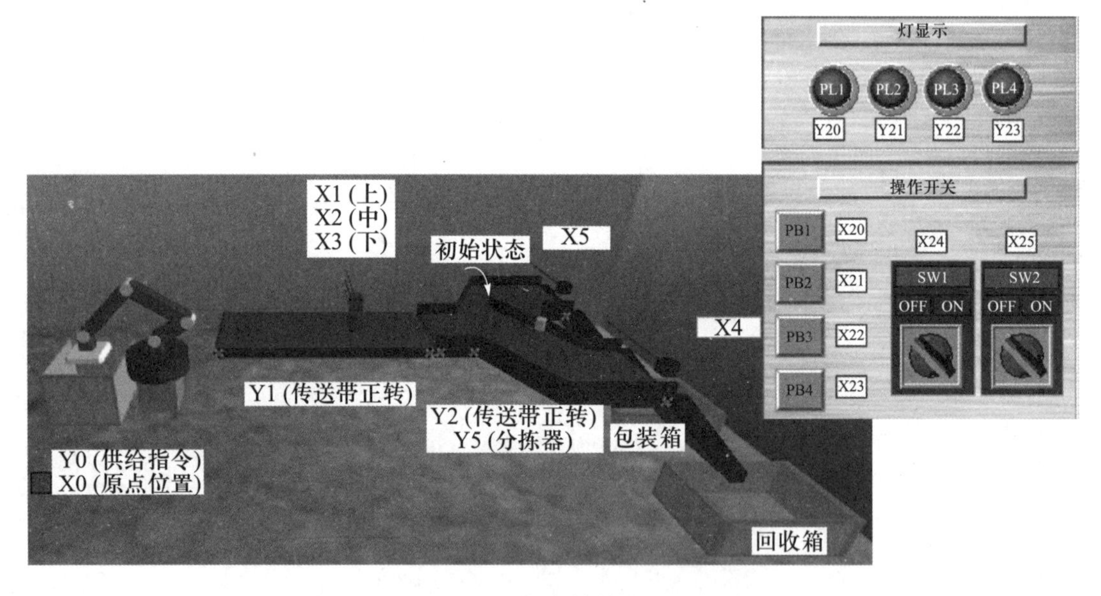

图 5-9　FX 仿真软件 E-2 界面

1. 机械手臂位于原点，此时单击启动按键 PB1，机械手臂将货品提送供给至传送带上。

2. 机械手臂离开原点后，前后两级传送带同时正转，带动货品前行。

3. 经前级传送带上光电传感器组检测辨别其“质量”后，按如下要求经分拣器将其配送至指定位置。

将标称质量为 30 kg（大型）或 20 kg（小型）的货品配送至“包装箱”，其装箱质量要求为“80 kg”。不符合装箱质量要求的货品需配送至“回收箱”中。

4. 后级传送带上末端光电传感器检测到当前货品配送至指定位置后，若“包装箱”的总质量达到“80 kg”，则系统停止运行；否则机械手臂将再次供给下一货品。

5. 为保证可靠，启动按键 PB1 仅在系统未启动时单击有效。

探究解决

本专题中，数据寄存器 D0 用于存储传送带上当前货品的质量，D10 用于存储货品投入“包装箱”后的总质量；为此，可通过 D10 判断当前货品是否符合 80 kg 的装箱质量要求。

1. I/O 分配（见表 5-6）

表 5-6　PLC 输入输出端子（I/O）分配表

输入端子	功能说明	输出端子	功能说明
X0	机械手臂原点	Y0	机械手臂供给
X1~X3	光电传感器组（上、中、下）	Y1	前级传送带正转
X4	回收箱光电传感器	Y2	后级传送带正转
X5	包装箱光电传感器	—	—
X20	启动按键 PB1	Y5	分拣器下摆

2. 梯形图程序

参照图 5-10 中的标注（①~⑪），学习编写该程序。

说明：

（1）启动设备

机械手臂位于原点（见图中①）（X0）时，在设备停止状态下单击启动按键（②）PB1（X20），又或者货品配送至指定位置而“包装箱”的总质量不等于 80 kg（③），机械手臂（Y0）均会启动供给货品。

机械手臂离开原点（④）（X0）时，前后两级传送带（Y1、Y2）同时正转。

（2）检测货品类型

当前货品若为“大型”则 MOV 指令（⑤）将“30 传送至 D0”中，若为“小型”则 MOV 指令（⑥）将“20 传送至 D0”中。

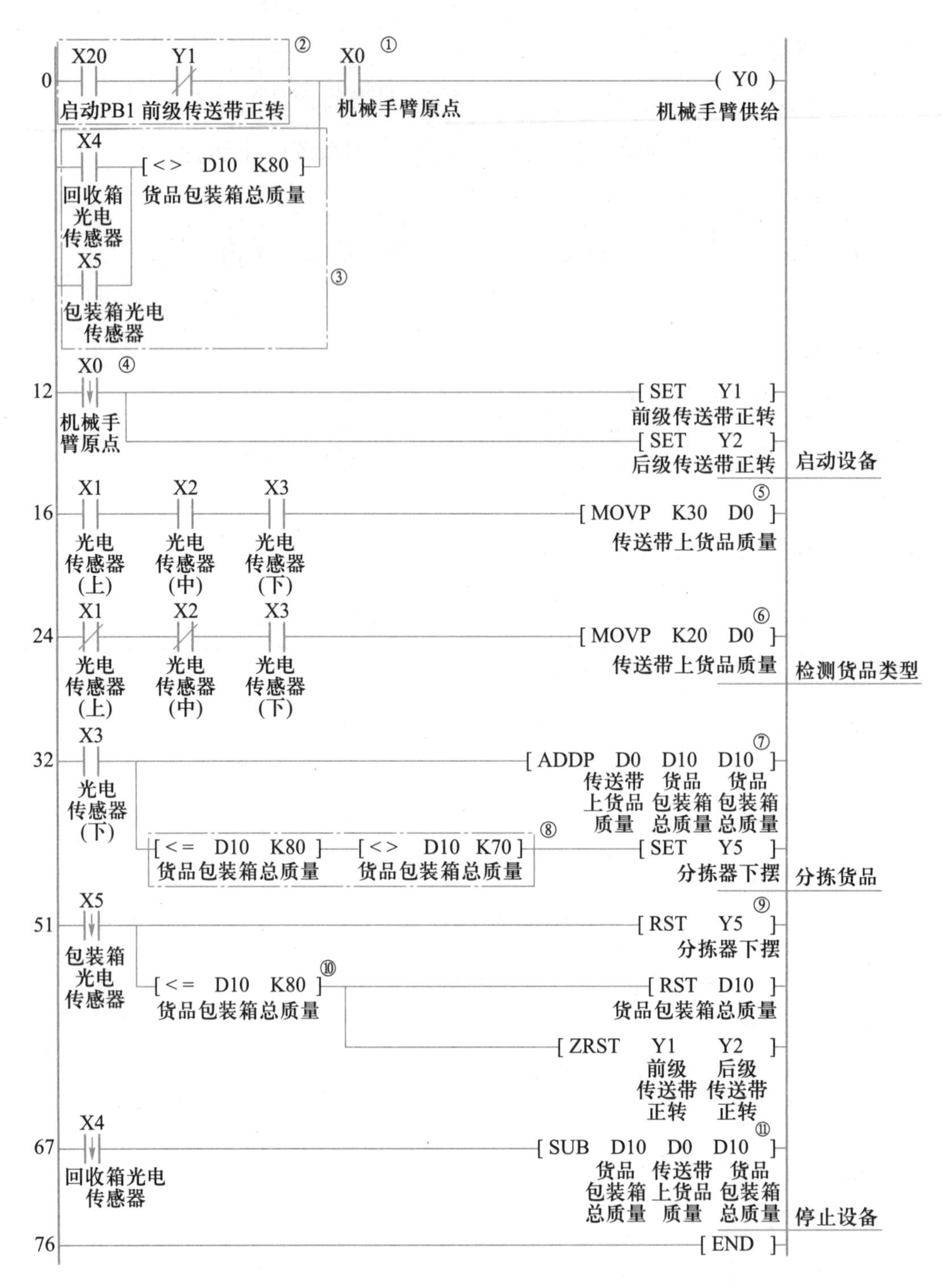

图 5-10 “定质量补给系统的控制”梯形图程序（带注释）

（3）分拣货品

ADD 指令（⑦）将 D0（当前货品质量）与 D10（包装箱中总质量）“相加”再传送到 D10 中。

之后，判断“将当前货品投入包装箱是否‘符合’80 kg 的装箱质量要求”即“D10 ≤ 80 且 D10 ≠ 70”，若符合则对应触点比较指令（⑧）满足条件闭合，置位指令使分拣器（Y5）切换至“向下状态”，将当前货品配送至“包装箱”中；不符合则分拣器保持初始“向上状态”，将当前货品配送至“回收箱”中。

（4）停止设备

符合配送要求的货品配送至“包装箱”后：复位指令（⑨）使分拣器（Y5）恢复初始状态；判断“包装箱是否‘已达到’80 kg 的装箱质量要求”即“D10=80”，若达到则对应触点比较指令（⑩）满足条件闭合，D10 复位清零，前后级传送带（Y1、Y2）停止运行。

不符合配送要求的货品配送至“回收箱”后：SUB 指令（⑪）将 D10 与 D0“相减”再传送至 D10 中，剔除“包装箱”中这一不符合要求货品的质量。

3. 指令表程序

步	指令			
0	LD	X20		
1	ANI	Y1		
2	LD	X4		
3	OR	X5		
4	AND<>	D10	K80	
9	ORB			
10	AND	X0		
11	OUT	Y0		
12	LDF	X0		
14	SET	Y1		
15	SET	Y2		
16	LD	X1		
17	AND	X2		
18	AND	X3		
19	MOVP	K30	D0	
24	LDI	X1		
25	ANI	X2		
26	AND	X3		
27	MOVP	K20	D0	
32	LD	X3		
33	ADDP	D0	D10	D10
40	AND<=	D10	K80	
45	AND<>	D10	K70	
50	SET	Y5		
51	LDF	X5		
53	RST	Y5		
54	AND=	D10	K80	
59	RST	D10		
62	ZRST	Y1	Y2	
67	LDF	X4		
69	SUB	D10	D0	D10
76	END			

完成程序编写后，可在FX仿真软件E-2界面中，录入该程序（带注释）并进一步完成对该系统的调试。

知识链接

下面让我们一起学习与图5-10所示程序相关联的理论知识。

学习过程中，大家可以想一想还可以应用它们去解决哪些实际问题。

1. 应用指令的表示形式及步序

（1）各参数含义（如图5-11所示）

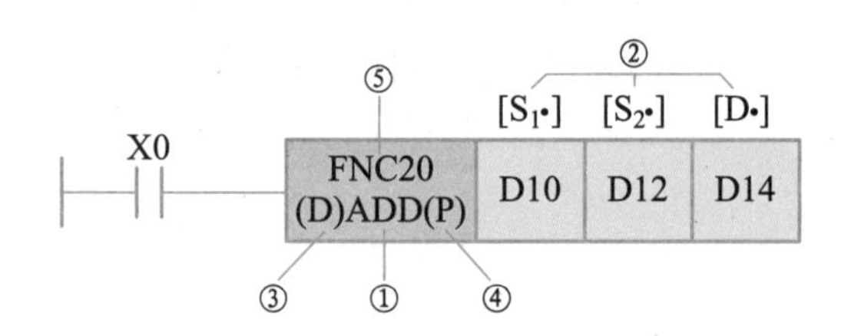

图5-11　加法指令格式及参数形式

基本要素：① 助记符，表示指令功能。

② 操作数，为指令所涉及数据。

辅助要素：③ 数据长度，有（D）为32位数据操作，无（D）为16位操作。

④ 执行形式，有（P）为脉冲执行形式，当条件满足时仅执行1次；无（P）为连续执行形式，当条件满足时每个扫描周期都会执行。

⑤ 功能编号，每条指令都有一个固定的编号。

操作数说明：

① (S)：源操作数，指令执行后其内容不变化。

可使用变址寄存器修饰软元件编号的时候，以(S·)表示；有多个源操作数时以(S1·)，(S2·)等表示。

② (D)：目标操作数，指令执行后其内容变化。

同样地，可进行变址修饰的目标操作数有多个的时候，以(D1·)，(D2·)等表示。

③ m，n：其他操作数，对(S)、(D)做补充说明。

同样地，可进行变址修饰的操作数有多个的时候，以m1·、m2·、n1·、n2·等表示。

（2）应用指令步序 = 1 步 + 操作数个数 ×（2 或 4）步

助记符　16 位（无 D）　32 位（有 D）

2. ADD 加法指令

（1）指令样式（见表 5-7）

表 5-7　ADD 指令

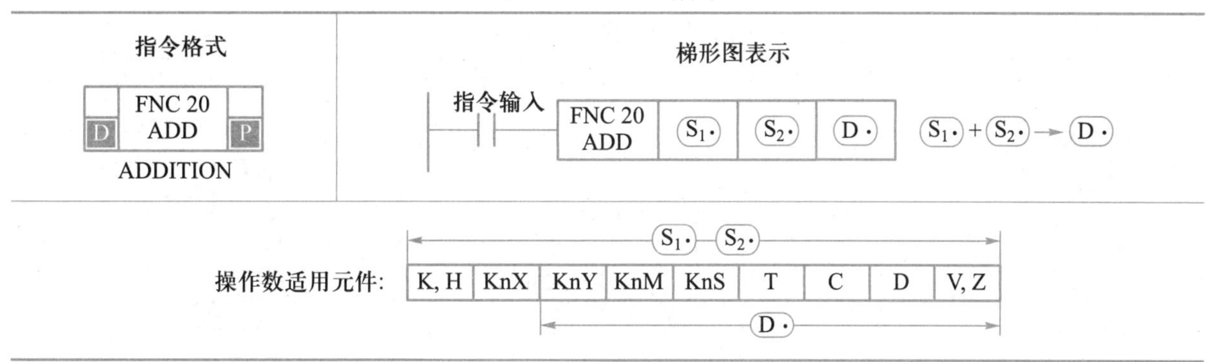

（2）使用说明

将(S1·)和(S2·)的内容进行二进制加法运算后传送到(D·)中。

* 32 位（DADD，DADDP）指令，所指定软元件编号为其低 16 位，其后连续编号的软元件则成为高 16 位。

为了编号不重复，建议指定软元件为偶数编号。

* 相关标志位：

M8020“0 标志”——“加减法”运算结果为 0，则置 1。

M8021“借位标志”——“加减法”运算结果小于 −32 768（16 位运算）或 −2 147 483 468（32 位运算），则置 1。

M8022“进位标志”——“加减法”运算结果大于 +32 767（16 位运算）或 +2 147 483 467（32 位运算），则置 1。

3. SUB 减法指令

（1）指令样式（见表 5-8）

表 5-8　SUB 指令

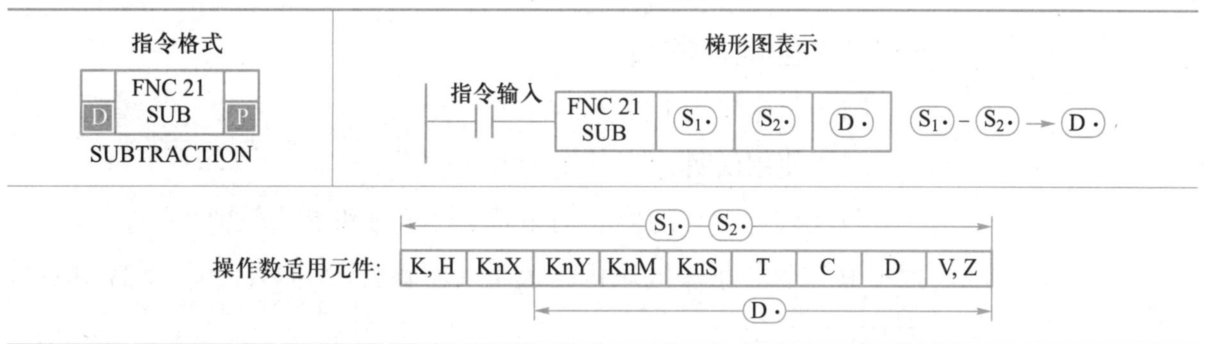

（2）使用说明

将 S_1· 和 S_2· 的内容进行二进制减法运算后传送到 D· 中。

＊32 位（DSUB，DSUBP）指令软元件指定方法及相关标志位与 ADD 指令相同。

4. LD/AND/OR（<>、≤、≥）触点比较指令

（1）指令样式（见表 5-9）

表 5-9　LD/AND/OR（<>、≤、≥）指令

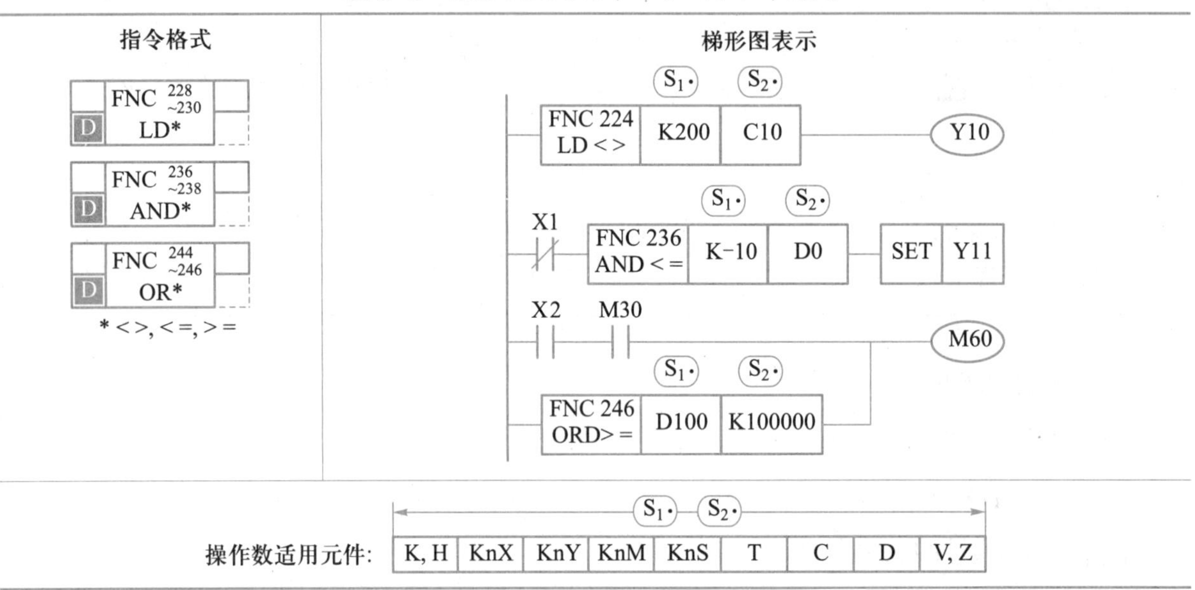

（2）使用说明

对比较源 S_1· 和比较源 S_2· 的内容进行比较，条件满足时触点置 ON。

＊32 位高速计数器（C200~C255）比较必须用 LDD/ANDD/ORD（<>、≤、≥）指令。

在实际编程中，有时会碰到“判断（D0）中存储的数据是否大于等于 10 且小于等于 20”的问题，应用“触点比较指令”不难实现，除此之外还可通过“ZCP 区间比较指令”解决上述问题。

5. ZCP 区间比较指令

（1）指令样式（见表 5-10）

（2）使用说明

将比较源 S· 的内容与下比较值 S_1· 和上比较值 S_2· 进行比较，根据其结果（小、区域内、大），使 D·、D· +1、D· +2 其中一个为 ON。

表 5-10　ZCP 指令

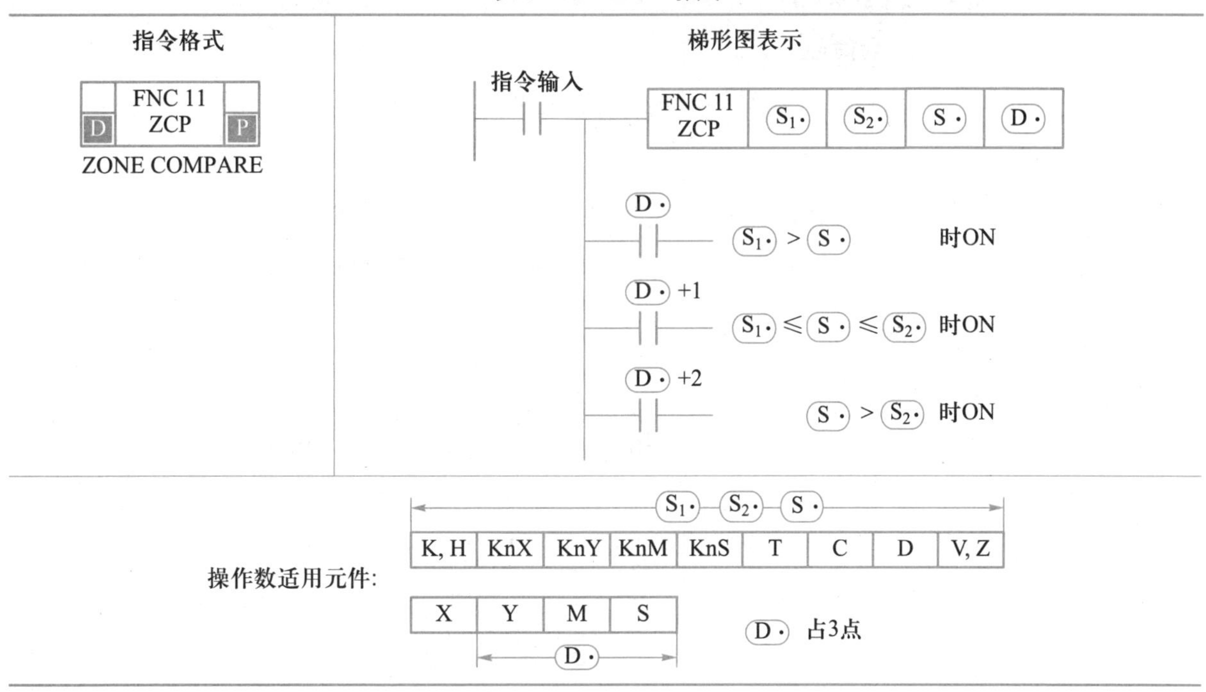

＊指令输入为 OFF 时，D·~D·+2 也会保持 OFF 之前的状态。

＊以 D· 中指定的软元件为起始位置，占用 3 点。注意不要与其他控制中使用的元件重复。

程序举例:

下比较值 S1· 的值需比上比较值 S2· 小，如图 5-12 所示。

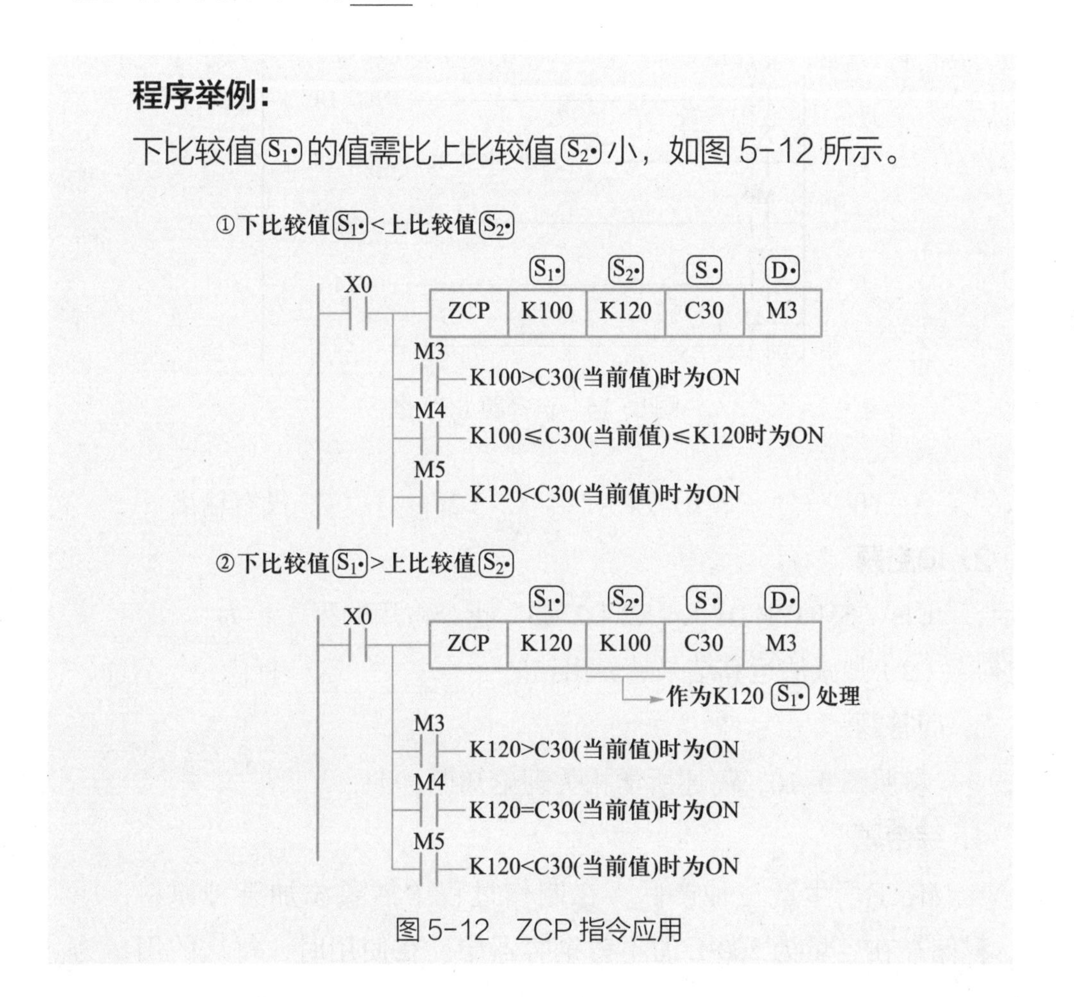

图 5-12　ZCP 指令应用

拓展深化

1. 选择题

（1）功能指令助记符后面带后缀 P 时，表示该指令为（　　）。

A. 16 位　　B. 32 位

C. 脉冲执行方式　　D. 连续执行方式

（2）在 PLC 中，执行图 5-13 所示程序后，数据寄存器 D4 中的数据为（　　）。

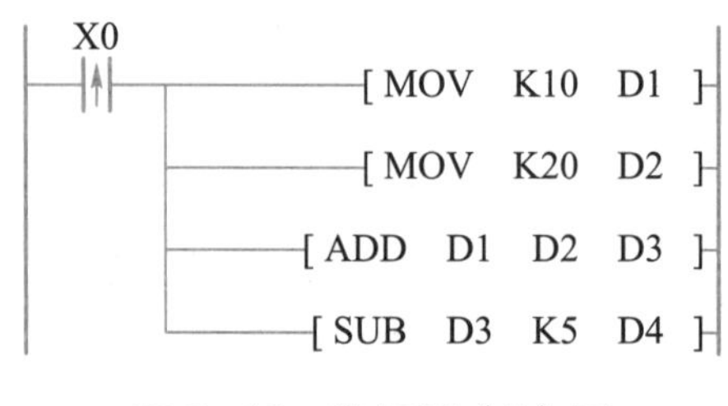

图 5-13　选择题（2）图

A. 10　　B. 20　　C. 25　　D. 30

（3）在图 5-14 所示程序中，当闭合 X1 后，（　　）会输出；当连续按下 3 次 X0 后，（　　）会输出。

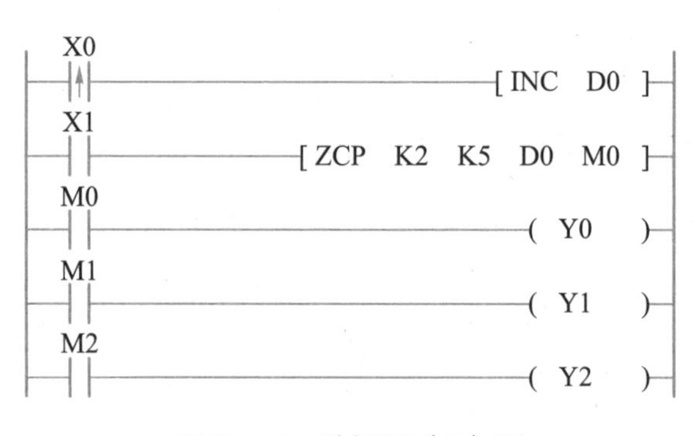

图 5-14　选择题（3）图

A. Y0　　B. Y1　　C. Y2　　D. 没有输出

2. 填空题

（1）“SMOVP D1 K4 K2 D2 K3”指令占用的程序步为________。

（2）加减法运算结果越界出错时，__________标志位会置 1。

3. 简答题

参照图 5-10，简述所学相关理论知识。

4. 综合题

化工厂生产一种产品，在制作过程中需要添加某种原料，原料储存在容量为 200 L 的不锈钢容器中。在使用时，每次的用量为

10 L，当容器内的原料不足 30 L 时，红色警示灯闪烁，提示原料不足，需要加料。由于原料性质原因，每次加原料时只能加 20 L，并且要间隔 10 s 后才能加下一次。当容器内原料超过 160 L 时，红色警示灯亮，提示不能再增加原料。

思考：如果用 PLC 程序进行控制，该如何编写程序（带注释）？

➥关于更多练习，请参看 [B-5、B-6、C-1、D-3、E-2]
（FX-TRN-DATA 培训仿真软件）

专题 5.3 BCD、BIN、MUL、DIV 指令、Kn（X、Y、M、S）元件

本专题将探知如何应用梯形图编程语言中的“应用指令”（BCD、BIN、MUL、DIV）及 PLC“内部元件”Kn（X、Y）编写梯形图程序，实现“货品合格率的显示”。

在此基础上，解读上述应用指令、PLC 内部元件分类及位组合元件 Kn（X、Y、M、S）等相关知识内容。

问题引入

如图 5-15 所示，本专题将在三菱 FX 仿真软件 E-6 界面完成“货品合格率的显示”，要求如下：

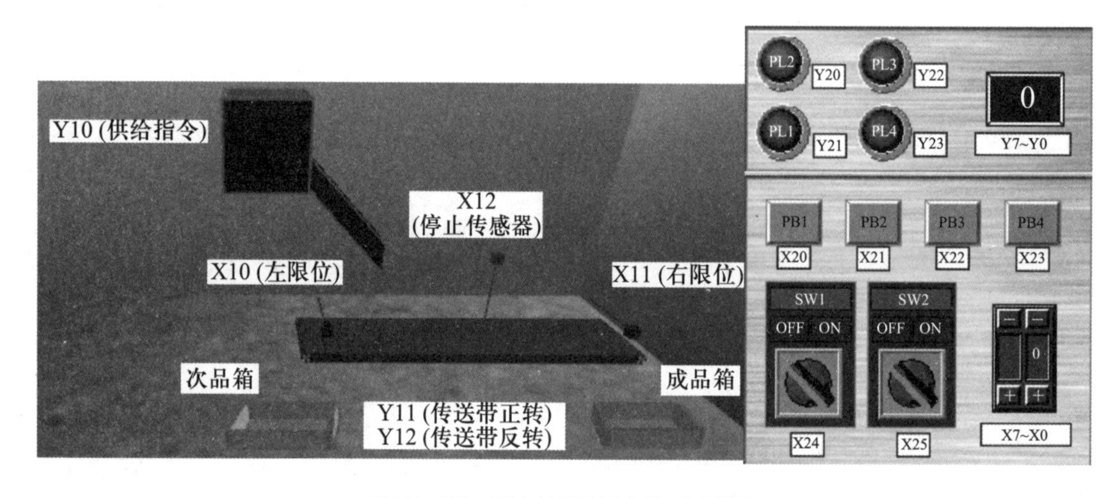

图 5-15　FX 仿真软件 E-6 界面

为操作设备，必须先在指轮（X7~X0）上拨入正确的“操作码 32”，之后将启动开关 SW1 拨至“ON”，操作者方被允许执行如下操作。

1. 单击货品供给按键 PB1，上方货仓执行供给指令将货品投放至传送带；经人工质检后，通过单击“成品按键 PB2”或“次品按键 PB3”将对应货品配送至“成品箱”或“次品箱”中。

2. 经传送带两端光电传感器检测到货品已配送至指定位置后，传送带停止运行，并通过两位数码管（Y7~Y0）实时显示当前成品合格率（若当前合格率为 100%，则通过点亮指示灯 PL3 表明）。

3. 之后，操作者可再次对下一货品进行质检，也可以将启动开关 SW1 拨至“OFF”关断设备。

4. 在配送过程中，可随时单击传送带停止按键 PB4 终止当前配送，避免“错检或漏检”。

探究解决

本专题中，数据寄存器 D0 用于存储指轮操作码，D10、D11 分别用于存储成品及次品数。

其他数据寄存器分配如下式所示：

$$\text{合格率}_{(D22)} = \frac{\overset{(D20)}{\text{成品数}_{(D10)}}}{\text{货品总数}_{(D12)}} \times 100\%$$

DIV 除法指令为“整数除法”，为此在编程时需采用“先乘后除”的方式以得到正确的合格率。

1. I/O 分配（见表 5-11）

表 5-11　PLC 输入输出端子（I/O）分配表

输入端子	功能说明	输出端子	功能说明
X0~X7	指轮输入	Y0~Y7	两位数码管
X10	次品箱光电传感器	Y10	货仓供给
X11	成品箱光电传感器	Y11	传送带正转（成品）
X20	货品供给按键 PB1	Y12	传送带反转（次品）
X21	成品按键 PB2	—	—
X22	次品按键 PB3	Y22	指示灯 PL3（合格率 100%）
X23	传送带停止按键 PB4	—	—
X24	启动开关 SW1	—	—

2. 梯形图程序

参照图 5-16 中的标注（①~⑩），学习编写该程序。

说明：

（1）校验操作码

转换开关（X24）由“OFF→ON”时，BIN 指令（见图中①）采集指轮（X7~X0）拨入的“操作码”（BCD 码）并将其转换为

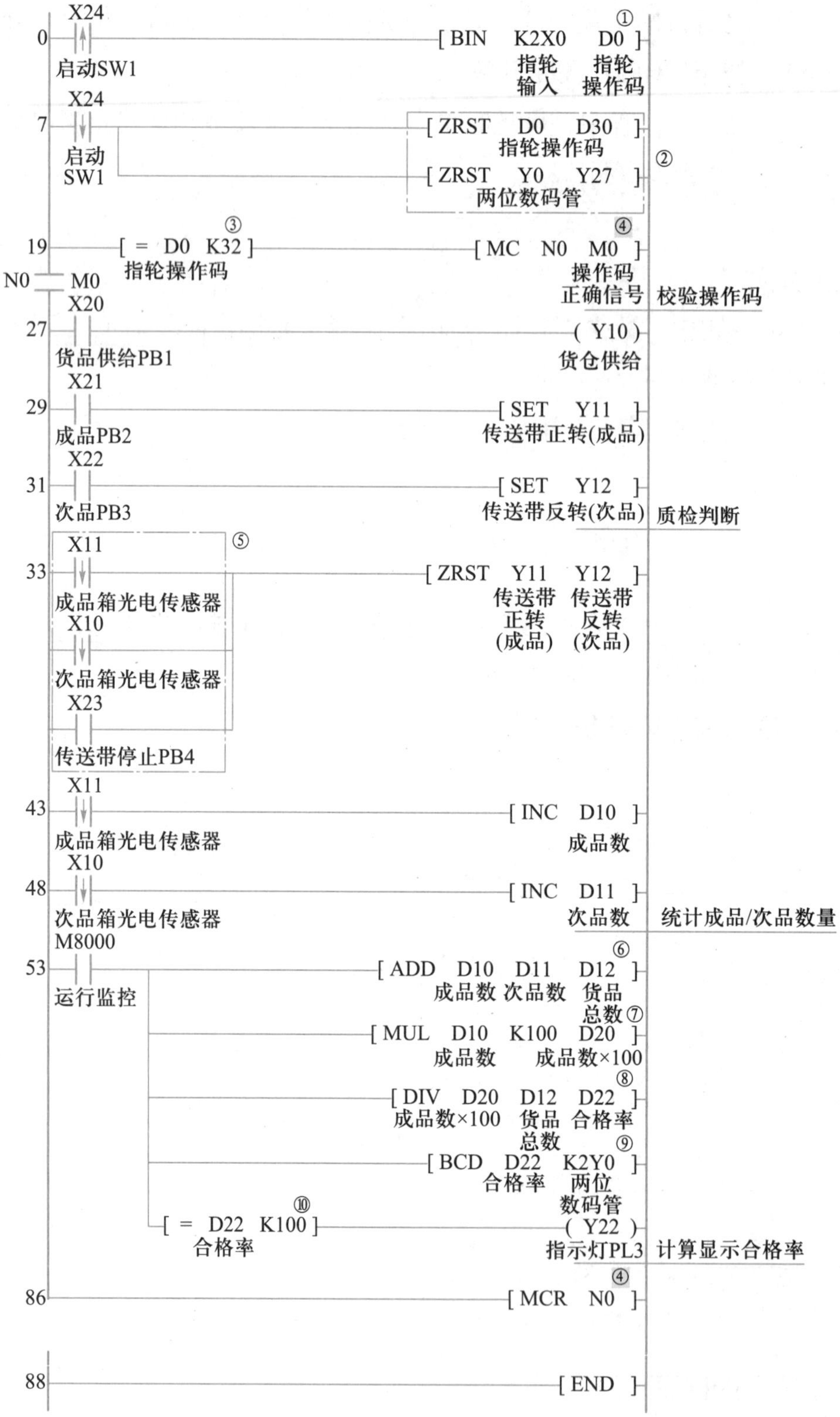

0 X24 启动SW1 [BIN K2X0 D0] ① 指轮输入 指轮操作码

7 X24 启动SW1 [ZRST D0 D30] 指轮操作码 ②
[ZRST Y0 Y27] 两位数码管

19 [= D0 K32] ③ 指轮操作码 [MC N0 M0] ④ 操作码正确信号 校验操作码

N0 M0

27 X20 货品供给PB1 (Y10) 货仓供给

29 X21 成品PB2 [SET Y11] 传送带正转(成品)

31 X22 次品PB3 [SET Y12] 传送带反转(次品) 质检判断

33 X11 成品箱光电传感器 ⑤ [ZRST Y11 Y12] 传送带正转(成品) 传送带反转(次品)
X10 次品箱光电传感器
X23 传送带停止PB4

43 X11 成品箱光电传感器 [INC D10] 成品数

48 X10 次品箱光电传感器 [INC D11] 次品数 统计成品/次品数量

53 M8000 运行监控 [ADD D10 D11 D12] ⑥ 成品数 次品数 货品总数
[MUL D10 K100 D20] ⑦ 成品数 成品数×100
[DIV D20 D12 D22] ⑧ 成品数×100 货品总数 合格率
[BCD D22 K2Y0] ⑨ 合格率 两位数码管
[= D22 K100] ⑩ 合格率 (Y22) 指示灯PL3 计算显示合格率

86 [MCR N0] ④

88 [END]

图 5-16 “货品合格率的显示”梯形图程序（带注释）

PLC 内所识别的“数据形式”（二进制数）存储在 D0 中。当其为正确的“操作码-32”（③）时，主控触点 M0 闭合，方执行 MC 到 MCR（④）的指令。

转换开关（X24）由“ON→OFF”时，将所使用的数据寄存器（②）与输出（②）复位清零。

（2）质检判断

单击按键 PB1（X20），供给（Y10）一个货品；质检后，单击成品按键 PB2（X21）传送带正转（Y11）将其配送至“成品箱”，单击次品按键 PB3（X22）传送带反转（Y12）将其配送至“次品箱”。

（3）统计成品/次品数量

“货品配送至指定位置”或“单击按键 PB4（X23）”（⑤）将停止传送带（Y11、Y12）运行。

若右侧光电传感器（X11）检测到货品，则“D10 加 1”即“成品数加 1”；若左侧光电传感器（X10）检测到货品，“D11 加 1”即“次品数加 1”。

（4）计算显示合格率

ADD 指令（⑥）将 D10（成品数）与 D11（次品数）“相加”再传送到 D12（货品总数）中。MUL 指令（⑦）将 D10（成品数）与 100“相乘”传送到 D20 中。DIV 指令（⑧）将 D20 与 D12（货品总数）“相除”并将“商”传送到 D22（合格率），“余数”传送到 D23（省略未使用）。

BCD 指令（⑨）将存储在 D22 中的“合格率”（二进制数）转换为数码管所识别的“数据形式”（BCD 码）并输出给两位数码管（Y7~Y0）显示。若合格率为 100%（⑩），则指示灯 PL3（Y22）点亮。

3. 指令表程序

步	指令		
0	LDP	X24	
2	BIN	K2X0	D0
7	LDF	X24	
9	ZRST	D0	D30
14	ZRST	Y0	Y27
19	LD=	D0	K32

步	指令		
24	MC	N0	M0
27	LD	X20	
28	OUT	Y10	
29	LD	X21	
30	SET	Y11	
31	LD	X22	

续表

步	指令
32	SET　　Y12
33	LDF　　X11
35	ORF　　X10
37	OR　　X23
38	ZRST　　Y11　　Y12
43	LDF　　X11
45	INC　　D10
48	LDF　　X10
50	INC　　D11

步	指令
53	LD　　M8000
54	ADD　　D10　　D11　　D12
61	MUL　　D10　　K100　　D20
68	DIV　　D20　　D12　　D22
75	BCD　　D22　　K2Y0
80	AND=　　D22　　K100
85	OUT　　Y22
86	MCR　　N0
88	END

完成程序的编写后，可在FX仿真软件E-6界面中录入该程序（带注释）并进一步完成对该系统的调试。

知识链接

下面让我们一起学习与图5-16所示程序相关联的理论知识。

学习过程中，大家可以想一想还可以应用它们去解决哪些实际问题。

1. 元件分类

PLC内部继电器都可用程序来指定，故又可称为软元件或编程元件。继电器的名称由字母和数字组成，分别代表了继电器的类型和编号。

其内部元件分类，如下：

* 位元件——仅处理ON/OFF“两种”状态的元件。X、Y、M、S

* 字元件——处理“多位”数据的元件。T、C、D、（V/Z） Kn（X/Y/M/S）

* 其他元件——十进制常数（K）、指针（P/I）……

位组合元件、常数说明：

上述V/Z、P/I元件将在后续专题中介绍，现对Kn（X/Y/M/S）及K元件作如下说明：

① 位组合元件

位元件通过组合也可以处理“多位”数据。

* 表达式：KnX、KnY、KnM、KnS。
* Kn 中的 *n* 是组数，4 位为一组。

例：K2X0，表示从 X0 开始 2 组 8 位输入继电器组合，即 X7~X0 的多位数据。

* 由位元件组成字元件时，首元件号习惯上采用以 0 为结尾的元件。

② 常数

* K 是表示十进制整数的符号。主要用于指定定时器和计数器的设定值，或是应用指令的操作数中的数值（例如：K1234）。
* 十进制常数的指定范围如下所示：

使用字数据（16 位）时——K-32 768~K32 767

使用双字数据（32 位）时——K-2 147 483 648~K2 147 483 647

2. BCD 变换指令

（1）指令样式（见表 5-12）

表 5-12　BCD 指令

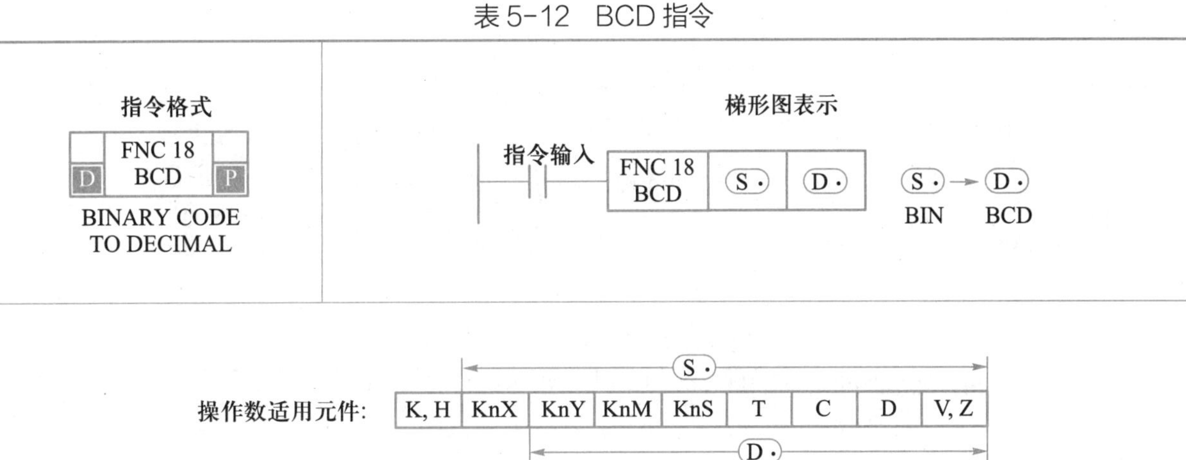

（2）使用说明

将 S· 的 BIN（二进制数）数据转换成 BCD 数据后传送到 D· 中。

* 使用 BCD、BCDP 时，S· 的值若在 0~9999 以外范围时会出错。
* 使用 DBCD、DBCDP 时，S· 的值若在 0~9999 9999 以外范围

时会出错。

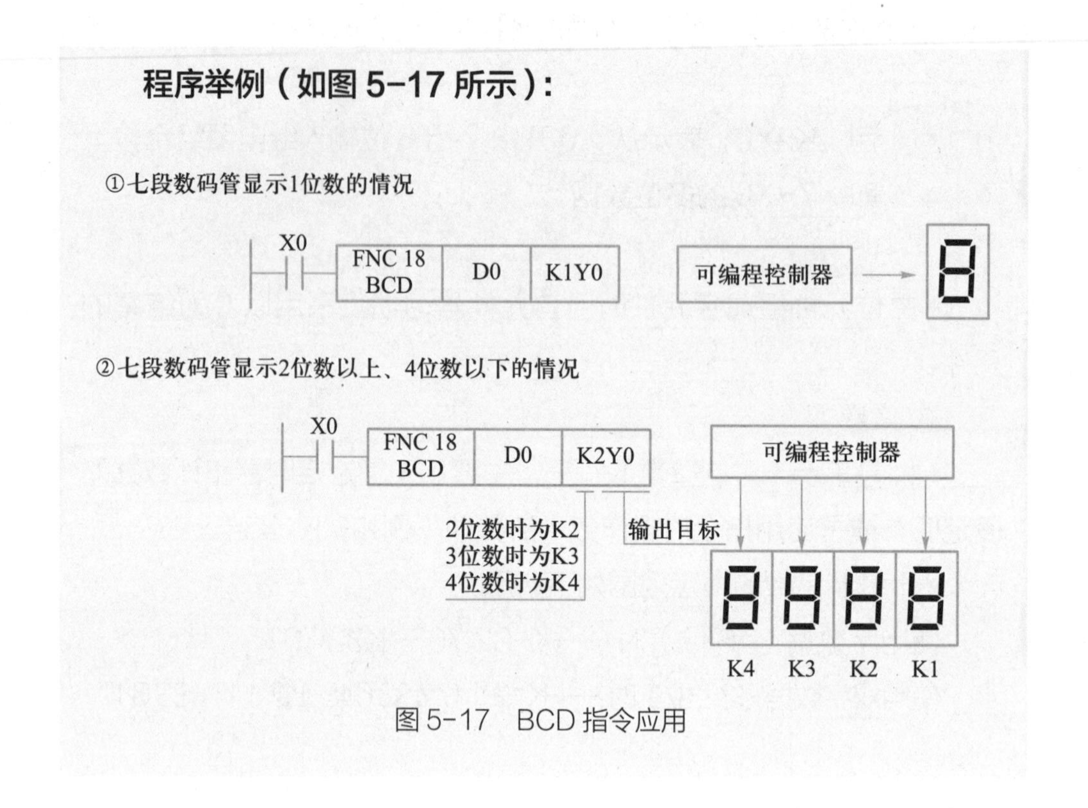

图 5-17 BCD 指令应用

3. BIN 变换指令

（1）指令样式（见表 5-13）

表 5-13 BIN 指令

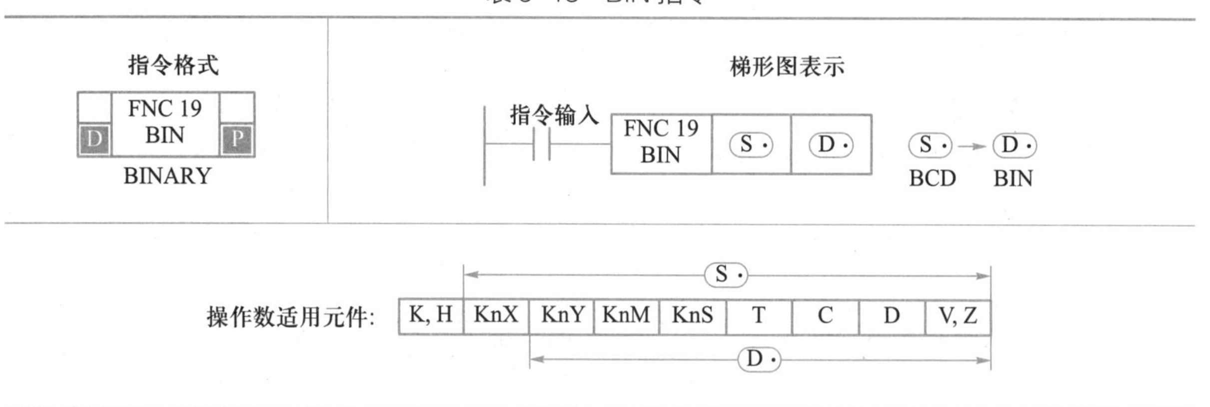

指令格式	梯形图表示
D FNC 19 BIN P BINARY	指令输入 FNC 19 BIN (S·) (D·)　(S·)→(D·) BCD BIN

操作数适用元件：

K, H	KnX	KnY	KnM	KnS	T	C	D	V, Z

(S·)：KnX、KnY、KnM、KnS、T、C、D、V, Z
(D·)：KnY、KnM、KnS、T、C、D、V, Z

（2）使用说明

将 (S·) 的 BCD 数据转换成 BIN（二进制数）数据后传送到 (D·) 中。

* (S·) 不是 BCD 码时，M8067（运算出错）为 ON。

程序举例（如图 5–18 所示）：

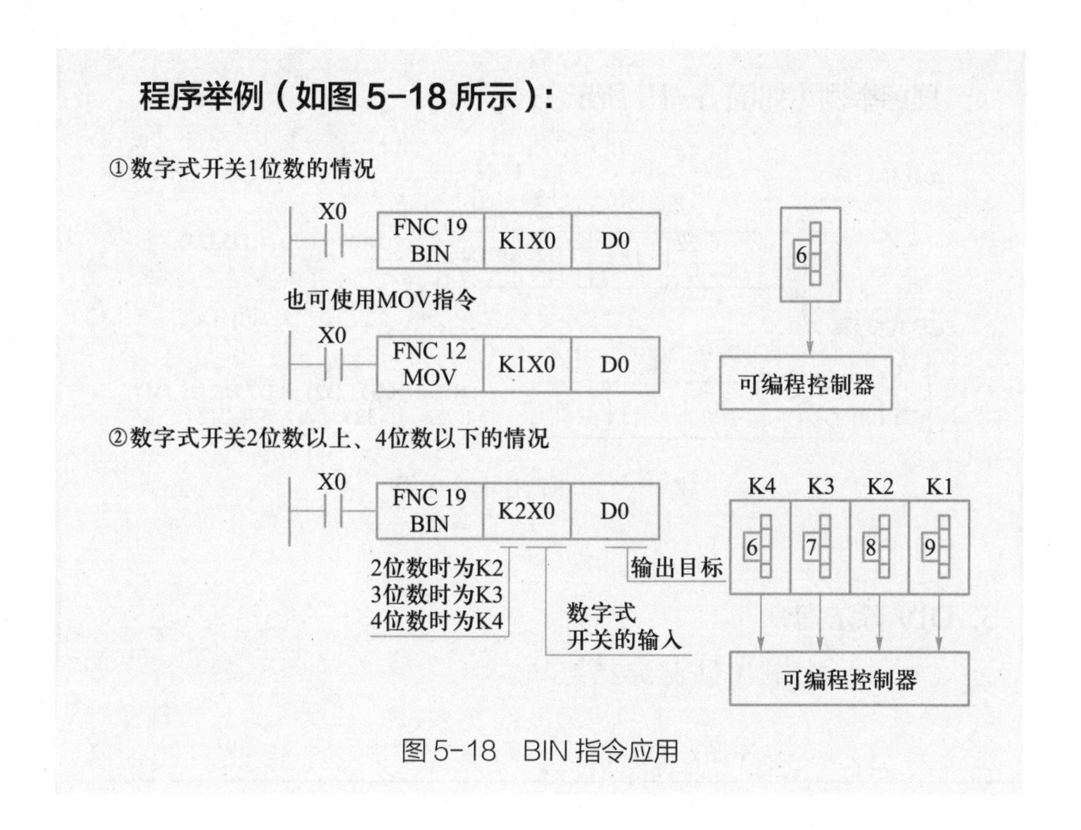

图 5–18　BIN 指令应用

4. MUL 乘法指令

（1）指令样式（见表 5–14）

表 5–14　MUL 指令

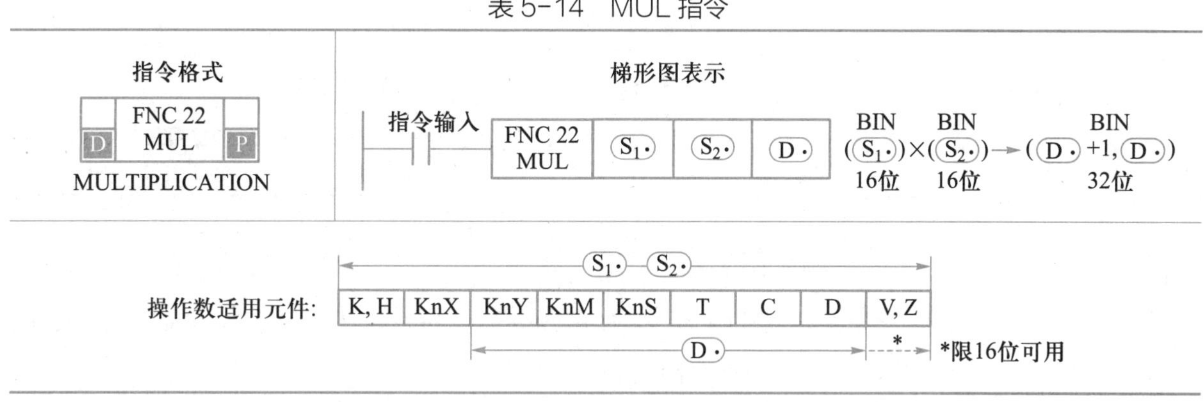

（2）使用说明

将 S_1· 和 S_2· 的内容进行二进制乘法运算后传送到（D·+1，D·）的 32 位（双字）中。

* 相关标志位：

M8304“0 标志”——“乘除法”运算结果为 0，则置 1。

* 若 D· 是位组合元件（K1~K8），指定为 K2 只能求得乘积运算的低 8 位。

程序举例（如图 5-19 所示）：

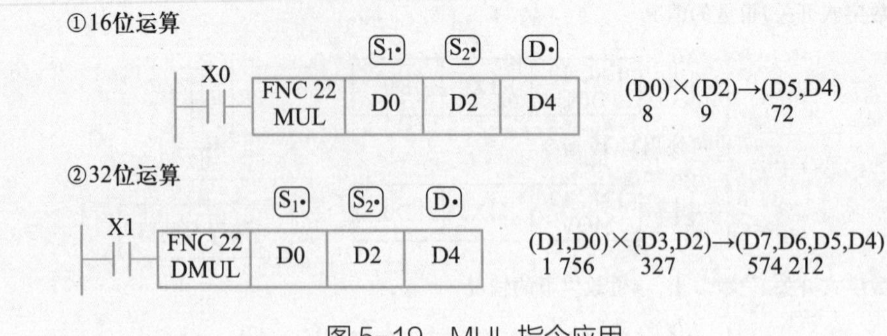

图 5-19　MUL 指令应用

5. DIV 除法指令

（1）指令样式（见表 5-15）

表 5-15　DIV 指令

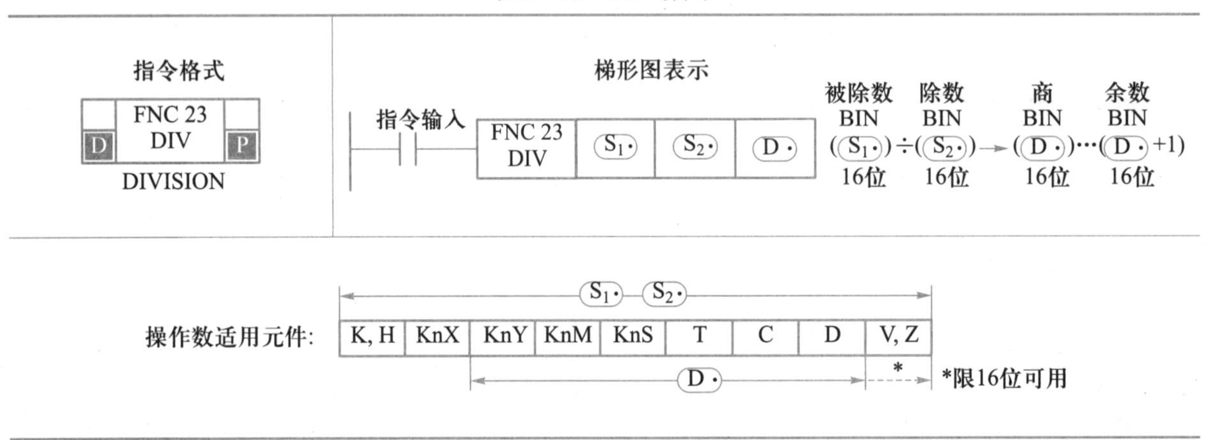

指令格式	梯形图表示
FNC 23 DIV（D、P）DIVISION	指令输入 —[FNC 23 DIV　S1·　S2·　D·]　被除数 BIN (S1·) 16位 ÷ 除数 BIN (S2·) 16位 → 商 BIN (D·) 16位 … 余数 BIN (D·+1) 16位

操作数适用元件：

K, H	KnX	KnY	KnM	KnS	T	C	D	V, Z

S1·、S2·：K, H ~ V, Z；D·：KnY ~ D，V, Z*　*限16位可用

（2）使用说明

将 S1· 的内容作为被除数，S2· 的内容作为除数，商传送到 D· 中，余数传送到 D·+1 中。

* 相关标志位：

M8306“进位标志”——“除法”运算结果大于 +32 767（16 位运算）或 +2 147 483 467（32 位运算），则置 1。“除法”运算结果为 0，也置 1。

* 若 D· 是位组合元件（K1~K8），不能得出余数。

* S2· 为 0 时，运算出错，并且不能执行指令。

程序举例（如图 5-20 所示）：

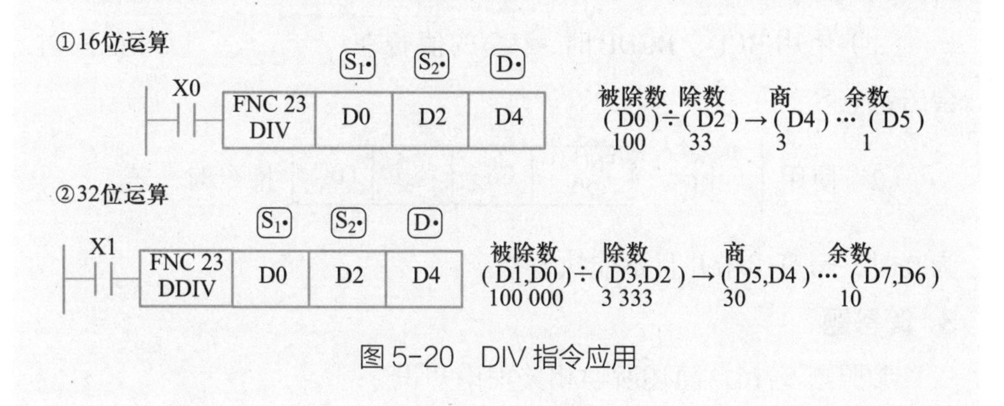

图 5-20 DIV 指令应用

拓展深化

1. 选择题

（1）数据长度为 1 个字的寄存器内相当于包含（　　）个继电器。

A. 4　　B. 8　　C. 16　　D. 32

（2）下列不属于字元件的是（　　）。

A. K4X0　　B. S0　　C. T0　　D. V0

（3）有一台钻床，在启动前必须将安全保护开关闭合（X10 闭合），同时让钻头复位（X11 闭合）后才能够正常启动（此时“设备正常”指示灯点亮）。那么，图 5-21 所示程序中控制“设备正常”指示灯的输出点是（　　）。

图 5-21 选择题（3）图

A. Y10　　B. Y11　　C. Y12　　D. Y13

（4）执行图 5-22 所示程序后，D31 中的数据是（　　）。

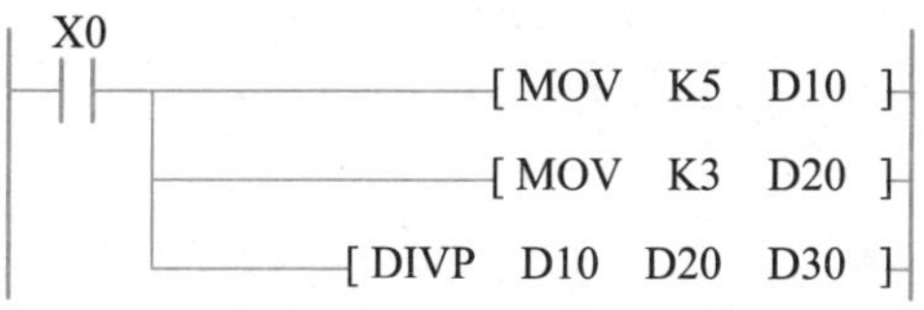

X0
[MOV K5 D10]
[MOV K3 D20]
[DIVP D10 D20 D30]

图 5-22 选择题（3）图

A. 1　　　B. 2　　　C. 3　　　D. 5

2. 填空题

（1）使用 BCD、BCDP 时，(S·)的值若在__________以外范围时会出错。

（2）使用 [指令输入 —| |— FNC 23 DIV | (S1·) | (S2·) | (D·)] 指令时，若______为 0 时，运算出错并且不能执行指令。

3. 简答题

参照图 5-16，简述所学相关理论知识。

4. 综合题

（1）排查图 5-16 所示程序问题并修改完善。

（2）有一台自动售货机，里面提供矿泉水、果汁、牛奶 3 种饮料。其中矿泉水 2 元一瓶，果汁 3 元一瓶，牛奶 4 元一瓶。当有人买 1 瓶矿泉水、2 瓶果汁、2 瓶牛奶时，向售货机投入 20 元，应找回多少钱？

思考：如果用 PLC 程序进行控制，该如何编写程序（带注释）？

➥关于更多练习，请参看［A-6、B-1~B-3、C-2、C-3］（FX-TRN-DATA 培训仿真软件）

专题 5.4 TRD、TCMP、FOR、NEXT、WDT 指令和 V、Z 元件

本专题将探知如何应用梯形图编程语言中的“应用指令”（TRD、TCMP、FOR、NEXT）及 PLC“内部元件”V/Z 编写梯形图程序，实现“简易智能车库的控制”。

在此基础上，解读上述应用指令及变址寄存器 V/Z 等相关知识内容。

问题引入

如图 5-23 所示，本专题将在 FX 仿真软件 F-1 界面完成“简易智能车库的控制”，要求如下：

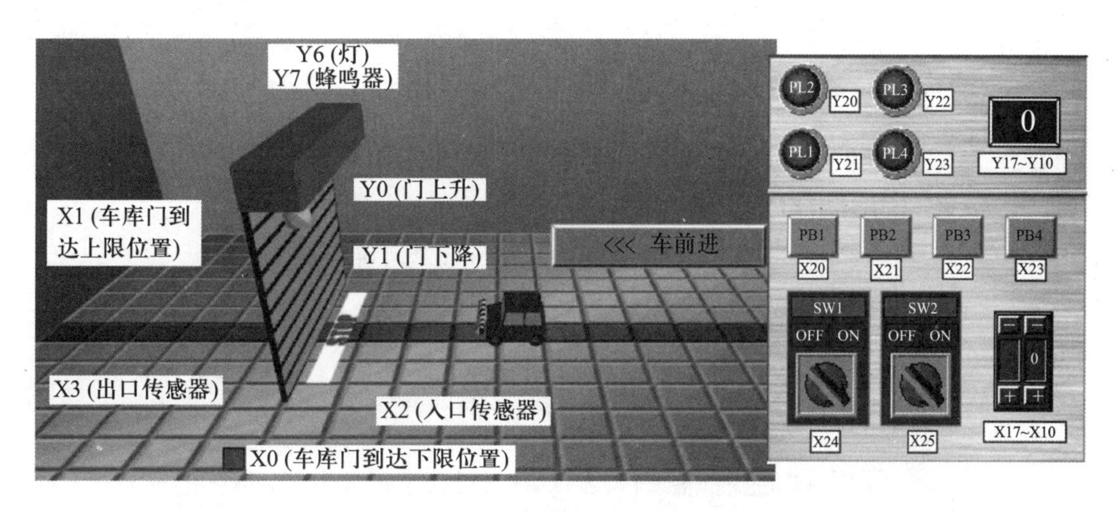

图 5-23　FX 仿真软件 F-1 界面

1. 为保证夜间安全，晚 17：30 至次日 6：30 若入口传感器检测到车辆驶入后，点亮车库门上方照明灯。

2. 为进入车库，必须在指轮（X17~X10）上输入正确的“通行码”；来访者在指轮上拨入“通行码”的同时数码管（Y17~Y10）实时显示当前拨入的“通行码”。

3. 单击确认按键 PB1，可编程控制器将“输入”值与多个“预设码（1、11、21）”相比较，若与其中任意一个相符，则车库门上升至上限位置后停止。

4. 经出口传感器检测车辆完全驶入后，车库门下降至下限位置

后停止。

探究解决

本专题中，数据寄存器D0~D6分别用于存储PLC内置的实时时钟“年、月、日、时、分、秒、星期”7个数据。

D10用于存储指轮通行码，预设码（1、11、21）分别存储于D20~D22。

1. I/O分配（见表5-16）

表5-16 PLC输入输出端子（I/O）分配表

输入端子	功能说明	输出端子	功能说明
X0	车库门到达下限位置	Y0	车库门上升
X1	车库门到达上限位置	Y1	车库门下降
X2	入口传感器	—	—
X3	出口传感器	Y6	车库门上方照明灯
X10~X17	指轮输入	Y10~Y17	两位数码管
X20	确认按键PB1	—	—

2. 梯形图程序

参照图5-24中的标注（①~⑫），学习编写该程序。

说明：

（1）初始化数据

可编程控制器由“STOP→RUN”时，MOV指令（见图中①）将“预设码1、11、21”分别传送至“D20~D22”中存储。

（2）控制照明灯

每隔1 s（②）执行1次：TRD指令（③）读取PLC当前内置实时时钟“年、月、日、时、分、秒、星期”7个数据，并分别存储至D0~D6中；TCMP指令（④⑤）分别将“设定的基准时间6：30：00、17：30：00”与“D3~D5中存储的时分秒”进行比较，并将比较结果分别送到“M0~M2、M10~M12”中（其中执行TCMP指令（④）时，若6：30：00>D3：D4：D5，M0接通；若6：30：00=D3：D4：D5，M1接通；若6：30：00<D3：D4：D5，M2接通）。

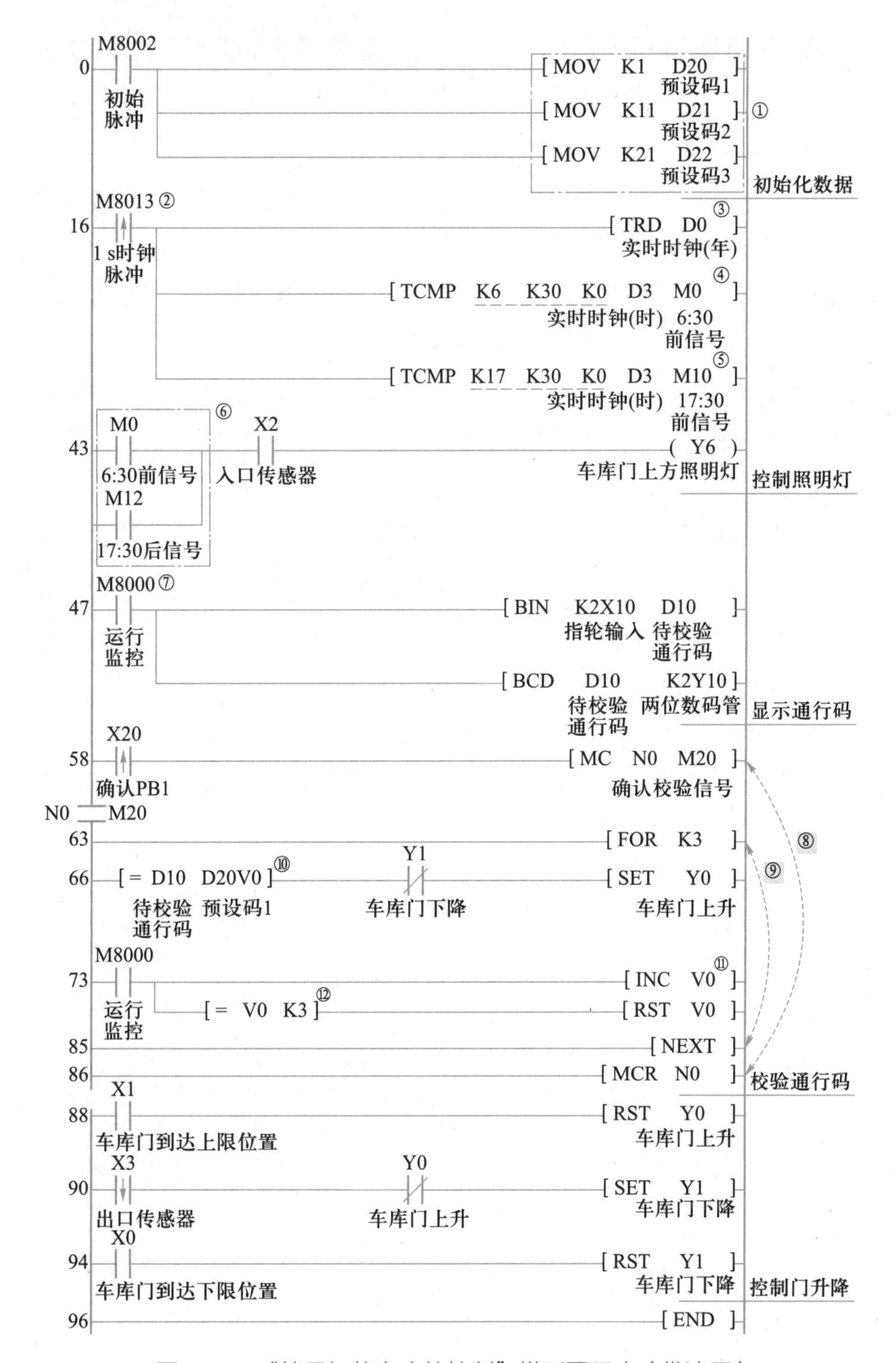

图5-24 “简易智能车库的控制”梯形图程序（带注释）

为此，在晚17：30至次日6：30时间范围内即“6：30：00>D3：D4：D5”或“17：30：00<D3：D4：D5”（⑥），检测到车辆驶入（X2）（⑥）则车库上方照明灯点亮。

（3）显示、校验通行码

通过BIN、BCD指令实时（⑦）采集、显示指轮（X7~X0）拨入的“通行码”（D10）。

单击确认按键PB1（X20），主控触点M20闭合，方执行MC~MCR（⑧）间的指令，校验通行码；其中FOR~NEXT（⑨）间的指令循环执行3次（⑨）。

第1次执行时，D10与D20（V0=0）（⑩）比较；之后执行INC指令（⑪），变址寄存器V0=1。

第2次执行时，D10与D21（V0=1）（⑩）比较；之后执行INC指令（⑪），变址寄存器V0=2。

第3次执行时，D10与D22（V0=2）（⑩）比较；之后执行INC指令（⑪），变址寄存器V0=3；对应触点比较指令（⑫）满足条件闭合，V0复位清零，结束校验。

在上述3次执行过程中，若"拨入的通行码（D10）"与"1、11、21预设码（D20~D22）"（⑩）任意一个相等，则执行置位指令，车库门上升（Y0）。

（4）控制门升降

车库门位于上限位置（X1），则车库门停止上升（Y0）。

经出口传感器（X3）检测车辆完全驶入后，车库门下降（Y1）至下限位置（X0）后停止下降。

3. 指令表程序

步	指令
0	LD M8002
1	MOV K1 D20
6	MOV K11 D21
11	MOV K21 D22
16	LDP M8013
18	TRD D0
21	TCMP K6 K30 K0 D3 M0
32	TCMP K17 K30 K0 D3 M10
43	LD M0
44	OR M12
45	AND X2
46	OUT Y6
47	LD M8000
48	BIN K2X10 D10
53	BCD D10 K2Y10
58	LDP X20
60	MC N0 M20
63	FOR K3

步	指令
66	LD= D10 D20V0
71	ANI Y1
72	SET Y0
73	LD M8000
74	INC V0
77	AND= V0 K3
82	RST V0
85	NEXT
86	MCR N0
88	LD X1
89	RST Y0
90	LDF X3
92	ANI Y0
93	SET Y1
94	LD X0
95	RST Y1
96	END

完成程序的编写后，可分别在 FX 仿真软件 E-6 与 F-1 界面中完成该系统各部分功能的调试。

知识链接

下面让我们一起学习与图 5-24 所示程序相关联的理论知识。

学习过程中，大家可以想一想还可以应用它们去解决哪些实际问题。

1. V、Z 编程元件

变址寄存器（V、Z）除与普通的数据寄存器（D）使用方法相同外，还可以同其他的软元件编号或数值组合使用，从而在程序中改变软元件编号或数值内容。

* 无触点、线圈，常与应用指令配合使用。

* V0~V7，Z0~Z7，共 16 个。

* 每个变址寄存器都是 16 位，也可最多组合成“8 个” 32 位寄存器，组合状态如图 5-25 所示。

图 5-25　组合成 32 位变址寄存器

应用举例（如图 5-26 所示）：

①基本指令的变址修正

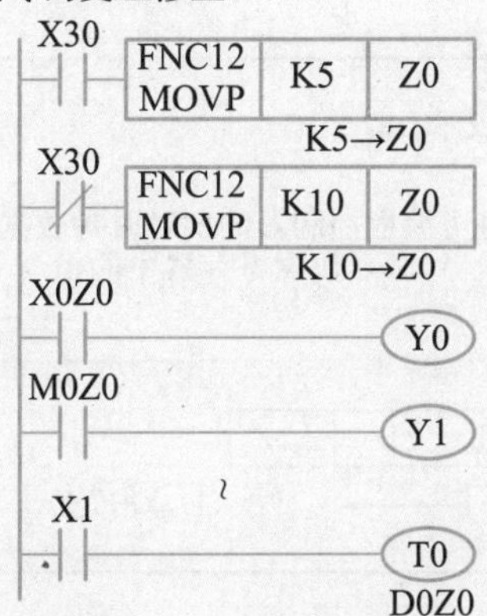

位元件的情况

Z0=5：X5=ON→Y0=ON
M5=ON→Y1=ON

Z0=10：X12※=ON→Y0=ON
M10=ON→Y1=ON

字元件的情况

Z0=5：T0的设定值为D5的当前值

Z0=10：T0的设定值为D10的当前值

※变址修正X、Y的八进制数软元件编号时，对软元件编号进行变址修正的内容以八进制数换算进行加法运算。

②应用指令的变址修正

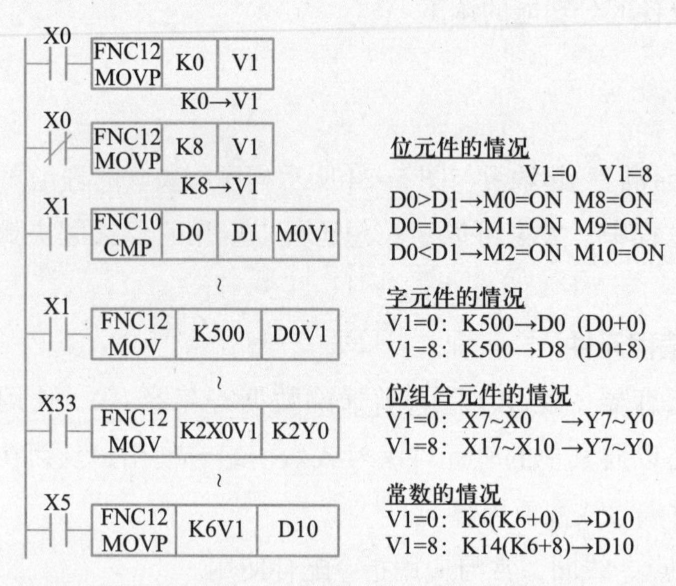

修正32位应用指令中的软元件时，指令中使用的变址寄存器也必须指定为32位，如下所示。

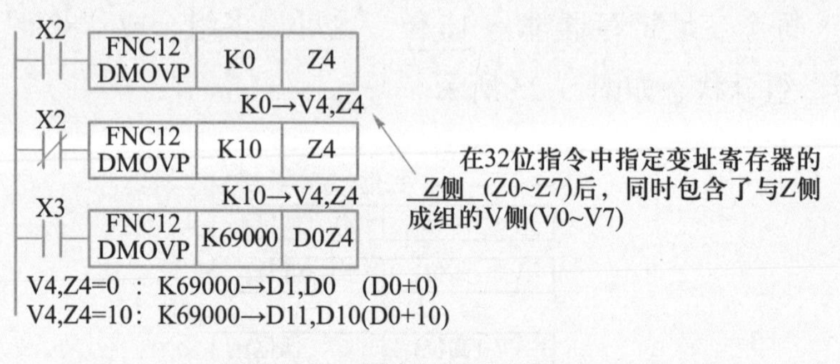

图 5-26 变址寄存器应用

2. TRD 时钟读取指令

（1）指令样式（见表 5-17）

表 5-17 TRD 指令

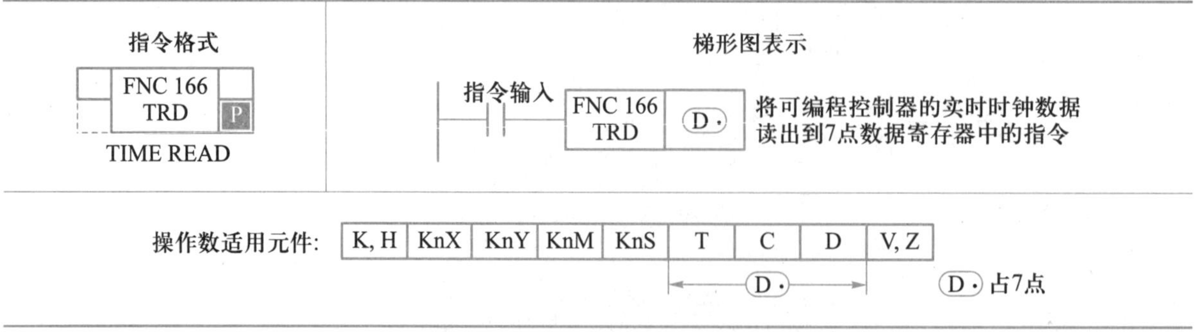

指令格式	梯形图表示
FNC 166 TRD P TIME READ	指令输入 FNC 166 TRD (D·) 将可编程控制器的实时时钟数据读出到7点数据寄存器中的指令

操作数适用元件：

K, H	KnX	KnY	KnM	KnS	T	C	D	V, Z
					(D·)	(D·)	(D·)	

(D·)占7点

（2）使用说明

将可编程控制器的时钟数据（D8013~D8019）按照图 5-27 所示格式读出到(D·)~(D·)+6 中。

特殊数据寄存器	软元件	项目	时钟数据		软元件	项目
	D8018	年 (公历)	0~99 (公历后2位数)	→	D0	年 (公历)
	D8017	月	1~12	→	D1	月
	D8016	日	1~31	→	D2	日
	D8015	时	0~23	→	D3	时
	D8014	分	0~59	→	D4	分
	D8013	秒	0~59	→	D5	秒
	D8019	星期	0 (日)~6 (六)	→	D6	星期

图 5-27　使用说明

* Ⓓ· 占用 7 点软元件。注意不要与其他控制中使用的软元件重复。

3. TCMP 时钟比较指令

（1）指令样式（见表 5-18）

表 5-18　TCMP 指令

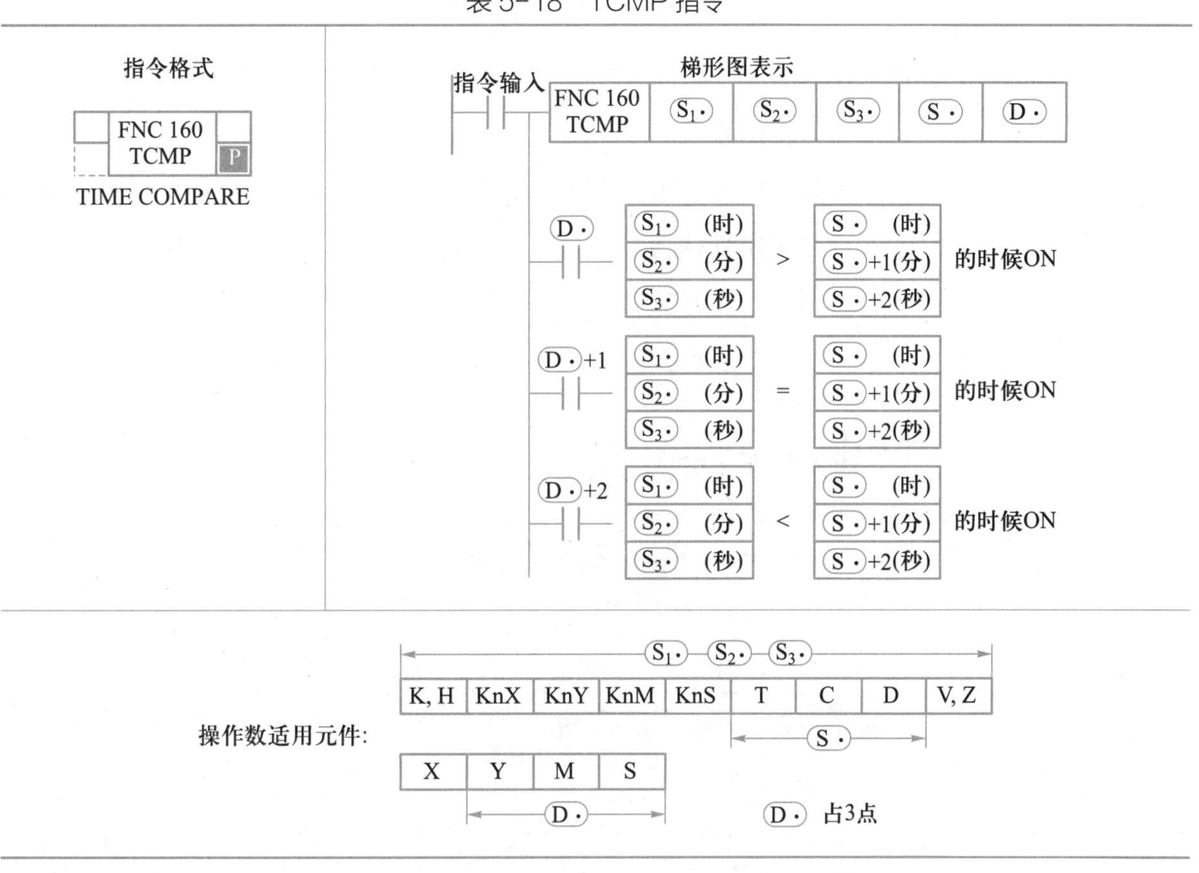

（2）使用说明

将“比较基准时间（时、分、秒）”（S_1·、S_2·、S_3·）与“时间数据（时、分、秒）”（S·、S·+1、S·+2）进行比较，根据其结果（大、一致、小），使D·、D·+1、D·+2其中一个为 ON。

* 指令输入为 OFF 时，D·~D·+2也会保持 OFF 之前的状态。

* S·、D·各占用 3 点软元件。注意不要与其他控制中使用的软元件重复。

4. FOR、NEXT 循环指令

（1）指令样式（见表 5–19）

表 5–19　FOR、NEXT 指令

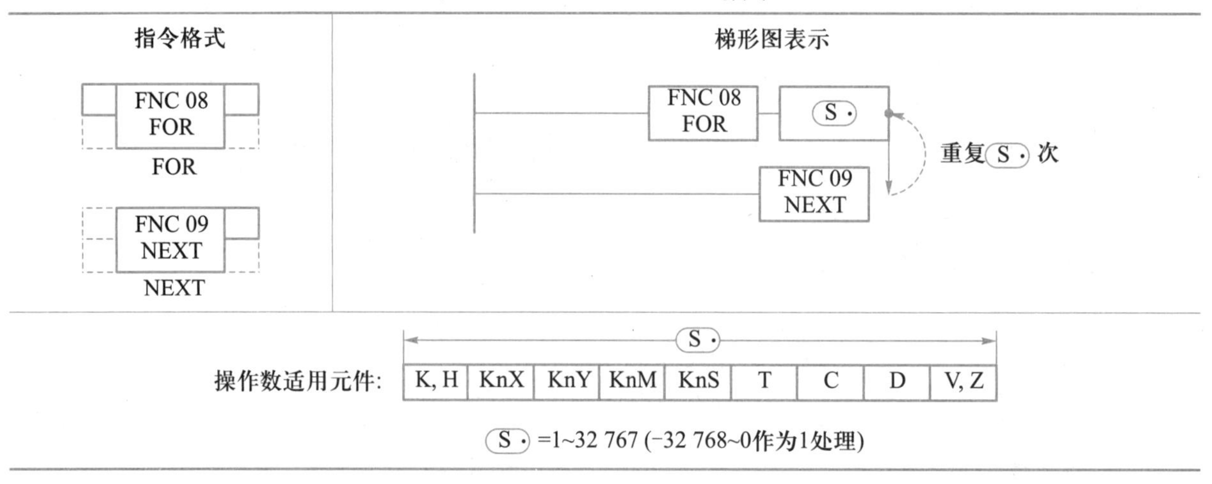

指令格式	梯形图表示
FNC 08 FOR FOR FNC 09 NEXT NEXT	FNC 08 FOR　S· FNC 09 NEXT 重复S·次

操作数适用元件：S·

K, H	KnX	KnY	KnM	KnS	T	C	D	V, Z

S·=1~32 767 (−32 768~0作为1处理)

（2）使用说明

FOR、NEXT 指令分别表示循环范围的开始与结束，FOR~NEXT 之间的程序循环执行S·次后，执行 NEXT 指令后的程序。

* FOR、NEXT 必须成对使用，FOR 在前，NEXT 在后。

* NEXT 指令应放在 FEND、END 指令的前面。

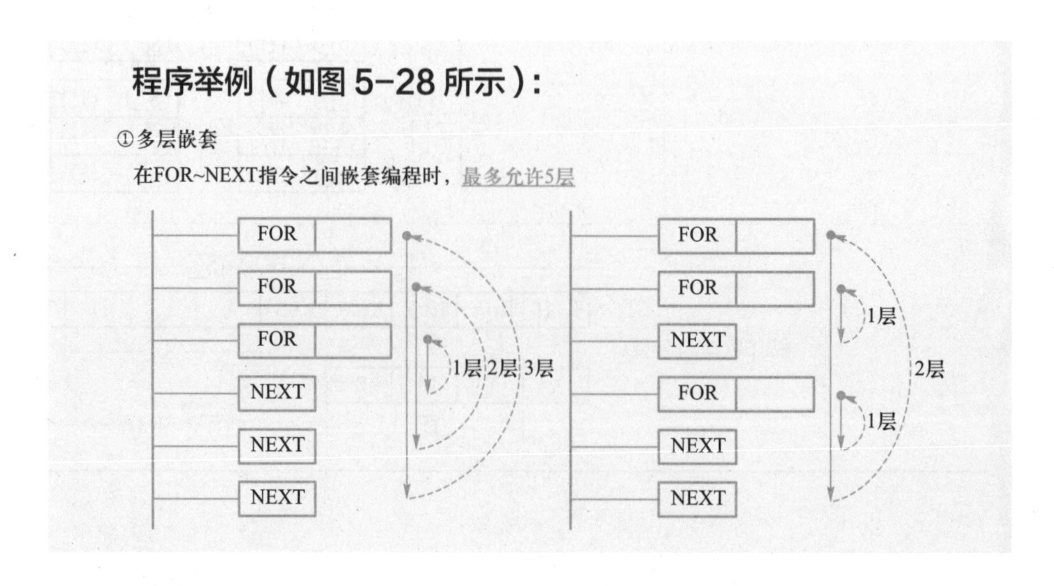

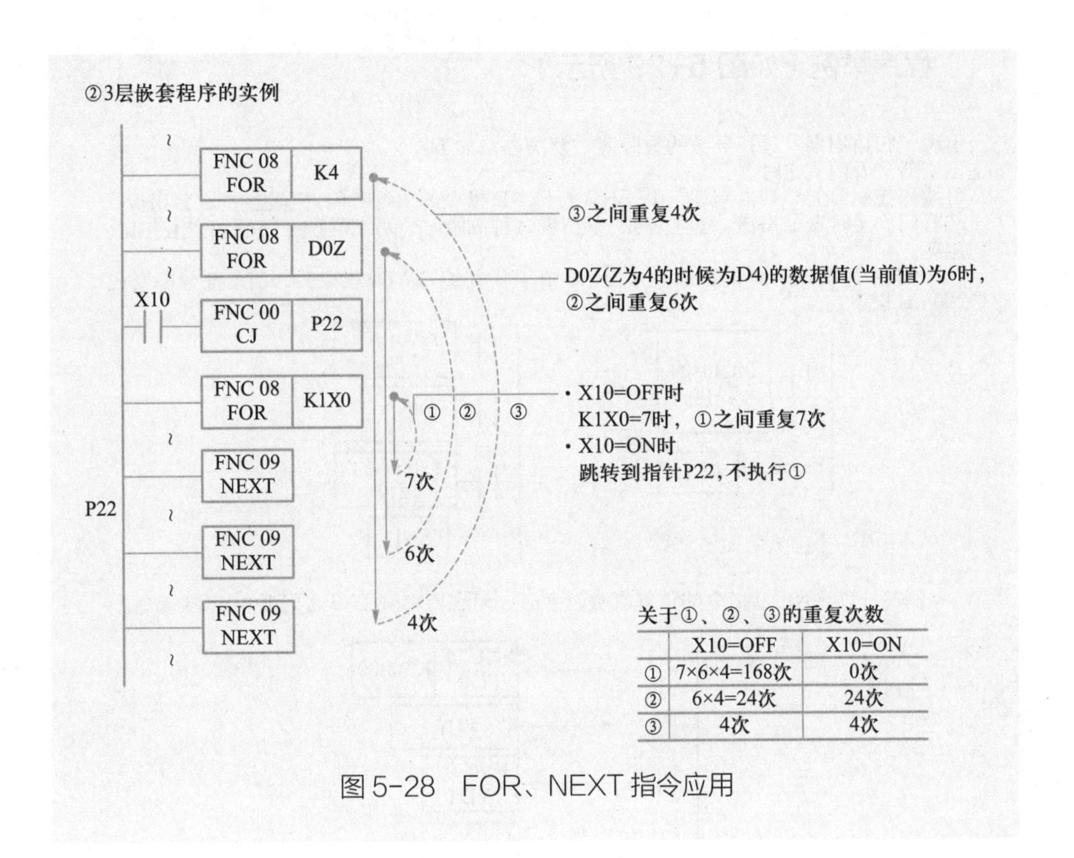

	X10=OFF	X10=ON
①	7×6×4=168次	0次
②	6×4=24次	24次
③	4次	4次

图 5-28　FOR、NEXT 指令应用

循环次数多时，扫描周期会延长，可能造成“看门狗定时器”出错；可通过更改“看门狗定时器”的时间，或者通过“WDT 指令”执行刷新操作解决该问题。

5. WDT 看门狗定时器指令

（1）指令样式（见表 5-20）

表 5-20　WDT 指令

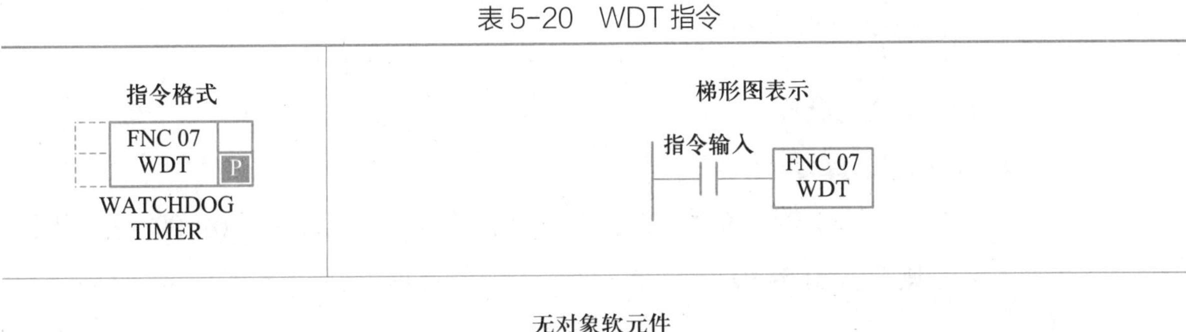

指令格式	梯形图表示
FNC 07 WDT P WATCHDOG TIMER	指令输入 FNC 07 WDT
无对象软元件	

（2）使用说明

用来在程序中刷新“看门狗定时器”（D8000）。

程序举例（如图 5-29 所示）：

出现“扫描周期”过长导致的故障时，解决办法如下：
①刷新“看门狗定时器”
可编程控制器的“扫描周期”(0~END 或 FEND 指令的执行时间) >200 ms，会出现“看门狗定时器”出错，PLC停止 。出现这种故障时，可在程序中间插入 WDT 指令避免。

例1：可将240 ms 的程序一分为二，在其中间编写WDT指令后，前后部分都变成200 ms 以下。

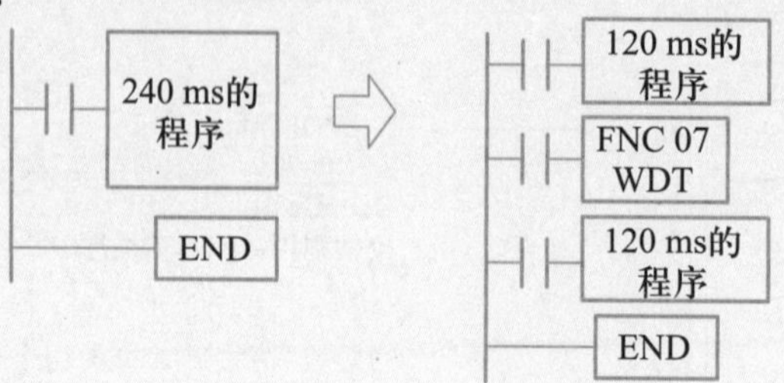

例2：FOR~NEXT指令的重复次数较多时，可在FOR~NEXT之间插入WDT指令。

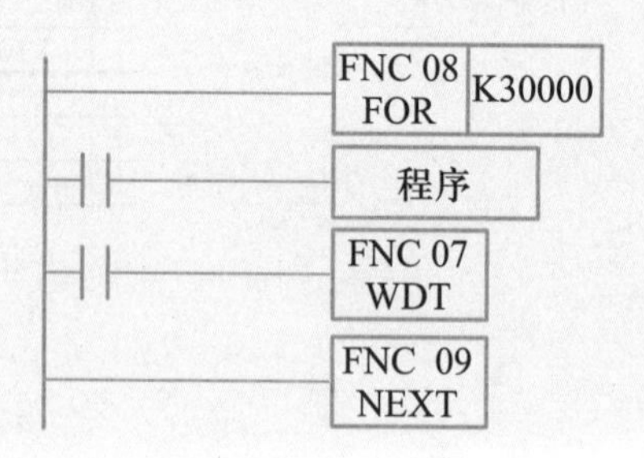

②更改“看门狗定时器”时间
通过改写D8000(看门狗定时器时间)的内容，更改“看门狗定时器”的检测时间(初始值为200 ms)。
输入如下程序后，此后会按照新的看门狗定时器时间进行监视。

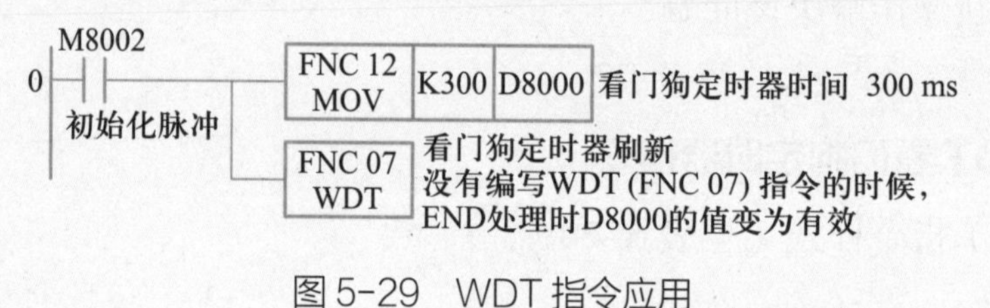

图 5-29 WDT 指令应用

拓展深化

1. 选择题

（1）若当前系统时间为“2017 年 6 月 8 日，8：30：00，星期四”，则执行图 5-30 所示程序后（　　）置位。

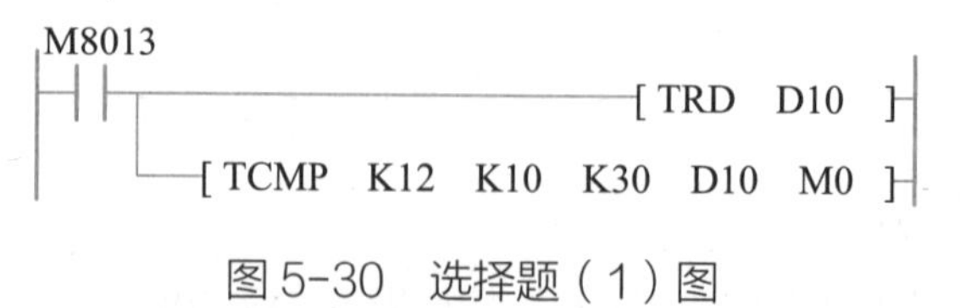

图 5-30 选择题（1）图

A. M0　　B. M1　　C. M2　　D. 无

（2）下列指令中必须成对使用的是（　　）。

A. SET 和 RST　　B. ORB 和 ANB

C. PLS 和 PLF　　　　　　　　D. FOR 和 NEXT

（3）当按下 X2 两次后，执行图 5-31 所示程序后（　　）输出。

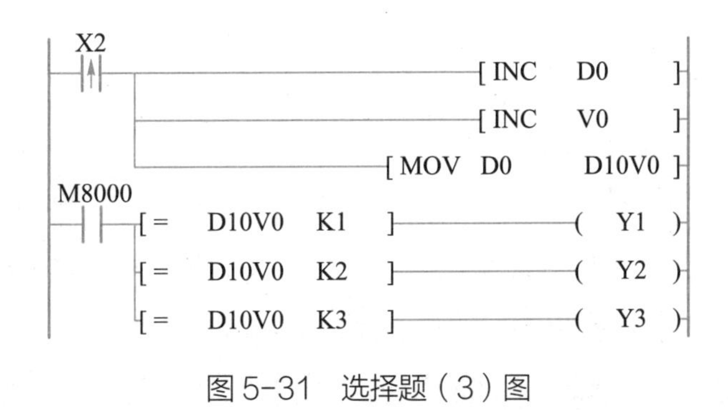

图 5-31　选择题（3）图

A. Y1　　　B. Y2　　　C. Y3　　　D. 无

2. 填空题

（1）FOR/NEXT 指令最多允许________层嵌套。

（2）看门狗定时器指令用来在程序中________________。

3. 简答题

参照图 5-24，简述所学相关理论知识。

4. 综合题

有一蔬菜生产基地，配有无人浇水系统，基地种植的某种蔬菜需要每天上午 10：00 自动浇水 10 min，浇水 3 天后要停止浇水 1 天，然后再浇水 3 天，一直按此规律进行自动浇水。

思考：如果用 PLC 程序进行控制，该如何编写程序（带注释）？

➥关于更多练习，请参看［D-1、D-2、D-4、D-5、C-3］
（FX-TRN-DATA 培训仿真软件）

专题 5.5 CALL、SRET、FEND、CJ、EI、DI、IRET 指令和 P/I 元件

本专题将探知如何应用梯形图编程语言中的“应用指令”（CALL、SRET、FEND）及 PLC“内部元件”P 编写梯形图程序，实现专题 5.4“简易智能车库的控制”。

在此基础上，解读上述应用指令及中断指令与指针 P/I 等相关知识内容。

问题引入

子程序可以把整个用户程序按照功能进行结构化的组织，将大量的控制任务分割成许多小块的控制任务。

这样的结构非常有利于分步调试，可以避免许多功能综合在一起无法判断问题所在的情况；而且类似的项目也只需要对同一个子程序做很小的修改就能适用。有些子程序还可以通过中断启动，用于即时响应处理紧急事件。

下面将参照图 5-32 中的标注（①~④），说明子程序的执行过程：当主程序调用（见图中①）一个子程序时，控制就转到（②）子程序，执行（③）子程序中的指令；当子程序执行完后，再返回（④）主程序继续执行。

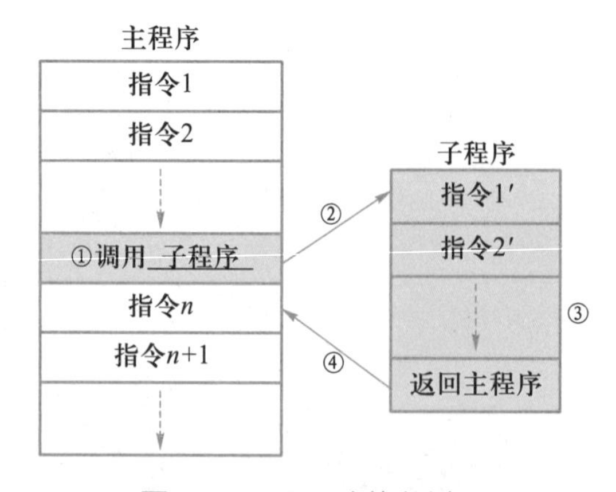

图 5-32　子程序执行过程

那么，试想专题 5.4“简易智能车库的控制”若采用调用“子程序”的形式，该如何实现呢？

探究解决

将专题5.4的控制任务划分为“初始化数据（P0）”“采集与显示（P1）”“校验通行码（P2）”及“控制设备”4个部分。其中，“控制设备”功能程序编写在主程序中，其他3部分功能采用调用子程序的形式实现。

1. I/O分配（见表5-21）

表5-21 PLC输入输出端子（I/O）分配表

输入端子	功能说明	输出端子	功能说明
X0	车库门到达下限位置	Y0	车库门上升
X1	车库门到达上限位置	Y1	车库门下降
X2	入口传感器	—	—
X3	出口传感器	Y6	车库门上方照明灯
X10~X17	指轮输入	Y10~Y17	两位数码管
X20	确认按键PB1	—	—

2. 梯形图程序

参照图5-33中的标注（①~⑥），学习编写该程序。

说明：

（1）子程序

FEND指令（①）表示主程序结束，将子程序编写在FEND和END指令之间。执行该指令时，刷新输入、输出后返回到程序的第0步继续执行。

指针P0~P2（②）表示各子程序的“开始”，SRET指令（③）表示子程序的“结束”。

“子程序P1、P2”分别通过指定的辅助寄存器M0、M12（④）与M20（⑤）将比较判断的结果返回至“主程序”。

（2）主程序

通过CALL指令（⑥）实现对各“子程序”的调用，并依据其返回的结果（④⑤）控制对应设备。

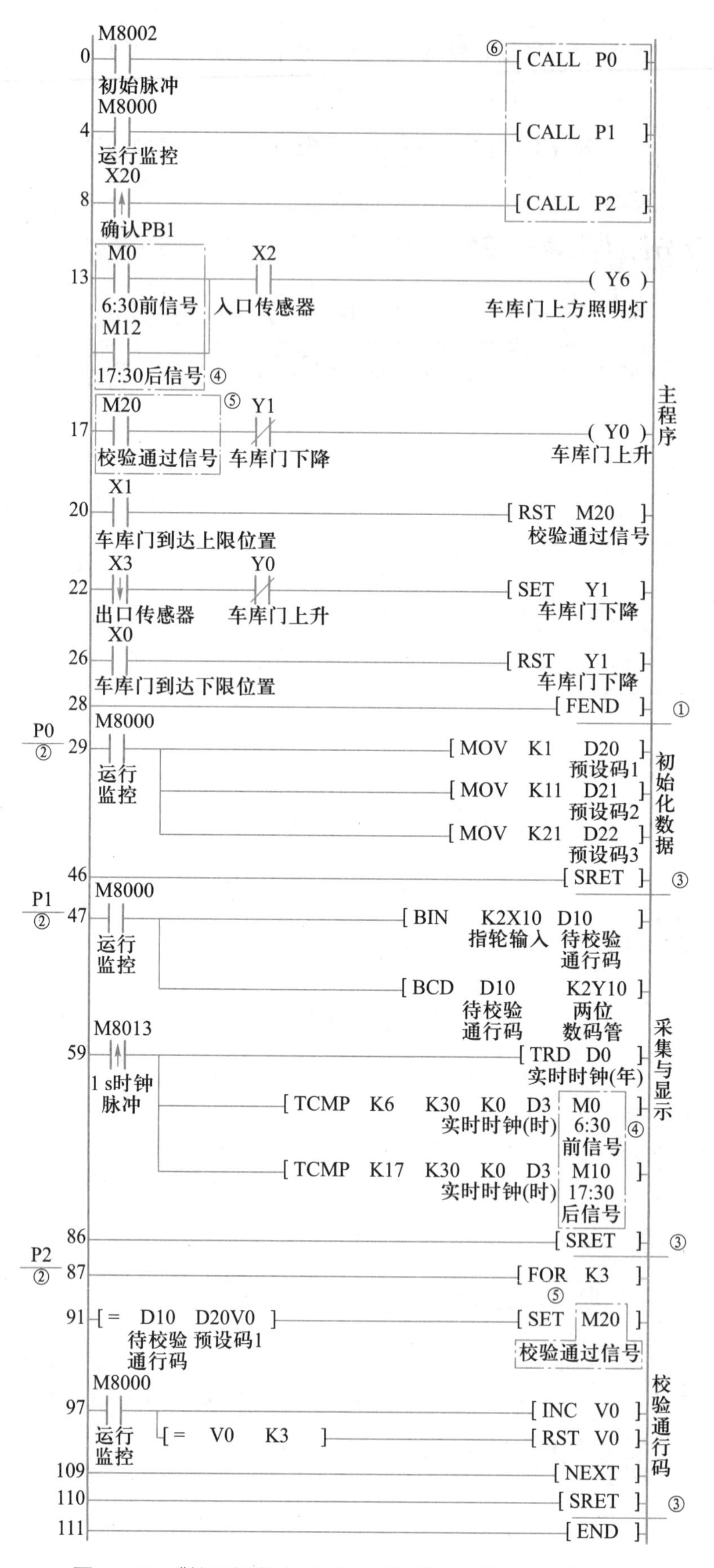

图 5-33 “简易智能车库的控制”梯形图程序（带注释）

3. 指令表程序

步	指令					
0	LD	M8002				
1	CALL	P0				
4	LD	M8000				
5	CALL	P1				
8	LDP	X20				
10	CALL	P2				
13	LD	M0				
14	OR	M12				
15	AND	X2				
16	OUT	Y6				
17	LD	M20				
18	ANI	Y1				
19	OUT	Y0				
20	LD	X1				
21	RST	M20				
22	LDF	X3				
24	ANI	Y0				
25	SET	Y1				
26	LD	X0				
27	RST	Y1				
28	FEND					
29	P0					
30	LD	M8000				
31	MOV	K1	D20			
36	MOV	K11	D21			
41	MOV	K21	D22			
46	SRET					
47	P1					
48	LD	M8000				
49	BIN	K2X10	D10			
54	BCD	D10	K2Y10			
59	LDP	M8013				
61	TRD	D0				
64	TCMP	K6	K30	K0	D3	M0
75	TCMP	K17	K30	K0	D3	M10
86	SRET					
87	P2					
88	FOR	K3				
91	LD=	D10	D20V0			
96	SET	M20				
97	LD	M8000				
98	INC	V0				
101	AND=	V0	K3			
106	RST	V0				
109	NEXT					
110	SRET					
111	END					

完成程序的编写后，可分别在 FX 仿真软件 E-6 与 F-1 界面中完成该系统各部分功能的调试。

知识链接

下面让我们一起学习与图 5-33 所示程序相关联的理论知识。

学习过程中，大家可以想一想还可以应用它们去解决哪些实际问题。

1. P、I元件

指针（P、I）用做跳转、中断等程序的入口地址。

* 无触点、线圈，与跳转、子程序、中断程序等指令配合使用。
* 按十进制编号。

① 分支指针：P0~P62，P64~P4095 共 4 095 个（END 跳转用 P63）。

② 中断指针：

输入中断用 I00 □（X0），I10 □（X1），…，I50 □（X5），共 6 个。

定时器中断用 I6 □□~I8 □□，共 3 个。

计数器中断用 I010~I060，共 6 个（本书未涉及）。

2. FEND 主程序结束指令

（1）指令样式（见表 5-22）

表 5-22　FEND 指令

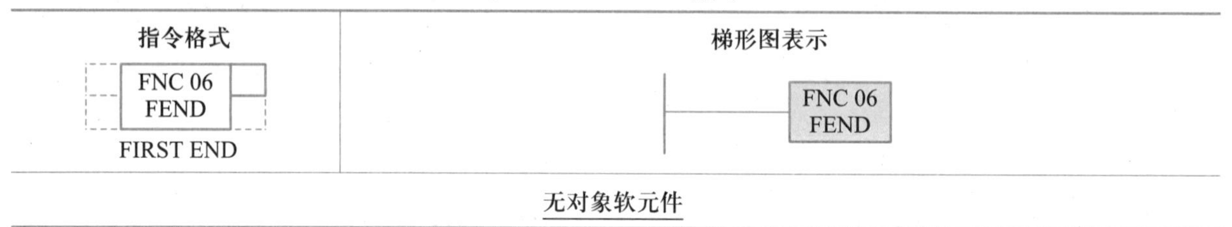

无对象软元件

（2）使用说明

执行 FEND 指令与 END 指令类似，进行输出处理、输入处理、看门狗定时器的刷新，然后返回到程序的 0 步。编写“子程序”和“中断程序”时需使用该指令。

3. CALL、SRET 子程序调用指令

（1）指令样式（见表 5-23）

表 5-23　CALL、SRET 指令

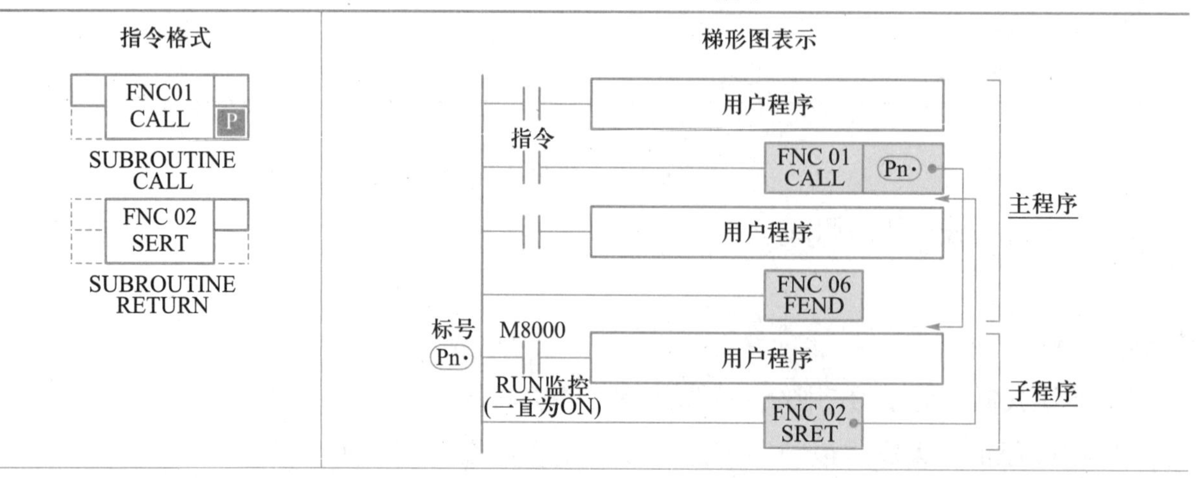

操作数适用元件：标号 Pn· 可指定 P0~P62，P64~P4095；Pn· 占 1 步程序步

（2）使用说明

当指令输入为 ON 时，执行 CALL 指令，向标号 Pn· 跳转；接着，执行标号 Pn· 的子程序；执行 SRET 后，返回到 CALL 指令的下一步。

（3）注意事项

* 主程序在前，子程序在后，以 FEND 指令分隔。

* CALL 指令所使用标号应写在 FEND 指令之后。

* 标号不能重复“使用”，但不同的 CALL 指令可以调用同一标号的子程序。

* 子程序最多允许 5 层嵌套。

程序举例：

子程序内的多重 CALL 实例（2 层嵌套，如图 5-34 所示）

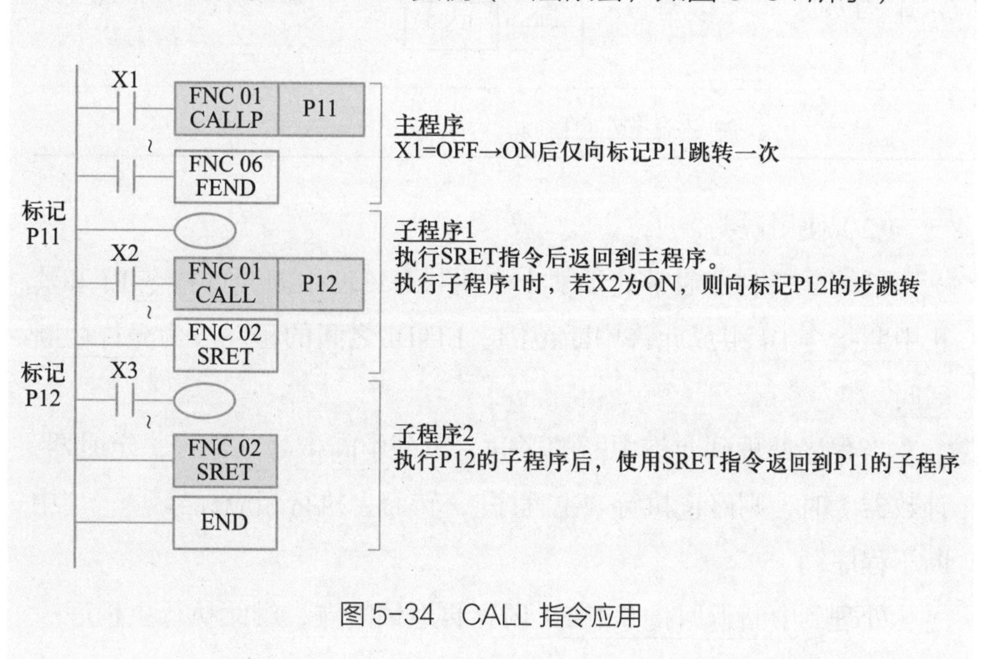

图 5-34　CALL 指令应用

由 PLC 工作原理可知，通过循环扫描，PLC 可以对全部 I/O 进行一次性取样与刷新，从而保证了同一循环周期内的输入状态的唯一性，提高了软件可靠性。但是这种“按部就班”的工作方式同时也大幅度降低了 PLC 对输入的响应速度，以至于无法完成系统所需的高速处理任务。

为解决这一问题，可通过“EI、DI、IRET 指令”启动中断，实现对紧急事件的即时响应处理。

4. EI、DI、IRET 中断指令

（1）指令样式（见表 5-24）

表 5-24　EI、DI、IRET 指令

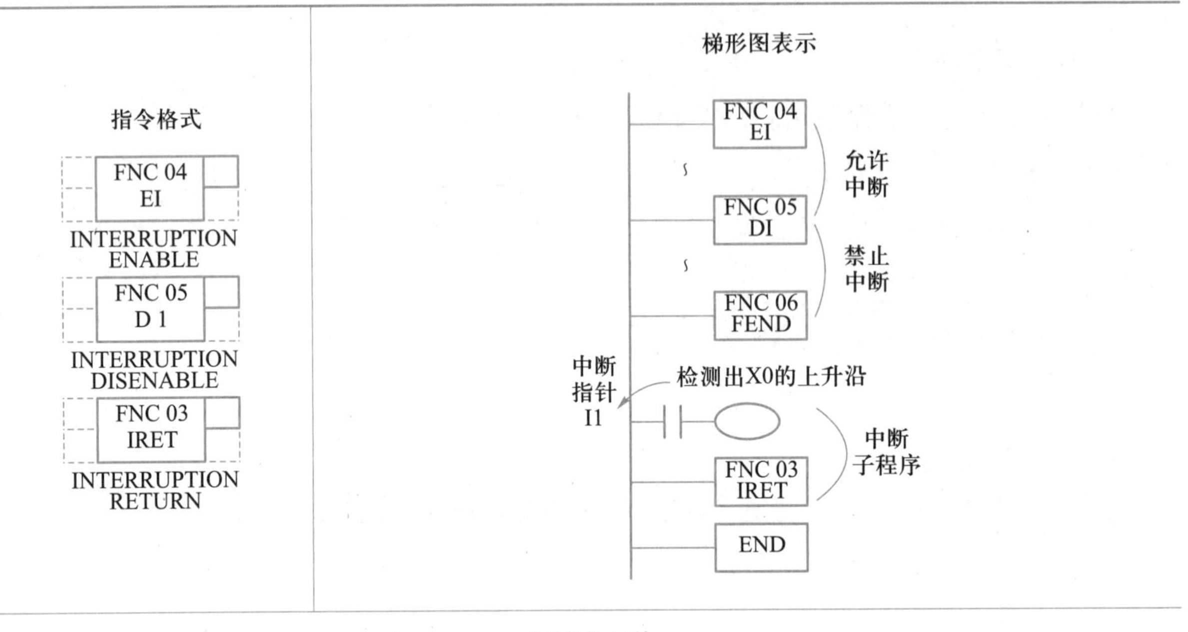

无对象软元件

（2）使用说明

可编程控制器通常处于禁止中断状态，由中断允许指令 EI 和禁止中断指令 DI 组成允许中断范围，EI~DI 之间的程序段为允许中断区间。

当程序处理到允许中断的区间，出现中断信号（输入，定时器，计数器）时，则停止执行“主程序”，转而去执行相应标号 (I□□□) “中断子程序”。

处理到中断返回指令 IRET 时，再返回断点，继续执行主程序。

（3）注意事项

* 主程序在前，中断程序在后，以 FEND 指令分隔。

* 在 DI~EI 指令之间（禁止中断区域）发生的中断会被存储，并在 EI 执行之后再执行；无须中断禁止时，可只用 EI 指令，不必用 DI 指令。

* FX_{3U} 设置有 9 个中断源，对应中断标号 I0 □□~I8 □□；多个中断依次发生时，以先发生为优先；完全同时发生时，中断指针号较低的有优先权。

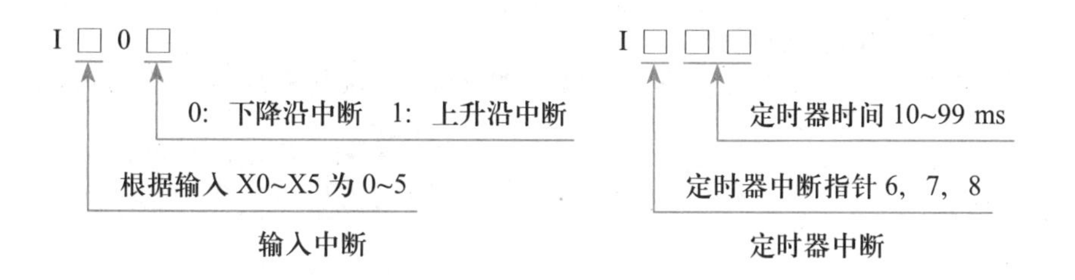

＊执行一个中断子程序时，如果在中断子程序中编写 EI、DI 指令，可实现二级中断嵌套。

＊当 M8050~M8058 为 ON 时，禁止执行相应 I0 □□~I8 □□的中断；

当 M8059 为 ON 时，禁止所有计数器中断（本书未涉及）。

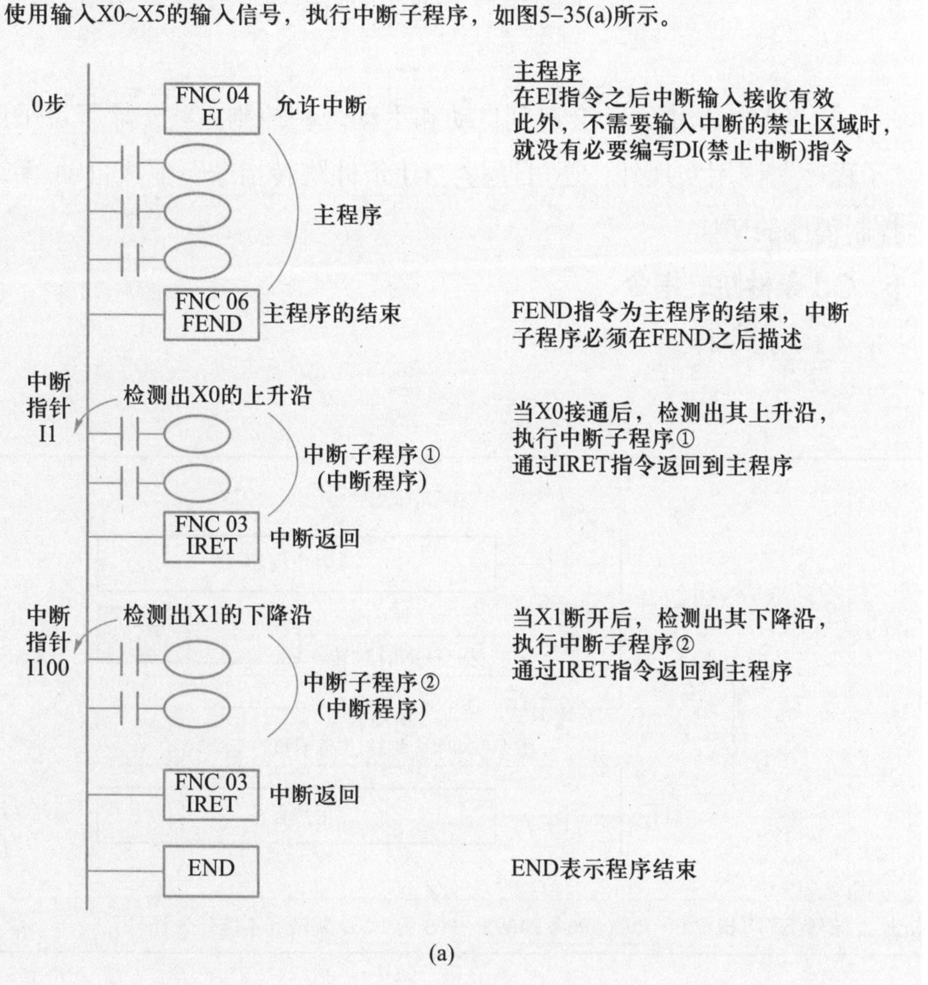

(a)

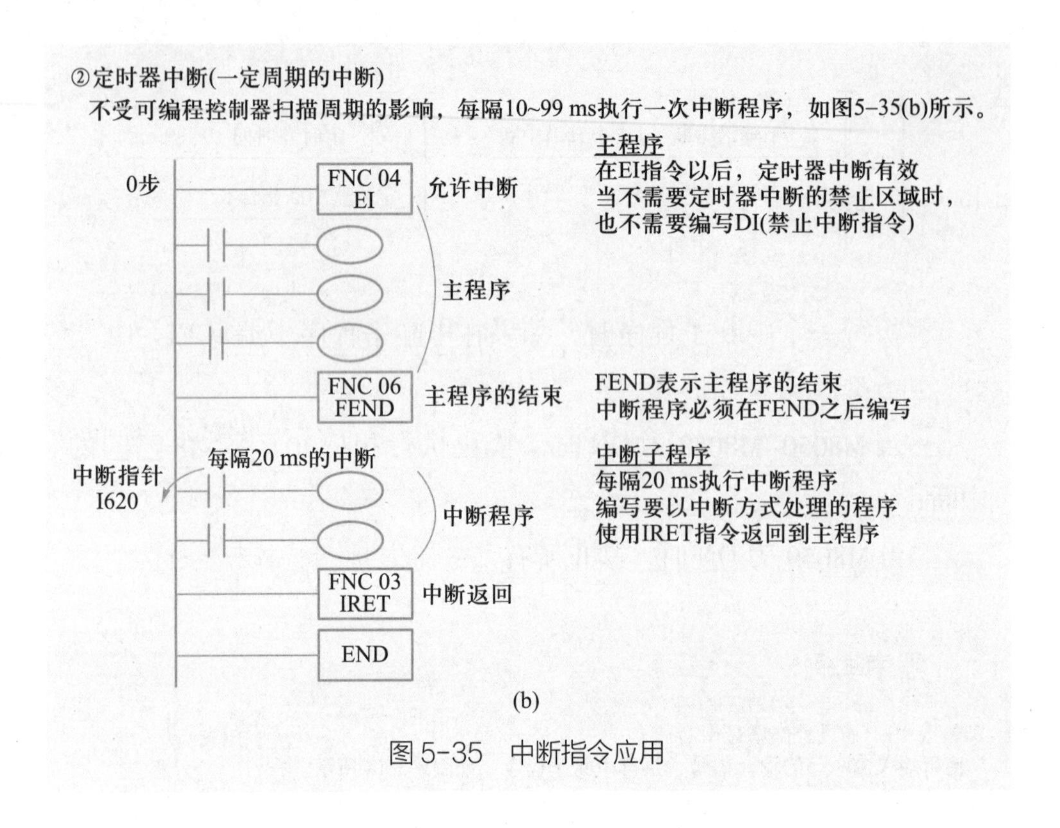

图 5-35　中断指令应用

在工业控制中经常会遇到自动和手动两种控制方式，除了可采用“子程序”调用实现外，还可通过“CJ 条件跳转指令”完成自动/手动控制程序的切换。

5. CJ 条件跳转指令

（1）指令样式（见表 5-25）

表 5-25　CJ 指令

指令格式	梯形图表示
FNC 00 CJ P CONDITIONAL JUMP	用户程序 指令 CJ　Pn· 指令ON时跳转 用户程序 指令ON时被跳转，而不执行运算 标号 Pn· 用户程序
操作数适用元件：标号 Pn· 可指定 P0~P62，P64~P4095，P63 为 END 跳转（不能作为标号）	

（2）使用说明

当指令输入为 ON 时，转向执行指定标号 Pn· 的程序。

* 标号不能重复“使用”，但不同的 CJ 指令可以跳转到同一标号。

＊标号可以在跳转指令之前或之后。

程序举例：

CJ 指令应用如图 5-36 所示。

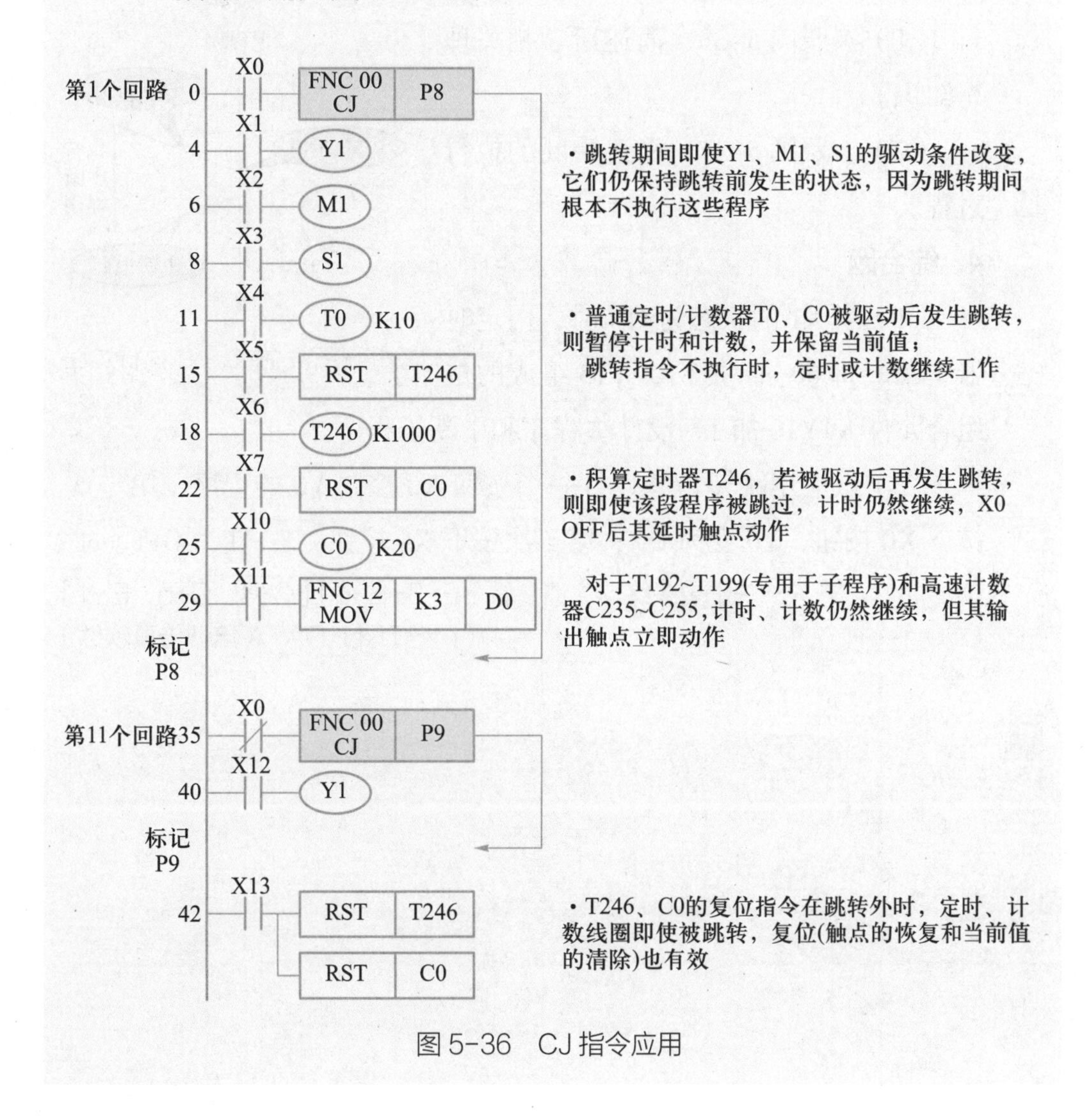

图 5-36 CJ 指令应用

拓展深化

1. 选择题

（1）PLC 中子程序常用于需要多次反复执行相同任务的地方，需要写（　　）。

A. 1 次　　B. 2 次　　C. 3 次　　D. 4 次

（2）中断处理结束，其返回指令是（　　）。

A. FEND　　B. RET　　C. SRET　　D. IRET

2. 填空题

（1）FX_{3U} 系列 PLC 的指令系统包括基本指令、步进指令和__________。

（2）__________不能重复“使用”，但不同的 CALL 指令可以调用同一__________的子程序。

（3）中断最多允许__________嵌套。

3. 简答题

（1）参照图 5-33，简述所学相关理论知识。

（2）参照图 5-37，简述中断的执行过程。

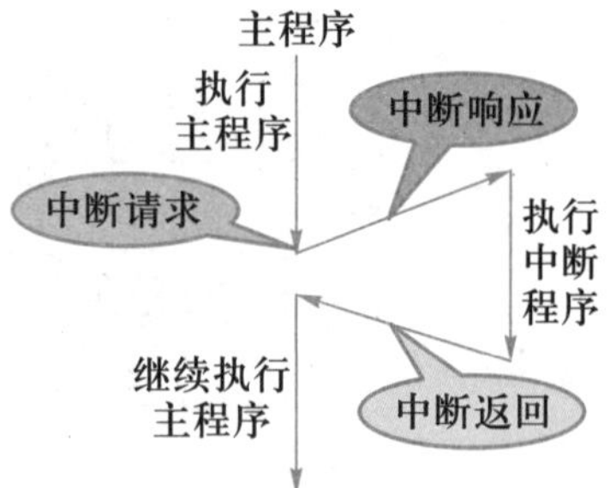

图 5-37 “中断”的执行过程

4. 综合题

（1）当 X1 的状态为 ON 时，用定时器中断，每 60 ms 将 Y10~Y13 组成的位组合元件 K1Y10 加 1，设计主程序和中断子程序。

（2）试应用跳转指令设计一个按钮 X0 控制 Y0 的程序，第一次按下 X0 按钮，Y0 变为 ON；第二次按下 X0 按钮，Y0 变为 OFF。

➥关于更多练习，请参看［E-3~E-6］［C-4、C-5、E-1］（FX-TRN-DATA 培训仿真软件）

知识脉络梳理-第5篇　应用指令及编程方法

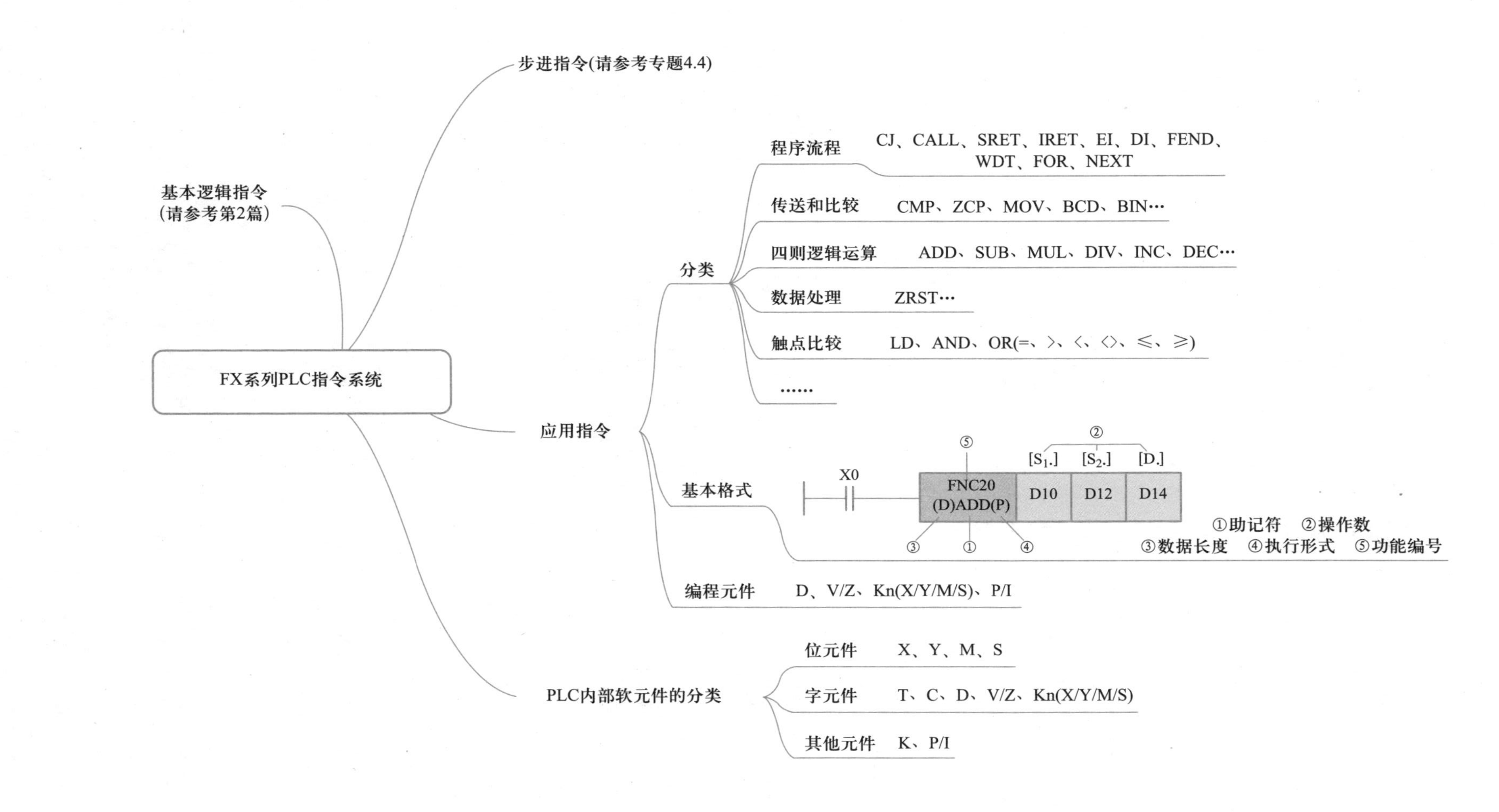

附录

附录 1 FX_{3U} 系列 PLC

节选修改自《微型可编程控制器-FX 系列样本》《FX3 PLC eBook》及《FX_{3U} 系列用户手册［硬件篇］》

1.0 FX 系列产品的型号名体系（基本单元、输入、输出增设设备）

编号	项目	记号	内容
①	系列名称	FX_{SA}，FX_{3GA}，FX_{3GE}，FX_{GC}，FX_{3UC}，FX_{3U} 等	
②	输入·输出合计点数	8，16，32，40，60，80 等	
③	模块划分	M	基本单元
		E	输入·输出混合的扩展设备
		EX	输入扩展模块
		EY	输出扩展模块
		EXL	直流 5V 输入扩展模块
④	输出形式	R	继电器输出
		S	双向晶闸管输出
		T	晶体管输出

型号名体系

FX_{3U} － 16 M R /ES □

① ② ③ ④ ⑤ ⑥

⑤ 电源、输入·输出方式

记号	基本·扩展单元 电源	基本·扩展单元 输入形式	基本·扩展单元 晶体管输出形式	输入·输出扩展配块 输入形式	输入·输出扩展配块 晶体管输出形式
没有记号	AC	DC24V，sink	sink	sink	sink
/ES	AC	DC24V，sink/source	sink	—	—
/ESS	AC	DC24V，sink/source	source	—	—
/DS	DC	DC24V，sink/source	sink	—	—
/DSS	DC	DC24V，sink/source	source	—	—
/UA1 -UA1	AC	AC100V	—	AC100V	—
/D-D	DC	DC24V，sink	sink	—	—
-LT -LT-2	DC	DC24V，sink	sink	—	—
-CM	AC	DC24V，sink/source	sink	—	—

⑥ 其他末尾的记号

记号	内容
-A	面向亚洲的产品
-CM	面向中国的产品
-T	端子排连接
-C	连接器连接
-S-ES	独立接点的增设块
-H	大容量类型
/UL	UL 规格适合*1
I-2AD	内置 2ch 模拟量

*1：其他产品的 UL 规格适合状况，请阅览规格对应表。

1.1 FX_{3U} 系统构成

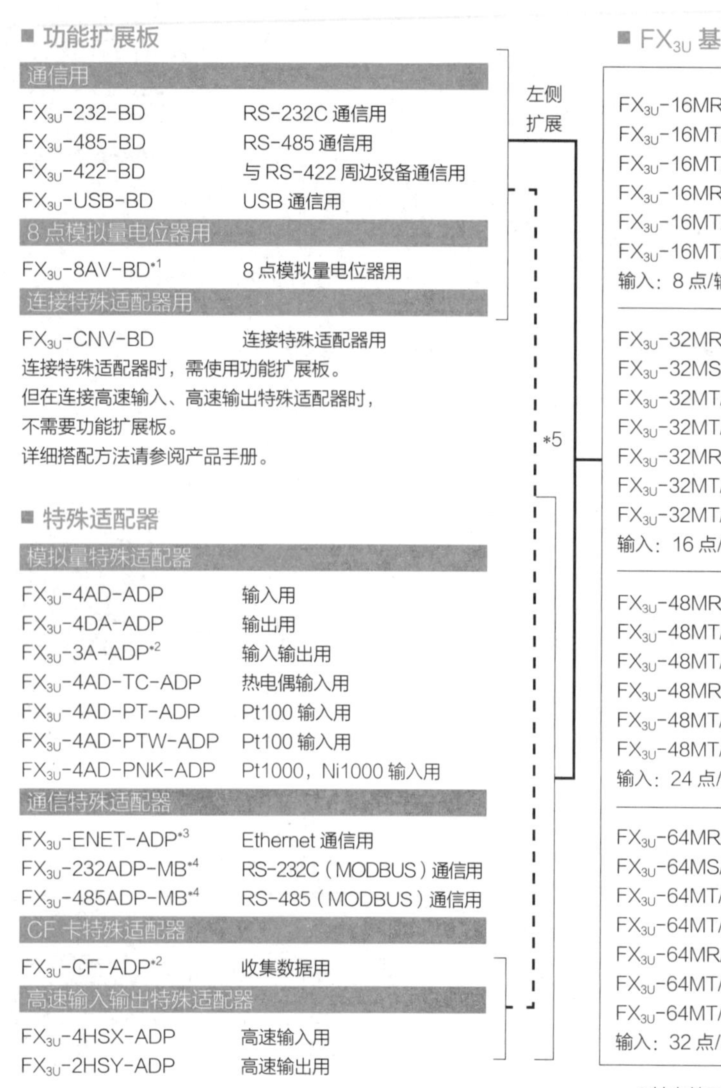

■ 功能扩展板

通信用

FX_{3U}-232-BD	RS-232C 通信用
FX_{3U}-485-BD	RS-485 通信用
FX_{3U}-422-BD	与 RS-422 周边设备通信用
FX_{3U}-USB-BD	USB 通信用

8 点模拟量电位器用

FX_{3U}-8AV-BD*1	8 点模拟量电位器用

连接特殊适配器用

FX_{3U}-CNV-BD	连接特殊适配器用

连接特殊适配器时，需使用功能扩展板。
但在连接高速输入、高速输出特殊适配器时，
不需要功能扩展板。
详细搭配方法请参阅产品手册。

左侧扩展

*5

■ 特殊适配器

模拟量特殊适配器

FX_{3U}-4AD-ADP	输入用
FX_{3U}-4DA-ADP	输出用
FX_{3U}-3A-ADP*2	输入输出用
FX_{3U}-4AD-TC-ADP	热电偶输入用
FX_{3U}-4AD-PT-ADP	Pt100 输入用
FX_{3U}-4AD-PTW-ADP	Pt100 输入用
FX_{3U}-4AD-PNK-ADP	Pt1000，Ni1000 输入用

通信特殊适配器

FX_{3U}-ENET-ADP*3	Ethernet 通信用
FX_{3U}-232ADP-MB*4	RS-232C（MODBUS）通信用
FX_{3U}-485ADP-MB*4	RS-485（MODBUS）通信用

CF 卡特殊适配器

FX_{3U}-CF-ADP*2	收集数据用

高速输入输出特殊适配器

FX_{3U}-4HSX-ADP	高速输入用
FX_{3U}-2HSY-ADP	高速输出用

■ FX_{3U} 基本单元

FX_{3U}-16MR/ES-A	AC	D	R
FX_{3U}-16MT/ES-A	AC	D	T1
FX_{3U}-16MT/ESS	AC	D	T2
FX_{3U}-16MR/DS	DC	D	R
FX_{3U}-16MT/DS	DC	D	T1
FX_{3U}-16MT/DSS	DC	D	T2

输入：8 点/输出：8 点

FX_{3U}-32MR/ES-A	AC	D	R
FX_{3U}-32MS/ES	AC	D	S
FX_{3U}-32MT/ES-A	AC	D	T1
FX_{3U}-32MT/ESS	AC	D	T2
FX_{3U}-32MR/DS	DC	D	R
FX_{3U}-32MT/DS	DC	D	T1
FX_{3U}-32MT/DSS	DC	D	T2

输入：16 点/输出：16 点

FX_{3U}-48MR/ES-A	AC	D	R
FX_{3U}-48MT/ES-A	AC	D	T1
FX_{3U}-48MT/ESS	AC	D	T2
FX_{3U}-48MR/DS	DC	D	R
FX_{3U}-48MT/DS	DC	D	T1
FX_{3U}-48MT/DSS	DC	D	T2

输入：24 点/输出：24 点

FX_{3U}-64MR/ES-A	AC	D	R
FX_{3U}-64MS/ES	AC	D	S
FX_{3U}-64MT/ES-A	AC	D	T1
FX_{3U}-64MT/ESS	AC	D	T2
FX_{3U}-64MR/DS	DC	D	R
FX_{3U}-64MT/DS	DC	D	T1
FX_{3U}-64MT/DSS	DC	D	T2

输入：32 点/输出 32 点

FX_{3U}-80MR/ES-A	AC	D	R
FX_{3U}-80MT/ES-A	AC	D	T1
FX_{3U}-80MT/ESS	AC	D	T2
FX_{3U}-80MR/DS	DC	D	R
FX_{3U}-80MT/DS	DC	D	T1
FX_{3U}-80MT/DSS	DC	D	T2

输入：40 点/输出：40 点

FX_{3U}-128MR/ES-A	AC	D	R
FX_{3U}-128MT/ES-A	AC	D	T1
FX_{3U}-128MT/ESS	AC	D	T2

输入：64 点/输出：64 点

FX_{3U}-32MR/UA1	AC	A	R

输入：16 点/输出：16 点

FX_{3U}-64MR/UA1	AC	A	R

输入：32 点/输出：32 点

AC	AC电源
DC	DC电源
A	AC输入
D	DC输入（漏型/源型）
R	继电器输出
T1	晶体管输出（漏型）
T2	晶体管输出（源型）
S	双向晶闸管输出

右侧扩展

*1 基本单元 Ver.2.70 以上适用
*2 基本单元 Ver.2.61 以上适用
*3 基本单元 Ver.3.10 以上适用、在适配器左端只能安装 1 台
*4 基本单元 Ver.2.40 以上适用
*5 在高速输入输出特殊适配器的后段连接特殊适配器时需要功能扩展板
*6 基本单元 Ver.2.21 以上适用
*7 基本单元 Ver.3.00 以上适用

■ 扩展设备

输入扩展模块

FX_{2N}-8EX
FX_{2N}-8EX-ES/UL
FX_{2N}-8EX-UA1/UL
FX_{2N}-16EX
FX_{2N}-16EX-C
FX_{2N}-16EXL-C
FX_{2N}-16EX-ES/UL

输入输出扩展模块

FX_{2N}-8ER
FX_{2N}-8ER-ES/UL

输出扩展模块

FX_{2N}-8EYR
FX_{2N}-8EYT
FX_{2N}-8EYT-H
FX_{2N}-8EYR-ES/UL
FX_{2N}-8EYT-ESS/UL
FX_{2N}-8EYR-S-ES/UL
FX_{2N}-16EYR
FX_{2N}-16EYT
FX_{2N}-16EYT-C
FX_{2N}-16EYS
FX_{2N}-16EYR-ES/UL
FX_{2N}-16EYT-ESS/UL

输入输出扩展单元

FX_{2N}-32ER
FX_{2N}-32ES
FX_{2N}-32ET
FX_{2N}-32ER-ES/UL
FX_{2N}-32ET-ESS/UL
FX_{2N}-48ER
FX_{2N}-48ET
FX_{2N}-48ER-ES/UL
FX_{2N}-48ET-ESS/UL
FX_{2N}-48ER-UA1/UL
FX_{2N}-48ER-D
FX_{2N}-48ET-D
FX_{2N}-48ER-DS
FX_{2N}-48ET-DSS

特殊扩展模块/单元

• 模拟量 A/D 转换
FX_{2N}-8AD
FX_{3U}-4AD

• 模拟量 D/A 转换
FX_{3U}-4DA

• AD/DA 混合
FX_{2N}-5A

• 温度调节
FX_{3U}-4LC

• 定位控制
FX_{3U}-2HC
FX_{3U}-1PG
FX_{2N}-10PG
FX_{3U}-20SSC-H
FX_{2N}-10GM
FX_{2N}-20GM
FX_{2N}-1RM-E-SET

• 通信/网络
FX_{2N}-232IF
FX_{3U}-16CCL-M
FX_{3U}-64CCL
FX_{2N}-64CL-M
FX_{3U}-ENET-L*6

电源扩展单元

FX_{3U}-1PSU-5V

■ 选件

显示模块	显示模块支架	存储器盒	辅件	扩展延长电缆	连接器转换适配器
FX_{3U}-7DM	FX_{3U}-7DM-HLD	FX_{3U}-FLROM-16 FX_{3U}-FLROM-64 FX_{3U}-FLROM-64L FX_{3U}-FLROM-1M*7	FX_{3U}-32BL 电池（基本单元已装配）	FX_{0N}-30EC（30 cm） FX_{0N}-65EC（65 cm）	FX_{2N}-CNV-BC

■ 周边设备

显示器	手持编程器	连接计算机用转换器	编程软件
GOT SIMPLE, GOT1000，GOT2000	FX-30P	FX-USB-AW　USB 用 FX-232AWC-H　RS-232 用	GX Works2

1.2　FX_{3U} 系列规格概要

项目		规格概要
电源、输入输出	电源规格	AC 电源型：AC100~240V　50/60Hz　DC 电源型：DC24V
	消耗电量	AC 电源型：30W（16M），35W（32M），40W（48M），45W（64M），50W（80M），65W（128M） DC 电源型：25W（16M），30W（32M），35W（48M），40W（64M），45W（80M）
	冲击电流	AC 电源型：最大 30 A　5 ms 以下/AC100V，最大 45A　5 ms 以下/AC200V
	24V 供给电源	AC 电源 DC 输入型：400 mA 以下（16M,32M）,600 mA 以下（48M，64M，80M，128M）
	输入规格	DC 输入型：DC24V，5/7 mA（无电压触点或漏型输入时：NPN 型开路集电极晶体管，源型输入时：PNP 型开路集电极晶体管） AC 输入型：AC100~120V AC 电压输入
	输出规格	继电器输出型：2A/1 点，8A/4 点 COM，8A/8 点 COM；AC250V（取得 CE、UL/cUL 认证时为 240V），DC30V 以下 双向晶闸管型：0.3A/1 点，0.8A/4 点 COM；AC85~242V 晶体管输出型：0.5A/1 点，0.8A/4 点，1.6A/8 点 COM；DC5~30V
	输入输出扩展	可连接 FX_{2N} 系列用扩展设备
内置通信端口		RS-422

1.3　FX_{3U} 系列性能规格

常用：　不常用：　未涉列：

项目		FX_{3U}
运算控制方法		存储程序循环运算方式（专用 LSI），具有中断功能
输入·输出控制方法		一次性处理方式（执行 END 指令时）、输入·输出刷新指令、具备脉冲捕捉功能
程序语言		继电器符号方式 + 步进方式（可通过 SFC 来表现）
程序存储器	最大存储器容量	64 000 步骤（注释，包含文件寄存器共 64 000 步骤）
	内存容量·形式	64 000 步骤 RAM（通过内置锂电池进行备份）、具有密码保护功能，可容纳源信息*5

项目		FX_{3U}	
程序存储器	存储器（选配）	闪存 64 000 个步骤【附带装载功能（FX_{3UC} 为 Ver.2.20~）/无装载功能】 16 000 步骤（FX_{3UC} 为 Ver.2.20~）容许写入次数：10 000 次，可容纳源信息[*5]	
	RUN 中写入功能	有（在可编程控制器 RUN 中可以变更程序，但不包括 SFC 程序及列表程序等）	
CC-Link/LT 主功能		—	
显示模块（根据机型不同有可能会无法安装[*1]）	显示设备	STN 单色液晶，附有背光灯（绿色）	
	显示字符	半角 16 字符 ×4 行，全角 8 字符 ×4 行，英文数字	
	功能	监视/测试、用户登录监视、错误检查、状态显示、任意的信息显示	
实时时钟	时钟功能	内置 1980~2079 年（带有闰年修正）、公历 2 位/4 位、月差 ±45 s/25℃	
指令的种类	顺控程序，步进	顺控指令 29 个，步进指令 2 个	
	应用指令	219 种	
运算处理速度	基本指令	0.065 μs/命令	
	应用指令	0.642~数百 μs/指令	
输入·输出点数	① 选用扩展设备时输入点数	248 点以下	合计：256 点以下
	② 选用扩展设备时输出点数	248 点以下	
	③ 远程 I/O 点数	256 点以下[*10]	
	上述①~③的合计点数	384 点以下	
输入·输出继电器	输入继电器	X0~X367　248 点　软元件编号为八进制编号　输入、输出合计 256 点	
	输出继电器	Y0~Y367　248 点　软元件编号为八进制编号　输入、输出合计 256 点	
辅助继电器	一般用途[*2]	M0~M499　500 点	
	保持用[*3]	M500~M1023　524 点	
	保持用[*4]	M1024~M7679　6,656 点	
	特殊用途	M8000~M8511　512 点	
状态	初始状态[*2]	S0~S9　10 点	
	一般用途[*2]	S10~S499　490 点	
	保持用[*3]	S500~S899　400 点	
	报警器用[*3]	S900~S999　100 点	
	保持用[*4]	S1000~S4095　3,096 点	

续表

项目		FX_{3U}
时钟（延迟）	100 ms	T0~T199　200 点（0.1~3276.7 s）　T192~T199　8 点用于例程
	10 ms	T200~T245　46 点（0.01~327.67 s）
	1 ms 累计式	T246~T249　4 点（0.001~32.767 s）
	100 ms 累计式	T250~T255　6 点（0.1~3276.7 s）
	1 ms	T256~T511　256 点（0.001~32.767 s）
计数器	一般用上升（16 位）[*2]	C0~C99　100 点（0~32,767 计数器）
	保持用上升（16 位）[*3]	C100~C199　100 点（0~32,767 计数器）
	一般用双向（32 位）[*2]	C200~C219　20 点（-2,147,483,648~+2,147,483,647 计数器）
	保持用双向（32 位）[*3]	C220~C234　15 点（-2,147,483,648~+2,147,483,647 计数器）
高速计数器	单相单计数输入双向（32 位）	C235~C245
	单相双计数输入双向（32 位）	C246~C250
	双相双计数输入双向（32 位）	C251~C255
数据寄存器（成对使用 32 位）	一般用（16 位）[*2]	D0~D199　200 点
	保持用（16 位）[*3]	D200~D511　312 点
	保持用（16 位）[*4]	D512~D7999　7,488 点（可以通过参数 D1000 以后的以 500 点为单位来设置文件寄存器）[*9]
	特殊用途（16 位）	D8000~D8511　512 点
	变址用（16 位）	V0~V7，Z0~Z7　16 点
扩展用文件寄存器（16 位）		R0~R32767　32,768 点　通过电池进行停电保持
扩展文件寄存器（16 位）		ER0~ER32767　32,768 点　仅可在装有存储器组件时使用[*9]
指针	JUMP，CALL 分支用	P0~P4095　4,096 点　CJ 命令，CALL 命令用
	输入中断、输入延迟中断	I0□□~I5□□　6 点
	时钟中断	I6□□~I8□□　3 点
	计数器中断	I010~I060　6 点　HSCS 命令用
嵌套	主控用	N0~N7　8 点　MC 命令用

项目		FX3U
定量	十进制数（K）	16 位　-32,768~+32,767
		32 位　-2,147,483,648~+2,147,483,647
	十六进制数（H）	16 位　0~FFFF
		32 位　0~FFFFFFFF
	实数（E）	32 位　-1.0×2^{128}~-1.0×2^{-126}，0，1.0×2^{-126}~1.0×2^{128} 可以使用小数点和指数
	字符串（"　"）	用字符串"　"选定的字符来进行指定。作为指令的常数，最多可使用 32 个半角字符

*1：FX_{3U} 为选配件。FX_{3UC}-32MT-LT(-2) 为标准配件。FX_{3UC} 的其他机型无法安装
*2：非电池备份范围。可以通过参数的设置来更改备用电池领域
*3：电池备份范围。可以通过参数的设定来更改非备用电池领域
*4：固定的电池备份范围。无法更改领域的特性
*5：Ver.3.00 以上适用。详情请参照手册
*6：FX_{3UC}-32MT-LT(-2)，内置主站功能，控制点数在 256 点以下
*7：FX_{3UC}-32MT-LT(-2)，在 240 点以下
*8：FX_{3UC}-32MT-LT 需要由 Ver.2.20 以上对应。其他机型由初代产品对应
*9：存储器可写入次数为 1 万次以下
*10：对应使用 FX_{3U}-16CCL-M 形 CC-Link 主块的情况

1.4　FX_{3U} 系列产品一览

系列	型号	电源	输入点	输入规格	输出点	输出规格	宽度/mm×高度/mm×深度/mm
FX3U	FX3U-16MR/ES-A	AC100-240V	8	DC24V（漏型/源型）	8	继电器	130×90×86
FX3U	FX3U-16MT/ES-A	AC100-240V	8	DC24V（漏型/源型）	8	晶体管（漏型）	
FX3U	FX3U-16MT/ESS	AC100-240V	8	DC24V（漏型/源型）	8	晶体管（源型）	
FX3U	FX3U-32MR/ES-A	AC100-240V	16	DC24V（漏型/源型）	16	继电器	50×90×86
FX3U	FX3U-32MT/ES-A	AC100-240V	16	DC24V（漏型/源型）	16	晶体管（漏型）	
FX3U	FX3U-32MT/ESS	AC100-240V	16	DC24V（漏型/源型）	16	晶体管（源型）	
FX3U	FX3U-32MS/ES	AC100-240V	16	DC24V（漏型/源型）	16	晶闸管	

续表

系列	型号	电源	输入点	输入规格	输出点	输出规格	宽度/mm×高度/mm×深度/mm
FX3U	FX3U-48MR/ES-A	AC100-240V	24	DC24V（漏型/源型）	24	继电器	182×90×86
FX3U	FX3U-48MT/ES-A	AC100-240V	24	DC24V（漏型/源型）	24	晶体管（漏型）	
FX3U	FX3U-48MT/ESS	AC100-240V	24	DC24V（漏型/源型）	24	晶体管（源型）	
FX3U	FX3U -64MR/ES-A	AC100-240V	32	DC24V（漏型/源型）	32	继电器	220×90×86
FX3U	FX3U-64MT/ES-A	AC100-240V	32	DC24V（漏型/源型）	32	晶体管（漏型）	
FX3U	FX3U-64MT/ESS	AC100-240V	32	DC24V（漏型/源型）	32	晶体管（源型）	
FX3U	FX3U-64MS/ES	AC100-240V	32	DC24V（漏型/源型）	32	晶闸管	
FX3U	FX3U-80MR/ES-A	AC100-240V	40	DC24V（漏型/源型）	40	继电器	285×90×86
FX3U	FX3U-80MT/ES-A	AC100-240V	40	DC24V（漏型/源型）	40	晶体管（漏型）	
FX3U	FX3U-80MT/ESS	AC100-240V	40	DC24V（漏型/源型）	40	晶体管（源型）	
FX3U	FX3U-128MR/ES-A	AC100-240V	64	DC24V（漏型/源型）	64	继电器	350×90×86
FX3U	FX3U-128MT/ES-A	AC100-240V	64	DC24V（漏型/源型）	64	晶体管（漏型）	
FX3U	FX3U-128MT/ESS	AC100-240V	64	DC24V（漏型/源型）	64	晶体管（源型）	
FX3U	FX3U-16MR/DS	DC24V	8	DC24V（漏型/源型）	8	继电器	130×90×86
FX3U	FX3U-16MT/DS	DC24V	8	DC24V（漏型/源型）	8	晶体管（漏型）	
FX3U	FX3U-16MT/DSS	DC24V	8	DC24V（漏型/源型）	8	晶体管（源型）	

续表

系列	型号	电源	输入点	输入规格	输出点	输出规格	宽度/mm×高度/mm×深度/mm
FX3U	FX3U-32MR/DS	DC24V	16	DC24V（漏型/源型）	16	继电器	150×90×86
FX3U	FX3U-32MT/DS	DC24V	16	DC24V（漏型/源型）	16	晶体管（漏型）	
FX3U	FX3U-32MT/DSS	DC24V	16	DC24V（漏型/源型）	16	晶体管（源型）	
FX3U	FX3U-48MR/DS	DC24V	24	DC24V（漏型/源型）	24	继电器	182×90×86
FX3U	FX3U-48MT/DS	DC24V	24	DC24V（漏型/源型）	24	晶体管（漏型）	
FX3U	FX3U-48MT/DSS	DC24V	24	DC24V（漏型/源型）	24	晶体管（源型）	
FX3U	FX3U-64MR/DS	DC24V	32	DC24V（漏型/源型）	32	继电器	220×90×86
FX3U	FX3U-64MT/DS	DC24V	32	DC24V（漏型/源型）	32	晶体管（漏型）	
FX3U	FX3U-64MT/DSS	DC24V	32	DC24V（漏型/源型）	32	晶体管（源型）	
FX3U	FX3U-80MR/DS	DC24V	40	DC24V（漏型/源型）	40	继电器	285×90×86
FX3U	FX3U-80MT/DS	DC24V	40	DC24V（漏型/源型）	40	晶体管（漏型）	
FX3U	FX3U-80MT/DSS	DC24V	40	DC24V（漏型/源型）	40	晶体管（源型）	
FX3U	FX3U-32MR/UA1	AC100-240V	16	AC100V	16	继电器	182×90×86
FX3U	FX3U-64MR/UA1	AC100-240V	32	AC100V	32	继电器	285×90×86

1.5　FX_{3U} 系列端子排列说明（如附图 1-1 所示）

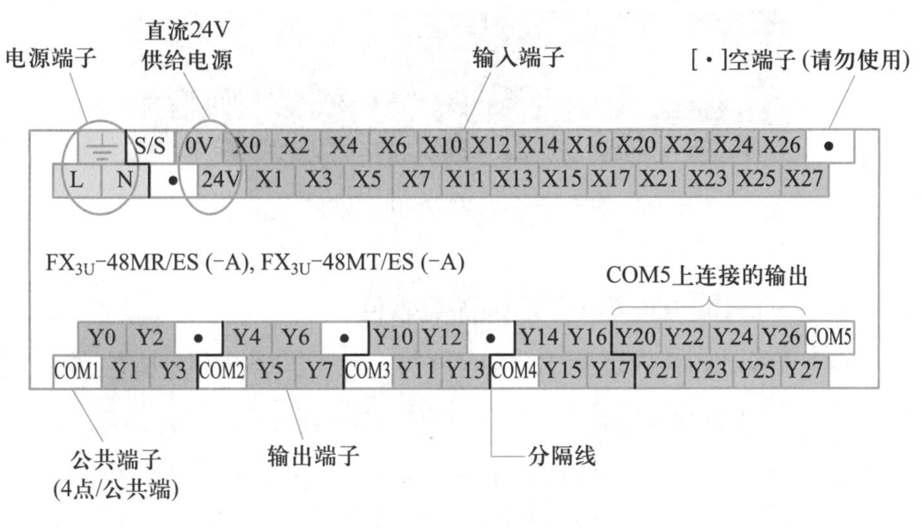

附图 1-1　端子排列

➥关于更多型号基本单元的端子排列说明，请参看《FX_{3U} 系列用户手册［硬件篇］》-4.7

编程与仿真软件如附图 2-1 所示。

附图 2-1　编程与仿真软件

2.1　FX-TRN-BEG-C 培训仿真软件

FX-TRN-BEG-C 是为 FX 系列 PLC 设计的培训仿真软件，其优点是占用的存储空间小，培训和仿真界面友好，具有简单的 PLC 培训功能模块和强大的仿真功能，以及先进的交互性，可运行在 Windows 操作系统中。使用时，可参照如下流程熟悉该培训仿真软件。

Step1：启动软件。

Step2：熟悉主界面配置（如附图 2-2 所示）。

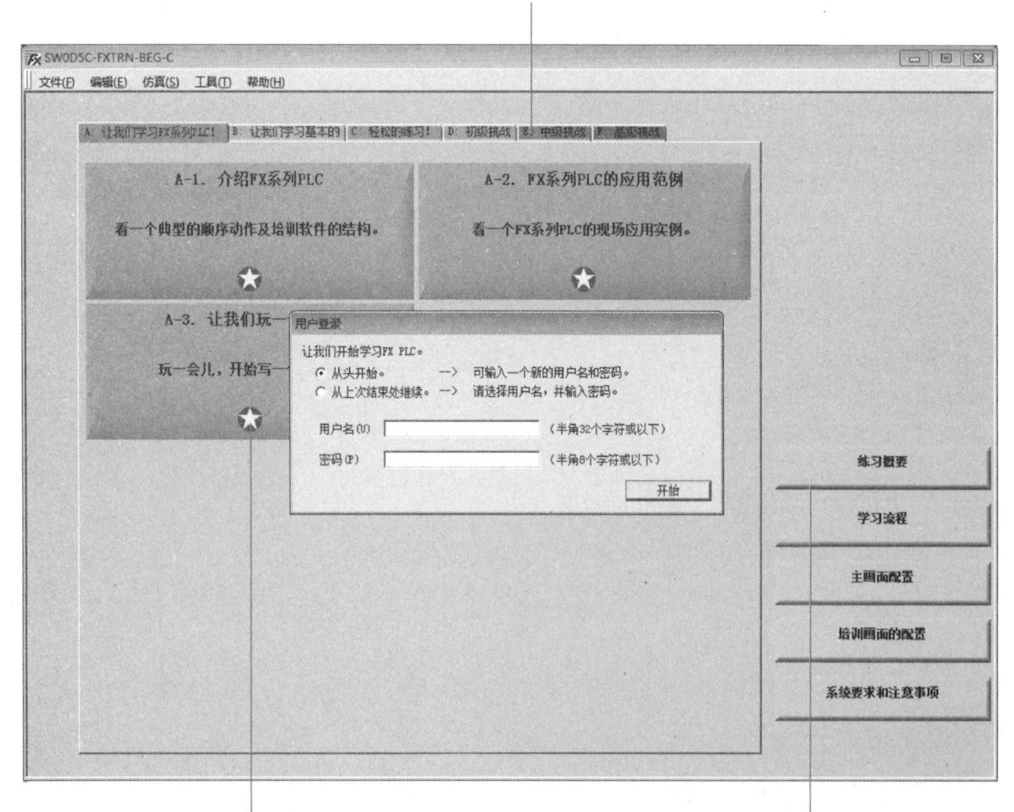

附图 2-2　主界面

Step3：开始练习。

仿真软件的 A–1、A–2 两个练习章节中介绍了 PLC 的基础知识，从 A–3 的练习章节开始，可以进行编程和仿真培训练习，编程仿真界面各区域功能如附图 2–3 所示。

索引窗口
显示练习指导和操作方法，
引导你完成这个练习

3D画面仿真
根据你的程序模拟机械的动作，
可以正视、俯视或侧视来显示仿真画面

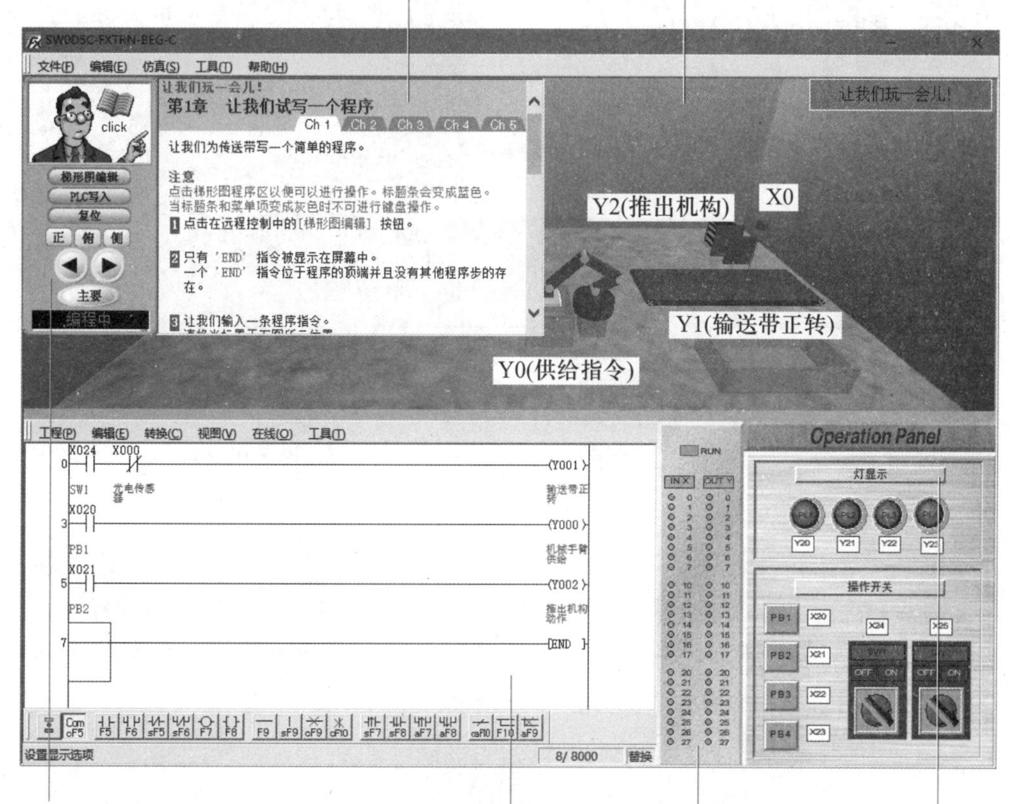

远程控制
提供简易操作的按钮。
当单击人像时，
可方便隐藏或者显示索引窗口

[梯形图编辑]
创建和编辑一个程序

[PLC写入]
将程序写入安装的PLC中

[复位]
复位整个动作
(例如，当一个部件在仿真中卡住时使用)

[正/俯/侧]
改变仿真的视觉角度

[</>]
回到前一个画面或转到下一个画面

[主要]
回到主画面

梯形图程序区域
在此编写PLC程序
(主要的操作基本和GX Developer、FX系列编程软件相同)

输入输出映像表
通过LED显示虚拟PLC的输入/输出状态

操作面板
显示输入开关和输出灯，
通过单击来操作开关，
灯由PLC的输出来控制

附图 2–3　各区域功能

小提示：注释添加、显示的方法（如附图 2–4 所示）

按照仿真软件各练习“索引窗口”或本教材的指导进行编程时，可先完成“注释添加与显示”的设置，这样便可在编程过程中一并完成程序注释的添加，进而增加程序的可读性。

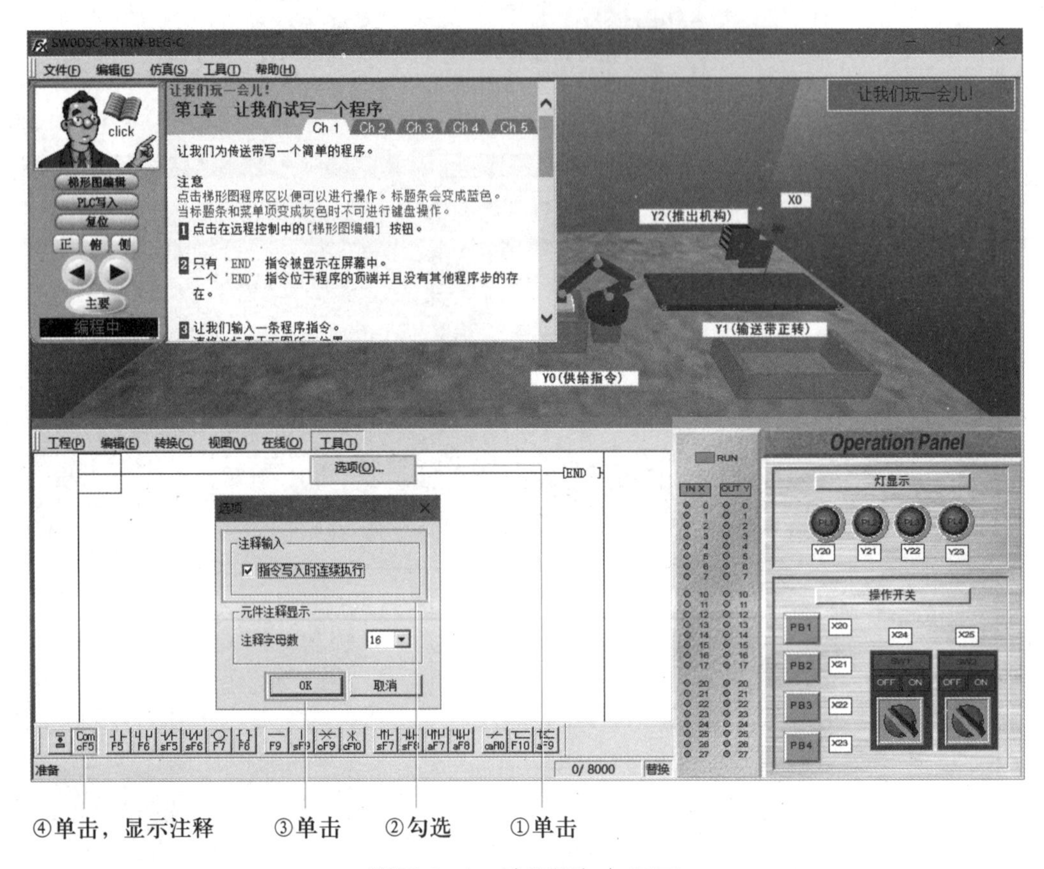

附图 2–4　注释添加与显示

2.2　宇龙机电控制仿真软件

宇龙机电控制仿真软件由一个开放式的元器件库、控制对象和可视化的机电控制仿真平台构成。其中元器件库中含有电路、液压、气压中常用到的部件，控制对象（含有传送带、机械手、售货机等）、3D 控制对象（含水塔、混料罐、传送带等）。该软件可通过系统自带的各种功能仿真部件，自由搭建用户所需要的电、液、气的自动控制系统。

使用时，可参照如下流程熟悉该仿真软件。

Step1：启动软件并登录。

Step2：熟悉主界面（如附图 2–5 所示）。

标题栏 菜单栏 工具栏

元件库 仿真操作区

附图 2-5　主界面

➥请参考《宇龙机电控制仿真软件使用手册》中 3.2.1 节

Step3：开始练习 —— 搭建自动控制系统。

① 分析系统的组成。

② 在仿真操作区，添加元器件并连接电气线路。

➥请参考《宇龙机电控制仿真软件使用手册》中 3.2.3 节（1）电路编辑

③ 导入外部程序。

④ 仿真运行，验证所搭建系统的正确性。

➥请参考《宇龙机电控制仿真软件使用手册》中 3.2.3 节（4）PLC 梯形图程序编辑与仿真及其控制电路

2.3　GX Developer 编程软件

节选修改自《FX 系列可编程控制器（入门篇）》

GX Developer 是一种基于 Windows 的操作系统，并支持 Q 系列、QnA 系列、A 系列、FX 系列 PLC 及运动控制等设备的全系列编程软件。它可以采用梯形图、指令表、SFC 及功能块等多种方法编程，

GX Works2 编程软件操作简介

可以方便地在现场进行程序的在线更改，具有丰富的监控、诊断及调试功能，能迅速排除故障。GX Developer 还可进行网络参数设定，并通过网络实现诊断及监控。

2.3.1 GX Developer 操作的基础知识

1. GX Developer 界面（如附图 2-6 所示）

附图 2-6　界面

2. 项目（工程）

④中所说的“项目”（工程），是指程序、软元件注释、参数、软元件存储器的一种集合体。在 GX Developer 中，把一连串数据的集合体称为“项目”，被当做 Windows 的文件包进行保存。

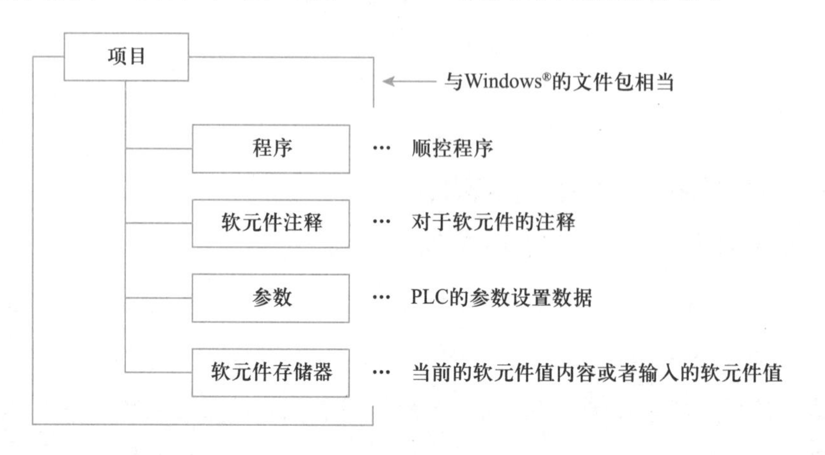

2.3.2　GX Developer 的启动和新项目（工程）的创建

1. GX Developer 的启动（如附图 2–7 所示）

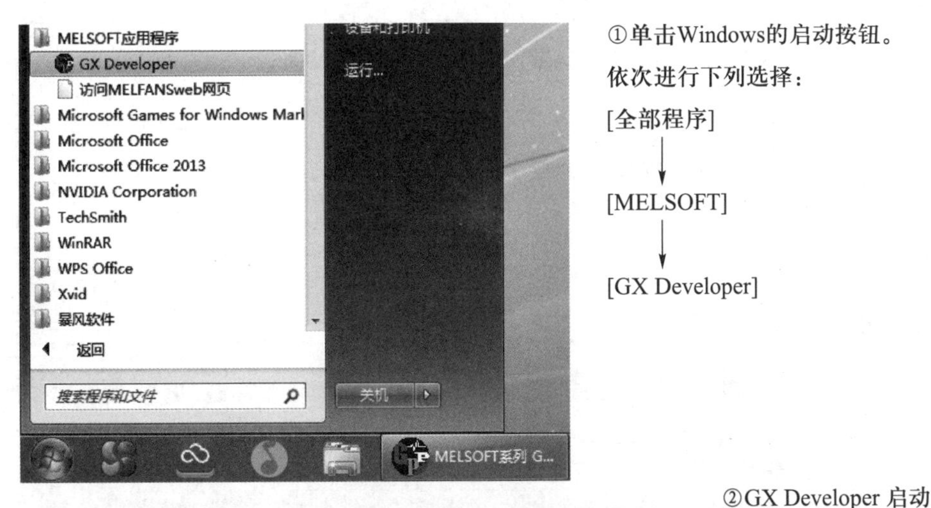

②GX Developer 启动

附图 2–7　启动

2. 新项目（工程）的创建（如附图 2–8 所示）

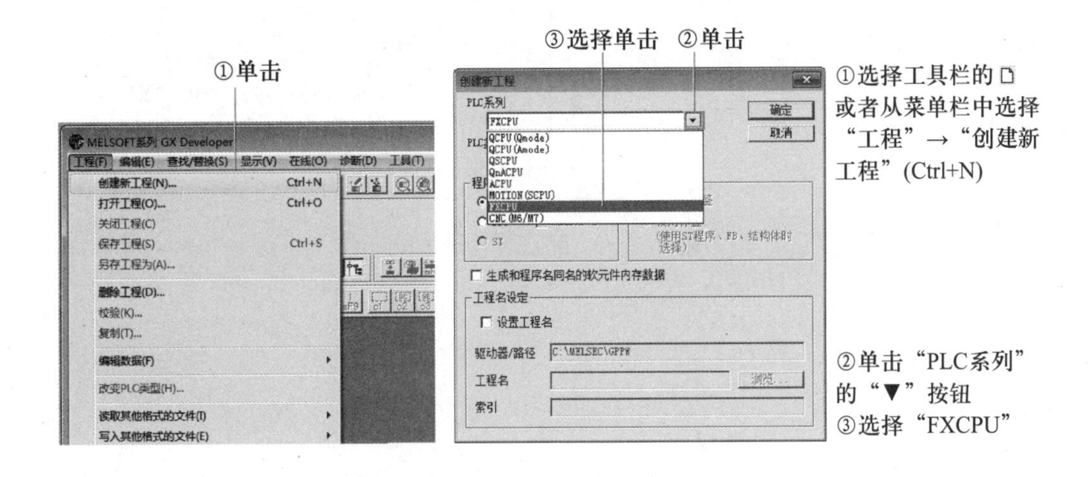

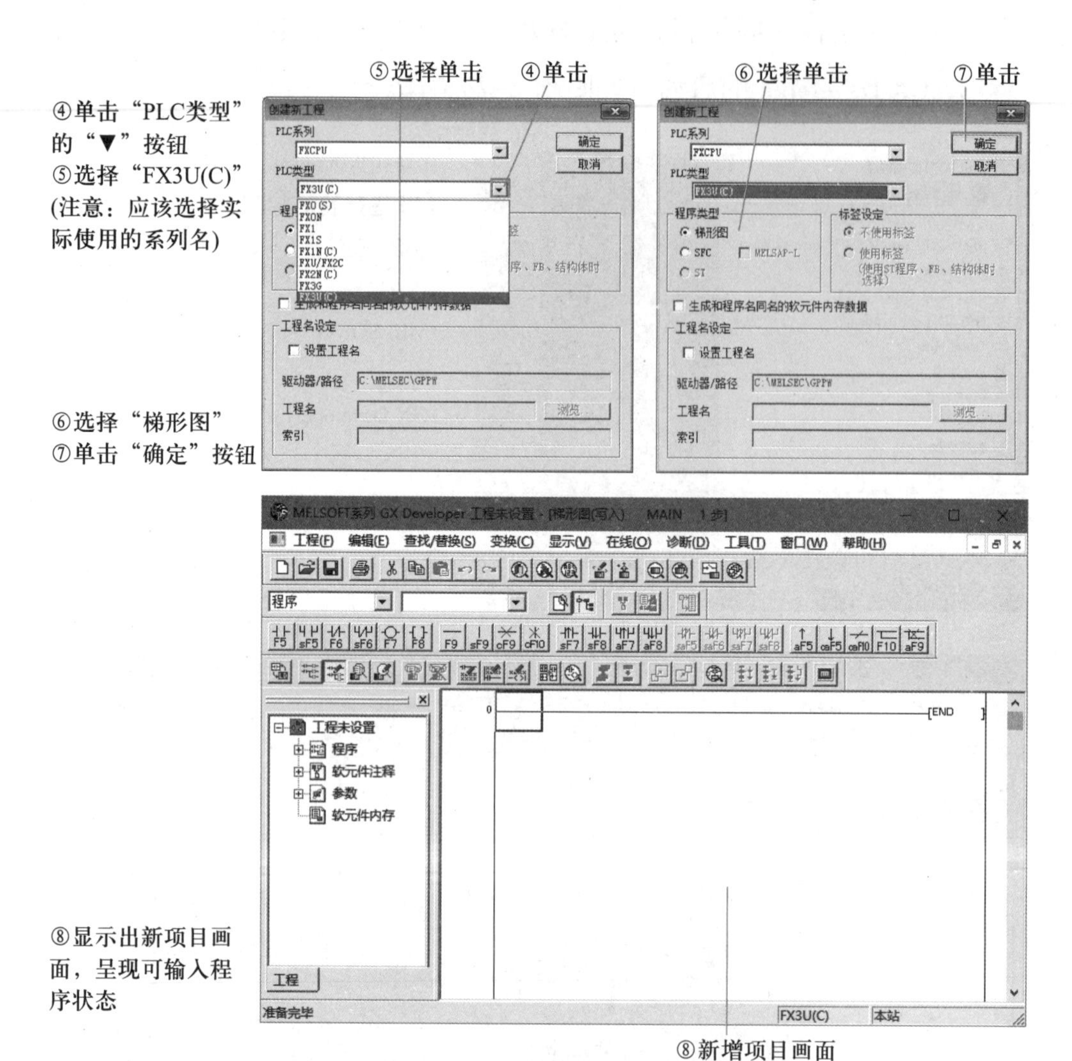

附图 2-8　新项目（工程）的创建

2.3.3　带注释梯形图的制作（如附图 2-9 所示）

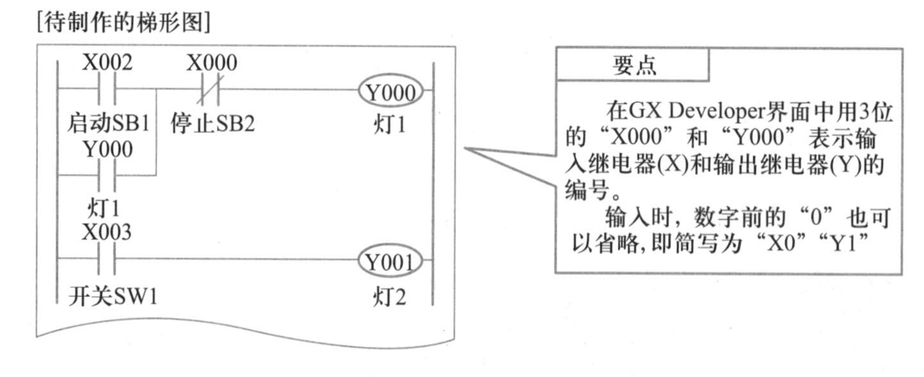

附图 2-9　带注释梯形图的制作

1. 在制作梯形图前，可先进行“注释添加与显示”的操作，如附图 2–10 所示。

附图 2–10 用一览表输入注释并显示

2. 在制作梯形图时，既可以使用“工具按钮”也可以使用“功能键”，如附图 2–11 所示。

“功能键”和梯形图符号的关系显示在工具栏中的“工具按钮”上。

3. 制作梯形图时，必须先设置在“写入模式”，如附图 2–12 和附图 2–13 所示。

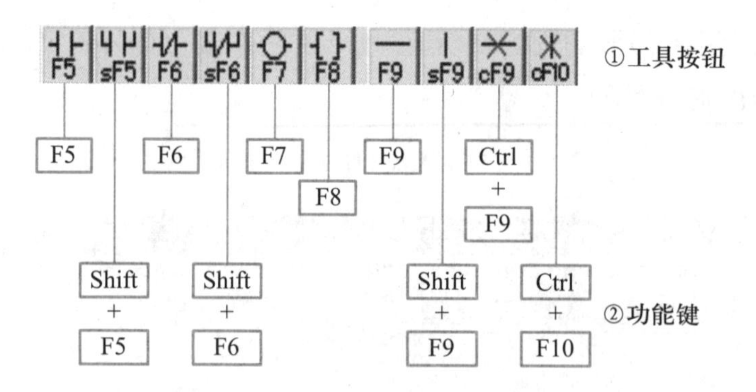

附图 2-11　工具按钮和功能键对照

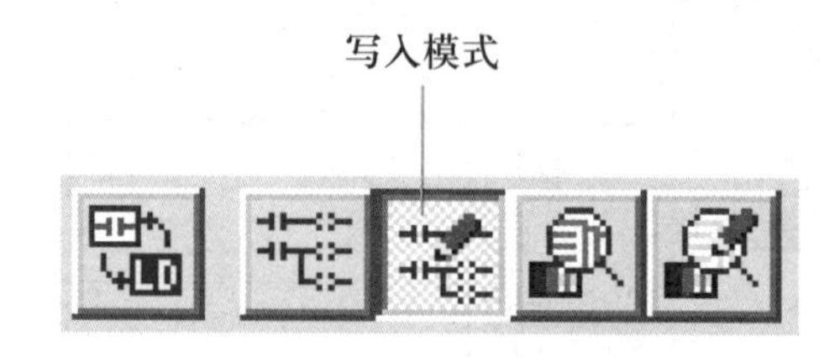

附图 2-12　从工具栏中选择

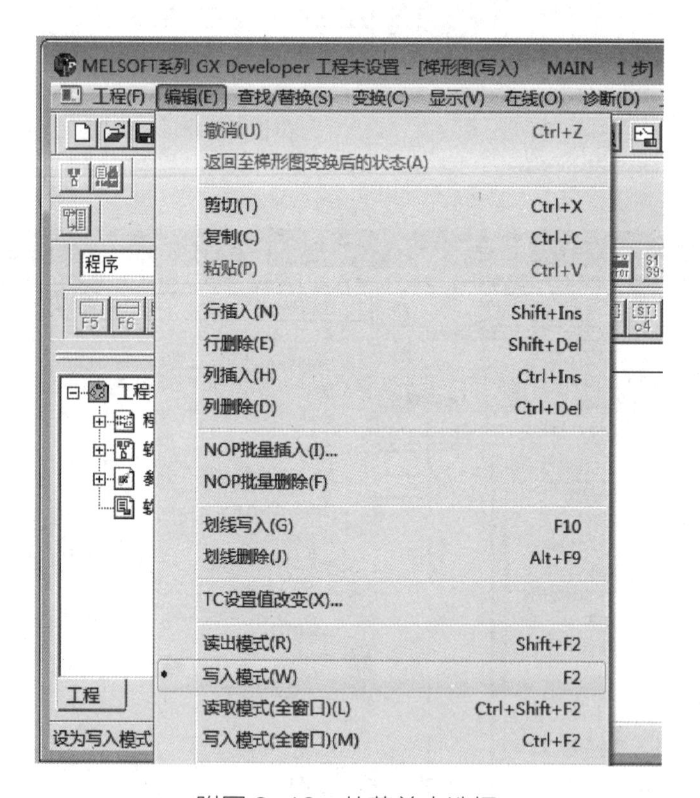

附图 2-13　从菜单中选择

4. 在编辑区域输入字符时要全部采用半角字符进行输入，不能采用全角字符。

5. 在完成梯形图制作后，单击工具栏上的按钮或使用快捷键 F4 完成程序变换。

2.3.4　将程序写入 PLC 中

1. 与 PLC 的连接（如附图 2-14 和附图 2-15 所示）

① 连接例 1（个人计算机：RS-232C）

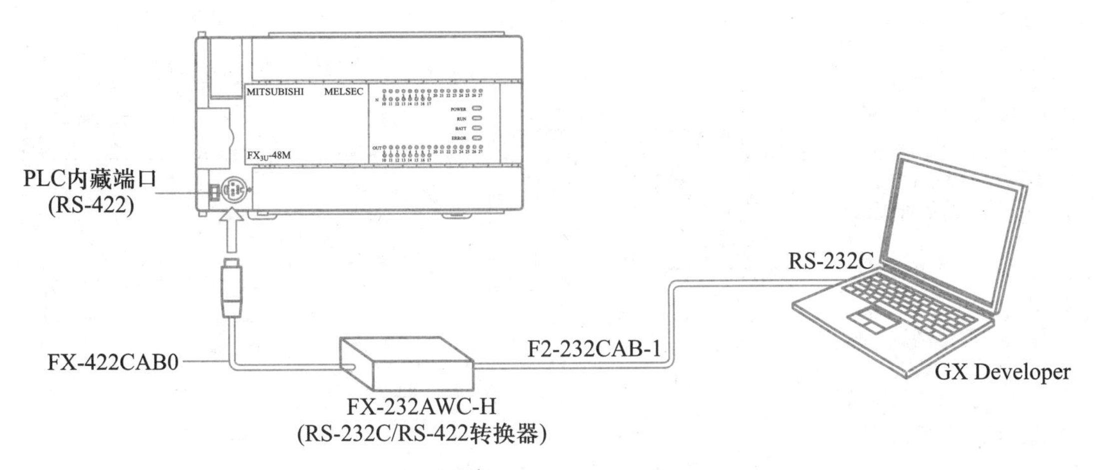

附图 2-14　连接例 1

② 连接例 2（个人计算机：USB）

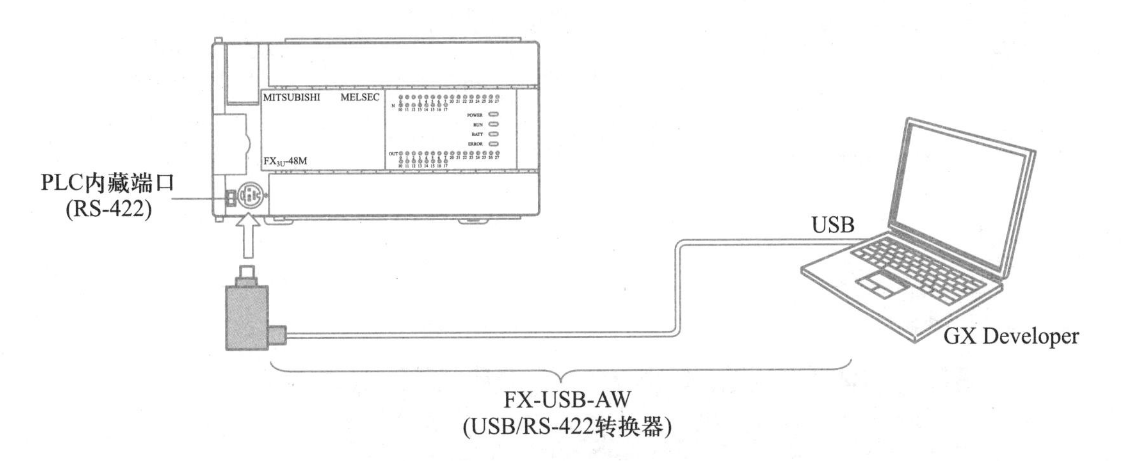

附图 2-15　连接例 2

2. GX Developer 的“连接对象设置”（如附图 2-16 所示）

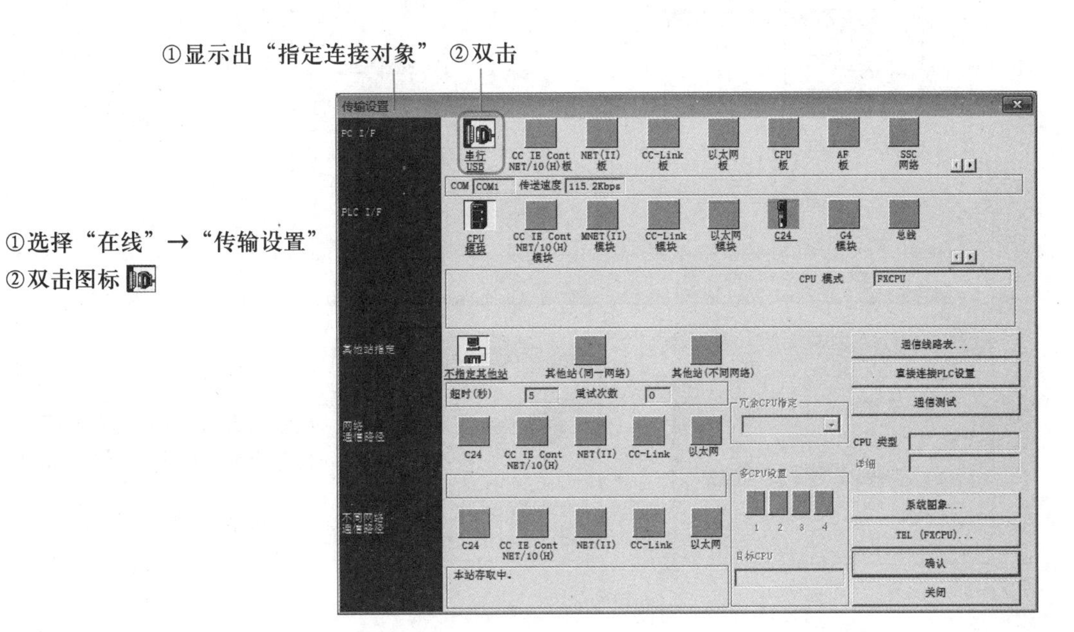

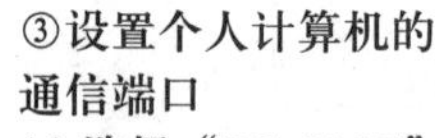

③设置个人计算机的通信端口
(a) 选择“RS-232C”
(b) 如果个人计算机采用RS-232C，通常选择COM1；使用FX-USB-AW时，由驱动器指定分配端口编号(在[个人计算机]→[设备管理器]中查看)
④设置后，单击“确认”按钮
⑤单击“通信测试”按钮，确认与PLC的通信
⑥确认后，单击“确认”按钮，确定设置内容

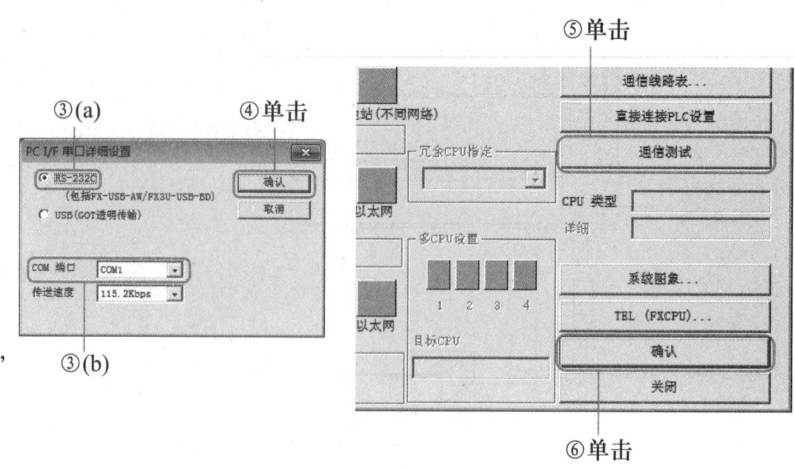

附图 2-16　连接对象设置

3. 程序的写入（如附图 2-17 所示）

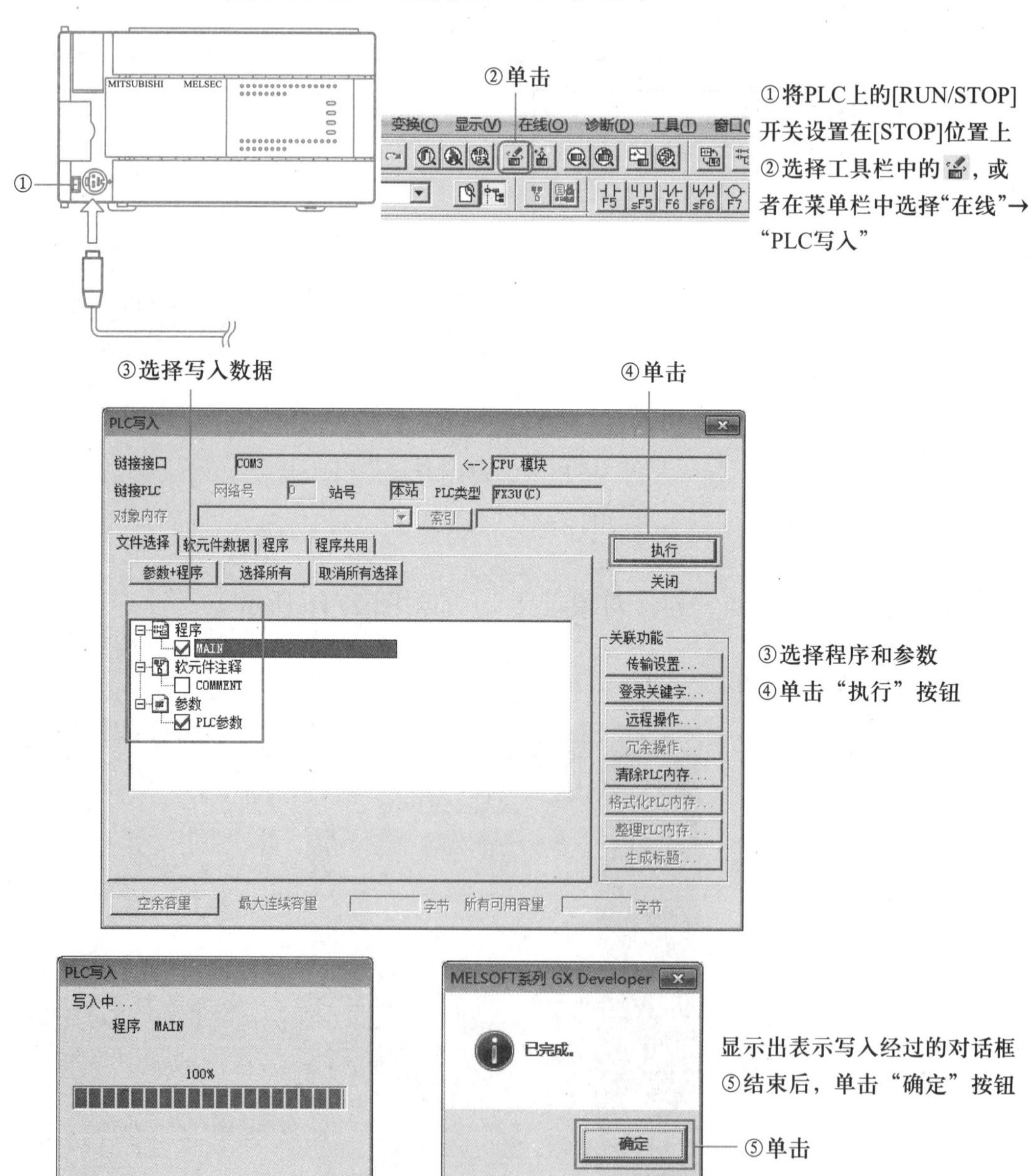

附图 2-17　程序的写入

2.3.5　程序的监视与调试

1. 梯形图的监视（如附图 2–18 所示）

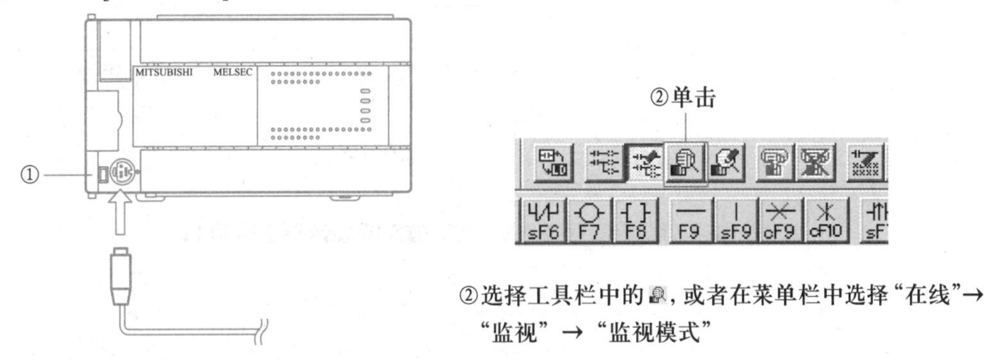

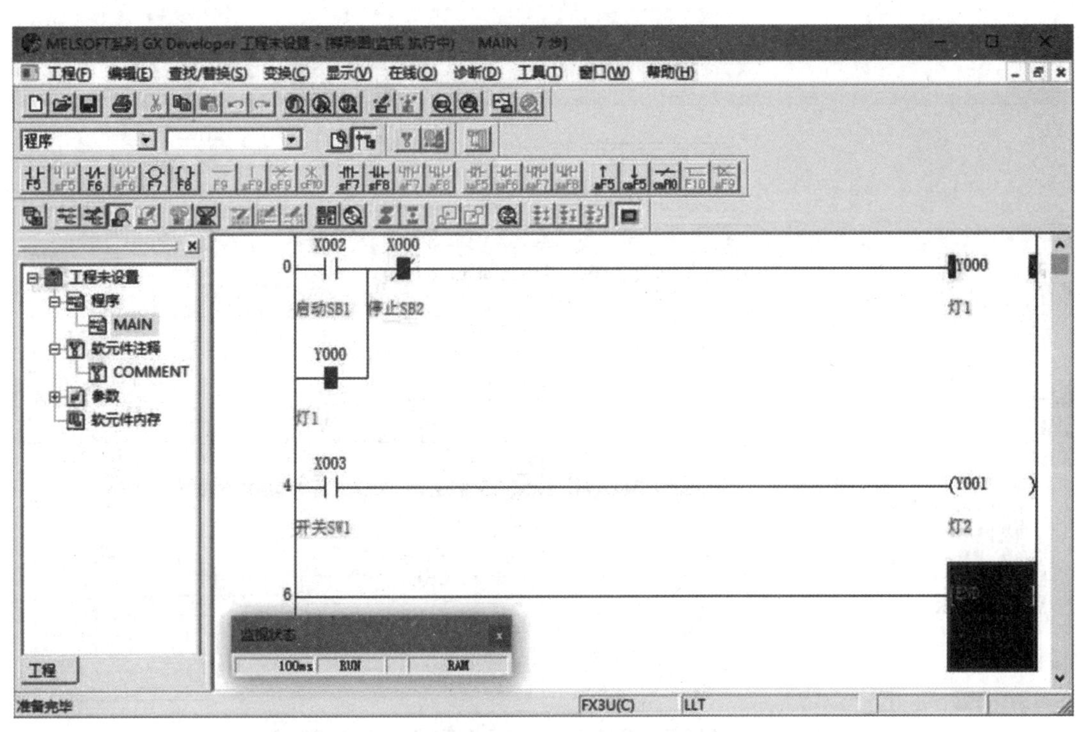

附图 2–18　梯形图的监视

用梯形图监视器进行动作的确认，若程序有问题，可参照 2.3.3 修正程序。

2. 软元件的成批监视

可通过运行“在线”→“监视”→“软元件批量”实现对某种指定类型的软元件成批监视，如附图 2–19 所示。

3. 软元件的登录监视

也可通过运行“在线”→“监视”→“软元件登录”实现对不同类型的软元件的登录监视，如附图 2–20 所示。

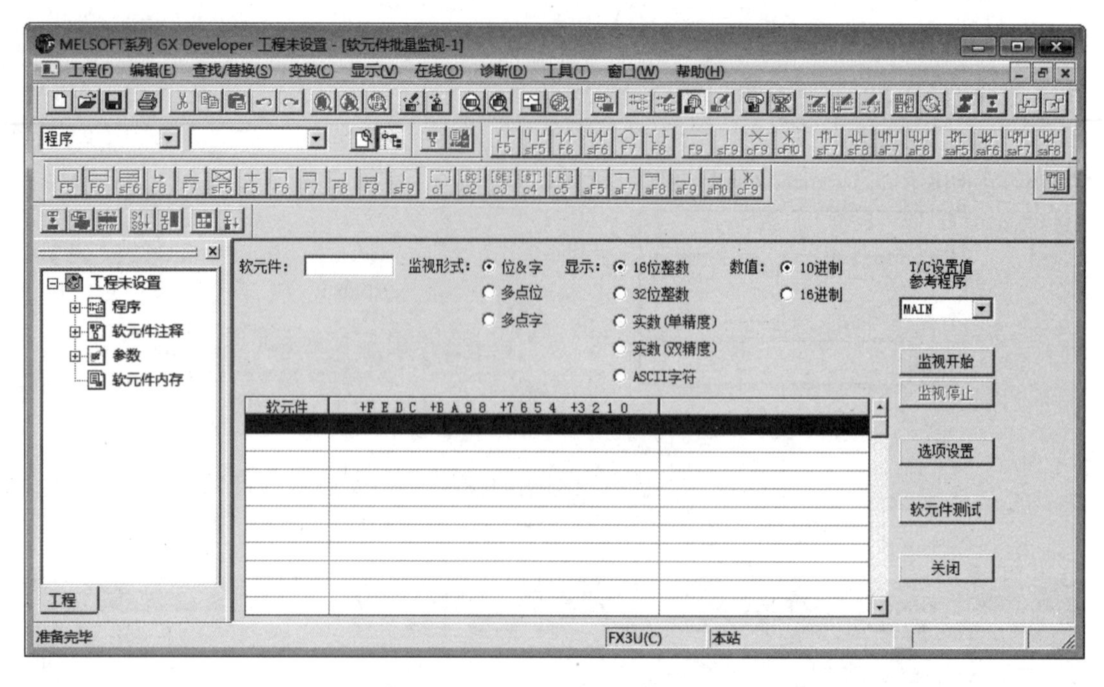

附图 2-19　软元件的成批监视

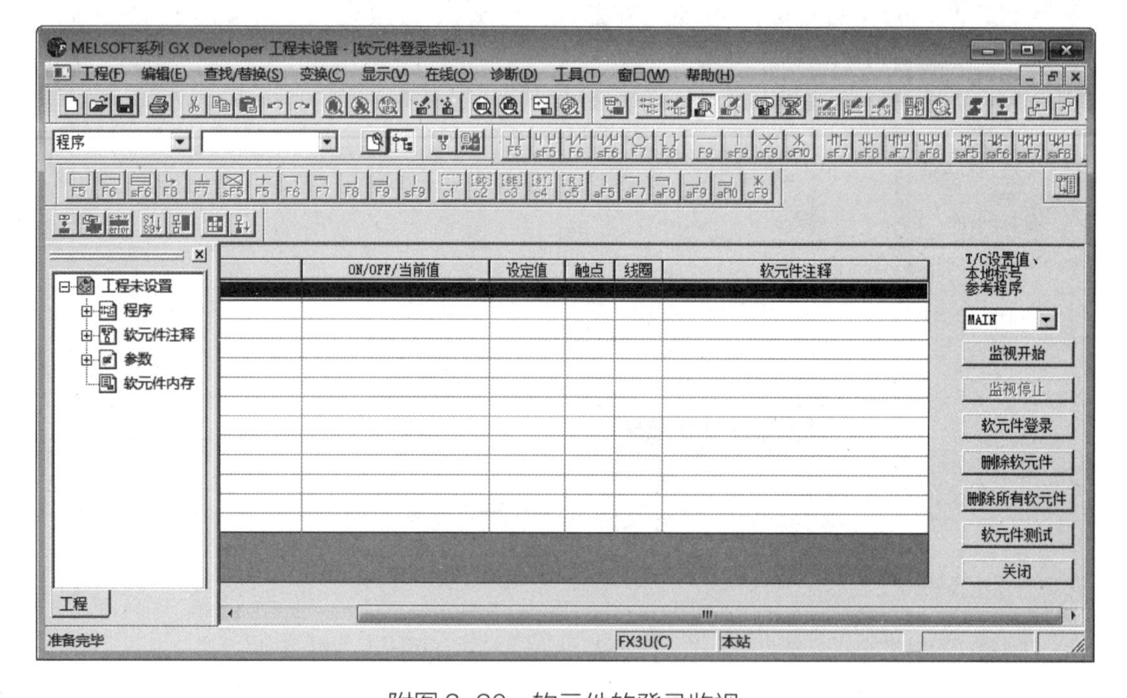

附图 2-20　软元件的登录监视

PLC 处于在线监视状态下，GX Developer 仍可选择“在线”→“监视”→“监视（写入模式）”菜单命令，对程序进行在线编辑，并进行计算机与 PLC 间的程序校验。

4. 调试

在 GX Developer 中选择“在线”→“调试”菜单命令，然后选择相关的调试项目，就可实现对 PLC 的程序的调试。对 FX 系列 PLC 来说，只有在连接了 GX Simulator 时才能执行“部分执行”“步执行”等调试功能，如附图 2-21 所示。

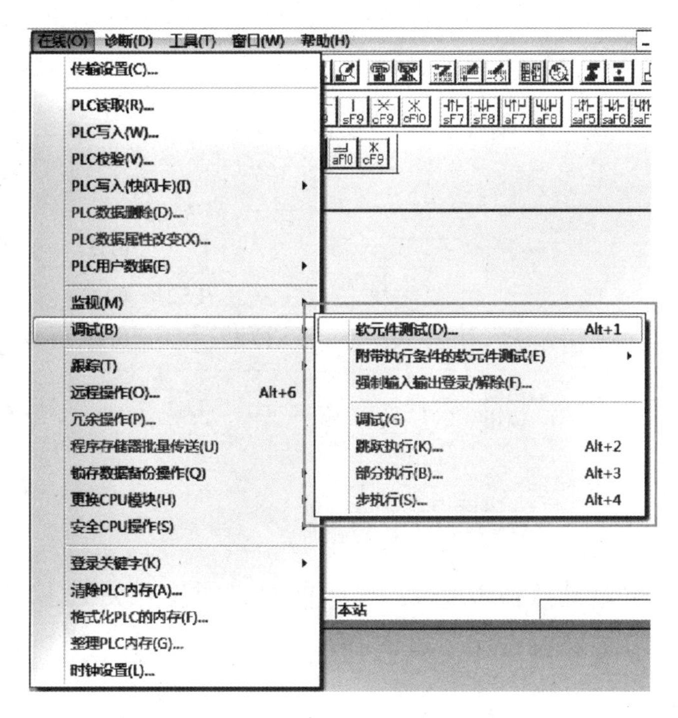

附图 2-21　调试

选择“在线”→“调试”→“软元件测试”菜单命令可对可编程控制器 CPU 的“位软元件进行强制 ON/OFF”以及“变更字软元件当前值的操作”，如附图 2-22 所示。

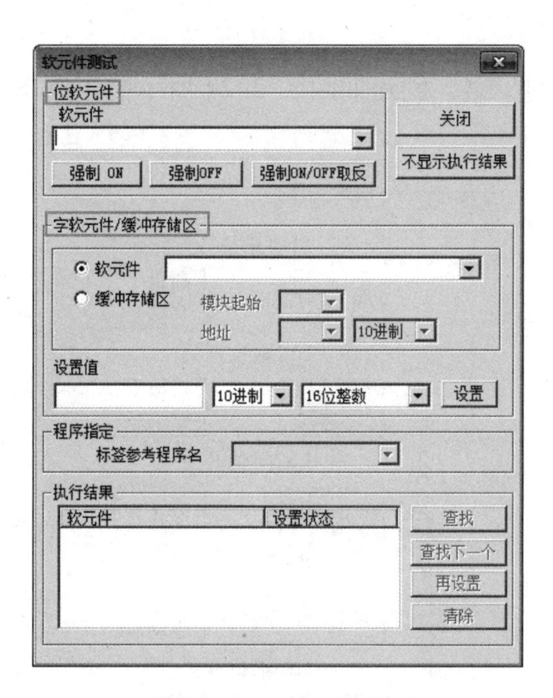

附图 2-22　软元件测试

➥关于更多 GX Developer 编程软件的使用请参看
《FX 系列可编程控制器（入门篇）》附录 1.5-1.8

2.4　SFC 程序的创建步骤

节选自《FX_{3U} 系列编程手册［基本·应用指令说明书］》

按照下述步骤创建 SFC 程序。

1. 动作实例（如附图 2–23 所示）

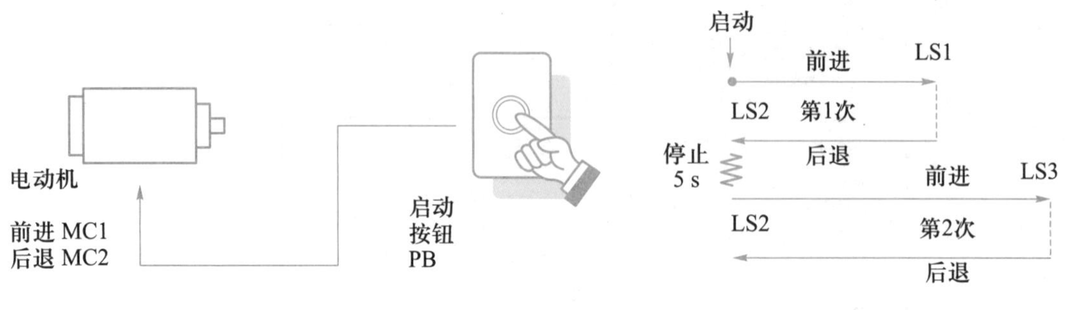

附图 2–23　实例

（1）按下启动按钮 PB 后，台车前进，限位开关 LS1 动作后，立即后退（LS1 通常为 OFF，只在到达前进限位处为 ON。其他的限位开关也相同）。

（2）后退至限位开关 LS2 动作后，停止 5 s 后再次前进，到限位开关 LS3 动作时，立即后退。

（3）此后，限位开关 LS2 动作时，驱动台车的电动机停止。

（4）一连串的动作结束后，再次启动，则重复执行上述的动作。

2. 工序图的创建

按照下述的步骤，创建如附图 2–24 所示的工序图。

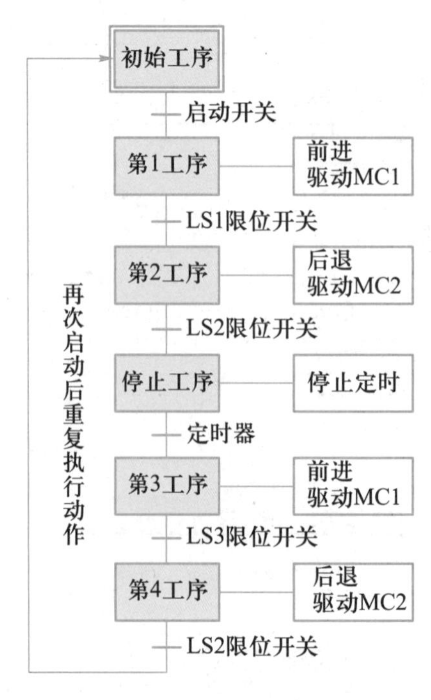

附图 2–24　工序图

（1）将上述事例的动作分成各个工序，按照从上至下动作的顺序用矩形表示。

（2）用纵线连接各个工序，写入工序推进的条件。执行重复动作的情况下，在一连串的动作结束时，用箭头表示返回到哪个工序。

（3）在表示工序的矩形的右边写入各个工序中执行的动作。

3. 软元件的分配

给已经创建好的工序图分配可编程控制器的软元件，如附图2–25所示。

（1）给表示各个工序的矩形分配状态(S·)。

此时，给初始工序中分配初始状态（S0~S9）。

第1个工序以后，任意分配除初始状态以外的状态编号（S10~S899等）（状态编号的大小与工序的顺序无关）。

在状态中，还包括即使停电也能记忆住其动作状态的停电保持用状态。

此外，S10~S19是在使用IST指令（FNC 60）时作为特殊目的使用的。

（2）给转移条件分配软元件（按钮开关以及限位开关连接的输入端子编号以及定时器编号）。

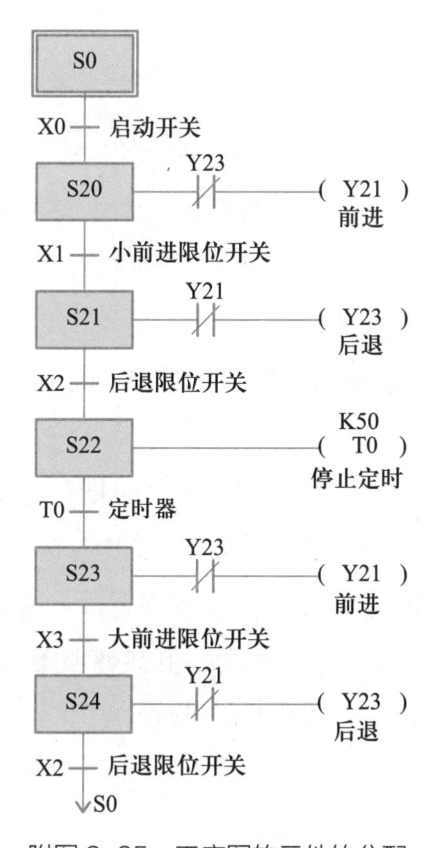

附图2–25　工序图软元件的分配

转移条件中可以使用 a 触点（动合触点）和 b 触点（动断触点）。

此外，有多个条件时，也可以使用 AND 梯形图和 OR 梯形图。

（3）对各个工序执行的动作中使用的软元件（外部设备连接的输出端子编号及定时器编号）进行分配。

可编程控制器中备有多个定时器、计数器、辅助继电器等元件，可以自由地使用。

此处使用了定时器 T0；这个定时器是按 0.1 s 时钟动作的，所以当设定值为 K50 时，线圈被驱动 5 s 后输出触点动作。

此外，有多个需要同时驱动的负载、定时器和计数器等时，也可以在 1 个状态中分配多个梯形图。

（4）执行重复动作以及工序的跳转时使用 ↳，请指定要跳转的目标状态编号。

在这个例子中，仅仅说明了 SFC 程序的制作步骤，实际上，要使 SFC 的程序运行，还需要将初始状态置 ON 的梯形图。

如附图 2–26 所示，使用继电器梯形图编写使初始状态置 ON 的梯形图。

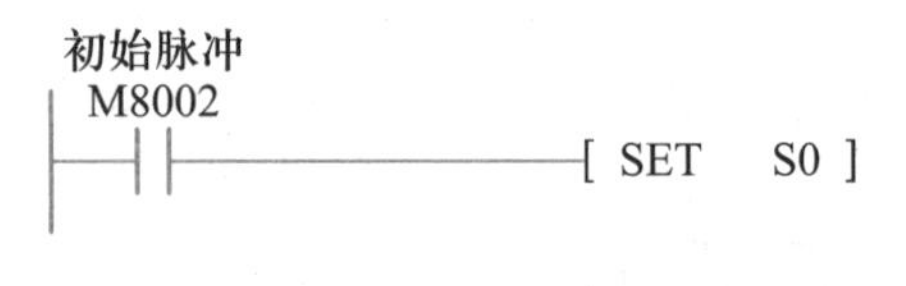

附图 2–26　激活初始状态

此时，为了使状态置 ON，使用 SET 指令。

4. 在 GX Developer 中输入及显示程序（如附图 2–27 所示）

• 输入使初始状态置 ON 的继电器梯形图。

在这个例子的梯形图块中，使用了当可编程控制器从 STOP 变为 RUN 时，仅瞬间动作的辅助继电器 M8002 使初始状态 S0 被置位（ON）。

• 在 GX Developer 中输入程序时，需把继电器梯形图的程序写入梯形图块中，把 SFC 的程序写入 SFC 块中。

• 表示状态内的动作的程序及转移条件，被作为状态以及转移条件的内部梯形图处理。分别使用继电器梯形图编程。

关于 GX Developer 的编程操作的详细内容，参考 GX Developer 的操作手册。

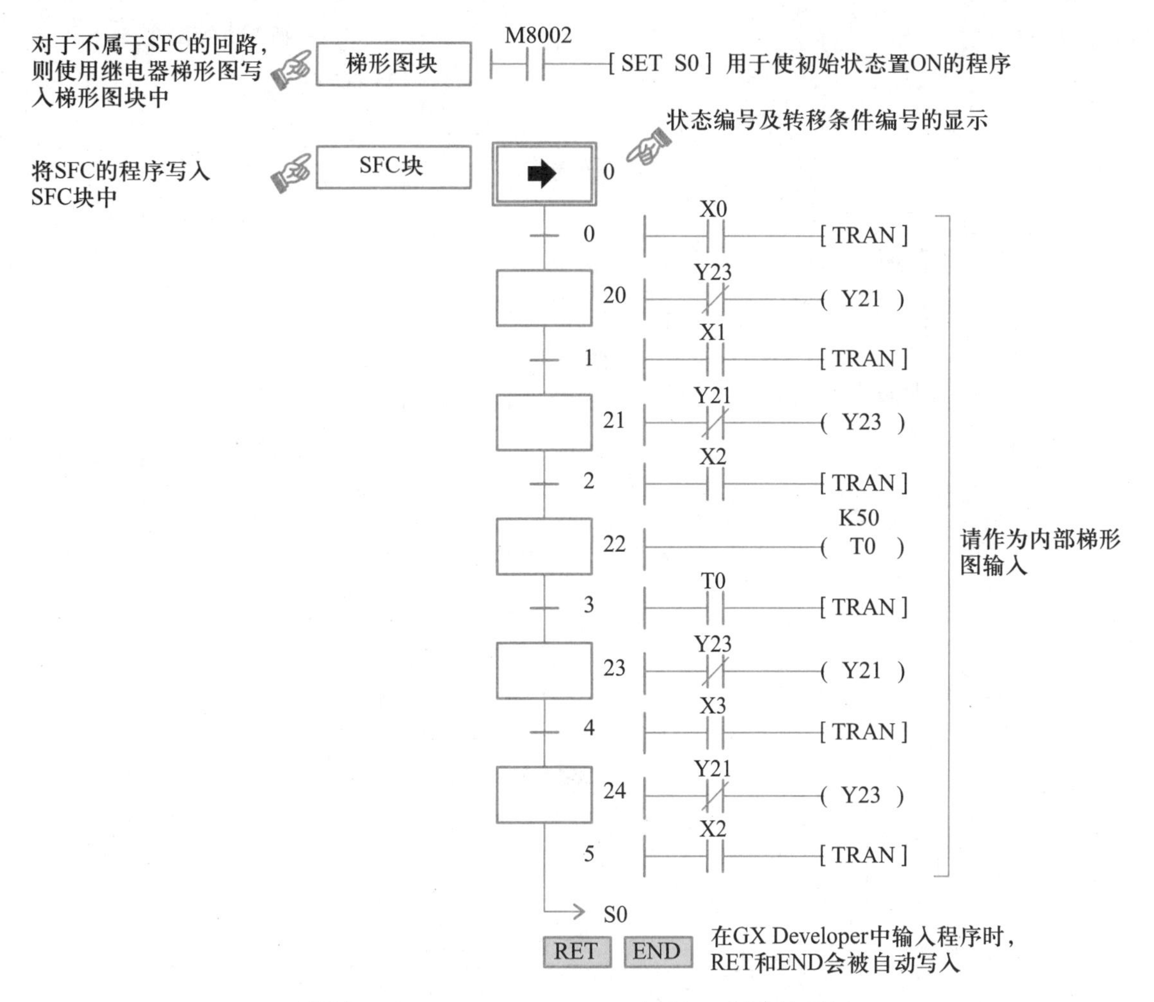

附图 2-27 GX Developer 中 SFC 程序的显示

2.5 SFC 程序录入的注意事项

节选自《FX_{3U} 系列编程手册［基本·应用指令说明书］》

在 SFC 程序中，当栈指令、输出或应用指令的录入位置不正确时，就会造成“程序无法变换”。此时，可参照以下方法解决。

1. 栈操作指令（MPS/MRD/MPP）的位置

在状态内，不能从 STL 的母线开始直接使用 MPS/MRD/MPP 指令。

如附图 2-28 所示，需在 LD/LDI 或 OUT 指令以后编程。

2. 输出（OUT、SET...）或应用指令的位置

在状态内，不能有两条及以上的输出或应用指令直接与 STL 的母线相连。

可参照附图 2-29 所示，对程序进行修改。

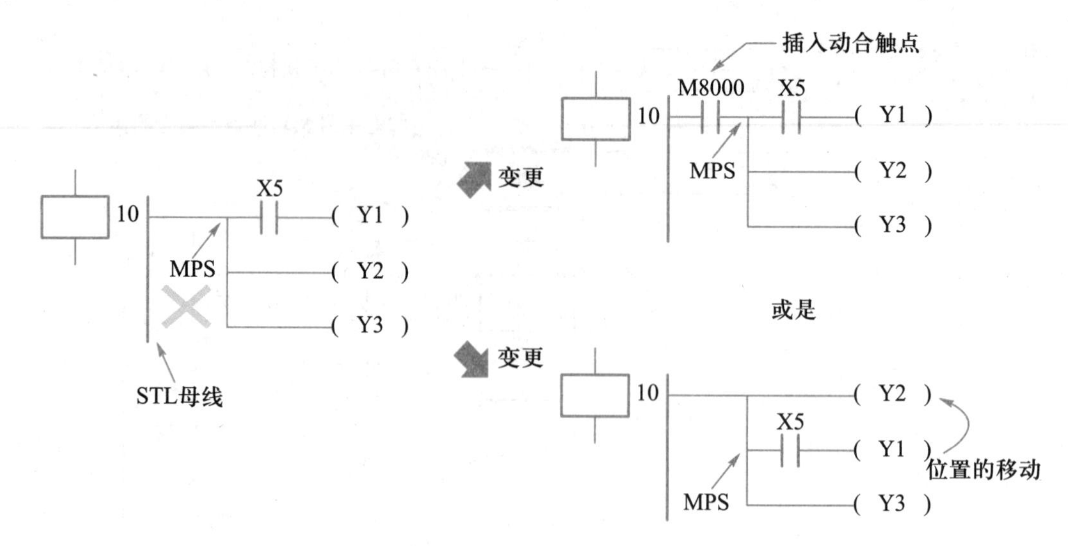

附图 2-28　栈指令的位置

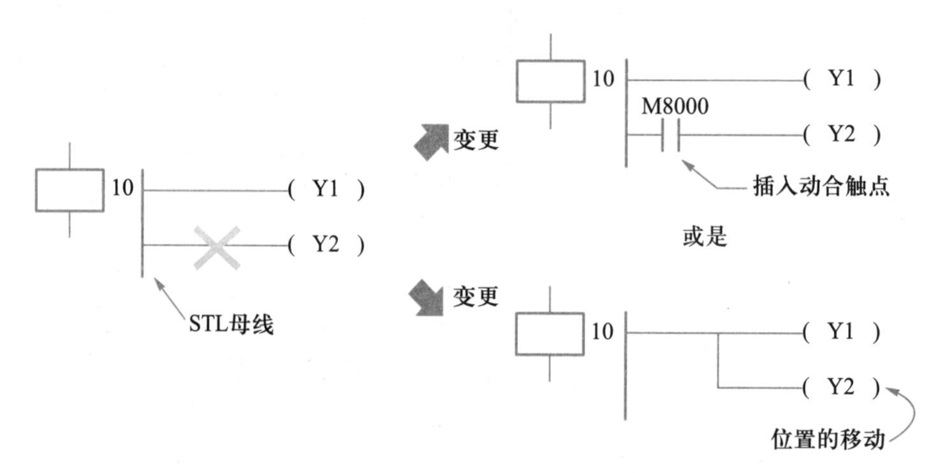

附图 2-29　输出或应用指令的位置

附录 3 软元件说明（FX_{3U} 系列 PLC）

节选自《FX_{3U} 系列编程手册［基本·应用指令说明书］》

在 FX_{3U}、FX_{3UC} 可编程控制器中内置了多个继电器和定时器、计数器，无论哪个都有很多 a 触点（动合触点）和 b 触点（动断触点）。

连接这些触点和线圈，构成可编程控制器回路。

在可编程控制器中，还备有作为保存数值数据用的记忆软元件的数据寄存器（D）、扩展数据寄存器（R）等。

3.1 各软元件的关系（如附图 3-1 所示）

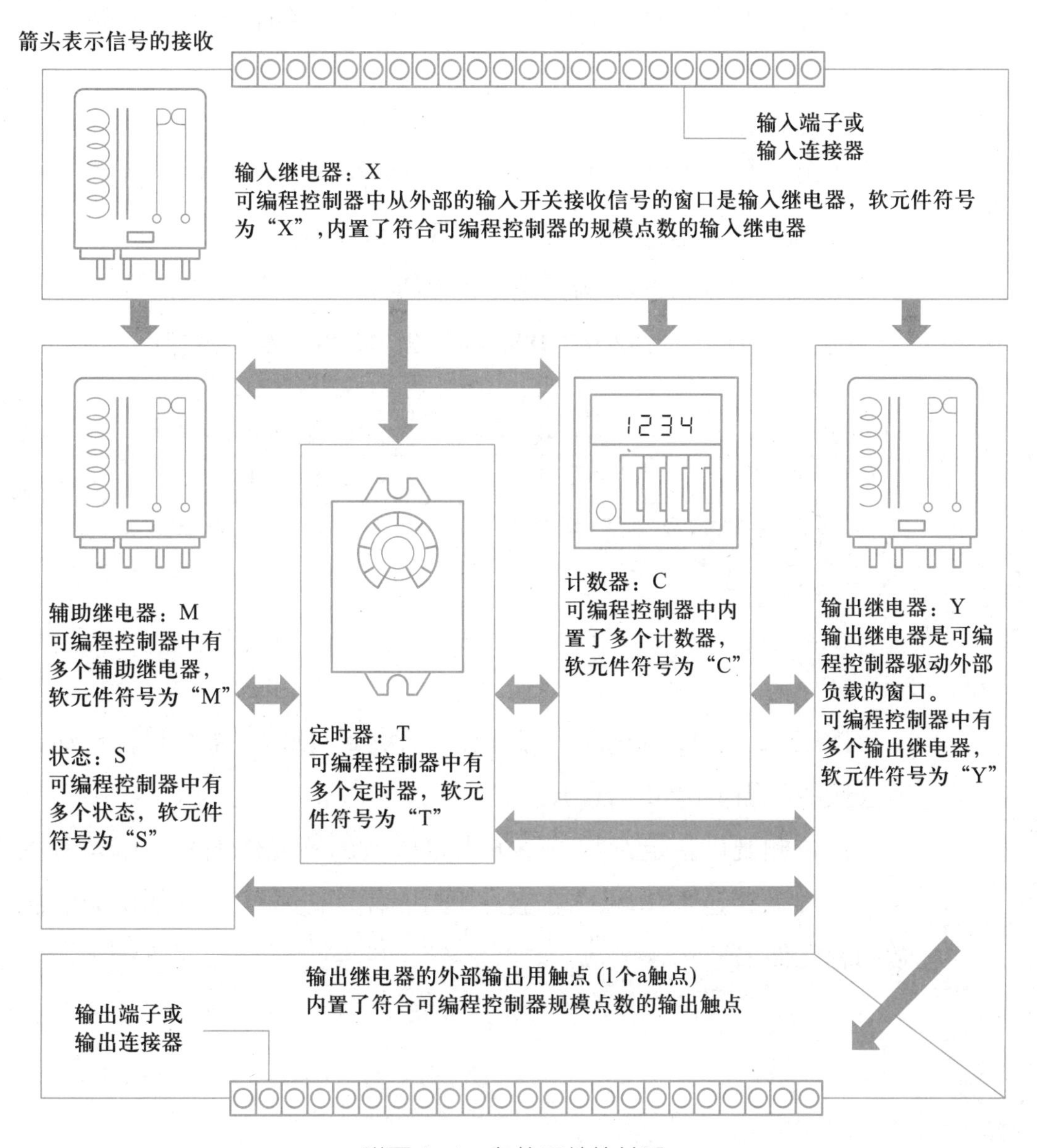

附图 3-1　各软元件的关系

3.2 数据寄存器、文件寄存器的构造

（1）16 位

1 个（16 位）数据寄存器、文件寄存器可以存储–32,768~+32，767 之间的任何数值。

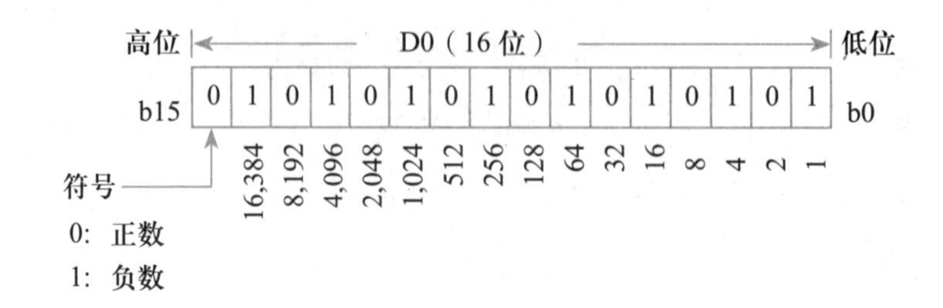

一般情况下，使用应用指令完成对数据寄存器的数值的读出/写入。

此外，也可以通过人机界面、显示模块、编程工具直接进行读出/写入。

（2）32 位

使用 2 个相邻的数据寄存器、文件寄存器，可存储 32 位数据。

① 数据寄存器的高位编号大，低位编号小。

② 变址寄存器的 V 为高位，Z 为低位。

据此，可以存储–2,147,483,648~+2,147,483,647 的数值。

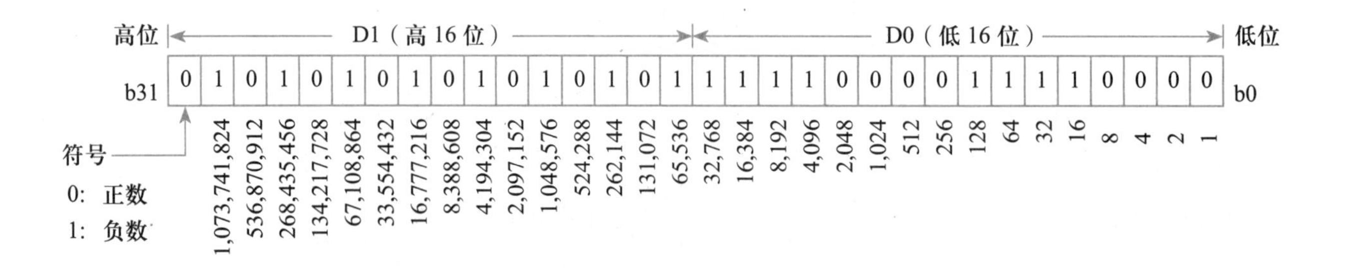

指定 32 位时，如指定了低位侧（例如：D0），高位侧就自动占有紧接的号码（例如：D1）。

低位侧既可指定奇数，也可指定偶数的软元件编号，但是考虑到人机界面、显示模块、编程工具的监控功能等，建议低位侧取偶数的软元件编号。

附录 4 指令一览（FX_{3U} 系列 PLC）

节选修改自《FX_{3U} 系列编程手册［基本·应用指令说明书］》

关于更多指令说明，可通过下表（“参照”列）索引至《FX_{3U} 系列编程手册［基本·应用指令说明书］》中相应位置，进一步查看学习。

4.1 基本指令（见附表 4-1）

附表 4-1 基 本 指 令

记号	称呼	符号	功能	对象软元件	参照
触点指令					
LD	取	对象软元件	a 触点的逻辑运算开始	X,Y,M,S,D □ .b,T,C	7.1 节
LDI	取反	对象软元件	b 触点的逻辑运算开始	X,Y,M,S,D □ .b,T,C	7.1 节
LDP	取脉冲上升沿	对象软元件	检测上升沿的运算开始	X,Y,M,S,D □ .b,T,C	7.5 节
LDF	取脉冲下降沿	对象软元件	检测下降沿的运算开始	X,Y,M,S,D □ .b,T,C	7.5 节
AND	与	对象软元件	串联 a 触点	X,Y,M,S,D □ .b,T,C	7.3 节
ANI	与反转	对象软元件	串联 b 触点	X,Y,M,S,D □ .b,T,C	7.3 节
ANDP	与脉冲上升沿	对象软元件	检测上升沿的串联连接	X,Y,M,S,D □ .b,T,C	7.5 节
ANDF	与脉冲下降沿	对象软元件	检测下降沿的串联连接	X,Y,M,S,D □ .b,T,C	7.5 节
OR	或	对象软元件	并联 a 触点	X,Y,M,S,D □ .b,T,C	7.4 节
ORI	或反转	对象软元件	并联 b 触点	X,Y,M,S,D □ .b,T,C	7.4 节
ORP	或脉冲上升沿	对象软元件	检测上升沿的并联连接	X,Y,M,S,D □ .b,T,C	7.5 节

续表

记号	称呼	符号	功能	对象软元件	参照
触点指令					
ORF	或脉冲下降沿	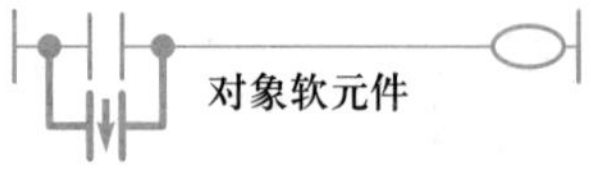 对象软元件	检测下降沿的并联连接	X,Y,M,S,D □ .b,T,C	7.5 节
指令					
ANB	回路块与	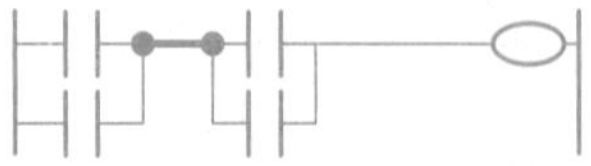	回路块的串联连接	—	7.7 节
ORB	回路块或	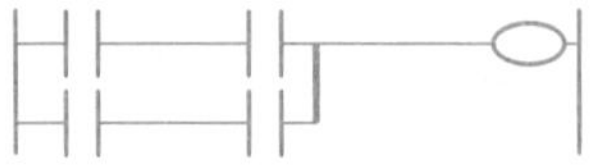	回路块的并联连接	—	7.6 节
MPS	存储器进栈	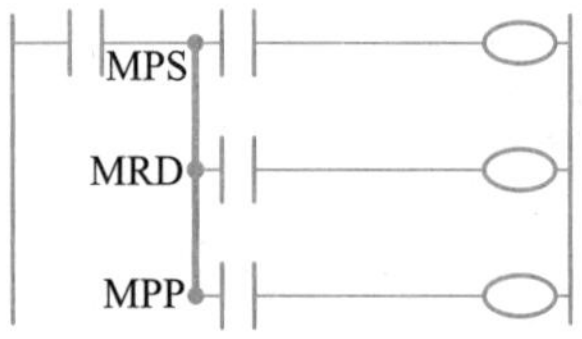 MPS	运算存储	—	7.8 节
MRD	存储器读栈	MRD	存储读出	—	7.8 节
MPP	存储器出栈	MPP	存储读出与复位	—	7.8 节
INV	取反	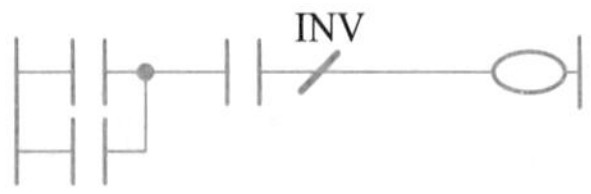 INV	运算结果的反转	—	7.10 节
MEP	M•E•P		上升沿时导通	—	7.11 节
MEF	M•E•F		下降沿时导通	—	7.11 节
输出指令					
OUT	输出	 对象软元件	线圈驱动指令	Y,M,S,D □. b,T,C	7.2 节
SET	置位	 SET 对象软元件	保持线圈动作	Y,M,S,D □. b	7.13 节
RST	复位	 RST 对象软元件	解除保持的动作，当前值及寄存器的清除	Y,M,S,D □. b,T,C D,R,V,Z	7.13 节
PLS	脉冲	 PLS 对象软元件	上升沿检测输出	Y,M	7.12 节
PLF	下降沿脉冲	 PLF 对象软元件	下降沿检测输出	Y,M	7.12 节
主控指令					
MC	主控	 MC N 对象软元件	连接到公共触点的指令	—	7.9 节
MCR	主控复位	 MCR N	解除连接到公共触点的指令	—	7.9 节

续表

记号	称呼	符号	功能	对象软元件	参照
其他指令					
NOP	空操作	————	无操作	—	7.14 节
结束指令					
END	结束	├——[END]┤	程序结束	—	7.15 节

4.2 步进梯形图指令（见附表 4-2）

附表 4-2 步进梯形图指令

记号	称呼	符号	功能	对象软元件	参照
STL	步进梯形图	├┤├—[STL 对象软元件]┤	步进梯形图的开始	S	34 章
RET	返回	├——[RET]┤	步进梯形图的结束	—	34 章

4.3 应用指令（按指令种类）（见附表 4-3~附表 4-20）

应用指令的种类分为以下 18 种：

常用： 不常用： 未涉列：

1	数据传送指令	10	字符串处理指令
2	数据转换指令	11	程序流程控制指令
3	比较指令	12	I/O 刷新指令
4	四则运算指令	13	时钟控制指令
5	逻辑运算指令	14	脉冲输出·定位指令
6	特殊函数指令	15	串行通信指令
7	旋转指令	16	特殊功能模块/单元控制指令
8	移位指令	17	文件寄存器/扩展文件寄存器的控制指令
9	数据处理指令	18	其他方便指令

附表 4-3　数据传送指令

指令	FNC 编号	功能	参考页
MOV	FNC12	传送	215
SMOV	FNC13	位移动	218
CML	FNC14	反转传送	220
BMOV	FNC15	成批传送	222
FMOV	FNC16	多点传送	226
PRUN	FNC81	八进制位传送	414
XCH	FNC17	交换	228
SWAP	FNC147	上下字节的交换	491
EMOV	FNC112	二进制浮点数据传送	439
HCMOV	FNC189	高速计数器传送	546

附表 4-4　数据转换指令

指令	FNC 编号	功能	参考页
BCD	FNC18	BCD 转换	230
BIN	FNC19	BIN 转换	233
GRY	FNC170	格雷码转换	530
GBIN	FNC171	格雷码逆转换	531
FLT	FNC49	BIN 整数→二进制浮点数的转换	303
INT	FNC129	二进制浮点数→BIN 整数的转换	466
EBCD	FNC118	二进制浮点数→十进制浮点数的转换	451
EBIN	FNC119	十进制浮点数→二进制浮点数的转换	452
RAD	FNC136	二进制浮点数角度→弧度的转换	477
DEG	FNC137	二进制浮点数弧度→角度的转换	479

附表 4-5　比 较 指 令

指令	FNC 编号	功能	参考页
LD=	FNC224	触点比较 LD $(S_1)=(S_2)$	602
LD >	FNC225	触点比较 LD $(S_1)>(S_2)$	602
LD <	FNC226	触点比较 LD $(S_1)<(S_2)$	602
LD < >	FNC228	触点比较 LD $(S_1)\neq(S_2)$	602
LD < =	FNC229	触点比较 LD $(S_1)\leqslant(S_2)$	602
LD > =	FNC230	触点比较 LD $(S_1)\geqslant(S_2)$	602

续表

指令	FNC 编号	功能	参考页
AND=	FNC232	触点比较 AND $S_1 = S_2$	605
AND >	FNC233	触点比较 AND $S_1 > S_2$	605
AND <	FNC234	触点比较 AND $S_1 < S_2$	605
AND < >	FNC236	触点比较 AND $S_1 \neq S_2$	605
AND < =	FNC237	触点比较 AND $S_1 \leqslant S_2$	605
AND > =	FNC238	触点比较 AND $S_1 \geqslant S_2$	605
OR=	FNC240	触点比较 OR $S_1 = S_2$	608
OR >	FNC241	触点比较 OR $S_1 > S_2$	608
OR <	FNC242	触点比较 OR $S_1 < S_2$	608
OR < >	FNC244	触点比较 OR $S_1 \neq S_2$	608
OR < =	FNC245	触点比较 OR $S_1 \leqslant S_2$	608
OR > =	FNC246	触点比较 OR $S_1 \geqslant S_2$	608
CMP	FNC10	比较	211
ZCP	FNC11	区间比较	213
ECMP	FNC110	二进制浮点数比较	436
EZCP	FNC111	二进制浮点数区间比较	437
HSCS	FNC53	比较置位（高速计数器用）	316
HSCR	FNC54	比较复位（高速计数器用）	321
HSZ	FNC55	区间比较（高速计数器用）	323
HSCT	FNC280	高速计数器的表格比较	654
BKCMP=	FNC194	数据块比较 $S_1 = S_2$	557
BKCMP >	FNC195	数据块比较 $S_1 > S_2$	557
BKCMP <	FNC196	数据块比较 $S_1 < S_2$	557
BKCMP < >	FNC197	数据块比较 $S_1 \neq S_2$	557
BKCMP < =	FNC198	数据块比较 $S_1 \leqslant S_2$	557
BKCMP > =	FNC199	数据块比较 $S_1 \geqslant S_2$	557

附表 4-6　四则运算指令

指令	FNC 编号	功能	参考页
ADD	FNC20	BIN 加法运算	237
SUB	FNC21	BIN 减法运算	240
MUL	FNC22	BIN 乘法运算	243

续表

指令	FNC 编号	功能	参考页
DIV	FNC23	BIN 除法运算	246
EADD	FNC120	二进制浮点数加法运算	454
ESUB	FNC121	二进制浮点数减法运算	455
EMUL	FNC122	二进制浮点数乘法运算	456
EDIV	FNC123	二进制浮点数除法运算	457
BK+	FNC192	数据块加法运算	551
BK-	FNC193	数据块减法运算	554
INC	FNC24	BIN 加 1	249
DEC	FNC25	BIN 减 1	251

附表 4-7 逻辑运算指令

指令	FNC 编号	功能	参考页
WAND	FNC26	逻辑与	252
WOR	FNC27	逻辑或	254
WXOR	FNC28	逻辑异或	256

附表 4-8 特殊函数指令

指令	FNC 编号	功能	参考页
SQR	FNC48	BIN 开方运算	302
ESQR	FNC127	二进制浮点数开方运算	464
EXP	FNC124	二进制浮点数指数运算	458
LOGE	FNC125	二进制浮点数自然对数运算	460
LOG10	FNC126	二进制浮点数常用对数运算	462
SIN	FNC130	二进制浮点数 SIN 运算	468
COS	FNC131	二进制浮点数 COS 运算	469
TAN	FNC132	二进制浮点数 TAN 运算	470
ASIN	FNC133	二进制浮点数 SIN^{-1} 运算	471
ACOS	FNC134	二进制浮点数 COS^{-1} 运算	473
ATAN	FNC135	二进制浮点数 TAN^{-1} 运算	475
RND	FNC184	产生随机数	539

附表 4-9 旋 转 指 令

指令	FNC 编号	功能	参考页
ROR	FNC30	右转	261
ROL	FNC31	左转	263
RCR	FNC32	带进位右转	265
RCL	FNC33	带进位左转	267

附表 4-10 移 位 指 令

指令	FNC 编号	功能	参考页
SFTR	FNC34	位右移	269
SFTL	FNC35	位左移	271
SFR	FNC213	16 位数据的 n 位右移（带进位）	596
SFL	FNC214	16 位数据的 n 位左移（带进位）	598
WSFR	FNC36	字右移	274
WSFL	FNC37	字左移	276
SFWR	FNC38	移位写入【先入先出/先入后出控制用】	278
SFRD	FNC39	移位读出【先入先出控制用】	281
POP	FNC212	读取后入的数据【先入后出控制用】	593

附表 4-11 数据处理指令

指令	FNC 编号	功能	参考页
ZRST	FNC40	成批复位	284
DECO	FNC41	译码	287
ENCO	FNC42	编码	290
MEAN	FNC45	平均值	297
WSUM	FNC140	计算出数据合计值	481
SUM	FNC43	ON 位数	292
BON	FNC44	判断 ON 位	295
NEG	FNC29	补码	258
ENEG	FNC128	二进制浮点数符号翻转	465
WTOB	FNC141	字节单位的数据分离	483
BTOW	FNC142	字节单位的数据结合	485
UNI	FNC143	16 位数据的 4 位结合	487
DIS	FNC144	16 位数据的 4 位分离	489

续表

指令	FNC 编号	功能	参考页
CCD	FNC84	校验码	422
CRC	FNC188	CRC 运算	542
LIMIT	FNC256	上下限限位控制	612
BAND	FNC257	死区控制	615
ZONE	FNC258	区域控制	618
SCL	FNC259	定坐标（各点的坐标数据）	621
SCL2	FNC269	定坐标 2（X/Y 坐标数据）	631
SORT	FNC69	数据排列	376
SORT2	FNC149	数据排列 2	492
SER	FNC61	数据检索	357
FDEL	FNC210	数据表的数据删除	589
FINS	FNC211	数据表的数据插入	591

附表 4-12　字符串处理指令

指令	FNC 编号	功能	参考页
ESTR	FNC116	二进制浮点数→字符串的转换	440
EVAL	FNC117	字符串→二进制浮点数的转换	446
STR	FNC200	BIN →字符串的转换	562
VAL	FNC201	字符串→ BIN 的转换	566
DABIN	FNC260	十进制 ASCII 码→ BIN 的转换	625
BINDA	FNC261	BIN →十进制 ASCII 码的转换	628
ASCI	FNC82	HEX → ASCII 码的转换	416
HEX	FNC83	ASCII 码→ HEX 的转换	419
$MOV	FNC209	字符串的传送	586
$+	FNC202	字符串的结合	570
LEN	FNC203	检测出字符串长度	572
RIGH	FNC204	从字符串的右侧开始取出	574
LEFT	FNC205	从字符串的左侧开始取出	576
MIDR	FNC206	字符串中的任意取出	578
MIDW	FNC207	字符串中的任意替换	581
INSTR	FNC208	字符串的检索	584
COMRD	FNC182	读出软元件的注释数据	537

附表 4-13　程序流程控制指令

指令	FNC 编号	功能	参考页
CJ	FNC00	条件跳跃	185
CALL	FNC01	子程序调用	192
SRET	FNC02	子程序返回	196
IRET	FNC03	中断返回	197
EI	FNC04	允许中断	199
DI	FNC05	禁止中断	200
FEND	FNC06	主程序结束	201
FOR	FNC08	循环范围的开始	206
NEXT	FNC09	循环范围的结束	207

附表 4-14　I/O 刷新指令

指令	FNC 编号	功能	参考页
REF	FNC50	输入输出刷新	306
REFF	FNC51	输入刷新（带滤波器设定）	309

附表 4-15　时钟控制指令

指令	FNC 编号	功能	参考页
TCMP	FNC160	时钟数据的比较	512
TZCP	FNC161	时钟数据的区间比较	514
TADD	FNC162	时钟数据的加法运算	516
TSUB	FNC163	时钟数据的减法运算	518
TRD	FNC166	读出时钟数据	524
TWR	FNC167	写入时钟数据	525
HTOS	FNC164	时、分、秒数据的“秒”转换	520
STOH	FNC165	秒数据的“时、分、秒”转换	522

附表 4-16　脉冲输出*定位指令

指令	FNC 编号	功能	参考页
ABS	FNC155	读出 ABS 当前值	502
DSZR	FNC150	带 DOG 搜索的原点回归	497
ZRN	FNC156	原点回归	503
TBL	FNC152	表格设定定位	501
DVIT	FNC151	中断定位	499

续表

指令	FNC 编号	功能	参考页
DRVI	FNC158	相对定位	507
DRVA	FNC159	绝对定位	509
PLSV	FNC157	可变速脉冲输出	505
PLSY	FNC57	脉冲输出	335
PLSR	FNC59	带加减速的脉冲输出	342

附表 4-17　串行通信指令

指令	FNC 编号	功能	参考页
RS	FNC80	串行数据的传送	412
RS2	FNC87	串行数据的传送 2	425
IVCK	FNC270	变频器的运行监控	636
IVDR	FNC271	变频器的运行控制	638
IVRD	FNC272	读出变频器的参数	640
IVWR	FNC273	写入变频器的参数	642
IVBWR	FNC274	成批写入变频器的参数	644

附表 4-18　特殊功能模块/单元控制指令

指令	FNC 编号	功能	参考页
FROM	FNC78	BFM 的读出	405
TO	FNC79	BFM 的写入	409
RD3A	FNC176	模拟量模块的读出	532
WR3A	FNC177	模拟量模块的写入	533
RBFM	FNC278	BFM 分割读出	647
WBFM	FNC279	BFM 分割写入	651

附表 4-19　文件寄存器/扩展文件寄存器控制指令

指令	FNC 编号	功能	参考页
LOADR	FNC290	扩展文件寄存器的读出	660
SAVER	FNC291	扩展文件寄存器的成批写入	662
RWER	FNC294	扩展文件寄存器的删除/写入	677
INITR	FNC292	文件寄存器的初始化	670
INITER	FNC295	扩展文件寄存器的初始化	681
LOGR	FNC293	文件寄存器的登录	673

附表 4-20　其他方便指令

指令	FNC 编号	功能	参考页
WDT	FNC07	看门狗定时器	203
ALT	FNC66	交替输出	369
ANS	FNC46	信号报警器置位	299
ANR	FNC47	信号报警器复位	301
HOUR	FNC169	计时表	527
RAMP	FNC67	斜坡信号	371
SPD	FNC56	脉冲密度	332
PWM	FNC58	脉宽调制	339
DUTY	FNC186	发出定时脉冲	540
PID	FNC88	PID 运算	427
ZPUSH	FNC102	变址寄存器的成批避让保存	431
ZPOP	FNC103	变址寄存器的恢复	433
TTMR	FNC64	示教定时器	365
STMR	FNC65	特殊定时器	367
ABSD	FNC62	凸轮顺控绝对方式	360
INCD	FNC63	凸轮顺控相对方式	363
ROTC	FNC68	旋转工作台控制	373
IST	FNC60	初始化状态	348
MTR	FNC52	矩阵输入	312
TKY	FNC70	数字键输入	380
HKY	FNC71	16 键输入	383
DSW	FNC72	数字开关	386
SEGD	FNC73	7SEG 译码	389
SEGL	FNC74	7SEG 时分显示	391
ARWS	FNC75	箭头开关	396
ASC	FNC76	ASCII 码数据输入	400
PR	FNC77	ASCII 码打印	402

4.4 指令步数（见附表 4-21）

➥关于步进指令，请参考本书专题 4.4
➥关于应用指令，请参考本书专题 5.2
➥关于 ORB、ANB、MPS、MRD、MPP、MCR、INV、NOP、MEP、MEF、END 指令，请参考本书专题 2.12

附表 4-21　基本指令步数和指定软元件

软元件		指令						
		LD，LDI，AND，ANI，OR，ORI	OUT	SET	RST	PLS，PLF	LDP，LDF ANDP，ANDF ORP，ORF	MC
位软元件	X0~X357	1	—	—	—	—	2	—
	Y0 ~Y357	1	1	1	1	2	2	3
	M0~M1535	1	1	1	1	2	2	3
	M1536~M3583	2	2	2	2	2	2	3
	M3584~M7679	3	3	3	3	3	3	4
	S0~S1023	1	2	2	2	—	2	—
	S1024~S4095	2	2	2	2	—	2	—
	T0~T191，T200~T245	1	3	—	2	—	2	—
	T192~T199，T246~T511	1	3	—	2	—	2	—
	C0~C199	1	3	—	2	—	2	—
	C200~C255	1	5	—	2	—	2	—
	特殊辅助继电器 M8000~M8255	1	2	2	2	—	2	—
	特殊辅助继电器 M8256~M8511	2	2	2	2	—	2	—
带变址的位软元件	X0~X357	3	—	—	—	—	—	—
	Y0 ~ Y357	3	3	3	3	3	—	—
	M0~M7679	3	3	3	3	3	—	—
	T0~T511	3	4	—	—	—	—	—
	S0~S4095	—	—	—	—	—	—	—
	C0~C199	3	4	—	3	—	—	—
	C200~C255	—	—	—	—	—	—	—
	特殊辅助继电器 M8000~M8511	3	3	3	3	—	—	—

续表

软元件		指令						
		LD，LDI，AND，ANI，OR，ORI	OUT	SET	RST	PLS，PLF	LDP，LDF ANDP，ANDF ORP，ORF	MC
字软元件	D0~D7999.特殊数据寄存器D8000~D8511	—	—	—	3	—	—	—
	R0~R32767	—	—	—	—	—	—	—
带变址的字软元件	D0~D7999.特殊数据寄存器D8000~D8511，R0~R32767	—	—	—	—	—	—	—
字软元件的位指定	D□.b,特殊辅助继电器D□.b	3	3	3	3	—	3	—

附录 5 特殊软元件一览（FX_{3U} 系列 PLC）

节选修改自《FX_{3U} 系列编程手册［基本·应用指令说明书］》

关于“特殊软元件”的详细说明，可通过下表索引至《FX_{3U} 系列编程手册［基本·应用指令说明书］》中相应位置，进一步查看学习。

特殊辅助继电器（表中简称为特 M）和特殊数据寄存器（表中简称为特 D）的种类以及其功能如下。

此外，根据可编程控制器的系列不同，即使是同一软元件编号，有时候功能内容也可能有所不同，请务必注意。

未定义以及未记载的特殊辅助继电器和特殊数据寄存器为 CPU 占用的区域。因此，请勿在顺控程序中使用。

此外，类似［M］8000（触点型）、［D］8001（只读型）的用［ ］框起来的软元件，请不要在程序中执行驱动以及写入。

5.1 特殊辅助继电器（M8000~M8511）（见附表 5-1）

附表 5-1 特殊辅助继电器

常用： 不常用：

编号·名称	动作·功能	适用机型							
		FX_{3U}	FX_{3UC}	对应特殊软元件	FX_{1S}	FX_{1N}	FX_{2N}	FX_{1NC}	FX_{2NC}
PC 状态									
［M］8000 RUN 监控 a 触点	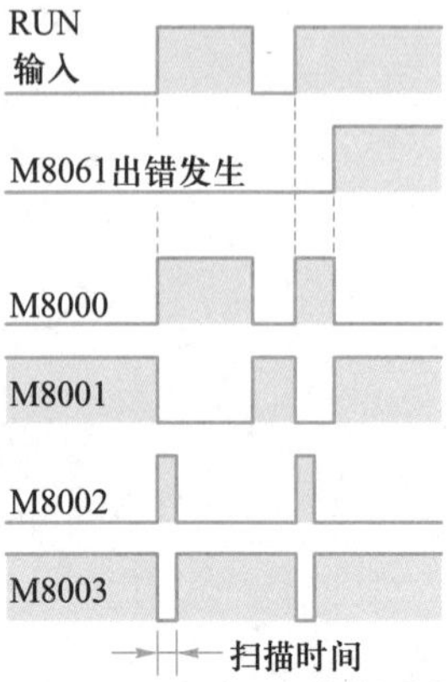 RUN 输入；M8061出错发生；M8000；M8001；M8002；M8003；扫描时间 →参考 36.2.1 节	○	○	—	○	○	○	○	○
［M］8001 RUN 监控 b 触点		○	○	—	○	○	○	○	○
［M］8002 初始脉冲 a 触点		○	○	—	○	○	○	○	○
［M］8003 初始脉冲 b 触点		○	○	—	○	○	○	○	○

注：a 触点-动合触点，b 触点-动断触点。

编号·名称	动作·功能	适用机型							
		FX_{3U}	FX_{3UC}	对应特殊软元件	FX_{1S}	FX_{1N}	FX_{2N}	FX_{1NC}	FX_{2NC}
PC 状态									
[M] 8004 出错发生	• FX_{3U}，FX_{3UC} M8060，M8061，M8064，M8065，M8066，M8067 中任意一个为 ON 时接通 • FX_{1S}，FX_{1N}，FX_{2N}，FX_{1NC}，FX_{2NC} M8060，M8061，M8063，M8064，M8065，M8066，M8067 中任意一个为 ON 时接通	○	○	D8004	○	○	○	○	○
[M] 8005 电池电压过低	当电池处于电压异常低时接通 →参考 36.2.3 节	○	○	D8005	—	—	○	—	○
[M] 8006 电池电压过低锁存	检测出电池电压异常低时置位 →参考 36.2.3 节	○	○	D8006	—	—	○	—	○
[M] 8007 检测出瞬间停止	检测出瞬间停止时，1 个扫描为 ON 即使 M8007 接通，如果电源电压降低的时间在 D8008 的时间以内时，可编程控制器的运行继续 →参考 36.2.4 节	○	○	D8007 D8008	—	—	○	—	○
[M] 8008 检测出停电中	检测出瞬间停电时置位，如果电源电压降低的时间超出 D8008 的时间，则 M8008 复位，可编程控制器的运行 STOP（M8000=OFF） →参考 36.2.4 节	○	○	D8008	—	—	○	—	○
[M] 8009 直流 24V 掉电	扩展单元或扩展电源单元[※1]的任意一个直流 24V 掉电时接通	○	○	D8009	—	—	○	—	○

※1. 只有 FX_{1N}/FX_{2N}/FX_{3U} 可编程控制器可以使用扩展单元，只有 FX_{3UC} 可编程控制器可以使用扩展电源单元

时钟									
[M] 8010	不可以使用	—	—	—	—	—	—	—	—
[M] 8011 10 ms 时钟	10 ms 周期的 ON/OFF（ON：5 ms，OFF：5 ms） →参考 36.2.6 节	○	○	—	○	○	○	○	○
[M] 8012 100 ms 时钟	100 ms 周期的 ON/OFF（ON：50 ms，OFF：50 ms） →参考 36.2.6 节	○	○	—	○	○	○	○	○

续表

编号·名称	动作·功能	适用机型							
		FX_{3U}	FX_{3UC}	对应特殊软元件	FX_{1S}	FX_{1N}	FX_{2N}	FX_{1NC}	FX_{2NC}
时钟									
[M]8013 1s 时钟	1 s 周 期 的 ON/OFF（ON：500 ms，OFF：500 ms） →参考 36.2.6 节	○	○	—	○	○	○	○	○
[M]8014 1min 时钟	1 min 周 期 的 ON/OFF（ON：30 s，OFF：30 s） →参考 36.2.6 节	○	○	—	○	○	○	○	○
M8015	停止计时以及预置 实时时钟用 →参考 36.2.7 节	○	○	—	○	○	○	○	○
M8016	时间读出后的显示被停止 实时时钟用 →参考 36.2.7 节	○	○	—	○	○	○	○	○
M8017	±30 s 补偿修正 实时时钟用 →参考 36.2.7 节	○	○	—	○	○	○	○	○
[M]8018	检测出安装（一直为 ON） 实时时钟用 →参考 36.2.7 节	○	○	—	○（一直为 ON）				
M8019	实时时钟（RTC）出错 实时时钟用 →参考 36.2.7 节	○	○	—	○	○	○	○	○

编号·名称	动作·功能	FX_{3U}	FX_{3UC}	对应特殊软元件	FX_{1S}	FX_{1N}	FX_{2N}	FX_{1NC}	FX_{2NC}
标志位									
[M]8020 零位	加减法运算结果为 0 时接通 →关于使用方法，请参考 6.5.2 节	○	○	—	○	○	○	○	○
[M]8021 借位	加减法运算结果超过最大的负值时接通 →关于使用方法，请参考 6.5.2 节	○	○	—	○	○	○	○	○
M8022 进位	加减法运算结果发生进位时，或者移位结果发生溢出时接通 →关于使用方法，请参考 6.5.2 节	○	○	—	○	○	○	○	○
[M]8023	不可以使用	—	—	—	—	—	—	—	—
M8024※2	指定 BMOV 方向 （FNC15）	○	○	—	—	○	○	—	○

续表

编号·名称	动作·功能	适用机型							
		FX_{3U}	FX_{3UC}	对应特殊软元件	FX_{1S}	FX_{1N}	FX_{2N}	FX_{1NC}	FX_{2NC}
标志位									
M8025※3	HSC 模式（FNC53~55）	○	○	—	—	—	○	—	○
M8026※3	RAMP 模式（FNC67）	○	○	—	—	—	○	—	○
M8027※3	PR 模式（FNC77）	○	○	—	—	—	○	—	○
M8028	100 ms/10 ms 的定时器切换	—	—	—	○	—	—	—	—
	FROM/TO（FNC78，79）指令执行过程中允许中断	○	○	—	—	—	○	—	○
[M] 8029 指令执行结束	DSW（FNC72）等的动作结束时接通 →关于使用方法，请参考 6.5.2 节	○	○	—	○	○	○	○	○

※2. 根据可编程控制器如下所示：

-FX_{1N}，FX_{2N}，FX_{2NC} 可编程控制器中不被清除

-FX_{3U} · FX_{3UC} 可编程控制器中，从 RUN → STOP 时被清除

※3. 根据可编程控制器如下所示：

-FX_{2N}，FX_{2NC} 可编程控制器中不被清除

-FX_{3U} · FX_{3UC} 可编程控制器中，从 RUN → STOP 时被清除

PC.模式									
M8030※1 电池 LED 灭灯指示	驱动 M8030 后，即使电池电压低，可编程控制器面板上的 LED 也不亮 →参考 36.2.10 节	○	○	—	—	—	○	—	○
M8031※1 非保持内存全部清除	驱动该特殊 M 后，Y/M/S/T/C 的 ON/OFF 映像区，以及 T/C/D 特殊 D※3/R※2 的当前值被清除。但是程序内存中的文件寄存器（D）、存储器盒中的扩展文件寄存器（ER）※2 不被清除	○	○	—	○	○	○	○	○
M8032※1 保持内存全部清除		○	○	—	○	○	○	○	○
M8033 停止模式内存保持	从 RUN 到 STOP 时，映像存储区和数据存储区的内容按照原样保持 →参考 36.2.12 节	○	○	—	○	○	○	○	○

续表

编号·名称	动作·功能	适用机型							
		FX_{3U}	FX_{3UC}	对应特殊软元件	FX_{1S}	FX_{1N}	FX_{2N}	FX_{1NC}	FX_{2NC}
PC 模式									
M8034[※1] 禁止所有输出	可编程控制器的外部输出触点全部断开 →参考 36.2.13 节	○	○	—	○	○	○	○	○
M8035 强制RUN模式	→详细内容请参考 36.2.14 节	○	○	—	○	○	○	○	○
M8036 强制RUN指令		○	○	—	○	○	○	○	○
M8037 强制STOP指令		○	○	—	○	○	○	○	○
[M] 8038 参数的设定	通信参数设定的标志位（设定简易 PC 之间的链接用） →请参考通信控制手册	○	○	D8176～D8180	○	○	○[※4]	○	○
M8039 恒定扫描模式	M8039 接通后，一直等待到 D8039 中指定的扫描时间到可编程控制器执行这样的循环扫描 →请参考 36.2.15 节	○	○	D8039	○	○	○	○	○

※1. 在执行 END 指令时处理

※2. R，ER 仅适用于 FX_{3U}、FX_{3UC} 可编程控制器

※3. FX_{1S}、FX_{1N}、FX_{2N}、FX_{1NC}、FX_{2NC} 可编程控制器中，特殊 D 不被清除

※4. 在 Ver.2.00 以上版本中对应

编号·名称	动作·功能	FX_{3U}	FX_{3UC}	对应特殊软元件	FX_{1S}	FX_{1N}	FX_{2N}	FX_{1NC}	FX_{2NC}
步进梯形图·信号报警器（详细内容请参考 ANS（FNC 46），ANR（FNC 47），IST（FNC 60）以及第 34 章）									
M8040 禁止转移	驱动 M8040 时，禁止状态之间的转移	○	○	—	○	○	○	○	○
[M] 8041[※5] 转移开始	自动运行时，可以从初始状态开始转移	○	○	—	○	○	○	○	○
[M] 8042 启动脉冲	对应启动输入的脉冲输出	○	○	—	○	○	○	○	○
M8043[※5] 原点回归结束	请在原点回归模式的结束状态中置位	○	○	—	○	○	○	○	○
M8044[※5] 原点条件	请在检测出机械原点时驱动	○	○	—	○	○	○	○	○

续表

编号·名称	动作·功能	适用机型							
		FX_{3U}	FX_{3UC}	对应特殊软元件	FX_{1S}	FX_{1N}	FX_{2N}	FX_{1NC}	FX_{2NC}
步进梯形图·信号报警器（详细内容请参考 ANS（FNC 46），ANR（FNC 47），IST（FNC 60）以及第 34 章）									
M8045 禁止所有输出复位	切换模式时，不执行所有输出的复位	○	○	—	○	○	○	○	○
[M]8046※6 SFC/STL 状态动作	当 M8047 接通时，S0~S899，S1000~S4095※7 中任意一个为 ON 则接通	○	○	M8047	○	○	○	○	○
M8047※6 SFC/STL 监控有效	驱动这个特 M 后，D8040-D8047 有效	○	○	D8040~D8047	○	○	○	○	○
[M]8048※6 信号报警器动作	当 M8049 接通时，S900~S999 中任意一个为 ON 则接通	○	○	—	—	—	○	—	○
M8049※5 信号报警器有效	驱动这个特 M 后，D8049 的动作有效	○	○	D8049 M8048	—	—	○	—	○

※5. 从 RUN → STOP 时清除

※6. 在执行 END 指令时处理

※7. S1000~S4095 仅适用 FX_{3U}、FX_{3UC}

禁止中断（详细内容请参考 35.2.1 节）									
M8050（输入中断）I00 □禁止※1	• 禁止输入中断或定时器中断的特 M 接通时 即使发生输入中断和定时器中断，由于禁止接收相应的中断，所以不处理中断程序。 例如，M8050 接通时，由于禁止接收 I00 □的中断，所以即使是在允许中断的程序范围内，也不处理中断程序。 • 禁止输入中断或定时器中断的特 M 断开时 （a）发生输入中断或定时器中断时，接收中断。 （b）如果使用 EI（FNC 04）指令允许中断，会即刻执行中断程序。 但是如果使用 DI（FNC 05）指令禁止中断，一直到用 EI（FNC 04）指令允许中断为止，不执行中断程序	○	○	—	○	○	○	○	○
M8051（输入中断）I10 □禁止※1		○	○	—	○	○	○	○	○
M8052（输入中断）I20 □禁止※1		○	○	—	○	○	○	○	○
M8053（输入中断）I30 □禁止※1		○	○	—	○	○	○	○	○

续表

编号·名称	动作·功能	适用机型							
		FX_{3U}	FX_{3UC}	对应特殊软元件	FX_{1S}	FX_{1N}	FX_{2N}	FX_{1NC}	FX_{2NC}
禁止中断（详细内容请参考 35.2.1 节）									
M8054（输入中断）I40 □禁止 ※1	• 禁止输入中断或定时器中断的特 M 接通时 即使发生输入中断和定时器中断，由于禁止接收相应的中断，所以不处理中断程序。 例如，M8050 接通时，由于禁止接收 I00 □的中断，所以即使是在允许中断的程序范围内，也不处理中断程序。 • 禁止输入中断或定时器中断的特 M 断开时 （a）发生输入中断或定时器中断时，接收中断。 （b）如果使用 EI（FNC 04）指令允许中断，会即刻执行中断程序。 但是如果使用 DI（FNC 05）指令禁止中断，一直到用 EI（FNC 04）指令允许中断为止，不执行中断程序	○	○	—	○	○	○	○	○
M8055（输入中断）I50 □禁止 ※1		○	○	—	○	○	○	○	○
M8056（定时器中断）I6 □□禁止 ※1		○	○	—	—	—	○	—	○
M8057（定时器中断）I7 □□禁止 ※1		○	○	—	—	—	○	—	○
M8058（定时器中断）I8 □□禁止 ※1		○	○	—	—	—	○	—	○
M8059（计数器）禁止 ※1	使用 I010 ~ I060 的中断禁止	○	○	—	—	—	○	—	○

※1. 从 RUN → STOP 时清除

编号·名称	动作·功能	FX_{3U}	FX_{3UC}	对应特殊软元件	FX_{1S}	FX_{1N}	FX_{2N}	FX_{1NC}	FX_{2NC}
出错检测（详细内容请参考 37 章）									
[M] 8060	I/O 构成出错	○	○	D8060	—	—	○	—	○
[M] 8061	PLC 硬件出错	○	○	D8061	○	○	○	○	○
[M] 8062	PLC/PP 通信出错	—	—	D8062	—	—	○	—	○
[M] 8063※2※3	串行通信出错 [通道 1]	○	○	D8063	○	○	○	○	○
[M] 8064	参数出错	○	○	D8064	○	○	○	○	○

编号·名称	动作·功能	适用机型							
		FX_{3U}	FX_{3UC}	对应特殊软元件	FX_{1S}	FX_{1N}	FX_{2N}	FX_{1NC}	FX_{2NC}
出错检测（详细内容请参考 37 章）									
[M] 8065	语法出错	○	○	D8065 D8069 D8314 D8315	○	○	○	○	○
[M] 8066	梯形图出错	○	○	D8066 D8069 D8314 D8315	○	○	○	○	○
[M] 8067※4	运算出错	○	○	D8067 D8069 D8314 D8315	○	○	○	○	○
[M] 8068	运算出错锁存	○	○	D8068 D8312 D8313	○	○	○	○	○
[M] 8069※5	I/O 总线检测	○	○	—	—	—	○	—	○

※2. 根据可编程控制器如下所示：

-FX_{1S}，FX_{1N}，FX_{2N}，FX_{1NC}，FX_{2NC} 可编程控制器中，从 STOP → RUN 时被清除

-FX_{3U} · FX_{3UC} 可编程控制器中，不被清除

※3. FX_{3U} · FX_{3UC} 可编程控制器的串行通信出错 2 [通道 2] 为 M8438

※4. 从 STOP → RUN 时清除

※5. 驱动了 M8069 后，执行 I/O 总线检测（详细内容请参考 37 章）

标志位									
[M] 8300～ [M] 8303	不可以使用	—	—	—	—	—	—	—	—
[M] 8304 零位	乘除运算结果为 0 时，置 ON	○	○	—	—	—	—	—	—
[M] 8305	不可以使用	—	—	—	—	—	—	—	—
[M] 8306 进位	乘除运算结果溢出时，置 ON	○	○	—	—	—	—	—	—
[M] 8307～ [M] 8315	不可以使用	—	—	—	—	—	—	—	—

➥关于更多特殊辅助继电器，请参看《FX_{3U} 系列编程手册 [基本·应用指令说明书]》-36.1.1

5.2 特殊数据寄存器（D8000~D8511）（见附表 5-2）

附表 5-2 特殊数据寄存器

常用：▬ 不常用：▬

<table>
<tr><th rowspan="2">编号·名称</th><th rowspan="2">寄存器的内容</th><th colspan="8">适用机型</th></tr>
<tr><th>FX_{3U}</th><th>FX_{3UC}</th><th>对应特殊软元件</th><th>FX_{1S}</th><th>FX_{1N}</th><th>FX_{2N}</th><th>FX_{1NC}</th><th>FX_{2NC}</th></tr>
<tr><td colspan="10">PC 状态</td></tr>
<tr><td>D8000
看门狗定时器</td><td>初始值如右侧所示（1 ms 单位）
（电源 ON 时从系统 ROM 传送过来）
通过程序改写的值，在执行了 END、WDT 指令以后生效
→参考 36.2.2 节</td><td>200</td><td>200</td><td>—</td><td>200</td><td>200</td><td>200</td><td>200</td><td>200</td></tr>
<tr><td>[D] 8001
PC 类型以及系统版本</td><td>2 4 1 0 0 BCD 转换值
└如右侧所示 └版本 V1.00</td><td>24</td><td>24</td><td>D8101[※1]</td><td>22</td><td>26</td><td>24</td><td>26</td><td>24</td></tr>
<tr><td>[D] 8002
内存容量</td><td>• 2…2K 步
• 4…4K 步
• 8…8K 步
• 16K 步以上时
D8002 为“8”时，在 D8102 中输入“16”“64”</td><td>○
8</td><td>○
8</td><td>D8102</td><td>○
2</td><td>○
8</td><td>○
4
8</td><td>○
8</td><td>○
4
8</td></tr>
<tr><td>[D] 8003
内存种类</td><td>内置 RAM/EEPROM/EPROM 盒的种类以及存储器保护开关的 ON/OFF 状态
<table>
<tr><th>内容</th><th>内存的种类</th><th>保护开关</th></tr>
<tr><td>00H</td><td>RAM 存储器盒</td><td>—</td></tr>
<tr><td>01H</td><td>EPROM 存储器盒</td><td>—</td></tr>
<tr><td>02H</td><td>EEPROM 存储器盒或是快闪存储器盒</td><td>OFF</td></tr>
<tr><td>0AH</td><td>EEPROM 存储器盒或是快闪存储器盒</td><td>ON</td></tr>
<tr><td>10H</td><td>可编程控制器内置内存</td><td>—</td></tr>
</table></td><td>○</td><td>○</td><td>—</td><td>○</td><td>○</td><td>○</td><td>○</td><td>○</td></tr>
<tr><td>[D] 8004
出错 M 编号</td><td>8 0 6 0 BCD 转换值
↑
8060~8068（M8004 ON 时）</td><td>○</td><td>○</td><td>M8004</td><td>○</td><td>○</td><td>○</td><td>○</td><td>○</td></tr>
</table>

编号·名称	寄存器的内容	适用机型							
		FX_{3U}	FX_{3UC}	对应特殊软元件	FX_{1S}	FX_{1N}	FX_{2N}	FX_{1NC}	FX_{2NC}
PC 状态									
[D] 8005 电池电压	[ ][ ][ ][3][0.] BCD 转换值（0.1 V 单位） 电池电压的当前值（例如：3.0 V）	○	○	M8005	—	—	○		○
[D] 8006 检测出电池电压低的等级	初始值 • FX_{2N}，FX_{2NC} 可编程控制器：3.0 V（0.1 V 单位） • FX_{3U} · FX_{3UC} 可编程控制器：2.7 V（0.1 V 单位） （电源 ON 时从系统 ROM 传送过来）	○	○	M8006	—	—	○		○

※1. 对应特殊软元件的 D8101 仅指 FX_{3U}、FX_{3UC} 可编程控制器

FX_{1S}，FX_{1N}，FX_{2N}，FX_{1NC}，FX_{2NC} 可编程控制器中没有对应的特殊软元件

编号·名称	寄存器的内容	FX_{3U}	FX_{3UC}	对应特殊软元件	FX_{1S}	FX_{1N}	FX_{2N}	FX_{1NC}	FX_{2NC}
[D] 8007 检测出瞬时停止	保存 M8007 的动作次数 电源断开时清除	○	○	M8007	—	—	○	—	○
D8008 检测为停电的时间	初始值 ※1 • FX_{3U}，FX_{2N} 可编程控制器：10 ms（AC 电源型） • FX_{2NC}，FX_{3UC} 可编程控制器：5 ms（DC 电源型）	○	○	M8008	—	—	○	—	○
[D] 8009 直流 24 V 掉电单元号	直流 24V 掉电的扩展单元、扩展电源单元中的最小输入软元件编号	○	○	M8009	—	—	○	—	○

※1. FX_{2N}，FX_{2NC} 可编程控制器的停电检测时间如下所示：

- 关于 FX_{3U}，FX_{3UC} 可编程控制器，请参考 36.2.4 节
- FX_{2N} 可编程控制器的 AC 电源型使用的是交流 100 V 的电源时，允许的瞬时停电时间为 10 ms，请保持初始值不变使用
- FX_{2N} 可编程控制器的 AC 电源型使用的是交流 200 V 的电源时，允许的瞬时停电时间最大为 100 ms，可以在 10~100（ms）的范围内更改停电检测时间 D8008
- FX_{2N} 可编程控制器的 DC 电源型的允许瞬时停电时间为 5 ms，请在停电检测时间 D8008 中写入“K-1”进行修正
- FX_{2NC} 可编程控制器的允许瞬时停电时间为 5 ms，系统会在停电检测时间 D8008 中写入“K-1”进行修正。请勿用顺控程序更改

续表

编号·名称	寄存器的内容	适用机型							
		FX_{3U}	FX_{3UC}	对应特殊软元件	FX_{1S}	FX_{1N}	FX_{2N}	FX_{1NC}	FX_{2NC}
时钟									
[D] 8010 扫描当前值	0 步开始的指令累计执行时间（0.1 ms 单位）→参考 36.2.5 节	○ 同右	○ 同右	—	○ 在显示值中，还包括了驱动 M8039 时的恒定扫描运行的等待时间				
[D] 8011 MIN 扫描时间	扫描时间的最小值（0.1 ms 单位）→参考 36.2.5 节			—					
[D] 8012 MAX 扫描时间	扫描时间的最大值（0.1 ms 单位）→参考 36.2.5 节			—					
D8013 秒	0~59 秒（实时时钟用）→参考 36.2.7 节	○	○	—	○	○	○	○	○※2
D8014 分	0~59 分（实时时钟用）→参考 36.2.7 节	○	○	—	○	○	○	○	○※2
D8015 小时	0~23 小时（实时时钟用）→参考 36.2.7 节	○	○	—	○	○	○	○	○※2
D8016 日	1~31 日（实时时钟用）→参考 36.2.7 节	○	○	—	○	○	○	○	○※2
D8017 月	1~12 月（实时时钟用）→参考 36.2.7 节	○	○	—	○	○	○	○	○※2
D8018 年	公元 2 位数（0~99）（实时时钟用）→参考 36.2.7 节	○	○	—	○	○	○	○	○※2
D8019 星期	0（日）~6（六）（实时时钟用）→参考 36.2.7 节	○	○	—	○	○	○	○	○※2

※2. FX_{2NC} 可编程控制器时，需要使用带实时时钟功能的内存板

续表

编号·名称	寄存器的内容	适用机型							
		FX_{3U}	FX_{3UC}	对应特殊软·元件	FX_{1S}	FX_{1N}	FX_{2N}	FX_{1NC}	FX_{2NC}
步进梯形图·信号报警器									
[D]8040※1 ON 状态编号 1	状态 S0~S899、S1000~S4095※2 中为 ON 的状态的最小编号保存到 D8040 中，其他为 ON 的状态根据其编号由小到大依次保存到 D8041、D8042…中，保存到 D8047 为止	○	○	M8047	○	○	○	○	○
[D]8041※1 ON 状态编号 2		○	○		○	○	○	○	○
[D]8042※1 ON 状态编号 3		○	○		○	○	○	○	○
[D]8043※1 ON 状态编号 4		○	○		○	○	○	○	○
[D]8044※1 ON 状态编号 5		○	○		○	○	○	○	○
[D]8045※1 ON 状态编号 6		○	○		○	○	○	○	○
[D]8046※1 ON 状态编号 7		○	○		○	○	○	○	○
[D]8047※1 ON 状态编号 8		○	○		○	○	○	○	○
[D] 8048	不可以使用	—	—	—	—	—	—	—	—
[D]8049※1 ON 状态最小编号	M8049 为 ON 时，保存信号报警继电器 S900~S999 中为 ON 的状态的最小编号	○	○	M8049	—	—	○	—	○
[D]8050-[D]8059	不可以使用	—	—	—	—	—	—	—	—

※1. 在执行 END 指令时处理

※2. S1000~S4095 仅指 FX_{3U}、FX_{3UC} 可编程控制器

编号·名称	寄存器的内容	适用机型							
		FX_{3U}	FX_{3UC}	对应特殊软元件	FX_{1S}	FX_{1N}	FX_{2N}	FX_{1NC}	FX_{2NC}
出错检测（详细内容，请参考 37 章）									
[D] 8060	I/O 构成出错的未安装 I/O 的起始编号；被编程的输入、输出软元件没有被安装时，写入其起始的软元件编号 （例如）X020 未安装时 1 0 2 0 BCD.转换值 软元件编号 10~337 1：输入 X　0：输出 Y	○	○	M8060	—	—	○	—	○
[D] 8061	PC 硬件出错的错误代码编号	○	○	M8061	○	○	○	○	○
[D] 8062	PC/PP 通信出错的错误代码编号	○	○	M8062	—	—	○	—	○
[D] 8063	串行通信出错 1［通道 1］的错误代码编号	○	○	M8063	○	○	○	○	○
[D] 8064	参数出错的错误代码编号	○	○	M8064	○	○	○	○	○
[D] 8065	语法出错的错误代码编号	○	○	M8065	○	○	○	○	○
[D] 8066	梯形图出错的错误代码编号	○	○	M8066	○	○	○	○	○
[D] 8067	运算出错的错误代码编号	○	○	M8067	○	○	○	○	○
D8068※3	发生运算出错的步编号的锁存	○※4	○※4	M8068	○	○	○	○	○
[D]8069※3	M8065~7 的产生出错的步编号	○※5	○※5	M8065~M8067	○	○	○	○	○

※3. 从 STOP → RUN 时清除

※4. 32K 步以上时，在［D8313,D8312］中保存步编号

※5. 32K 步以上时，在［D8315,D8314］中保存步编号

➥关于更多特殊数据寄存器，请参看《FX_{3U} 系列编程手册［基本·应用指令说明书］》-36.1.2

参考文献

[1] 张林国. 可编程控制器技术 [M]. 2版. 北京：高等教育出版社，2010.

[2] 汤自春. PLC技术应用 [M]. 3版. 北京：高等教育出版社，2015.

[3] 程周. 机电一体化设备组装与调试备赛指导 [M]. 北京：高等教育出版社，2010.

[4] 杨后川. 三菱PLC应用100例 [M]. 2版. 北京：电子工业出版社，2013.

[5] 阮友德. PLC、变频器、触摸屏综合应用实训 [M]. 北京：中国电力出版社，2009.

[6] 龚仲华. 三菱FX系列PLC应用技术 [M]. 北京：人民邮电出版社，2010.

[7] 王金娟，周建清. 机电设备组装与调试训练 [M]. 北京：机械工业出版社，2009.

读者意见反馈

为收集对教材的意见建议，进一步完善教材编写并做好服务工作，读者可将对本教材的意见建议通过如下渠道反馈至我社。

咨询电话 400-810-0598

反馈邮箱 zz_dzyj@pub.hep.cn

通信地址 北京市朝阳区惠新东街 4 号富盛大厦 1 座　高等教育出版社总编辑办公室

邮政编码 100029

防伪查询说明

用户购书后刮开封底防伪涂层，使用手机微信等软件扫描二维码，会跳转至防伪查询网页，获得所购图书详细信息。

防伪客服电话 （010）58582300

学习卡账号使用说明

一、注册 / 登录

访问 http://abook.hep.com.cn/sve，点击“注册”，在注册页面输入用户名、密码及常用的邮箱进行注册。已注册的用户直接输入用户名和密码登录即可进入“我的课程”页面。

二、课程绑定

点击“我的课程”页面右上方“绑定课程”，在“明码”框中正确输入教材封底防伪标签上的 20 位数字，点击“确定”完成课程绑定。

三、访问课程

在“正在学习”列表中选择已绑定的课程，点击“进入课程”即可浏览或下载与本书配套的课程资源。刚绑定的课程请在“申请学习”列表中选择相应课程并点击“进入课程”。

如有账号问题，请发邮件至：4a_admin_zz@pub.hep.cn。